Information und Kommunikation

Herausgegeben von H. Marko und J. Hagenauer

Springer-Verlag Berlin Heidelberg GmbH

Hans Marko

Systemtheorie

Methoden und Anwendungen für ein- und mehrdimensionale Systeme

dritte, neubearbeitete und erweiterte Auflage

Mit 117 Abbildungen

Springer

Herausgeber
Prof. Dr.-Ing. Dr.-Ing. E. h. HANS MARKO
Prof. Dr.-Ing. JOACHIM HAGENAUER
TU München, Lehrstuhl für Nachrichtentechnik
Institut für Informationstechnik
Arcisstr. 21
80290 München

Autor
Prof. Dr.-Ing. Dr.-Ing. E. h. HANS MARKO
(Anschrift s. o.)

ISBN 978-3-642-63356-0

Die Deutsche Bibliothek – CIP-Einheitsaufnahme
Marko, Hans:
Systemtheorie: Methoden und Anwendungen für ein- und mehrdimensionale Systeme /
Hans Marko. – dritte, neubearbeitete und erweiterte Auflage. – Berlin; Heidelberg; New York;
London; Paris; Hongkong; Barcelona; Budapest; Tokio: Springer 1995
(Information und Kommunikation)
Früher u. d. T.: Marko, Hans: Methoden der Systemtheorie
ISBN 978-3-642-63356-0   ISBN 978-3-642-57791-8 (eBook)
DOI 10.1007/978-3-642-57791-8

Einbandentwurf: Sruve & Partner, Heidelberg
Satz: Brühlsche Universitätsdruckerei, Gießen
Gedruckt auf säurefreiem Papier   SPIN: 10784177   62/3020/kk - 5 4 3 2 1

Zur Buchreihe „Information und Kommunikation"

Die neue Buchreihe „Information und Kommunikation" ist eine Weiterführung und Fortsetzung der früheren Reihe „Nachrichtentechnik". Die Umbenennung wurde dadurch veranlaßt, daß die klassische Nachrichtentechnik durch die Aufnahme der Datenverarbeitung und ihrer Anwendungen wie der Automation sich immer mehr zu einer allgemeinen „Informationstechnik" entwickelt hat und heute auch meist so bezeichnet wird. Hierbei soll, der Zielsetzung der Reihe entsprechend, die „Kommunikation" nach wie vor eine bedeutende Rolle spielen, was in dem neuen Titel zum Ausdruck kommt.

Wie bereits in der früheren Reihe sollen auch in der neuen Reihe Monographien maßgebender Autoren für bestimmte Teilgebiete des großen und sich stetig weiterentwickelnden Bereiches der Informations- und Kommunikationstechnik aufgenommen werden. Hierbei sollen sowohl die Grundlagen als auch bestimmte Anwendungsgebiete schwerpunktmäßig behandelt werden. Die Bücher sollen daher sowohl für Studierende als auch für im Beruf stehende Fachleute von Nutzen sein. Bei dieser Konzeption sind teilweise Überlappungen des Stoffgebietes der einzelnen Bände unvermeidlich und sogar gewünscht. Es wird jedoch angestrebt, eine möglichst vollständige Darstellung der Grundlagen und der neuen Anwendungen des großen Gebietes der Informations- und Kommunikationstechnik zu erreichen. Der Springer-Verlag hat sich dankenswerterweise um eine entsprechende Gestaltung der neuen Bände bemüht. Wir wünschen der neuen Reihe viel Erfolg!

München, im Herbst 1994

Die Herausgeber
H. Marko   J. Hagenauer

Vorwort zur dritten Auflage

Das Buch „Methoden der Systemtheorie" ist bisher in zwei Auflagen als Band 1 der Buchreihe „Nachrichtentechnik" erschienen. Die nun vorliegende dritte Auflage wird unter dem Titel „Systemtheorie" der neuen Buchreihe „Information und Kommunikation", die die alte Reihe ablöst und fortsetzt, erscheinen. Das neue Buch stellt eine wesentliche Erweiterung des früheren Buches in Richtung auf mehrdimensionale Systeme dar. Dies kommt im Untertitel (Methoden und Anwendungen für ein- und mehrdimensionale Systeme) zum Ausdruck. In Teil 1 wird die klassische eindimensionale Systemtheorie und in Teil 2 die Erweiterung zur mehrdimensionalen Systemtheorie dargestellt.

Nach wie vor ist die Systemtheorie für eindimensionale Systeme (Zeitsysteme oder dynamische Systeme) die wohl wichtigste Beschreibungsform. Sie gestattet durch Anwendung der Spektraltransformationen (Fourier-Transformation, Laplace-Transformation) und damit verwandter Verfahren eine geschlossene und relativ einfache Beschreibung der Signalübertragung in solchen Systemen. Dies gilt auch heute noch, im Zeitalter der digitalen Technik, denn die an sich analoge Darstellung kann durch Zeitdiskretisierung und finite Signaldarstellung leicht in eine digitale Form überführt werden, so daß beispielsweise eine digitale Simulationstechnik anwendbar ist. Außerdem sind die Signale in den physikalischen Systemen sowie auch in den Rechenmaschinen selbst stets analog, was besonders an der Geschwindigkeitsgrenze von Bedeutung ist.

Die Methoden der Systemtheorie haben sich in den letzten Jahren als sehr nützlich auch für die Beschreibung von mehrdimensionalen Systemen erwiesen. Diese sind solche, bei denen neben der Zeit auch die Ortskoordinaten eine Rolle spielen. Mehrdimensionale Signale sind beispielsweise: ein stehendes Bild (2 Dimensionen), ein bewegtes Bild (3 Dimensionen) oder eine Schallwelle oder elektromagnetische Welle im Raum (4 Dimensionen). Aber auch die in den Schichten von Nervennetzen vorhandenen neuronalen Signale (3 Dimensionen) und ihre Verarbeitung bzw. Übertragung ist einer Beschreibung durch die Systemtheorie zugänglich. Dies hat den Autor bereits 1969 veranlaßt, eine „Systemtheorie homogener Schichten" zu entwickeln, die als ein Abschnitt im vorliegenden Buch mit dargestellt wird. Darauf basierend ist im Institut des Verfassers eine Forschungsgruppe „Bildverarbeitung" entstanden, die ganz wesentlich mit den Methoden der Systemtheorie arbeitete und diese weiter entwickelte. So ist der Verfasser seinen ehemaligen Mitarbeitern in dieser Forschungsgruppe, vor allem den Herren Platzer, Hofer-Alfeis, Glünder, Bamler für viele Hinweise zu diesem Buch sowie auch von ihnen erarbeitete Teilergebnisse zu großem Dank verpflichtet. R. Bamler hat in seiner Habilitationsschrift, die als Band 20 der Reihe „Nachrichtentechnik" erschienen ist, die Übertragung von Lichtwellen im Raum in systemtheoretischer Darstellung sehr eingehend behandelt. Von ihm wurden einige Ergebnisse übernommen. Außerdem sei das Buch von G. Hauske (Systemtheorie der visuellen Wahrnehmung) erwähnt, das weitgehend die Methoden der mehrdimensionalen Systemtheorie benutzt.

Für die Durchsicht und Hilfe bei der Korrektur des neuen Teils möchte ich besonders meinen ehemaligen Assistenten A. Nischwitz und B. Molocher danken, sowie Frau D. Dorn für das Schreiben des Manuskriptes.
Ich hoffe, daß das neue Buch in dieser erweiterten Form einem noch größeren Leserkreis von Nutzen sein wird.

München, im Herbst 1994 Hans Marko

Vorwort zur zweiten Auflage

Die erste Auflage des Buches hat eine erfreulich schnelle Verbreitung gefunden, so daß – früher als erwartet – eine Neuauflage notwendig wurde. Hierbei konnte ich die Gelegenheit nutzen, einige Fehler, die sich in Formeln und Tabellen eingeschlichen hatten, zu korrigieren, sowie einige didaktische Verbesserungen vorzunehmen. Ich bin dafür meinen Studenten, die mir manche Hinweise gegeben haben, sehr zu Dank verpflichtet. Auch danke ich allen Fachkollegen, die mir nach Erscheinen der ersten Auflage durch ihre Zuschriften wertvolle Hinweise gaben. Besonders danke ich aber meinem Assistenten, Dipl.-Ing. Josef Hofer-Alfeis, der das Buch mit großer Gründlichkeit revidiert hat und mir bei allen Korrekturen und Verbesserungen sehr geholfen hat. Auch sei dem Springer-Verlag für die stets hervorragende Zusammenarbeit erneut gedankt.

Das Kapitel der Allgemeinen Spektraltransformation wurde mit dem Hinweis ergänzt, daß dieses Verfahren nicht auf sogenannte meromorphe Spektralfunktionen beschränkt ist, sondern auch bei wesentlich singulären Stellen anwendbar ist. Zur Auswertung von Spektren bei mehrfachen Polen durch uneigentliche Integrale wurden sogenannte „α-Distributionen" eingeführt. Dadurch konnte die Tabelle 10.10 um die bislang nicht darstellbaren Teilspektren ergänzt werden. Überhaupt hat sich gezeigt, daß die in diesem Buch durchgeführte gemeinsame Behandlung aller Spektraltransformationen sowie der zeitdiskreten und finiten Signaldarstellung für den Anwender von großem Nutzen ist.

Um die Übersichtlichkeit der Darstellung zu verbessern, wurden die Kapitel- und Abschnittsüberschriften am Seitenkopf angegeben („Kolumnentitel").

Die Systemtheorie wird auch weiterhin eine der wichtigsten Beschreibungsformen von Signalen und Systemen der Informationstechnik bleiben. Ihr Anwendungsbereich hat sich durch die mehrdimensionalen Systeme in Optik, Bildverarbeitung und Kybernetik noch erweitert. So hoffe ich, daß die vorliegende Neuauflage auch über die bisherige Fachwelt hinaus neue Leser und Freunde findet.

München, im Mai 1982 H. Marko

Vorwort zur ersten Auflage

Die Systemtheorie gilt heute als wichtigste Methode zur Beschreibung komplexer Kausalzusammenhänge in Naturwissenschaft und Technik. Sie ist auf lineare Systeme anwendbar, die in der Regel durch ein System linearer gewöhnlicher oder partieller Differentialgleichungen beschrieben werden können. Solche Systeme liegen in den meisten Anwendungsfällen vor. Andernfalls können die wirklichen Verhältnisse wenigstens näherungsweise darauf zurückgeführt werden. So gilt z. B. bei allgemeinen nichtlinearen Systemen für kleine Aussteuerung eine lineare Näherung (Kleinsignalverhalten). Bei großer Aussteuerung (Großsignalverhalten) hingegen läßt sich das Gesamtsystem oft durch lineare Teilsysteme und einfache nichtlineare Kennlinien approximieren. Damit erhält die lineare Methode und somit die Systemtheorie eine sehr allgemeine Bedeutung: Sie ist nicht auf die Nachrichtentechnik beschränkt, die nach wie vor ihr Hauptanwendungsgebiet darstellt, sondern gleichermaßen überall dort von Nutzen, wo nachrichtentechnische Methoden Eingang gefunden haben, also etwa in der Meß- und Regelungstechnik oder in der Kybernetik im weitesten Sinne.
Der Begriff „Systemtheorie" wurde 1949 durch K. Küpfmüller eingeführt. Mit dem vorliegenden, ihm gewidmeten Buch wurde versucht, die seither entwickelten und bis heute gebräuchlichen systemtheoretischen Methoden in eine einheitliche Form zu bringen.
Ausgangspunkt ist eine operationelle Darstellung der Ursache-Wirkung-Beziehungen mit Hilfe der Spektraltransformationen, also der Fourier-Transformationen oder der Laplace-Transformation. Damit können die Systeme ohne Rücksicht auf ihren speziellen inneren Aufbau durch eine einzige Funktion, die Systemfunktion (Frequenzgang) vollständig beschrieben werden. Mit ihrer Hilfe lassen sich beliebige Zeitvorgänge, also z. B. Einschwing- oder Ausgleichsvorgänge, behandeln. Daraus ergibt sich die Zweckmäßigkeit und breite Anwendung dieser Methode. Die Operatorenrechnung wurde zwar bereits 1894 durch O. Heaviside eingeführt und 1909 von K. W. Wagner ausgebaut, aber erst durch die konsequente Anwendung der Spektraltransformationen und ihrer Gesetzmäßigkeiten hat sie ihre heutige universelle Bedeutung erlangt.
Das vorliegende Buch befaßt sich deshalb hauptsächlich mit den Spektraltransformationen und ihren Anwendungen. Es soll den Leser mit den verschiedenen heute gebräuchlichen Methoden der Systemtheorie vertraut machen. Dazu gehört in erster Linie die Signaldarstellung mit Hilfe des Spektrums, also die harmonische Analyse, die zur Fourier- oder Laplace-Transformation führt. Fourier- und Laplace-Transformation haben jedoch bestimmte Beschränkungen und damit verschiedene Anwendungsbereiche. Deshalb wird hier erstmalig eine Allgemeine Spektraltransformation eingeführt, die beide Verfahren umfaßt und erweiterte Möglichkeiten der spektralen Darstellung bietet. Die Verwendung elektronischer Rechner bei der Anwendung

der Systemtheorie macht eine zeitdiskrete Signaldarstellung notwendig. Dem wird durch die Behandlung der z-Transformation, der diskreten Fourier-Transformation und der finiten Signaldarstellung Rechnung getragen. Die Darstellung der Gesetzmäßigkeiten aller dieser Transformationen und deren Anwendungsmöglichkeiten zur Lösung von Problemen der Signalübertragung und -verarbeitung soll die Praxisnähe der Systemtheorie aufzeigen. Formelsammlungen und verschiedene Korrespondenztabellen sollen den Umgang mit den beschriebenen Verfahren erleichtern.

Im ersten Abschnitt werden die mathematischen Grundlagen der harmonischen Analyse sowie Fourier-Reihe, Fourier-Integral, Fourier-Transformation und Laplace-Transformation besprochen. Der zweite Abschnitt macht mit der neu eingeführten Allgemeinen Spektraltransformation bekannt, die die Verbindung zwischen den vorgenannten Methoden herstellt. Durch die Verwendung zweier komplexer Frequenzvariablen (p und q) für den positiven bzw. den negativen Zeitabschnitt gelingt es, den Darstellungsbereich des Fourier-Integrals wesentlich zu erweitern, so daß Fourier- wie auch Laplace-Transformation darin enthalten sind. Die spektralen Distributionen der Fourier-Transformation können durch rationale Funktionen der beiden Frequenzvariablen dargestellt werden und sind damit der Behandlung durch die Methoden der Funktionentheorie zugänglich.

Die Anwendung der Spektraltransformationen auf lineare zeitinvariante Systeme ist das Thema des dritten Abschnittes. Als charakteristische Eigenschaft werden hierbei die Systemfunktion (z. B. Übertragungsfaktor oder komplexer Widerstand) als Spektralfunktion sowie die Impulsantwort oder die Sprungantwort als Zeitfunktion des Systems betrachtet. Der vierte Abschnitt bringt die Gesetze der Spektraltransformationen, wobei stets auch ihre Anwendung und physikalische Bedeutung für Nachrichtensysteme besprochen wird. Im fünften Abschnitt wird die Hilbert-Transformation behandelt und ihre Anwendung auf kausale und analytische Signale gezeigt. Als Grundlagen zur diskreten Signaldarstellung werden das Abtasttheorem im sechsten Abschnitt und die z-Transformation im siebenten Abschnitt abgeleitet. Der achte Abschnitt schließlich beschreibt die finite (zeit- und frequenzdiskrete) Signaldarstellung und zeigt die Benutzung der Matrizenrechnung.

Als Beispiel wird im neunten Abschnitt die Anwendung der Verfahren zur Lösung von Differential- und Differenzengleichungen unter Berücksichtigung des Anfangszustandes gezeigt. Der als Anhang anzusehende zehnte Abschnitt enthält mathematische Grundlagen (Distributionstheorie, Funktionentheorie) sowie eine ausführliche Formel- und Tabellenzusammenstellung. Sie ist so angelegt, daß ein leichter Übergang zwischen den einzelnen Verfahren möglich ist.

Das Buch wendet sich sowohl an den Studenten Technischer Universitäten oder Hochschulen als auch an den im Beruf stehenden Fachmann. Es entstand aus Vorlesungen an den Technischen Universitäten Karlsruhe, Stuttgart und München. Vorausgesetzt werden nur mathematische Grundkenntnisse, wie z. B. komplexe Rechnung, Differentiation und Integration. Soweit Ergebnisse der Funktionentheorie oder der Distributionstheorie verwendet werden, sind diese im Anhang erklärt. Zum besseren Verständnis sind im Text Beispiele und Erläuterungen im Kleindruck eingefügt. Es wurde auf eine konzentrierte Darstellung geachtet, so daß das Buch auch als Nachschlagewerk und in Verbindung mit der Formel- und Korrespondenzsammlung als spätere Arbeitsunterlage verwendbar ist.

Meinem Assistenten, Herrn Dipl.-Ing. Werner Wolf, danke ich für stetige Mitarbeit und vielseitige redaktionelle Hilfe bei der Ausarbeitung des Textes, Frau Ingeborg Aßmann für das Schreiben des Manuskriptes. Der Springer-Verlag hat in dankenswerter Weise das Zustandekommen dieses ersten Bandes der neuen Buchreihe „Nachrichtentechnik" in allen seinen Phasen sehr gefördert und bezüglich Satz, Druck und Illustration wieder für ein hervorragendes Ergebnis gesorgt.

München, im Sommer 1977   M. Marko

Inhaltsverzeichnis

Teil 2, Mehrdimensionale Systeme

Symbolverzeichnis

t	kontinuierliche Zeitvariable
$t_0, T, \tau, \Delta t$	Zeitparameter
$u(t)$	allgemeine Zeitfunktion
$u_+(t), u_-(t)$	einseitige Zeitfunktion für positiven bzw. negativen Zeitbereich
$u_\mathrm{p}(t), u_\mathrm{d}(t), u_\mathrm{f}(t)$	periodische, diskrete, finite Zeitfunktion
$\{u(k\Delta t)\}$	abgetastete Zeitfunktion im Sinne der z-Transformation
$\{u_k\}_N$	Grundfolge der finiten Zeitfunktion
f, ω	reelle, kontinuierliche Frequenzvariable
f_0, ω_0, f	reelle Frequenzparameter
p, q, λ	komplexe Frequenzvariable
z, z_p, z_q, z_i	komplexe Variable der z-Transformation
$U(f), U(p), U(\lambda)$	Spektralfunktion
$U_\mathrm{F}(f)$	Fourier-Spektrum
$U_\mathrm{L}(p)$	Laplace-Spektrum
$U(p, q), U(\lambda, \lambda)$	Allgemeines Spektrum
$U_+(p), U_-(q)$	Teilspektren des Allgemeinen Spektrums
$U(z), U(z_p, z_q)$	z-Transformierte
$U_\mathrm{p}(f), U_\mathrm{d}(f), U_\mathrm{f}(f)$	Spektrum der periodischen, diskreten, finiten Zeitfunktion
$\{U_i\}_N$	Grundfolge des finiten Spektrums
$\boldsymbol{u, U, x, X, y, Y, s, S, f, r, f_r}$	Vektorgrößen (nur im Kapitel 7, 8, 9, sowie Teil 2)
$a(\omega)$	Dämpfungsfunktion
$b(\omega)$	Phasenfunktion
$s(t)$	Impulsantwort
$\sigma(t)$	Sprungantwort
$S(f), S(p), S(p, q), S(\lambda, \lambda)$	Systemfunktion
$\mathscr{F}, \mathscr{F}^{-1}$	Fourier-Transformationsoperator
$\mathscr{L}, \mathscr{L}^{-1}$	Laplace-Transformationsoperator
H	Hilbert-Transformationsoperator
$\circ\!\!-\!\!\bullet, \circ\!\!-\!\!^{F}\!\!\bullet, \circ\!\!-\!\!^{L}\!\!\bullet$	Korrespondenzzeichen der Spektraltransformationen
$\bullet\!\!\rightarrow$	Korrespondenzzeichen der Hilbert-Transformation
$\boldsymbol{F}, \boldsymbol{F}^{-1}$	diskrete Fouriertransformation in Matrixschreibweise
$\hat{g}$	Hilbert-Transformierte
$f(x) * g(x)$	Faltung
S^*	konjugiert komplexe Funktion zu S
Re, Im	Real-, Imaginärteil
$\boldsymbol{A, B}$	komplexe Größen (nur in Teil 1, Kapitel 1)
$j = \sqrt{-1}$	imaginäre Einheit

$[f(p)]_{p=a}$	Grenzübergang
$\delta(x), \delta'(x), \delta^{(n)}(x)$	Dirac-Impulsfunktion und ihre Ableitungen
$\gamma(x)$	Einheitssprungfunktion
$\mathrm{sgn}(x)$	Umpol-Funktion (Signum)
$\mathrm{rect}(x)$	Rechteckfunktion
$si(x)$	$\sin x/x$ Funktion
$\Phi(x)$	Gauß'sches Fehlerintegral

Speziell in Teil 2:

x, y, z	kontinuierliche Raumsignale
f_x, f_y, f_z	Ortsfrequenzen
f_t	Zeitfrequenz
$u(x, y, z, t)$	Raum-Zeitfunktion
$U(f_x, f_y, t_z, f_t)$	(totales) Spektrum von $u(x, y, z, t)$
$U^{xyt}(f_x, f_y, f_t)$	Teilspektrum von $u(x, y, z, t)$ bzgl. x, y, t
$\circ\!\!-\!\!\overset{xyt}{-}\!\!\bullet \quad \circ\!\!=\!\!=\!\!\bullet$	Fouriertransformation über x, y und t
r	Radius
f_r	radiale Raumfrequenz
$\overset{x\ y}{*\,*}$	Faltung über x und y
$e_1(x, y, t)$	Erregung auf einer Schicht (Ursache)
$E_1(f_x, f_y, f_t)$	(totales) Spektrum der Erregung
$e_2(x, y, t)$	Erregung auf einer Schicht (Wirkung)
$E_2(f_x, f_y, f_t)$	(totales) Spektrum der Wirkung
$s(x, y, t)$	Punktimpulsantwort in der Ebene
$S(f_x, f_y, f_t)$	Systemfunktion (Ebene-Zeit)
$s(x, y, z, t)$	Punktimpulsantwort im Raum
$S(f_x, f_y, f_t)$	Systemfunktion (Raum-Zeit)
A	Kopplungskoeffizienten
$q(x, y, t)$	allg. Orts-Zeitfunktion
$Q(f_x, f_y, f_t)$	(totales) Spektrum von $q(x, y, t)$
ζ, η, λ	Integrationsvariable
ΔV	Orts-Zeit-Volumen
ΔV_f	Frequenzvolumen
$\gamma(x, y, t)$	Einheitssprung in Ort und Zeit
$\sigma(x, y, t)$	Sprungantwort in Ort und Zeit
$g_x(x), g_y(y)$	Komponenten separierbarer Funktionen
$G_x(f_x), G_y(f_y)$	zugehörige Spektren
J_n	Besselfunktion n-ter Ordnung
g_M, g_e, g_r, g_D	2-dimensionale Musterfunktionen
G_M, G_e, G_r, G_D	zugehörige Spektren
T, T_γ	Translationsfaktoren
R	Rotationsfaktor
Δu	Laplace-Operator $\dfrac{\partial^2 u}{\partial x^2} + \dfrac{\partial^2 u}{\partial y^2} + \dfrac{\partial^2 u}{\partial z^2}$
C, S	Fresnel'sche Integrale
η, κ	Frequenzvariable
λ	Wellenlänge

Teil 1
Eindimensionale Systeme

1 Zeitfunktion und Spektrum

Die harmonische Analyse ermöglicht die Darstellung beliebiger Zeitfunktionen durch eine Summe harmonischer Schwingungen, die als Spektrum bezeichnet wird. Diese spektrale Darstellung von Zeitfunktionen bildet die Grundlage für die Analyse und Synthese linearer Systeme im Sinne der Systemtheorie. In diesem 1. Abschnitt soll der Zusammenhang zwischen Zeitfunktion und Spektrum hergeleitet werden. Von der harmonischen Schwingung ausgehend, wird die spektrale Darstellung periodischer Zeitfunktionen mit Hilfe der Fourier-Reihe beschrieben. Danach wird das Fourier-Integral zur spektralen Darstellung einmaliger Vorgänge abgeleitet. Darauf aufbauend werden die beiden üblichen Verfahren, nämlich die Laplace- und die Fourier-Transformation hergeleitet und ihre Darstellungsmöglichkeiten diskutiert. Der Bereich darstellbarer Funktionen ist bei beiden Verfahren in verschiedener Weise eingeschränkt. Deshalb wird im 2. Abschnitt eine Allgemeine Spektraltransformation, die beide Verfahren umfaßt, definiert und beschrieben.

An verschiedenen Stellen dieses Abschnittes werden aus Darstellungsgründen komplexe Größen durch Fettdruck (z. B. $A, u(t)$) besonders gekennzeichnet. Im weiteren Verlauf dieses Buches wird darauf verzichtet, soweit aus den Gleichungen und Definitionen der Typ der Größe (reell, komplex) eindeutig hervorgeht.

Im folgenden wird der kleine Buchstabe u für die Zeitfunktion und der große Buchstabe U für das zugehörige Spektrum benutzt. u kann hierbei eine Spannung, ein Strom, ein Schalldruck oder eine andere zeitabhängige physikalische Größe bedeuten.

Für die Bezeichnungsweise des Spektrums ist anzumerken, daß als Frequenzvariable wahlweise die Frequenz f, die Kreisfrequenz $\omega = 2\pi f$ und im weiteren Verlauf des Buches die komplexe Frequenz $\lambda = \alpha + j\omega$ oder $p = \alpha + j\omega$ benutzt werden.

Das Spektrum kann daher in mehreren Formen ausgedrückt werden, nämlich $U(f)$, $U(\omega)$, $U(p)$ und $U(\lambda)$, was so zu verstehen ist, daß $\lambda = p = j\omega = j2\pi f$ substituiert wurde und nicht — wie man formal folgern könnte — $\lambda = p = j\omega = j2\pi f$ gilt.

1.1 Die harmonische Schwingung

Die harmonische Schwingung bildet die Grundlage der spektralen Darstellung wie auch der komplexen Rechnung. Sie soll daher zuerst besprochen werden. Eine Sinusschwingung beliebiger Frequenz, Amplitude und Phase läßt sich formal in

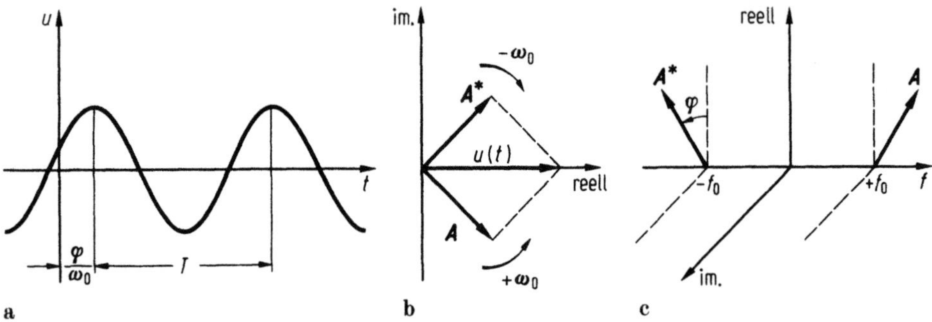

Bild 1.1a–c. Darstellungsformen der harmonischen Schwingung. (a) Reelle Darstellung; (b) komplexe Darstellung; (c) spektrale Darstellung

zwei verschiedenen Weisen beschreiben, nämlich reell

$$u(t) = A \cos\omega_0 t + B \sin\omega_0 t, \tag{1.1}$$

$$u(t) = C \cos(\omega_0 t - \varphi) \tag{1.2}$$

oder komplex

$$u(t) = \frac{C}{2} e^{-j\varphi} e^{j\omega_0 t} + \frac{C}{2} e^{+j\varphi} e^{-j\omega_0 t}. \tag{1.3}$$

Betrachten wir zunächst die beiden reellen Darstellungen (1.1) und (1.2). Bild 1.1 zeigt hierfür die Zeitverläufe. Die Kreisfrequenz

$$\omega_0 = 2\pi f_0 = \frac{2\pi}{T}$$

ist durch die Periode T, die Zeitverschiebung des ersten Maximums bei $t_0 = \varphi/\omega_0$ durch den Nullphasenwinkel φ gegeben. Die Koeffizienten A und B einerseits oder C und φ andererseits lassen sich leicht über trigonometrische Beziehungen gegenseitig umrechnen. Entwickeln wir nämlich (1.2) nach dem Additionstheorem der cos-Funktion, so erhalten wir

$$u(t) = C \cos\omega_0 t \cos\varphi + C \sin\omega_0 t \sin\varphi.$$

Ein Koeffizientenvergleich mit (1.1) ergibt unmittelbar

$$A = C \cos\varphi, \tag{1.4}$$

$$B = C \sin\varphi. \tag{1.5}$$

Sind jedoch die Koeffizienten A und B bekannt, so können wir hieraus durch Auflösen von (1.4) und (1.5) die Größen C und φ berechnen. Hierzu quadrieren wir diese beiden Gleichungen, addieren sie und erhalten somit

$$C = \sqrt{A^2 + B^2}. \tag{1.6}$$

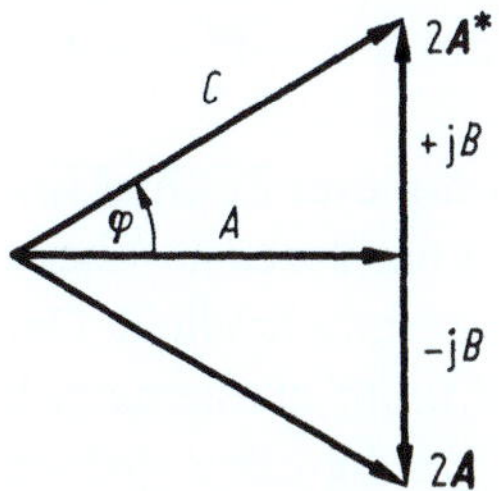

Bild 1.2. Zur Umrechnung der Koeffizienten

Bilden wir das Verhältnis (1.5)/(1.4) und lösen nach φ auf, so folgt

$$\varphi = \arctan\frac{B}{A}. \tag{1.7}$$

Die beiden reellen Darstellungsweisen (1.1) und (1.2) sind also äquivalent und können durch Umrechnung ihrer Koeffizienten ineinander übergeführt werden. Die komplexe Darstellung von (1.3) erhalten wir mit Hilfe der Eulerschen Formel

$$e^{jax} = \cos ax + j\sin ax. \tag{1.8}$$

Ersetzen wir hier nämlich x durch $-x$ und addieren bzw. subtrahieren unter Berücksichtigung der trigonometrischen Beziehungen

$$\cos(-ax) = \cos(ax), \quad \sin(-ax) = -\sin(ax)$$

die so entstehende Gleichung von (1.8), so erhalten wir

$$\cos ax = \frac{1}{2}(e^{jax} + e^{-jax}), \tag{1.9}$$

$$\sin ax = \frac{1}{2j}(e^{jax} - e^{-jax}). \tag{1.10}$$

Durch Einsetzen von (1.9) in (1.2) ergibt sich (1.3) unmittelbar. Nun führen wir die komplexen Koeffizienten ein

$$A = \frac{C}{2}e^{-j\varphi} = \frac{1}{2}(A - jB), \tag{1.11}$$

$$A^* = \frac{C}{2}e^{+j\varphi} = \frac{1}{2}(A + jB) \tag{1.12}$$

und schreiben damit kürzer

$$u(t) = A\,e^{j\omega_0 t} + A^*\,e^{-j\omega_0 t}. \tag{1.13}$$

Die komplexen Koeffizienten A und A^* — wir wollen sie komplexe Amplituden nennen — sind einander konjugiert komplex, wie (1.11) und (1.12) zeigen. Sie sind durch die beiden reellen Koeffizientenpaare A und B oder C und φ vollständig bestimmt. Die Umrechnung zwischen allen Koeffizienten, die durch (1.4)–(1.7), (1.11) und (1.12) gegeben ist, wird durch das Zeigerdiagramm in Bild 1.2 veranschaulicht. Ist $B = 0$, so wird $A = A^* = A/2$ reell, und es handelt sich in diesem

Fall um eine reine cos-Funktion. Ist umgekehrt $A = 0$, und somit $A = -A^* = -jB/2$ rein imaginär, liegt eine reine sin-Funktion vor.

In (1.13) wird die reelle Zeitfunktion $u(t)$ als Summe zweier komplexer Zeitfunktionen $A\,e^{j\omega_0 t}$ und $A^*\,e^{-j\omega_0 t}$ beschrieben. Jede von ihnen ist in der komplexen $j\omega$-Ebene durch einen rotierenden Zeiger darstellbar, wie dies Bild 1.1b veranschaulicht. Der Zeiger $A\,e^{j\omega_0 t}$ rotiert mit der Winkelgeschwindigkeit $+\omega_0$, d.h. im mathematisch positiven Sinne, während der Zeiger $A^*\,e^{-j\omega_0 t}$ mit der gleichgroßen, jedoch negativen Winkelgeschwindigkeit $-\omega_0$ rotiert. Da beide Zeiger für alle Zeitwerte t zueinander konjugiert komplex sind, ist ihre Summe nach (1.13) stets reell und gleich dem Augenblickswert $u(t)$ der reellen Zeitfunktion.

In der komplexen Darstellung bekommt die Kreisfrequenz ω_0 — und damit auch die Frequenz $f_0 = \omega_0/2\pi$ — die Bedeutung einer Winkelgeschwindigkeit im Gegensatz zur reellen Darstellung, bei der die Frequenz als Reziprokwert der Periode definiert war. Entsprechend den beiden gegenläufigen Zeigern von (1.13) hat eine Sinusschwingung zwei Frequenzen: eine positive $(+f_0)$ und eine negative $(-f_0)$ von gleichem Betrag. Dies zeigt die „spektrale" Darstellung von Bild 1.1, in der die beiden komplexen Amplituden A und A^* über der Frequenz aufgetragen sind. (Um die komplexen Größen mit Hilfe reeller Werte darstellen zu können, kann man ein Drei-Koordinaten-System wählen.) Negative Frequenzen sind also genauso sinnvoll wie positive und bedeuten eine Drehung der komplexen Schwingung im mathematisch negativen Sinne. In dieser Bedeutung soll im folgenden der Frequenzbegriff durchweg verstanden werden.

Durch die Angabe der komplexen Amplitude A und der Frequenz f_0 ist die Zeitfunktion $u(t)$ vollständig beschrieben. Die drei Darstellungen von Bild 1.1 sind daher als völlig gleichwertig anzusehen. Nun könnte man fragen, wozu die komplexe Darstellung dienlich sei, da sie scheinbar gegenüber der reellen Darstellung keine ersichtliche Vereinfachung bedeutet. Ihre Nützlichkeit ist durch die Zweckmäßigkeit der komplexen Rechnung — auch symbolische Methode genannt — gegeben. In der komplexen Rechnung substituiert man nämlich die reelle Funktion $u(t)$ durch die komplexe Zeitfunktion $\boldsymbol{u}(t)$, wobei

$$\boldsymbol{u}(t) = C\,e^{-j\varphi}\,e^{j\omega_0 t} = 2A\,e^{j\omega_0 t} \tag{1.14}$$

gesetzt wird. Es ist also gemäß (1.3) oder (1.13)

$$u(t) = \frac{1}{2}(\boldsymbol{u}(t) + \boldsymbol{u}^*(t)) = \mathrm{Re}\,\boldsymbol{u}(t). \tag{1.15}$$

Mit der komplexen Zeitfunktion $\boldsymbol{u}(t)$ läßt sich nun meist leichter rechnen als mit der ursprünglichen reellen Funktion $u(t)$. Der Grund dafür liegt darin, daß die e-Funktion beim Differenzieren und Integrieren wieder eine e-Funktion ergibt, also gewissermaßen invariant gegenüber diesen Operationen ist. Da lineare Netzwerke aus differenzierenden und integrierenden Schaltelementen zusammengesetzt sind und daher durch lineare Differentialgleichungen beschrieben werden können, tritt beim Einwirken einer Zwangskraft der Form (1.14) als Ursachenfunktion eine Wirkung der gleichen Form auf (stationäre Lösung). Kennt man diese Lösung, so erhält man die der konjugiert komplexen Funktion, die dem zweiten Anteil von (1.13) entspricht, indem man ω_0 durch $-\omega_0$ ersetzt. Da das Ergebnis dem ersten konjugiert komplex ist und da das Überlagerungsgesetz gilt, ist die Form von (1.15) auch für die Wirkungsfunktion gültig. Man erhält somit die gesuchte reelle Zeitfunktion aus der komplexen Rechenfunktion durch Realteilbildung.

1.2 Fourier-Reihe

Periodische Zeitfunktionen lassen sich durch die Summe einer trigonometrischen Reihe von sin- und cos-Schwingungen darstellen. Für eine periodische Zeitfunktion $u(t)$, wie z. B. Bild 1.3a zeigt, gilt die Reihe (für positive und ganzzahlige n)

$$u_R(t) = A_0 + \sum_{n=1}^{\infty} A_n \cos n\omega_0 t + \sum_{n=1}^{\infty} B_n \sin n\omega_0 t. \tag{1.16}$$

Hierbei ist die Grundfrequenz wiederum durch die Periode T der Zeitfunktion $u(t)$ gegeben, wobei

$$\omega_0 = 2\pi f_0 = \frac{2\pi}{T} \tag{1.17}$$

ist. Außer einem Gleichanteil, der durch A_0 gegeben ist, und der Grundfrequenz f_0 mit den Koeffizienten A_1 und B_1 finden wir nun sämtliche ganzzahlige Vielfache der Grundfrequenz vertreten, also z. B. die Frequenz $3f_0$ mit den Koeffizienten A_3 und B_3.

Die mittlere quadratische Abweichung — auch quadratischer Fehler genannt — der Fourier-Reihe $u_R(t)$ gegenüber $u(t)$ ist

$$M^2 = \frac{1}{T} \int_{-T/2}^{+T/2} (u(t) - u_R(t))^2 \, dt.$$

Sie strebt nun für $n \to \infty$ gegen 0 und damit $u_R(t) \to u(t)$, wenn für A_n und B_n die Fourier-Koeffizienten eingesetzt werden. Um diese Koeffizienten aus der Zeitfunk-

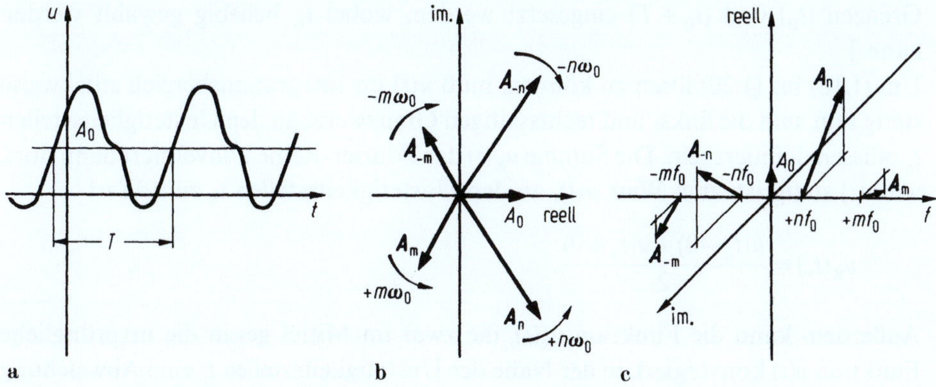

Bild 1.3a–c. Darstellungsformen der Fourier-Reihe. (a) Reelle Darstellung; (b) komplexe Darstellung; (c) spektrale Darstellung

tion $u(t)$ zu berechnen, macht man davon Gebrauch, daß die harmonischen sin- und cos-Funktionen „Orthogonalfunktionen" sind, bei denen das „innere Produkt" zweier nicht identischer Funktionen verschwindet. Unter innerem Produkt versteht man das bestimmte Integral über eine Periode des Produktes zweier Funktionen. Es ist also, wie man sich leicht überzeugen kann,

$$\frac{1}{T} \int_{-T/2}^{+T/2} \cos n\omega_0 t \cos m\omega_0 t \, \mathrm{d}t = 0,$$

$$\frac{1}{T} \int_{-T/2}^{+T/2} \cos n\omega_0 t \sin m\omega_0 t \, \mathrm{d}t = 0,$$

$$\frac{1}{T} \int_{-T/2}^{+T/2} \sin n\omega_0 t \sin m\omega_0 t \, \mathrm{d}t = 0$$

für $m \neq n$ und m, n ganzzahlig. Nimmt man dagegen $m = n$, so liefert das erste und das dritte Integral den Wert 1/2 (die sog. Norm, bei der das innere Produkt zweier gleicher Funktionen gebildet wird), während das zweite ebenfalls verschwindet. Aufgrund dieser Orthogonalitätseigenschaft lassen sich die Koeffizienten A_n und B_n bestimmen, indem man $u(t)$ mit $\cos n\omega_0 t$ bzw. $\sin n\omega_0 t$ multipliziert und über eine Periode integriert. Man erhält

$$A_0 = \frac{1}{T} \int_{-T/2}^{+T/2} u(t) \, \mathrm{d}t, \tag{1.18}$$

$$A_n = \frac{2}{T} \int_{-T/2}^{+T/2} u(t) \cos n\omega_0 t \, \mathrm{d}t, \tag{1.19}$$

$$B_n = \frac{2}{T} \int_{-T/2}^{+T/2} u(t) \sin n\omega_0 t \, \mathrm{d}t. \tag{1.20}$$

Der Gleichanteil A_0 ergibt sich als zeitlicher Mittelwert über eine Periode. [Bei den Integralen (1.18) bis (1.20) muß der Integrationsweg über eine Periode genommen werden. Anstelle der Grenzen $-T/2$ und $+T/2$ können auch die allgemeinen Grenzen (t_0) und $(t_0 + T)$ eingesetzt werden, wobei t_0 beliebig gewählt werden kann.]
Um (1.18) bis (1.20) lösen zu können, muß $u(t)$ im Integrationsbereich stückweise stetig sein, und die links- und rechtsseitigen Grenzwerte an den Unstetigkeitsstellen t_n müssen definiert sein. Die Summe $u_R(t)$ der Fourier-Reihe konvergiert dann dort, wo $u(t)$ stetig ist, zum Wert $u(t)$, an den Unstetigkeitsstellen t_n zum Wert

$$u_R(t_n) = \frac{u(t_n - 0) + u(t_n + 0)}{2}.$$

Außerdem kann die Funktion $u_R(t)$, die zwar im Mittel gegen die ursprüngliche Funktion $u(t)$ konvergiert, in der Nähe der Unstetigkeitsstellen t_n eine Abweichung aufzeigen, was jedoch erst anhand des später folgenden Beispieles diskutiert werden soll.

Entsprechend (1.2) können wir die Fourier-Reihe auch in der Form

$$u_{\mathrm{R}}(t) = A_0 + \sum_{n=1}^{\infty} C_n \cos(n\omega_0 t - \varphi_n) \qquad (1.21)$$

schreiben. Die Koeffizienten C_n und φ_n einer Frequenz sind mit Hilfe von (1.4) bis (1.7) mit den Koeffizienten A_n und B_n verbunden. Es liegt nun nahe, die Fourier-Reihe in Analogie zu (1.13) in komplexer Form zu schreiben. Wenn wir jede der cos-Schwingungen von (1.21) in der komplexen Form gemäß (1.13) ausdrücken, erhalten wir

$$u_{\mathrm{R}}(t) = \sum_{n=-\infty}^{+\infty} A_n \, \mathrm{e}^{jn\omega_0 t}. \qquad (1.22)$$

Da der Zählparameter n in (1.22) nun sämtliche ganzzahligen, positiven und negativen Werte annimmt, sind auch die negativen Frequenzen in dieser Darstellungsweise berücksichtigt. Hierbei müssen die komplexen Amplituden der gleichen (positiven und negativen) Frequenz konjungiert komplex sein:

$$A_{-n} = A_n^*. \qquad (1.23)$$

Für $n=0$ erhalten wir den (reellen) Gleichanteil A_0. Im übrigen gelten die Umrechnungsgleichungen (1.11) und (1.12) für den Zusammenhang mit den Koeffizienten A_n, B_n, bzw. C_n, φ_n. Danach ist also für $n>0$

$$A_n = \frac{1}{2}(A_n - jB_n), \qquad A_{-n} = \frac{1}{2}(A_n + jB_n). \qquad (1.24)$$

Setzen wir hierzu die Koeffizientenformeln (1.19) und (1.20) ein, so folgt

$$A_n = \frac{1}{T} \int_{-T/2}^{+T/2} u(t)\, \mathrm{e}^{-jn\omega_0 t}\, \mathrm{d}t. \qquad (1.25)$$

Hierbei wurde jeweils mit Hilfe der Eulerschen Formel (1.8) das cos- und sin-Glied einer Frequenz zusammengefaßt. (1.25) gilt für $n \geq 0$ und auch für $n=0$, schließt also (1.18) mit ein.

Wir finden somit, daß die komplexe Form der Fourier-Reihe gemäß (1.22) und (1.25) die kürzeste Schreibweise darstellt. Bild 1.3b zeigt entsprechend Bild 1.1b die „Drehzeiger"-Darstellung (1.22) in der komplexen Ebene. Wir haben nun eine Vielzahl von rotierenden Zeigern, deren Winkelgeschwindigkeiten ganzzahlige Vielfache der Winkelgeschwindigkeit ω_0 sind. Jeweils zwei Zeiger haben entgegengesetzt gleiche Winkelgeschwindigkeiten und konjungiert komplexe Amplituden, so daß ihre Summe stets reell ist.

Anhand dieser Darstellung können wir uns die Wirkungsweise der Koeffizientenformel (1.25) leicht veranschaulichen. Die Multiplikation von $u(t)$ mit $\mathrm{e}^{-jn\omega_0 t}$ entspricht nämlich einer zusätzlichen Drehung aller Zeiger von Bild 1.3b mit der Winkelgeschwindigkeit $(-n\omega_0)$. Hierbei kommt ein einziger Zeiger, nämlich der mit der Kreisfrequenz $(+n\omega_0)$ zum Stillstand, während alle anderen, wenn auch mit veränderter Winkelgeschwindigkeit, weiterrotieren. Das Integral über eine Periode wird daher nur vom Zeiger mit der Amplitude A_n bestimmt, da die anderen Zeiger im Integrationsintervall alle möglichen Phasenwerte annehmen und damit ihr Beitrag verschwindet. Bild 1.3c zeigt schließlich die spektrale Darstellung der Zeitfunktion, wobei die komplexen Koeffizienten A_n über der Frequenz f aufgetragen sind. Sie treten bei den positiven und negativen Vielfachen der Grundfrequenz f_0 auf. Wiederum sind die drei Darstellungen von Bild 1.3 äquivalent und beschreiben in vollständiger Weise die darzustellende Zeitfunktion.

Die Fourier-Reihe in der komplexen Form läßt sich auch auf die Potenzreihe mit steigenden und fallenden Potenzen, die sog. Laurent-Reihe zurückführen. Diese lautet

$$y(x) = \sum_{n=-\infty}^{+\infty} A_n x^n$$

für ganzzahlige n. Die Koeffizienten A_n der Reihe werden durch Integration über einen kreisförmigen Integrationsweg im Konvergenzgebiet von $y(x)$ berechnet.

$$A_n = \frac{1}{2\pi j} \oint \frac{y(x)}{x^{n+1}} \, \mathrm{d}x \, .$$

Mit der Substitution

$$x = \mathrm{e}^{j\omega_0 t}, \qquad \frac{\mathrm{d}x}{x^{n+1}} = \frac{\mathrm{e}^{j\omega_0 t} j\omega_0 \, \mathrm{d}t}{\mathrm{e}^{j\omega_0 t(n+1)}} = j\omega_0 \, \mathrm{e}^{-jn\omega_0 t} \, \mathrm{d}t$$

erhält man die komplexe Fourier-Reihe gemäß (1.22) und deren Koeffizienten gemäß (1.25):

$$y(t) = \sum_{n=-\infty}^{+\infty} A_n \, \mathrm{e}^{jn\omega_0 t},$$

$$A_n = \frac{\omega_0}{2\pi} \int_{-\pi/\omega_0}^{\pi/\omega_0} y(t) \, \mathrm{e}^{-jn\omega_0 t} \, \mathrm{d}t \, .$$

Wählte man vorher für den kreisförmigen Integrationsweg den Einheitskreis, so muß $\omega_0 t$ z. B. von $-\pi$ bis $+\pi$ laufen, d.h. für die Grenzen des Integrals sind die Werte $-\pi/\omega_0$ und $+\pi/\omega_0$ einzusetzen. Diese entsprechen nun wiederum unter Berücksichtigung von (1.17) den zeitlichen Grenzen $-T/2$ und $+T/2$.

Bild 1.4 zeigt einige besondere Eigenschaften der Fourier-Reihe. Ist $u(t)$ eine gerade Zeitfunktion, so daß $u(t) = u(-t)$ ist, so müssen die sin-Glieder in der reellen Darstellung verschwinden, da die sin-Funktion eine ungerade Funktion ist. Die Fourier-Reihe enthält dann nur noch Glieder der geraden cos-Funktion. Entsprechend gilt bei einer ungeraden Zeitfunktion, für die $u(t) = -u(-t)$ ist, daß die entsprechende Fourier-Reihe nur noch sin-Glieder enthält. Ein besonderer Fall ist dann gegeben, wenn die Zeitfunktion die Symmetrieeigenschaft $u(t) = -u(t + T/2)$ zeigt. Hierbei enthält die Fourier-Reihe nur ungeradzahlige Vielfache der Grundfrequenz.

Wie vorher schon erwähnt, lassen sich mit Hilfe der Fourier-Reihe auch unstetige Zeitfunktionen darstellen. Als Beispiel hierzu wird im folgenden die Entwicklung einer Rechteckschwingung in eine Fourier-Reihe besprochen. Weitere Beispiele oft benützter Zeitfunktionen sind im Abschnitt 10 zusammengestellt.

Zeitfunktion		Fourier-Reihe	
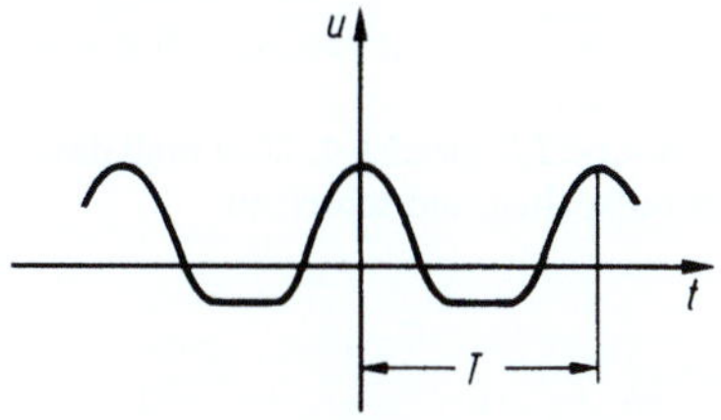 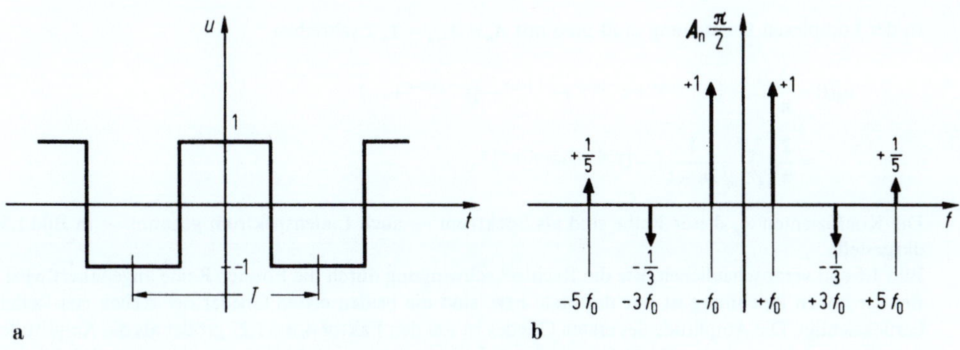	gerade Funktion $u(t) = u(-t)$	cos - Reihe	$B_n = 0$ $A_n = \tfrac{1}{2}A$ reell
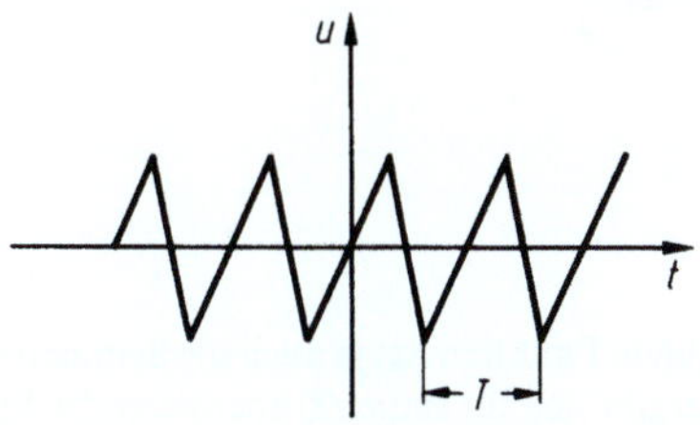	ungerade Funktion $u(t) = -u(-t)$	sin - Reihe	$A_n = 0$ $A_n = -j\,\tfrac{1}{2}B_n$ imaginär
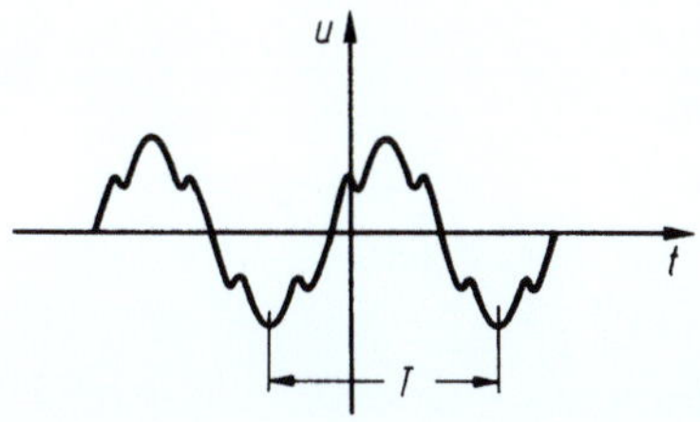	Halbwellen-Antimetrie $u(t) = -u\left(t + \tfrac{T}{2}\right)$	nur ungeradzahlige Vielfache der Grundfrequenz vorhanden	$A_n = 0$ für gerade n

Bild 1.4. Besondere Eigenschaften der Fourier-Reihe

a

b

Bild 1.5. Zeitfunktion und Spektrum einer Rechteckschwingung

Beispiel

Eine Rechteckschwingung nach Bild 1.5 ist in eine Fourier-Reihe zu entwickeln. Der Zeitnullpunkt wurde hierbei so gewählt, daß sich eine gerade Funktion ergibt. Es ist daher $B_n = 0$. Die Koeffizienten A_n der cos-Reihe sind gemäß (1.19) auszurechnen:

$$A_n = \frac{2}{T} \int_{-T/2}^{+T/2} u(t)\, \cos n\omega_0 t \, \mathrm{d}t .$$

Da unter dem Integral eine gerade Funktion steht, kann man auch schreiben

$$A_n = \frac{4}{T} \int_0^{+T/2} u(t)\cos n\omega_0 t \, \mathrm{d}t .$$

Nun ist $u(t)$ im Bereich $0 < t < T/4$ gleich 1 und im Bereich $T/4 < t < T/2$ gleich -1. Man muß daher das Integral wegen der Unstetigkeitsstelle bei $T/4$ in zwei Teile aufspalten und schreiben

$$A_n = \frac{4}{T} \int_0^{T/4} 1\cos n\omega_0 t \, \mathrm{d}t + \frac{4}{T} \int_{T/4}^{T/2} (-1)\cos n\omega_0 t \, \mathrm{d}t$$

$$= \frac{4}{Tn\omega_0} \left(\sin n\omega_0 t \Big|_0^{T/4} - \sin n\omega_0 t \Big|_{T/4}^{T/2} \right) = \frac{4}{Tn\omega_0} 2\sin n\omega_0 \frac{T}{4} .$$

Beachtet man die Beziehung $\omega_0 T = 2\pi$, so folgt

$$A_n = \frac{4}{\pi n} \sin n \frac{\pi}{2} .$$

Für geradzahlige n, also $n = 2, 4, \ldots$, wird $A_n = 0$. Die betrachtete Funktion hat ja auch die Symmetrieeigenschaft des dritten Falles von Bild 1.4. Für ungerades n ergibt sich für $\sin(n\pi/2)$ alternierend $+1$ und -1, so daß gilt

$$A_n = \begin{cases} +\dfrac{4}{\pi} \cdot \dfrac{1}{n} & \text{für} \quad n = 1, 5, 9, \ldots, \\[2ex] -\dfrac{4}{\pi} \cdot \dfrac{1}{n} & \text{für} \quad n = 3, 7, 11, \ldots . \end{cases}$$

Somit lautet die Reihe

$$u_\mathrm{R}(t) = \frac{4}{\pi} (\cos\omega_0 t - \tfrac{1}{3}\cos 3\omega_0 t + \tfrac{1}{5}\cos 5\omega_0 t - \ldots)$$

$$= \frac{4}{\pi} \sum_{n=1}^{\infty} \frac{1}{2n-1} (-1)^{(n-1)} \cos(2n-1)\omega_0 t .$$

In der komplexen Darstellung muß man mit $A_n = A_{-n} = A_n/2$ schreiben

$$u_\mathrm{R}(t) = \frac{2}{\pi} (\ldots - \tfrac{1}{3}\mathrm{e}^{-\mathrm{j}3\omega_0 t} + \mathrm{e}^{-\mathrm{j}\omega_0 t} + \mathrm{e}^{+\mathrm{j}\omega_0 t} - \tfrac{1}{3}\mathrm{e}^{+\mathrm{j}3\omega_0 t} + \ldots)$$

$$= \frac{2}{\pi} \sum_{n=-\infty}^{+\infty} \frac{1}{2n-1} (-1)^{(|n|-1)} \mathrm{e}^{\mathrm{j}\omega_0(2n-1)t} .$$

Die Koeffizienten A_n dieser Reihe sind als Spektrum — auch Linienspektrum genannt — in Bild 1.5 dargestellt.

Bild 1.6 soll veranschaulichen, wie die Rechteckschwingung durch die Fourier-Reihe angenähert wird. Bei der linken Zeichnung ist nur das erste bzw. sind die beiden ersten Glieder der reellen cos-Reihe berücksichtigt. Die Amplitude des ersten Gliedes ist um den Faktor $4/\pi = 1{,}27$ größer als die Amplitude der Rechteckschwingung. Das nächste Glied bringt schon eine bessere Annäherung durch eine wellenförmige Funktion, wobei ein Überschwingen auftritt. Bei vielen Gliedern wird die Annäherung im Bereich der konstanten Teile der Rechteckfunktion immer besser. Das Überschwingen verschwindet jedoch nicht, aber es konzentriert sich mit zunehmendem n immer mehr auf den Bereich der Sprungstellen, wobei die Amplitude der maximalen Überschwinger konstant 9% der Sprungamplitude beträgt. Diese als Gibbssches Phänomen bezeichnete Erscheinung vermindert sich, wenn die Reihe nicht plötzlich, sondern unter abnehmender Berücksichtigung einer Anzahl weiterer Glieder abgebrochen wird. Trotz dieser absoluten Abweichung strebt jedoch der mittlere quadratische Fehler der nach dem n-ten Glied abgebrochenen Fourier-Reihe gegen 0 für $n \to \infty$, d. h. es gilt

$$\lim_{n \to \infty} \frac{1}{T} \int_{-T/2}^{+T/2} |(u_\mathrm{R}(t) - u(t))|^2 \, \mathrm{d}t = 0 .$$

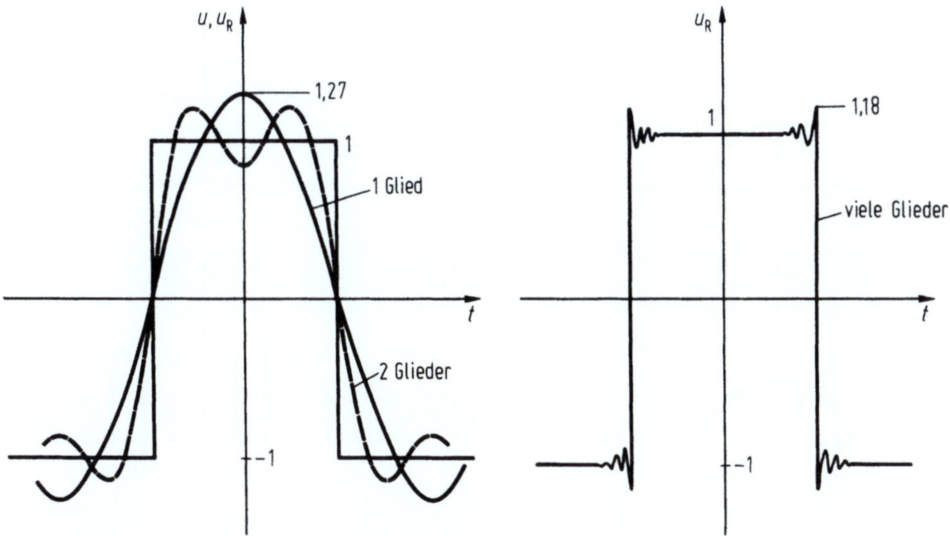

Bild 1.6. Annäherung einer Rechteckschwingung durch die Fourier-Reihe

Soll die Rechteckschwingung als ungerade Funktion dargestellt werden, so muß man den Zeitnullpunkt von Bild 1.5a um eine viertel Periode nach rechts verschieben. Dann lautet die entsprechende Fourier-Reihe

$$u'_R(t) = \frac{4}{\pi}(\sin\omega_0 t + \tfrac{1}{3}\sin 3\omega_0 t + \tfrac{1}{5}\sin 5\omega_0 t + \ldots) = \frac{4}{\pi}\sum_{n=1}^{\infty}\frac{1}{2n-1}\sin(2n-1)\omega_0 t.$$

Wie im ersten Fall nehmen die Spektralkoeffizienten umgekehrt proportional zur Frequenz ab, sie haben jedoch kein alternierendes Vorzeichen.
In der komplexen Darstellung muß man mit $A_n = -\mathrm{j}(B_n/2)$ und $A_{-n} = +\mathrm{j}(B_n/2)$ schreiben

$$u'_R(t) = \frac{2}{\pi}(\ldots + \mathrm{j}\tfrac{1}{3}\mathrm{e}^{-\mathrm{j}3\omega_0 t} + \mathrm{j}\mathrm{e}^{-\mathrm{j}\omega_0 t} - \mathrm{j}\mathrm{e}^{+\mathrm{j}\omega_0 t} - \mathrm{j}\tfrac{1}{3}\mathrm{e}^{+\mathrm{j}3\omega_0 t} - \ldots)$$

$$= \frac{2\mathrm{j}}{\pi}\sum_{n=-\infty}^{+\infty}\frac{-1}{2n-1}\mathrm{e}^{\mathrm{j}(2n-1)\omega_0 t}.$$

1.3 Fourier-Integral

Mit Hilfe der Fourier-Reihe kann man periodische Zeitvorgänge als Summe von harmonischen Schwingungen darstellen. Hat man jedoch aperiodische Zeitvorgänge, so ist das Fourier-Integral die entsprechende Darstellungsmethode.
Im folgenden wollen wir das Fourier-Integral zunächst ableiten. Wir betrachten den einmaligen aperiodischen Zeitvorgang $u(t)$, von dem wir annehmen, daß er nur innerhalb eines Zeitbereiches T vorhanden ist und außerhalb verschwindet (Bild 1.7a). Setzen wir nun $u(t)$ außerhalb T periodisch fort, so erhalten wir $u_T(t)$ und hierfür eine Fourier-Reihe nach (1.26). Hierbei ist $u_T(t)$ mit $u(t)$ innerhalb T identisch, erscheint jedoch außerhalb T periodisch fortgesetzt, wie dies Bild 1.7a

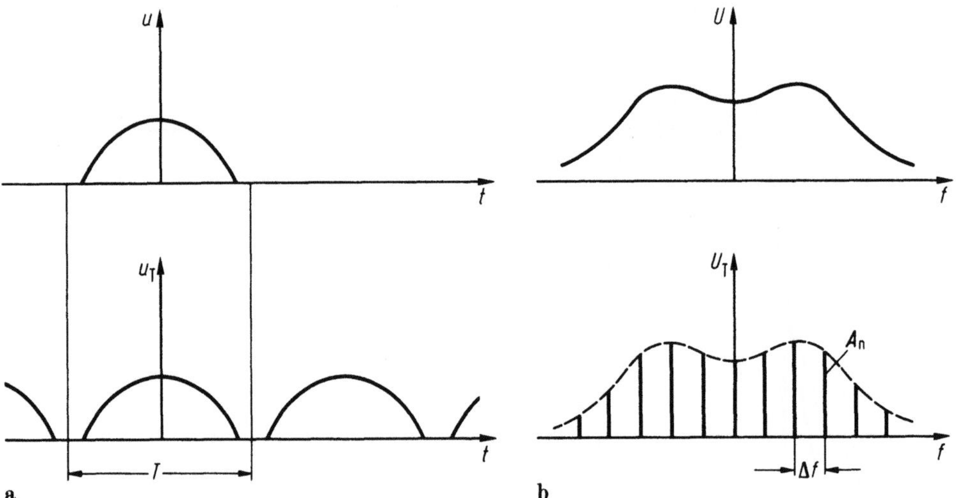

Bild 1.7a u. b. Der Grenzübergang zum Fourier-Integral. (a) Zeitfunktion; (b) Spektrum

zeigt. Die Fourier-Reihe für $u_T(t)$ lautet

$$u_T(t) = \sum_{n=-\infty}^{+\infty} A_n \, e^{j 2 \pi n \frac{t}{T}}. \tag{1.26}$$

Die Grundfrequenz dieser Reihe sei mit

$$\Delta f = \frac{1}{T} \tag{1.27}$$

bezeichnet. Bild 1.7b zeigt in der spektralen Darstellung die komplexen Koeffizienten A_n (nur schematisch angedeutet), die mit dem Abstand der Grundfrequenz Δf auftreten. Für diese Koeffizienten gilt nach (1.25)

$$A_n = \frac{1}{T} \int_{-T/2}^{+T/2} u(t) e^{-j 2 \pi n \frac{t}{T}} dt. \tag{1.28}$$

Wir können nun die periodisch ergänzte Funktion $u_T(t)$ wieder in die ursprüngliche Zeitfunktion $u(t)$ überführen, indem wir in einem Grenzübergang die Periode T gegen ∞ gehen lassen. Dadurch werden die periodischen Fortsetzungsteile von $u_T(t)$ nach beiden Seiten ins Unendliche geschoben und können im endlichen Zeitbereich nicht mehr stören.

Es fragt sich nun, was hierbei mit der spektralen Darstellung geschieht. Zunächst erkennen wir durch (1.27), daß sich der Frequenzabstand Δf der Koeffizienten A_n verkleinert, und zwar umgekehrt proportional mit T; d. h. Δf wird halbiert, wenn wir T verdoppeln. Betrachten wir nun den Koeffizienten A_n bei einer bestimmten Frequenz

$$f = n \Delta f = \frac{n}{T}. \tag{1.29}$$

(1.28) zeigt uns, daß er umgekehrt proportional zu T ist, da das Integral immer den gleichen Wert liefert, sofern wir $f=n/T$ konstant halten. [Wir haben ja von der Zeitfunktion $u(t)$ vorausgesetzt, daß sie im Außenbereich verschwindet, so daß eine Vergrößerung der Grenzen den Wert des bestimmten Integrals nicht verändert.] Wir stellen also fest: Bei einer Vergrößerung von T werden die Koeffizienten A_n kleiner, sie folgen dafür aber dichter aufeinander. Daher sind beim durchzuführenden Grenzübergang $T\to\infty$ nicht die Koeffizienten A_n selbst, sondern ihre auf die Frequenz bezogene spektrale Dichte $A_n/\Delta f$ zu betrachten. Diese strebt für $\Delta f\to 0$ einem Grenzwert $U(f)$ zu, den wir die Spektralfunktion oder kurz das Spektrum nennen wollen. Es ist also

$$U(f)=\lim_{\Delta f\to 0}\left(\frac{A_n}{\Delta f}\right)=\lim_{T\to\infty}(A_n\,T). \tag{1.30}$$

Damit wird aus (1.28) unter Berücksichtigung von (1.27) und (1.29)

$$U(f)=\int_{-\infty}^{+\infty}u(t)\,\mathrm{e}^{-\mathrm{j}2\pi ft}\,\mathrm{d}t. \tag{1.31}$$

Dies ist das erste Fouriersche Integral. Das zweite erhalten wir, indem wir in (1.26) die spektrale Dichte einführen und somit schreiben

$$u_T(t)=\sum_{n=-\infty}^{+\infty}\frac{A_n}{\Delta f}\left(\mathrm{e}^{\mathrm{j}2\pi n\frac{t}{T}}\right)\Delta f. \tag{1.32}$$

Beim Grenzübergang, der $u_T(t)$ in $u(t)$ überführt, so daß

$$u(t)=\lim_{T\to\infty}u_T(t)=\lim_{\Delta f\to 0}u_T(t) \tag{1.33}$$

gilt, können wir Δf durch die Infinitesimalgröße $\mathrm{d}f$ und die Summe von (1.32) durch ein Integral ersetzen. Führen wir noch (1.29) ein und ersetzen $A_n/\Delta f$ gemäß (1.30) durch $U(f)$, so folgt das zweite Fouriersche Integral

$$u(t)=\int_{-\infty}^{+\infty}U(f)\,\mathrm{e}^{\mathrm{j}2\pi ft}\,\mathrm{d}f. \tag{1.34}$$

Die beiden symmetrischen Integralgleichungen (1.31) und (1.34) stellen den Zusammenhang zwischen der Zeitfunktion $u(t)$ und ihrem Spektrum $U(f)$ dar. Mit (1.31) erhalten wir aus einer gegebenen Zeitfunktion das zugehörige Spektrum $U(f)$ durch die Auswertung eines bestimmten Integrals über die Zeit t, wobei die Frequenz f als Parameter gilt. Wir stellen fest, daß zur Bestimmung eines Wertes $U(f_0)$ der Funktion $U(f)$ die gesamte Zeitfunktion $u(t)$ benötigt wird. Entsprechendes gilt für die Berechnung eines Funktionswertes der Zeitfunktion $u(t_0)$ aus einem gegebenen Spektrum $U(f)$ nach (1.34). Die beiden Fourierschen Integrale unterscheiden sich nur durch das Vorzeichen im Exponenten; man spricht daher von einer reziproken Integraltransformation. Da der Zusammenhang zwischen $u(t)$ und $U(f)$ eindeutig und umkehrbar ist, sind Zeitfunktion und Spektrum gleichberechtigte Darstellungen des betreffenden Vorgangs. Man wird, je nach Zweckmäßigkeit, die eine oder die andere Darstellung verwenden.

Für die Berechnung der Spektralfunktion gelten bezüglich der Eigenschaften der zugehörigen Zeitfunktion $u(t)$ die gleichen Bedingungen wie für die Berechnung der Koeffizienten der Fourier-Reihe; d.h. $u(t)$ muß stückweise stetig und die Grenzwerte $u(t_n - 0)$ bzw. $u(t_n + 0)$ müssen an den Unstetigkeitsstellen t_n definiert sein.

Die Spektralfunktion hängt mit den Koeffizienten A_n der entsprechenden Fourier-Reihe durch (1.30) zusammen. Damit ist $U(f)$ definitionsgemäß eine spektrale Dichte und hat beispielsweise die Dimension Spannung/Frequenz (Einheit: V/Hz), wenn $u(t)$ und damit auch die Koeffizienten A_n die Dimension einer Spannung haben (Einheit: V). Man kann (1.30) auch umkehren und die Koeffizienten A_n der Fourier-Reihe für $u_T(t)$ aus der für $u(t)$ berechneten Spektralfunktion $U(f)$ wie folgt bestimmen:

$$A_n = \frac{1}{T} U\left(\frac{n}{T}\right). \tag{1.35}$$

Die Richtigkeit von (1.35) erkennt man unmittelbar durch Vergleich von (1.28) mit (1.31).

Bei der Ableitung des Fourier-Integrals hatten wir zunächst vorausgesetzt, daß die Zeitfunktion $u(t)$ außerhalb eines Zeitbereiches T verschwindet, d.h. wir hatten uns in diesem Fall auf zeitbegrenzte Vorgänge beschränkt. Ein Versuch, diese Voraussetzung fallen zu lassen, stößt zunächst auf Schwierigkeiten. Wir erkennen das aus Bild 1.7. Wenn die Zeitfunktion $u(t)$ sich nach einer oder nach beiden Seiten ins Unendliche erstreckt, wird es nicht mehr möglich sein, eine periodische Fortsetzung $u_T(t)$ zu finden, bei der die Fortsetzungsteile ins Unendliche geschoben werden können, ohne den endlichen Bereich zu stören. Die Folge davon ist, daß das Fourier-Integral bei stationären Vorgängen nicht konvergiert.

Betrachten wir z.B. das Gleichsignal (Konstante), also die Zeitfunktion

$$u(t) = 1, \tag{1.36}$$

und versuchen wir das zugehörige Spektrum auszurechnen. (1.31) liefert

$$U(f) = \int_{-\infty}^{+\infty} 1\, e^{-j2\pi ft}\, dt = \frac{(-1)}{j2\pi f}(e^{-j\infty} - e^{+j\infty}) = \frac{1}{\pi f}\sin(\infty).$$

Dieser Ausdruck ist unbestimmt, da er wegen des Faktors $\sin(\infty)$ zwischen den Grenzen $\pm 1/(\pi f)$ schwanken kann.

Aus diesen Gründen ist das Fourier-Integral in der Form von (1.31) zunächst nur auf absolut integrierbare Zeitfunktionen anwendbar, die der Bedingung

$$\int_{-\infty}^{+\infty} |u(t)|\, dt < \infty \tag{1.37}$$

genügen. Ebenso konvergiert das Fourier-Integral auch stets bei energiebegrenzten Signalen, für die

$$\int_{-\infty}^{+\infty} |u(t)|^2\, dt < \infty \tag{1.38}$$

gilt. Die spektrale Darstellung aperiodischer Vorgänge mit einer stationären Komponente, die diesen Bedingungen nicht genügen, ist aber für viele Fragestellungen wichtig. Man hat daher Methoden entwickelt, die die Konvergenz des Fourier-Integrals erzwingen. Die im folgenden behandelten beiden Verfahren der Fourier-Transformation und der Laplace-Transformation erreichen das in etwas verschiedener Weise.

1.4 Fourier-Transformation

Der Anwendungsbereich der Systemtheorie wäre stark eingeengt, falls die spektrale Darstellung mittels Fourier-Integral auf die Klasse der „absolut integrierbaren" Funktionen $u(t)$ beschränkt bliebe und somit stationäre oder anklingende Zeitfunktionen nicht erfaßbar wären. Die Fourier-Transformation gibt nun Methoden an, mit denen für die meisten der nicht „absolut integrierbaren" Funktionen $u(t)$ die Konvergenz des Fourier-Integrals erzwungen und damit ihre spektrale Darstellungsweise ermöglicht wird.

Betrachten wir als einfaches Beispiel die Zeitfunktion

$$u(t) = 1, \qquad -\infty \leqq t \leqq +\infty,$$

gemäß Bild 1.8a, die — physikalisch gesehen — das Gleichsignal repräsentiert und nicht absolut integrierbar ist. Die Konvergenz des Fourier-Integrals für $u(t)$ kann nun dadurch erreicht werden, daß wir $u(t)$ mit einer Hilfsfunktion $g(\varepsilon, t)$, auch Dämpfungsfunktion oder Konvergenzfaktor genannt, multiplizieren, so daß das Produkt $u(t)\,g(\varepsilon, t)$ für $t \to \infty$ gegen 0 strebt. Wählen wir nun

$$g(\varepsilon, t) = \mathrm{e}^{-\varepsilon|t|}, \qquad \varepsilon > 0,$$

so konvergiert das Fourier-Integral für $u(t)\,g(\varepsilon, t)$ nicht nur bei stationären, sondern auch bei anklingenden Potenzfunktionen $u(t) = at^n$ gegen 0, da die Exponentialfunktion für $t \to \infty$ stärker gegen 0 strebt als at^n. Außerdem können wir nach der Integration die erhaltene Spektralfunktion $U(f, \varepsilon)$ durch den Grenzübergang

$$U_{\mathrm{F}}(f) = \lim_{\varepsilon \to 0} U(f, \varepsilon)$$

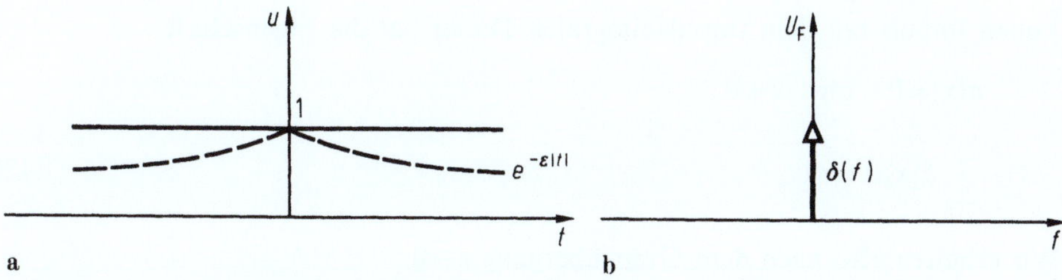

Bild 1.8a u. b. Das Gleichsignal. (a) Zeitfunktion; (b) Spektrum

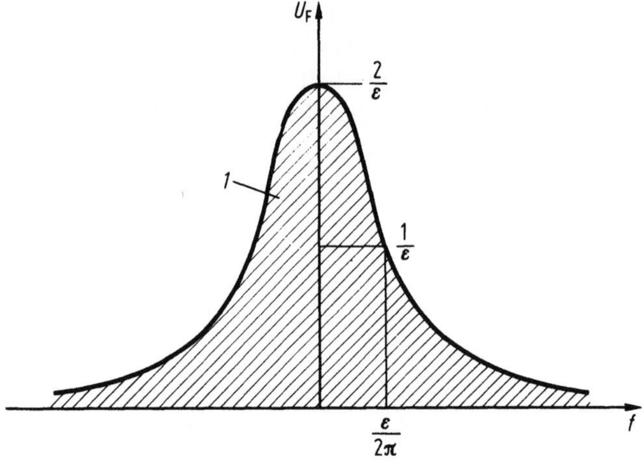

Bild 1.9. Spektrum des Gleichsignals bei Anwendung des Konvergenzfaktors

wieder von der Dämpfungsfunktion befreien, da für $\varepsilon \to 0$ $\lim e^{(-\varepsilon|t|)} = 1$ ist. Wenden wir also das Fourier-Integral auf $u(t)\,e^{-\varepsilon|t|}$ an, wobei $u(t) = 1$ sei, so erhalten wir

$$U_{\mathrm{F}}(f) = \lim_{\varepsilon \to 0} \left(\int_{-\infty}^{0} e^{\varepsilon t}\, e^{-\mathrm{j}2\pi ft}\,\mathrm{d}t + \int_{0}^{\infty} e^{-\varepsilon t}\, e^{-\mathrm{j}2\pi ft}\,\mathrm{d}t \right). \tag{1.39}$$

Die Integrale konvergieren, und wir bekommen

$$U_{\mathrm{F}}(f) = \lim_{\varepsilon \to 0} \left(\frac{1}{\varepsilon - \mathrm{j}2\pi f} + \frac{1}{\varepsilon + \mathrm{j}2\pi f} \right) = \lim_{\varepsilon \to 0} \frac{2\varepsilon}{\varepsilon^2 + 4\pi^2 f^2}. \tag{1.40}$$

Diese Spektralfunktion ist für endliches ε in Bild 1.9 dargestellt. Sie ist ein glockenförmiger Impuls mit dem Maximalwert $2/\varepsilon$ bei $f = 0$. Der halbe Maximalwert von $1/\varepsilon$ wird bei der Frequenz $f = \varepsilon/2\pi$ erreicht. Das Impulsintegral — definiert als $\int_{-\infty}^{+\infty} U_{\mathrm{F}}(f)\,\mathrm{d}f$ — ist unabhängig von ε und beträgt

$$\int_{-\infty}^{+\infty} U_{\mathrm{F}}(f)\,\mathrm{d}f = 1. \tag{1.41}$$

Führen wir nun den Grenzübergang $\varepsilon \to 0$ durch, so stellen wir fest, daß der Impuls unter Bewahrung seiner Fläche immer höher und schmäler wird. Im Grenzfall geht er in den sogenannten Dirac-Impuls über, einen unendlich schmalen und unendlich hohen Impuls mit dem Impulsintegral 1. Dieser hat die Eigenschaft

$$\delta(x) = 0 \quad \text{für} \quad x \neq 0,$$

$$\int_{-\infty}^{+\infty} \delta(x)\,\mathrm{d}x = 1. \tag{1.42}$$

Wir erhalten also nach dem Grenzübergang $\varepsilon \to 0$

$$U_{\mathrm{F}}(f) = \delta(f) \tag{1.43}$$

und haben damit die spektrale Darstellung des Gleichsignals gefunden. Der Dirac-Impuls ist also offenbar die richtige Darstellung der Spektrallinie, die wir beim Gleichsignal bei der Frequenz $f=0$ erwarten müssen. Er wird — wie in Bild 1.8 — symbolisch durch einen Pfeil dargestellt. Wenn anstelle der Frequenz f die Kreisfrequenz ω mit $\omega=2\pi f$ verwendet wird, gilt für die δ-Funktion

$$\delta(f)=2\pi\delta(\omega).$$

Daher können wir für (1.43) auch schreiben

$$U_\text{F}(\omega)=2\pi\delta(\omega).[1]$$

Eine mathematisch exakte und noch allgemeinere Definition des Dirac-Impulses liefert die von Schwartz entwickelte Theorie der Distributionen (siehe Abschnitt 10.1). Danach ist $\delta(x)$ durch das bestimmte Integral

$$\int\limits_{-\infty}^{+\infty}\delta(x)g(x)\,\mathrm{d}x=g(0) \tag{1.44}$$

definiert, wobei $g(x)$ eine beliebige in $x=0$ stetige Funktion sei. Durch diese Definition mit Hilfe eines Integrals wird man von einer speziellen Form wie beim Grenzübergang nach (1.39) unabhängig. Setzt man speziell $g(x)=1$, so folgt die Aussage von (1.42).

Wir prüfen die Korrespondenz $u(t)=1$ und $U_\text{F}(f)=\delta(f)$ durch die Rücktransformation von $U_\text{F}(f)$ mit Hilfe des zweiten Fourier-Integrals (1.34) und erhalten

$$u(t)=\int\limits_{-\infty}^{+\infty}\delta(f)\mathrm{e}^{\mathrm{j}2\pi ft}\,\mathrm{d}f. \tag{1.45}$$

Unter Berücksichtigung von (1.44) ergibt sich

$$u(t)=\mathrm{e}^{\mathrm{j}2\pi t0}=1.$$

Es liegt nun nahe, nach der spektralen Darstellung des Dirac-Impulses als Zeitfunktion

$$u(t)=\delta(t) \tag{1.46}$$

zu fragen. Wir finden diese mit dem Fourier-Integral (1.31) und der Definition (1.44) zu

$$U_\text{F}(f)=\int\limits_{-\infty}^{+\infty}\delta(t)\mathrm{e}^{-\mathrm{j}2\pi ft}\,\mathrm{d}t=1. \tag{1.47}$$

Der zeitliche Dirac-Impuls hat also ein konstantes („weißes") Spektrum. Bei der Berechnung der Zeitfunktion aus dem Spektrum $U_\text{F}(f)=1$ können wir — analog zum Zeitbereich — auch einen Konvergenzfaktor $\mathrm{e}^{-\varepsilon|f|}$ im Frequenzbereich benutzen.

Die folgenden Beispiele sollen die praktische Anwendung dieser Korrespondenzen, insbesondere hinsichtlich der Dimensionen erläutern.

---

[1] Es gilt nämlich $\int\limits_{-\infty}^{\infty}2\pi\delta(\omega)\mathrm{d}f=\int\limits_{-\infty}^{\infty}\delta(\omega)\mathrm{d}\omega=1$. Bei der Substitution von f durch ω wurde das Spektrum nach der Vereinbarung von S. 1 mit dem gleichen Symbol $U_\text{F}(...)$ bezeichnet; dies gilt natürlich nicht für das eingeführte Funktionssymbol $\delta(...)$.

Beispiele

Gesucht sei das Spektrum eines Gleichsignals von $i(t) = 5$ A. Für eine mathematische Funktion $i(t) = 1$ ist es durch $I_F(f) = \delta(f)$ gegeben. Für die physikalische Funktion $i(t) = 5$ A gilt daher $I_F(f) = \delta(f) \cdot 5$ A, d.h. sowohl die Zeitfunktion als auch die zugehörige Spektralfunktion ist einfach mit dem Zahlen- und Einheitsfaktor 5 A zu multiplizieren.

$\delta(f)$ hat die reziproke Dimension einer Frequenz (Einheit: 1/Hz), da $\int\limits_{-\infty}^{+\infty} \delta(f)\,df = 1$ dimensionslos ist.

Die Dimension von $I_F(f)$ ist daher Strom/Frequenz (Einheit: A/Hz), wie es bei der Spektraldichte sein muß.

Im zweiten Beispiel habe ein kurzer Spannungsimpuls im Zeitpunkt $t = 0$ das Impulsintegral von 3 Vs. Damit gilt für die Zeitfunktion

$$u(t) = \delta(t)\, 3\,\mathrm{Vs},$$

denn es ist

$$\int\limits_{-\infty}^{+\infty} u(t)\,dt = 3\,\mathrm{Vs}.$$

$u(t)$ hat dabei die Dimension einer Spannung, da $\delta(t)$ die Dimension (1/Zeit) hat. Für das Spektrum gilt $U_F(f) = 3\,\mathrm{Vs} = 3\,\mathrm{V/Hz}$. Die Impulsflächen- und Dimensionsangabe 3 Vs, die bei der Zeitfunktion als Faktor auftritt, ist also einfach auch bei der zugehörigen Spektralfunktion als Faktor hinzuzufügen.

Im dritten Beispiel sei die spektrale Darstellung der Exponentialschwingung

$$u(t) = e^{j2\pi f_0 t}$$

gesucht. Hierzu setzt man das Fourier-Integral mit einem Konvergenzfaktor an und erhält

$$U_F(f) = \lim_{\varepsilon \to 0} \int\limits_{-\infty}^{+\infty} e^{j2\pi f_0 t} e^{-\varepsilon|t|} e^{-j2\pi f t}\,dt.$$

Faßt man die beiden Drehzeigerschwingungen zusammen und führt die Substitution $f^* = f - f_0$ ein, so erhält man

$$U_F(f) = \lim_{\varepsilon \to 0} \int\limits_{-\infty}^{+\infty} e^{-\varepsilon|t|} e^{-j2\pi f^* t}\,dt = \delta(f^*) = \delta(f - f_0).$$

Daraus folgt, daß die Exponentialschwingung mit der Kreisfrequenz ω_0 im Spektralbereich durch eine Diracsche Impulsfunktion an der Stelle f_0 repräsentiert wird und somit auch die Spektralfunktionen stationärer Schwingungen mit der Hilfe der Fourier-Transformation berechnet werden können. Die dabei auftretende „Spektrallinie" wird durch die Diracsche Impulsfunktion dargestellt.

Im vierten Beispiel seien die Spektralfunktionen für die harmonischen Schwingungen

$$u_1(t) = A\cos 2\pi f_0 t = \frac{A}{2}(e^{j2\pi f_0 t} + e^{-j2\pi f_0 t}),$$

$$u_2(t) = B\sin 2\pi f_0 t = \frac{B}{2j}(e^{j2\pi f_0 t} - e^{-j2\pi f_0 t})$$

gesucht. Die Zerlegung der harmonischen Schwingungen in zwei gegensinnig rotierende komplexe Drehzeiger nach Euler läßt sofort erkennen, daß hier die gleiche Aufgabe wie im dritten Beispiel vorliegt. Das Superpositionsprinzip erlaubt nämlich, die beiden Exponentialschwingungen getrennt in den

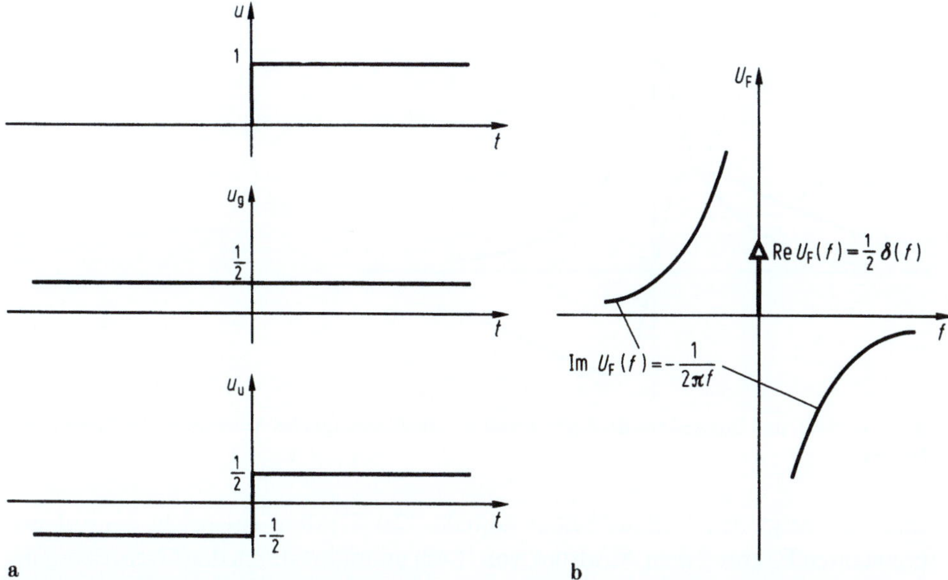

Bild 1.10a u. b. Einheitssprung $\gamma(t)$. (a) Zeitfunktion mit Zerlegung in geraden und ungeraden Anteil; (b) Real- und Imaginärteil des Spektrums

Spektralbereich zu transformieren. Unter Verwendung der Ergebnisse aus dem dritten Beispiel erhält man somit

$$U_{1F}(f) = \frac{A}{2}(\delta(f-f_0) + \delta(f+f_0)),$$

$$U_{2F}(f) = \frac{B}{2j}(\delta(f-f_0) - \delta(f+f_0)).$$

Außerdem ist ersichtlich, daß die aus der Fourier-Reihenentwicklung bekannte komplexe Spektrallinie bei der Fourier-Transformation allgemein durch die Diracsche Impulsfunktion dargestellt wird.

Als nächste Korrespondenz betrachten wir den „Einheitssprung", dem in der Systemtheorie grundlegende Bedeutung zukommt (vgl. Bild 1.10). Für

$$u(t) = \gamma(t) = \begin{cases} 1 & \text{für} \quad t>0, \\ 1/2 & \text{für} \quad t=0, \\ 0 & \text{für} \quad t<0 \end{cases} \tag{1.48}$$

liefert das Fourier-Integral unter Benutzung des Konvergenzfaktors $e^{-\varepsilon|t|}$ bei endlichem ε

$$U_F(f) = \int_0^\infty e^{-\varepsilon t} e^{-j2\pi ft} \, dt = \frac{1}{\varepsilon + j2\pi f}. \tag{1.49}$$

Um den Grenzübergang $\varepsilon \to 0$ durchführen zu können, spalten wir $U_F(f)$ zunächst in Real- und Imaginärteil auf, indem wir Zähler und Nenner von (1.49) mit $(\varepsilon - j2\pi f)$ multiplizieren:

$$U_F(f) = \frac{\varepsilon}{\varepsilon^2 + 4\pi^2 f^2} - j\frac{2\pi f}{\varepsilon^2 + 4\pi^2 f^2}.$$

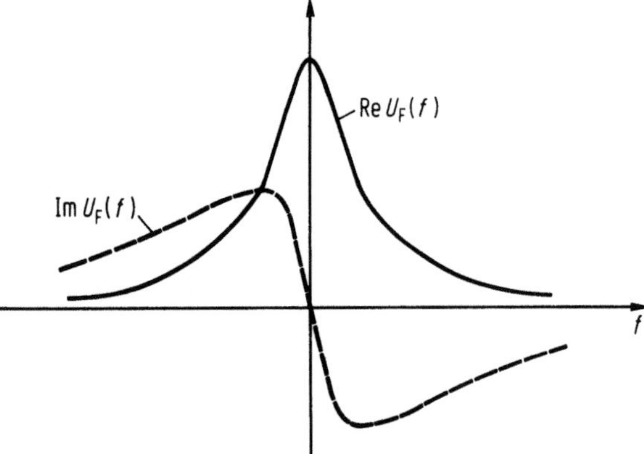

Bild 1.11. Real- und Imaginärteil des Spektrums des Einheitssprunges bei Anwendung des Konvergenz-faktors

Bild 1.11 zeigt den Verlauf beider Anteile. Der Realteil entspricht bis auf den konstanten Faktor 2 dem Ausdruck von (1.40) und führt durch den Grenzübergang $\varepsilon \to 0$ auf die Dirac-Funktion $(1/2)\delta(f)$. Der Imaginärteil ergibt beim Grenzübergang $\varepsilon \to 0$ die Funktion $1/(j2\pi f)$. Diese Funktion ist entsprechend Bild 1.11 als ungerade Funktion aufzufassen, die für $f=0$ den Wert 0 hat. Somit folgt

$$U_F(f) = \frac{1}{2}\delta(f) + \frac{1}{j2\pi f}. \tag{1.50}$$

Dieses Ergebnis erscheint auch physikalisch verständlich, wenn wir den Einheitssprung von (1.48) in einen geraden und ungeraden Anteil zerlegen. Führen wir die „Vorzeichen"-Funktion

$$\text{sgn}(t) = \begin{cases} 1 & \text{für} \quad t>0, \\ 0 & \text{für} \quad t=0, \\ -1 & \text{für} \quad t<0 \end{cases} \tag{1.51}$$

ein, so können wir für den Einheitssprung auch schreiben

$$u(t) = \gamma(t) = \frac{1}{2} + \frac{1}{2}\text{sgn}(t). \tag{1.52}$$

Bild 1.10a veranschaulicht diese Zerlegung. Der gerade Anteil, 1/2, entspricht einem Gleichsignal mit dem Wert 1/2 und wird spektral durch den reellen Anteil $(1/2)\delta(f)$ von (1.50), also der Spektrallinie im Nullpunkt (Bild 1.10b), dargestellt. Mit dem ungeraden Anteil der Zeitfunktion $(1/2)\text{sgn}(t)$ korrespondiert der imaginäre Teil $1/(j2\pi f)$ der Spektralfunktion, der eine ungerade Funktion ist und daher bei $f=0$ verschwindet. Dies ist verständlich, weil $\text{sgn}(t)$ keinen Gleichanteil enthält.
Für die Rücktransformation gilt mit dem Spektrum von (1.50)

$$u(t) = \int_{-\infty}^{+\infty} \left(\frac{1}{2}\delta(f) + \frac{1}{j2\pi f} \right) e^{j2\pi ft} df$$

$$= \int_{-\infty}^{+\infty} \frac{1}{2}\delta(f) e^{j2\pi ft} df + \int_{-\infty}^{+\infty} \frac{\cos 2\pi ft}{j2\pi f} df + \int_{-\infty}^{+\infty} \frac{\sin 2\pi ft}{2\pi f} df. \tag{1.53}$$

Zeitfunktion $u(t)$		Spektrum $U_F(f)$
a	$\gamma(t)=\tfrac{1}{2}+\tfrac{1}{2}\,\mathrm{sgn}\,(t)$	$\tfrac{1}{2}\delta(f)+\dfrac{1}{j2\pi f}$
b	$-\gamma(-t)=-\tfrac{1}{2}+\tfrac{1}{2}\,\mathrm{sgn}\,(t)$	$-\tfrac{1}{2}\delta(f)+\dfrac{1}{j2\pi f}$
c	$\tfrac{1}{2}\,\mathrm{sgn}\,(t)$	$\dfrac{1}{j2\pi f}$

Bild 1.12a–c. Die drei Typen des Einheitssprunges und ihre Fourier-Spektren. (a) Einschaltfunktion; (b) Abschaltfunktion; (c) Umschaltfunktion

Das erste Integral liefert entsprechend (1.44) den Wert 1/2. Das zweite Integral hat eine ∞-Stelle bei $f=0$. Es ist als uneigentliches Integral im Sinne des Cauchyschen Hauptwertes anzusehen, d. h.

$$\int\limits_{-\infty}^{+\infty} f(x)\mathrm{d}x = \lim_{\varepsilon\to 0}\left(\int\limits_{-\infty}^{a-\varepsilon} f(x)\mathrm{d}x + \int\limits_{a+\varepsilon}^{+\infty} f(x)\mathrm{d}x\right).$$

Da $(\cos 2\pi f\,t)/(j2\pi f)$ eine ungerade Funktion ist, liefert es den Wert 0. Das dritte Integral von (1.53) bezeichnet man als „Integralsinus". Es liefert den Wert 1/2 für $t>0$ und $-1/2$ für $t<0$. Daher gilt

$$u(t)=\tfrac{1}{2}+\tfrac{1}{2}\mathrm{sgn}(t),$$

womit wir $u(t)$ in der Darstellung von (1.52) erhalten haben.

Bei der Fourier-Transformation kann man drei Typen von Einheitssprüngen unterscheiden, nämlich die Funktionen $\gamma(t), -\gamma(-t)$ und $(1/2)\mathrm{sgn}(t)$. Diese sind in Bild 1.12 zusammengestellt. Technisch interpretiert kann man $\gamma(t)$ als „Einschaltfunktion", $\gamma(-t)$ als „Abschaltfunktion" und $\mathrm{sgn}(t)$ als „Umschaltfunktion" bezeichnen.

Zusammenfassung: Mit Hilfe der Fourier-Transformation lassen sich sowohl anklingende (jedoch nicht exponentiell anklingende) als auch stationäre Zeitfunktionen darstellen. Die Fourier-Transformation benutzt hierbei nur reelle Frequenzen, sie nähert also die darzustellende Zeitfunktion ähnlich wie die Fourier-Reihe durch eine Summe stationärer Sinus- und Cosinusschwingungen an. Da die Fourier-Transformation zweiseitig ist, sind auch beidseitig stationäre Vorgänge darstellbar. Sie führen auf die Diracsche Impulsfunktion für das Spektrum, die somit das Äquivalent der bei der Fourier-Reihe auftretenden Spektrallinie ist. Um insbesonders beidseitig oder einseitig stationäre Vorgänge darstellen zu können, benötigt man einen Konvergenzfaktor, der nachträglich durch einen Grenzübergang wieder eliminiert wird. Damit schreiben sich die beiden Transformationsgleichungen

$$U_F(f) = \lim_{\varepsilon \to 0} \left(\int_{-\infty}^{+\infty} u(t) \, e^{-\varepsilon |t|} \, e^{-j2\pi ft} \mathrm{d}t \right), \tag{1.54a}$$

$$u(t) = \lim_{\varepsilon \to 0} \left(\int_{-\infty}^{+\infty} U_F(f) \, e^{-\varepsilon |f|} \, e^{+j2\pi ft} \mathrm{d}f \right). \tag{1.54b}$$

Eine hinreichende Bedingung für die Existenz des Integrals von (1.54a) ist die Integrierbarkeit des Betrages des Integranden, d. h.

$$\int_{-\infty}^{+\infty} e^{-\varepsilon |t|} |u(t)| \, \mathrm{d}t < \infty$$

für beliebige $\varepsilon > 0$. Danach sind auch Funktionen zulässig, die mit einer beliebigen Potenz von t ansteigen. Betrachtet man beispielsweise die Funktion

$$u(t) = \gamma(t) t^k,$$

so erkennt man, daß die vorgenannte Bedingung der Fourier-Transformation erfüllt ist, da

$$\int_0^\infty t^k e^{-\varepsilon t} \mathrm{d}t = \frac{k!}{\varepsilon^{k+1}} < \infty.$$

Nicht zulässig dagegen ist eine Funktion mit exponentiellem Anstieg

$$u(t) = \gamma(t) e^{\beta t},$$

da für $\beta > \varepsilon$ gilt

$$\int_0^\infty e^{(\beta - \varepsilon)t} \mathrm{d}t = \infty.$$

Für die Operation der Fourier-Transformation schreibt man auch abgekürzt

$$U_F(f) = \mathscr{F}(u(t)),$$

$$u(t) = \mathscr{F}^{-1}(U_F(f)).$$

Wir benutzen das Korrespondenzzeichen $u(t) \circ\!\!-\!\!\!\stackrel{F}{-}\!\!\!-\!\!\bullet\, U_F(f)$. [In der englischen Literatur findet man häufig das Korrespondenzzeichen $u(t) \leftrightarrow U(f)$.]
Die Integralwege der Fourier-Transformation sind längs der reellen Zeit- bzw. Frequenzachse zu führen. Treten singuläre Stellen, insbesondere Pole auf, so ist das Integral als uneigentliches Integral im Sinne des Cauchy-Hauptwertes auszuwerten. Eine Sammlung von Korrespondenzen der Fourier-Transformation findet sich im Abschnitt 10.10.

1.5 Laplace-Transformation

Die Laplace-Transformation beschränkt sich im Gegensatz zur Fourier-Transformation auf die Darstellung solcher Zeitfunktionen, die nur im positiven Zeitbereich vorhanden sind und für negative Zeiten verschwinden. Es ist also

$$u(t) = 0 \quad \text{für} \quad t < 0 \,. \tag{1.55}$$

Die Klasse der Zeitfunktionen, die dieser Bedingung genügen, wird in der Literatur auch „kausal" genannt. Alle technisch realisierbaren Zeitfunktionen sind in dieser Form darstellbar.

Zur Herleitung der Transformationsgleichungen substituieren wir einfach in (1.31) $p = \mathrm{j}\omega = \mathrm{j}2\pi f$ und erhalten aus dem ersten Fourierschen Integral

$$U_\mathrm{L}(p) = \int\limits_0^\infty u(t)\mathrm{e}^{-pt}\mathrm{d}t \,. \tag{1.56}$$

Hierbei konnten wir wegen (1.55) für die untere Integralgrenze $t = 0$ setzen. Wenn nun die Größe p als komplexe Frequenz aufgefaßt wird, nämlich

$$p = \alpha + \mathrm{j}\omega \,, \tag{1.57}$$

so läßt sich die Konvergenz des Laplace-Integrals für $\alpha > 0$ in ähnlicher Weise wie durch den Konvergenzfaktor der Fourier-Transformation erzwingen.

Als Beispiel betrachten wir den Einheitssprung $u(t) = \gamma(t)$, der in Bild 1.13 dargestellt ist und in (1.48) definiert ist. Aus (1.56) folgt für das korrespondierende Spektrum zunächst

$$U_\mathrm{L}(p) = \int\limits_0^\infty \mathrm{e}^{-pt}\mathrm{d}t = -\frac{1}{p}\mathrm{e}^{-pt}\bigg|_0^\infty = -\frac{1}{p}(\mathrm{e}^{-p\infty} - 1) \,. \tag{1.58}$$

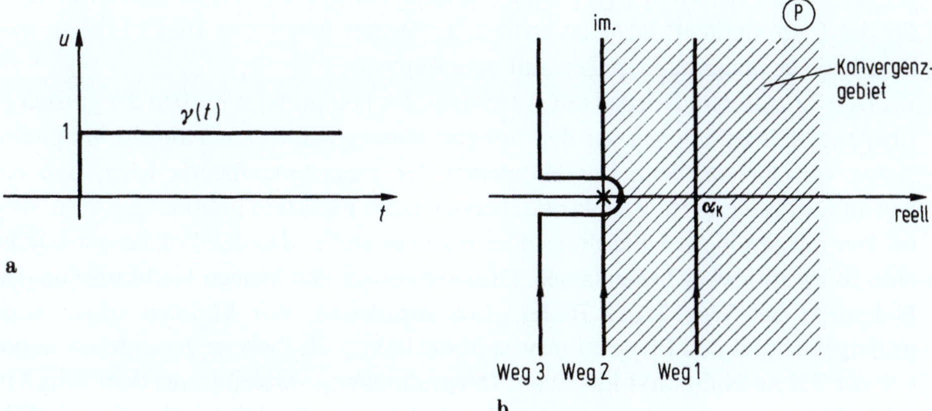

Bild 1.13a u. b. Der Einheitssprung: (a) Zeitfunktion; (b) Pol-Nullstellenplan in der p-Ebene für die Spektralfunktion $U_\mathrm{L}(p)$

Beim Einsetzen der unteren Grenze tritt keine Schwierigkeit auf, da die e-Funktion für $t=0$ den Wert 1 ergibt. Dagegen ergibt die obere Grenze den Ausdruck $e^{-p\infty}$, der unbestimmt wird, wenn p im Fall $\alpha=0$ rein imaginär ist. Nimmt jedoch α nach (1.57) einen endlichen positiven Wert an, so konvergiert das Integral nach (1.58) auch für die obere Grenze, denn es gilt

$$|e^{-p\infty}| = e^{-(\mathrm{Re}\,p)\infty} = e^{-\alpha\infty} = 0 \quad \text{für} \quad \alpha > 0.$$

Damit ergibt sich für die Spektraldarstellung von $\gamma(t)$

$$U_\mathrm{L}(p) = \frac{1}{p}. \tag{1.59}$$

Im Gegensatz zur Fourier-Transformation muß bei der Laplace-Transformation der konvergierende Faktor $e^{-\alpha t}$ nicht durch einen Grenzübergang $\alpha \to 0$ eliminiert werden, da die spektrale Darstellung von $u(t)$ für die als komplexe Größe angesehene Frequenz $p=\alpha+j\omega$ erfolgte und somit jedes beliebige endliche positive α in dieser Darstellung zugelassen ist.

Die für $u(t)=\gamma(t)$ berechnete Spektralfunktion $U_\mathrm{L}(p)$ hat einen einfachen Pol an der Stelle $p=0$. Bild 1.13b zeigt die komplexe p-Ebene, wobei der Pol im Nullpunkt durch ein Kreuz gekennzeichnet ist. Den Bereich $\mathrm{Re}\,p > \alpha$, also die offene rechte p-Halbebene unter Ausschluß der imaginären Achse, bezeichnet man als Konvergenzgebiet, da hierfür die Transformationsformel (1.56) konvergiert. Die damit berechnete Spektralfunktion $U_\mathrm{L}(p)$ ist in diesem Gebiet regulär.

Zur Herleitung der Umkehrformel der Laplace-Transformation führen wir auch im zweiten Fourierschen Integral (1.34) die Substitution $p=j\omega=j2\pi f$ durch und erhalten so

$$u(t) = \frac{1}{2\pi j} \int_{\alpha_k - j\infty}^{\alpha_k + j\infty} U_\mathrm{L}(p) e^{pt} \, dp. \tag{1.60}$$

Für die Integrationsgrenzen ist zu beachten, daß der Integrationsweg im Konvergenzgebiet der Funktion $U_\mathrm{L}(p)$ verlaufen muß, damit nur p-Werte benutzt werden, für die $U_\mathrm{L}(p)$ definiert ist. Dies trifft z. B. für den Weg 1 von Bild 1.13b zu, eine Parallele zur imaginären Achse, mit $\alpha_k = \mathrm{Re}\,p > 0$.

Da $U_\mathrm{L}(p)$ in unserem Beispiel mit Ausnahme des Nullpunktes $p=0$ in der ganzen p-Ebene regulär ist, können wir den Integrationsweg jedoch auch auf die imaginäre Achse verschieben, denn der Hauptsatz der Funktionentheorie lehrt, daß ein bestimmtes Integral im Regularitätsbereich einer Funktion unabhängig vom Weg ist. Wir müssen hierbei allerdings die irreguläre Stelle, also den Pol, bei $p=0$ links vom Integrationsweg liegen lassen. Dies wird durch den kleinen Halbkreis um den Nullpunkt bei Weg 2 des Bildes 1.13b angedeutet. Wir könnten sogar noch weitergehen und den Integrationsweg in die linke p-Halbebene verschieben, wenn nur der Pol im Nullpunkt links vom Integrationsweg verbleibt, was dem Weg 3 in Bild 1.13b entspricht. Dies ist nach den Regeln der Funktionentheorie möglich, obwohl wir nun die linke p-Halbebene, die nicht zum Konvergenzgebiet von $U_\mathrm{L}(p)$ gehört, benutzen.

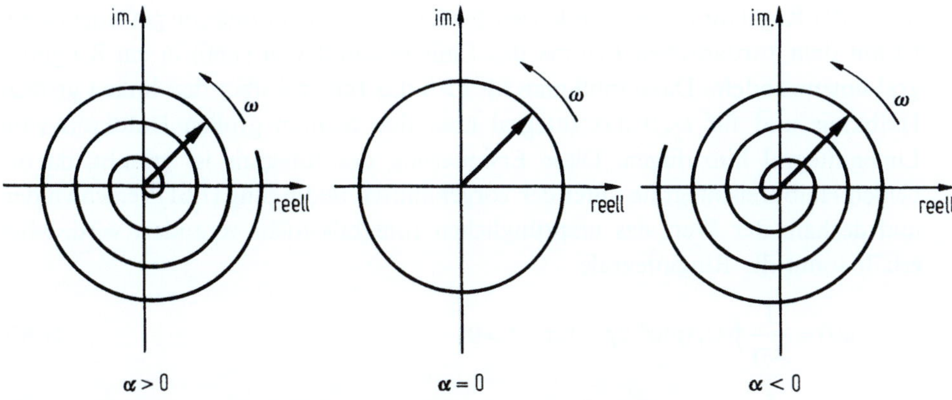

Bild 1.14. Zeitortskurven der Funktion $e^{pt} = e^{\alpha t} e^{j\omega t}$ in der komplexen Ebene

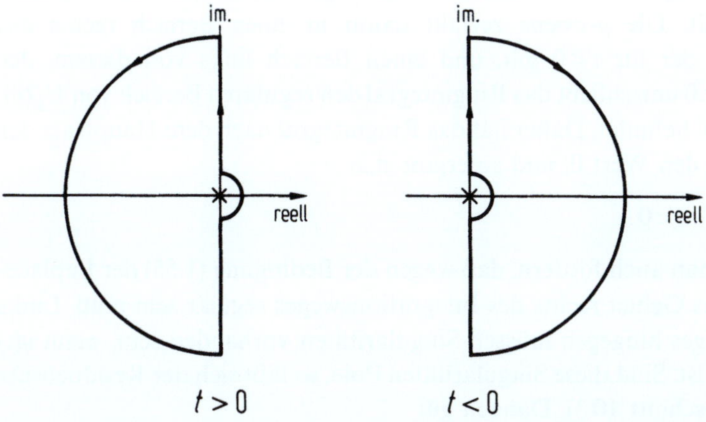

Bild 1.15. Integrationswege in der p-Ebene für die Berechnung des Einheitssprunges mit der komplexen Umkehrformel

Die Schwingungen e^{pt} von (1.60) sind bei Weg 1 anklingende, bei Weg 2 stationäre und bei Weg 3 abklingende Exponentialschwingungen, wie dies Bild 1.14 zeigt (in Bild 1.14 findet sich die Funktion $e^{pt} = e^{\alpha t} e^{j\omega t}$ in der komplexen Ebene für $\alpha = 0, \alpha > 0$ und $\alpha < 0$ dargestellt). Daher kann die Laplace-Transformation durch die Einführung der komplexen Frequenz p zur Darstellung des Zeitvorgangs auch exponentiell anklingende oder abklingende Schwingungen neben den bei der Fourier-Transformation benutzten stationären Schwingungen verwenden. Setzt man $p = j\omega$, so erhält man mit $U_L(j\omega)$ das Laplace-Spektrum für reelle Frequenzen.
Die Auswertung der komplexen Umkehrformel nach (1.60) ist nach den Methoden der Funktionentheorie möglich, wobei zwei wichtige Gesetze, nämlich das Jordansche Lemma und der Residuensatz Anwendung finden. Diese beiden Gesetze sind in den Abschnitten 10.2 und 10.3 abgeleitet und erklärt.
Unter der Voraussetzung

$$|U_L(p)| \to 0 \quad \text{für} \quad p \to \infty, \tag{1.61}$$

was in der Regel für Korrespondenzen der Laplace-Transformation gefordert wird, ist mit dem Jordanschen Lemma das Linienintegral von (1.60) in ein Ringintegral umzuwandeln. Dazu muß man für $t>0$ das Integral über den linken großen Halbkreis und für $t<0$ das Integral über den rechten großen Halbkreis zum Linienintegral hinzufügen. Diese Erweiterung des Integrals ist erlaubt, da die beiden Halbkreisintegrale unter der vorgenannten Bedingung (1.61) verschwinden und deshalb der Wert des ursprünglichen Integrals nicht verändert wird. Man erhält somit die Ringintegrale

$$u(t) = \frac{1}{2\pi j} \oint U_{\mathrm{L}}(p) e^{pt} \, dp \quad \text{für} \quad t>0,\tag{1.62}$$

$$u(t) = \frac{1}{2\pi j} \oint U_{\mathrm{L}}(p) e^{pt} \, dp \quad \text{für} \quad t<0.\tag{1.63}$$

Diese Integrationswege sind in Bild 1.15 für die Spektralfunktion des Einheitssprunges dargestellt. Die p-Ebene zerfällt damit in einen Bereich rechts des Integrationsweges, der für $t<0$ gilt, und einen Bereich links von diesem, der für $t>0$ gilt. Für $t<0$ umschließt das Ringintegral den regulären Bereich von $U_{\mathrm{L}}(p)$, in dem sich kein Pol befindet. Daher hat das Ringintegral nach dem Hauptsatz der Funktionentheorie den Wert 0, und so ergibt sich

$$u(t) = 0 \quad \text{für} \quad t<0.$$

Umgekehrt kann man auch fordern, daß wegen der Bedingung (1.55) der Laplace-Transformation das Gebiet rechts des Integrationsweges regulär sein muß. Links des Integrationsweges hingegen müssen Singularitäten vorhanden sein, wenn $u(t)$ für $t>0$ ungleich 0 ist. Sind diese Singularitäten Pole, so läßt sich der Residuensatz anwenden (vgl. Abschnitt 10.3). Danach gilt

$$u(t) = \sum \mathrm{Res}(U_{\mathrm{L}}(p) e^{pt}) \quad \text{für} \quad t>0.\tag{1.64}$$

Die Residuen findet man durch eine Reihenentwicklung von $(U_{\mathrm{L}}(p) e^{pt})$ an den Polstellen p_{ν} nach fallenden und steigenden Potenzen von $(p-p_{\nu})$ (Laurent-Reihe), wobei der Koeffizient des Gliedes mit $1/(p-p_{\nu})$ das Residuum darstellt. Damit ist die Auswertung der Umkehrformel auf eine Potenzreihenentwicklung zurückgeführt.

Für das Beispiel des Einheitssprunges mit $U_{\mathrm{L}}(p) = 1/p$ gilt für die Reihenentwicklung an der Polstelle $p_{\nu} = 0$

$$\frac{e^{pt}}{p} = \frac{1}{p}\left(1 + \frac{1}{1!}pt + \frac{1}{2!}(pt)^2 + \ldots\right).\tag{1.65}$$

Das Residuum (der Koeffizient von $1/p$) ist 1 und daher gilt

$$u(t) = 1 \quad \text{für} \quad t>0.$$

Auf diese Weise kann man recht einfach Korrespondenzen der Laplace-Transformation gewinnen.

Beispiele

Als nächstes Beispiel sei ein μ-facher Pol der Spektralfunktion an der Stelle $p=p_v$ betrachtet, d. h.

$$U_L(p)=\frac{1}{(p-p_v)^\mu}.$$

Die Reihenentwicklung des Integranden lautet, wenn die e-Funktion an der Stelle $p=p_v$ in eine Potenzreihe entwickelt wird,

$$\frac{e^{pt}}{(p-p_v)^\mu}=\frac{e^{p_vt}}{(p-p_v)^\mu}\left(1+\frac{1}{1!}(p-p_v)t+\frac{1}{2!}(p-p_v)^2t^2+\dots\right).$$

Das Residuum mit der Potenz $1/(p-p_v)$ liefert daher

$$u(t)=\frac{t^{\mu-1}}{(\mu-1)!}e^{p_vt}\quad\text{für}\quad t>0.$$

Einem μ-fachen Pol des Spektrums bei p_v entspricht also eine exponentielle Zeitfunktion e^{p_vt} für $t>0$, wobei für $\mu>1$ noch eine Potenz von t als Faktor hinzukommt. Speziell ein einfacher Pol ergibt mit $\mu=1$

$$u(t)=e^{p_vt}\quad\text{für}\quad t>0.$$

Hierbei kann p_v einen positiven oder negativen Realteil haben, je nachdem liegt der Pol in der rechten oder linken p-Halbebene. Daraus kann man folgern, daß mit der Laplace-Transformation auch monoton exponentiell anklingende Vorgänge dargestellt werden können, solange t im Exponenten der e-Funktion nur in der ersten Potenz vorkommt. (Bei Zeitfunktionen der Form $e^{p_vt^\mu}$, wobei $\mu>1$, versagt allerdings auch die Laplace-Transformation.)

Als weiteres Beispiel ermitteln wir die korrespondierende Spektralfunktion zu der bei $t=0$ eingeschalteten cos-Funktion

$$u_1(t)=\gamma(t)\cos\omega_0t=\gamma(t)\tfrac{1}{2}(e^{j\omega_0t}+e^{-j\omega_0t})$$

sowie zu der bei $t=0$ eingeschalteten sin-Funktion

$$u_2(t)=\gamma(t)\sin\omega_0t=\gamma(t)\frac{1}{2j}(e^{i\omega_0t}-e^{-i\omega_0t}).$$

Da zu $e^{j\omega_0t}$ entsprechend dem vorhergehenden Beispiel das Spektrum $1/(p-j\omega_0)$ bzw. zu $e^{-j\omega_0t}$ das Spektrum $1/(p+j\omega_0)$ gehört, erhalten wir

$$U_{1L}(p)=\frac{1}{2}\left(\frac{1}{p-j\omega_0}+\frac{1}{p+j\omega_0}\right),$$

$$U_{2L}(p)=\frac{1}{2j}\left(\frac{1}{p-j\omega_0}-\frac{1}{p+j\omega_0}\right).$$

Beide Spektralfunktionen besitzen an den Stellen $\pm j\omega_0$ Pole erster Ordnung.

Eine Reihenentwicklung der Zeitfunktion nach den Polstellen des Spektrums nennt man den *Heavisideschen Entwicklungssatz*. Die einzelnen Glieder dieser Entwicklung kann man als Eigenschwingungen bezeichnen. Man findet diese allgemein wie folgt: An der Stelle $p=p_v$ sei ein μ-facher Pol von $U_L(p)$. Entwickelt man den Ausdruck $((p-p_v)^\mu U_L(p)e^{pt})$ in die Potenzreihe

$$(p-p_v)^\mu U_L(p)e^{pt}=a_0+a_1(p-p_v)+a_2(p-p_v)^2+\dots,\tag{1.66}$$

so stellt der Koeffizient $a_{\mu-1}$ dieser Reihenentwicklung das gesuchte Residuum des Integranden $U_L(p)\mathrm{e}^{pt}$ dar:

$$\operatorname{Res} p_\nu = a_{\mu-1} = \left[\frac{1}{(\mu-1)!}\,\frac{\mathrm{d}^{\mu-1}}{\mathrm{d}p^{\mu-1}}\,((p-p_\nu)^\mu\,U_L(p)\mathrm{e}^{pt})\right]_{p=p_\nu}. \tag{1.67}$$

In (1.67) wird durch den Faktor $(p-p_\nu)^\mu$ der μ-fache Pol aufgehoben, so daß der zu differenzierende Term in der runden Klammer stetig und differenzierbar wird. Nach Durchführung der $(\mu-1)$-fachen Differentiation ist $p=p_\nu$ zu setzen.

Durch Berechnung aller Residuen gemäß (1.67) kann $u(t)$ für $t>0$ bestimmt werden. Sind nur n einfache Pole vorhanden, so berechnet man $u(t)$ mit der Formel

$$u(t)=\sum_{\nu=1}^{n} k_\nu \mathrm{e}^{p_\nu t} \quad \text{für} \quad t>0 \tag{1.68}$$

mit

$$k_\nu = [U_L(p)\,(p-p_\nu)]_{p=p_\nu}. \tag{1.69}$$

Sind $m\;\mu_{p_\nu}$-fache Pole an den Stellen p_ν vorhanden, so erhält man die Summe aller Residuen nach (1.67) zu

$$u(t)=\sum_{\nu=1}^{m}\left[\frac{1}{(\mu_{p_\nu}-1)!}\,\frac{\mathrm{d}^{\mu_{p_\nu}-1}}{\mathrm{d}p^{\mu_{p_\nu}-1}}\,((p-p_\nu)^{\mu_{p_\nu}}\,U_L(p)\mathrm{e}^{pt})\right]_{p=p_\nu} \quad \text{für} \quad t>0. \tag{1.70}$$

Beispiel

Als typisches Beispiel betrachten wir die Spektralfunktion

$$U_L(p)=\frac{b_0+b_1 p}{a_0+a_1 p+p^2}.$$

Sie ist eine rational gebrochene Funktion in p, wobei die Koeffizienten reell sein sollen. Es gilt $U_L(p)\to0$ für $p\to\infty$. Setzen wir das Nennerpolynom gleich 0, so erhalten wir die beiden Pole p_1 und p_2 durch Lösung der quadratischen Gleichung

$$p_{1,2}=-\frac{a_1}{2}\pm\sqrt{\frac{a_1^2}{4}-a_0}.$$

Damit läßt sich $U_L(p)$ wie folgt schreiben:

$$U_L(p)=\frac{b_0+b_1 p}{(p-p_1)(p-p_2)}.$$

Fallen die beiden Pole nicht zusammen (also $p_1\neq p_2$), so handelt es sich um zwei einfache Pole und die Zeitfunktion berechnet sich nach (1.68) zu

$$u(t)=k_1 \mathrm{e}^{p_1 t}+k_2 \mathrm{e}^{p_2 t} \quad \text{für} \quad t>0.$$

Für die Koeffizienten k_1 und k_2 gilt nach (1.69)

$$k_1=\frac{b_0+b_1 p_1}{p_1-p_2}, \qquad k_2=\frac{b_0+b_1 p_2}{p_2-p_1}.$$

Bei zusammenfallenden Polen $p_2 = p_1$ (im Falle $a_0 = a_1^2/4$) haben wir jedoch einen Pol zweiten Grades:

$$U_L(p) = \frac{b_0 + b_1 p}{(p - p_1)^2}.$$

Wir erhalten nun für die Potenzreihenentwicklung gemäß (1.66)

$$(p - p_1)^2 U_L(p) e^{pt} = (b_0 + b_1 p) e^{pt} = c_0 + c_1(p - p_1) + c_2(p - p_1)^2 + \dots .$$

Der Koeffizient c_1 ist das Residuum des Ausdruckes $U_L(p) e^{pt}$. Für ihn gilt

$$\operatorname{Res} p_1 = c_1 = \left[\frac{\mathrm{d}}{\mathrm{d}p}(b_0 + b_1 p) e^{pt} \right]_{p = p_1} = [(b_0 + b_1 p)t\, e^{pt} + b_1 e^{pt}]_{p = p_1}.$$

Daher gilt als Ergebnis

$$u(t) = (b_1 + (b_0 + b_1 p_1)t) e^{p_1 t} \quad \text{für} \quad t > 0.$$

In vielen praktischen Fällen ist $U_L(p)$ durch eine rational gebrochene Funktion gegeben, d. h. durch

$$U_L(p) = \frac{\displaystyle\sum_{v=0}^{z} b_v p^v}{\displaystyle\sum_{v=0}^{n} a_v p^v}. \tag{1.71}$$

Für $n > z$ gilt $|U_L(p)| \to 0$ für $p \to \infty$, so daß der Residuensatz anwendbar ist. (Ist $n \le z$, so kann man eine ganze Funktion abspalten und auf den Rest den Residuensatz anwenden.) Man kann nun $U_L(p)$ in eine *Partialbruchreihe* nach den Polfrequenzen p_v entwickeln und diese gliedweise transformieren. Die Polstellen p_v findet man durch Nullsetzen des Nennerpolynoms von (1.71). Die Partialbruchentwicklung lautet, wenn an der Polstelle p_v ein μ_{p_v}-facher Pol vorliegt,

$$U_L(p) = \sum_{(v)} \sum_{\mu=1}^{\mu_{p_v}} \frac{A_{v\mu}}{(p - p_v)^\mu}. \tag{1.72}$$

Für die Polfaktoren $A_{v\mu}$ gilt [vgl. auch (2.42)]

$$A_{v\mu} = \frac{1}{(\mu_{p_v} - \mu)!} \left[\frac{\mathrm{d}^{(\mu_{p_v} - \mu)} U_L(p)(p - p_v)^{\mu_{p_v}}}{\mathrm{d}p^{(\mu_{p_v} - \mu)}} \right]_{p = p_v}. \tag{1.73}$$

Dieser Ausdruck ist ähnlich dem von (1.70); er enthält jedoch den Zeitfaktor e^{pt} nicht. Für die einzelnen Glieder dieser Reihe gilt die Korrespondenz (wiederum aufgrund des Residuensatzes gemäß dem Beispiel auf S. 27)

$$\frac{1}{(p - p_v)^\mu} \quad\bullet\!\!-\!\!\!-\!\!\!^{L}\!\!-\!\!\!-\!\!\circ\quad \frac{t^{\mu-1}}{(\mu-1)!} e^{p_v t} \quad \text{für} \quad t > 0.$$

Damit folgt für $u(t)$

$$u(t) = \sum_{(v)} \sum_{\mu=1}^{\mu_{p_v}} A_{v\mu} \frac{t^{\mu-1}}{(\mu-1)!} e^{p_v t} \quad \text{für} \quad t > 0 \tag{1.74}$$

Die Zeitfunktion setzt sich aus einer Summe von „Eigenschwingungen" der Pole p_v zusammen.

Beispiel

Für den Fall des zweifachen Poles im vorigen Beispiel

$$U_{\mathrm{L}}(p) = \frac{b_0 + b_1 p}{(p - p_1)^2}$$

gilt mit $\mu_{p_1} = 2$ und $U_{\mathrm{L}}(p)\,(p - p_1)^2 = b_0 + b_1 p$ für die Polfaktoren der Partialbruchreihe:

$$A_{12} = [b_0 + b_1 p]_{p = p_1} = b_0 + b_1 p_1$$

$$A_{11} = \left[\frac{d(b_0 + b_1 p)}{dp}\right]_{p = p_1} = b_1\,.$$

Die Partialbruchreihe des Spektrums lautet:

$$U_{\mathrm{L}}(p) = \frac{b_1}{p - p_1} + \frac{b_0 + b_1 p_1}{(p - p_1)^2}\,.$$

Sie enthält neben dem zweifachen Pol auch einen einfachen Pol. Für die Zeitfunktion erhält man somit:

$$u(t) = b_1\,\mathrm{e}^{p_1 t} + (b_0 + b_1 p_1)\,t\,\mathrm{e}^{p_1 t} \quad \text{für} \quad t > 0\,.$$

Dies stimmt mit dem Ergebnis des letzten Beispiels überein.

Zusammenfassung: Die Laplace-Transformation

$$U_{\mathrm{L}}(p) = \int_0^\infty u(t)\mathrm{e}^{-pt}\mathrm{d}t\,, \tag{1.75a}$$

$$u(t) = \frac{1}{2\pi\mathrm{j}} \int_{\alpha_k - \mathrm{j}\infty}^{\alpha_k + \mathrm{j}\infty} U_{\mathrm{L}}(p)\mathrm{e}^{pt}\mathrm{d}p \tag{1.75b}$$

(α_k im Konvergenzgebiet von $U_{\mathrm{L}}(p)$) ist ein einseitiges Verfahren und kann nur Zeitfunktionen darstellen, die für negative Zeiten verschwinden ($u(t) = 0$ für $t < 0$). Die mit der Abkürzung $p = \alpha + \mathrm{j}\omega$ eingeführte Größe wird als komplexe Frequenz aufgefaßt. Dadurch konvergiert das Laplace-Integral in einem Bereich $\mathrm{Re}\,p \geq \alpha_k$ der p-Ebene, der rechts von allen Singularitäten (Polen) des Spektrums liegt (Konvergenzgebiet). Der rechts des Integrationsweges liegende Teil der p-Ebene ist dem Zeitbereich $t < 0$, der links davon liegende Teil dem Zeitbereich $t > 0$ zugeordnet. Mit Hilfe des Jordanschen Lemmas läßt sich das Linienintegral in ein Ringintegral überführen und mit dem Residuensatz auswerten (Heavisidescher Entwicklungssatz).

Für die Operation der Laplace-Transformation schreibt man auch

$$U_{\mathrm{L}}(p) = \mathscr{L}(u(t))\,,$$

$$u(t) = \mathscr{L}^{-1}(U_{\mathrm{L}}(p))\,.$$

Wir benutzten das Korrespondenzzeichen $u(t) \circ\!\!-\!\!\overset{\mathrm{L}}{-\!\!-\!\!-}\!\!\bullet\, U_{\mathrm{L}}(p)$. Eine Sammlung von Korrespondenzen der Laplace-Transformation findet sich im Abschnitt 10.9. In Bild 1.16 sind einige typische Korrespondenzen der Fourier-Transformation und der Laplace-Transformation dargestellt. Man erkennt, daß der Darstellungsbereich

Zeitfunktion $u(t)$	Fourier-Spektrum $U_F(f)$	Laplace-Spektrum $U_L(p)$
1	$\delta(f)$	—
1	$\dfrac{1}{2}\delta(f)+\dfrac{1}{j2\pi f}$	$\dfrac{1}{p}$
1	$\dfrac{1}{2}\delta(f)-\dfrac{1}{j2\pi f}$	—
1, $e^{-\alpha t}$, $\alpha>0$	$\dfrac{1}{j2\pi f+\alpha}$	$\dfrac{1}{p+\alpha}$
1, $e^{-\frac{\pi t^2}{t_0^2}}$	$t_0\,e^{-\pi t_0^2 f^2}$	—
1, $e^{\alpha t}$, $\alpha>0$	—	$\dfrac{1}{p-\alpha}$

Bild 1.16. Darstellungsmöglichkeiten von Fourier- und Laplace-Transformation anhand einiger Beispiele

beider Verfahren begrenzt ist. Im folgenden Abschnitt wird deshalb eine Allgemeine Spektraltransformation definiert, die einen erweiterten Darstellungsbereich besitzt, und aus der Fourier- wie auch Laplace-Transformation als Sonderfälle hervorgehen.

Anmerkung: Die Zeitfunktionen der Laplacetransformation werden normalerweise nur für den Zeitbereich $t>0$ betrachtet. Interessiert man sich für den Wert bei $t=0$, so gilt $u(0)=\frac{1}{2}(u(+0)+u(-0))=\frac{1}{2}u(+0)$, da $u(-0)=0$.
(Zeitliche Distributionen im Zeitnullpunkt sind bei der Laplacetransformation bei $t=+0$ anzusetzen und davon nicht betroffen.)

2 Allgemeine Spektraltransformation

Vergleicht man die Darstellungseigenschaften von Fourier- und Laplace-Transformation, so ist festzustellen: Die Laplace-Transformation ist nur auf Zeitvorgänge im positiven Zeitbereich ($t>0$) anwendbar, sie ist jedoch in der Lage, auch exponentiell anklingende Vorgänge darzustellen. Die Spektralfunktionen solcher Vorgänge sind durch Pole in der rechten p-Halbebene gekennzeichnet. Da alle Pole links des Integrationsweges in der p-Ebene liegen müssen, wird somit die gesamte p-Ebene (hinsichtlich ihrer Polstruktur) dem Zeitbereich $t>0$ zugeordnet. Dies ist in Bild 2.1a veranschaulicht. (Hier und in den folgenden Bildern ist der Integrationsweg in der komplexen Frequenzebene gestrichelt eingezeichnet.)

Bei der Fourier-Transformation dagegen ist die linke p-Halbebene dem Zeitbereich $t>0$ und die rechte p-Halbebene dem Zeitbereich $t<0$ zugeordnet, weil der Integrationsweg auf der jω-Achse verläuft. Dies zeigt Bild 2.1b. Daher kann die Fourier-Transformation zunächst nur abklingende und — im Grenzfall —

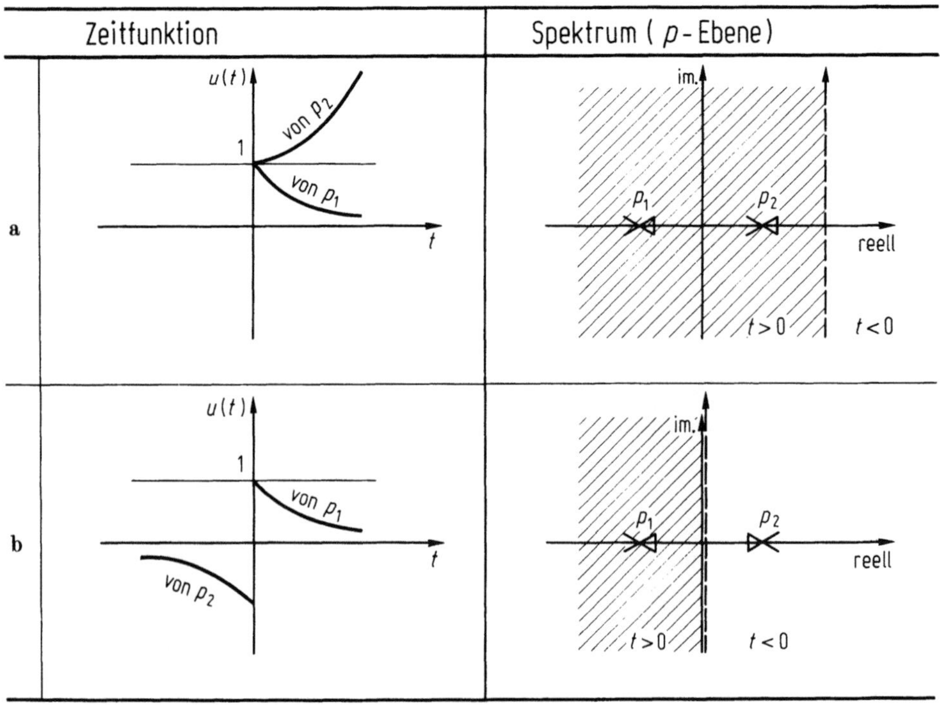

Bild 2.1a u. b. Zeitfunktionen und ihre Polstrukturen in der p-Ebene. (a) Laplace-Transformation; (b) Fourier-Transformation (⋈: Pol links vom Integrationsweg, ⋉ : Pol rechts vom Integrationsweg)

stationäre und mit beliebiger Potenz von t anklingende Vorgänge darstellen. Aus Bild 2.1 ist auch ersichtlich, daß Pole in der rechten p-Halbebene (mit $\mathrm{Re}\,p > 0$) bei der Fourier- und Laplace-Transformation zu verschiedenen Zeitvorgängen führen.

Betrachten wir einen μ-fachen Pol an der Stelle $p = p_v$, d. h. das Spektrum

$$U(p) = \frac{1}{(p - p_v)^{\mu}}. \tag{2.1}$$

Dies führt bei der Laplace-Transformation (vgl. Beispiel in Abschnitt 1.5) auf die Zeitfunktion

$$u(t) = \gamma(t)\frac{t^{\mu-1}}{(\mu-1)!}\,\mathrm{e}^{p_v t}, \tag{2.2}$$

wobei $\mathrm{Re}\,p_v$ beliebige, endliche Werte annehmen darf. (Die Einschaltfunktion $\gamma(t)$ bewirkt hierbei, daß $u(t)$ nur für positive Zeiten vorhanden ist und für negative Zeiten verschwindet.)

Bei der Fourier-Transformation erhalten wir für $\mathrm{Re}\,p_v < 0$ den gleichen Ausdruck von (2.2). Für $\mathrm{Re}\,p_v > 0$ jedoch folgt aufgrund des Residuensatzes (vgl. Abschnitt 10.3)

$$u(t) = -\gamma(-t)\frac{t^{\mu-1}}{(\mu-1)!}\,\mathrm{e}^{p_v t}. \tag{2.3}$$

Der Pol liegt jetzt im rechten Teil der p-Ebene und führt daher auf eine Zeitfunktion, die dem negativen Zeitbereich $t < 0$ zugeordnet ist. Nach Bild 2.1 führt somit bei der Fourier- und der Laplace-Transformation der Pol p_1 jeweils auf die gleiche Zeitfunktion, der Pol p_2 jedoch zu verschiedenen Zeitfunktionen.

Aus diesem Beispiel ist ersichtlich, daß eine vorgegebene Spektralfunktion mehrdeutig sein kann und daher zur Eindeutigkeit eine Angabe erforderlich ist, mit welcher Spektraltransformation diese Spektralfunktion ermittelt wurde.

2.1 Transformationsgleichungen

Wir definieren im folgenden eine Allgemeine Spektraltransformation, die exponentiell anklingende Vorgänge im gesamten Zeitbereich darstellen kann und in der sowohl die Fourier- wie auch die Laplace-Transformation als Sonderfälle enthalten sind. Hierzu zerlegen wir gemäß Bild 2.2 die allgemeine Zeitfunktion $u(t)$ in einen Anteil $u_+(t)$ im positiven Zeitbereich und einen Anteil $u_-(t)$ im negativen Zeitbereich, d. h.

$$u(t) = u_+(t) + u_-(t), \tag{2.4}$$

$$u_+(t) = \gamma(t)\,u(t), \tag{2.5}$$

$$u_-(t) = \gamma(-t)\,u(t). \tag{2.6}$$

Auf $u_+(t)$ wenden wir die normale Laplace-Transformation an und erhalten ein Spektrum

$$U_+(p) = \int\limits_0^\infty u(t)\mathrm{e}^{-pt}\mathrm{d}t. \tag{2.7}$$

Bei der Rücktransformation müssen die Pole von $U_+(p)$ links des Integrationsweges liegen; sie sind deshalb in Bild 2.2 mit dem Symbol $\bowtie$ gekennzeichnet. Auf $u_-(t)$ wenden wir eine der Laplace-Transformation ganz analoge Transformation für den negativen Zeitbereich an und berechnen so das Spektrum $U_-(q)$. Bei der Rücktransformation von $U_-(q)$ muß dann darauf geachtet werden, daß alle Pole von $U_-(q)$ rechts des Integrationsweges liegen (Symbol $\propto$ in Bild 2.2):

$$U_-(q) = \int\limits_{-\infty}^0 u(t)\mathrm{e}^{-qt}\mathrm{d}t. \tag{2.8}$$

Die Transformationsgleichungen (2.7) und (2.8) unterscheiden sich nur dadurch, daß wir bei (2.8) den Integrationsbereich auf die negative Zeitachse verschieben (bei gleichbleibender Integrationsrichtung) und diesen Funktionsbereich auf eine andere komplexe Frequenzebene — die q-Ebene — abbilden.
Für (2.7) können wir auch schreiben

$$U_+(p) = \mathscr{L}(u(t)). \tag{2.9}$$

Führt man nun die Substitution $t \to -t$, $p \to -q$ ein, so ergibt sich für (2.8) der entsprechende Ausdruck

$$U_-(-q) = \mathscr{L}(u(-t)). \tag{2.10}$$

$U_-(-q)$ erhält man also durch eine Laplace-Transformation von $u(-t)$ und anschließende Vertauschung von p mit $-q$. Das bedeutet, daß die Tabellen der Laplace-Transformation auch zur Ermittlung der Korrespondenzen des Funktionsabschnittes $u_-(t) \circ\!\!-\!\!-\!\!-\!\!\bullet U_-(q)$ benutzt werden können, wenn man dort t durch $-t$ und p durch $-q$ ersetzt. Um die beiden Teilspektren unterscheiden zu können, haben wir die komplexe Frequenz in (2.8) mit q bezeichnet. $U_+(p)$ ist also das Teilspektrum für den positiven Zeitbereich und $U_-(q)$ das Teilspektrum für den negativen Zeitbereich. Beide Teilspektren zusammengefaßt ergeben das Gesamtspektrum von $u(t)$:

$$U(p,q) = U_+(p) + U_-(q)$$
$$u(t) \quad = u_+(t) + u_-(t). \tag{2.11}$$

Bei der Berechnung der Zeitfunktion aus der Spektralfunktion muß jetzt — wie vorher schon erwähnt — die Pollage bezüglich des Integrationsweges beachtet werden [die Pole p_ν des Teilspektrums $U_+(p)$ müssen links vom Integrationsweg (Typ $\bowtie$) und die Pole q_ν des Teilspektrums $U_-(q)$ rechts vom Integrationsweg (Typ $\propto$) liegen]. Die Rücktransformation lautet wiederum in Analogie zur Laplacetransformation

$$u(t) = \frac{1}{2\pi\mathrm{j}} \int\limits_{-\mathrm{j}\infty+\alpha}^{+\mathrm{j}\infty+\alpha} U_+(p)\mathrm{e}^{pt}\mathrm{d}p + \frac{1}{2\pi\mathrm{j}} \int\limits_{-\mathrm{j}\infty-\beta}^{+\mathrm{j}\infty-\beta} U_-(q)\mathrm{e}^{qt}\mathrm{d}q, \tag{2.12}$$

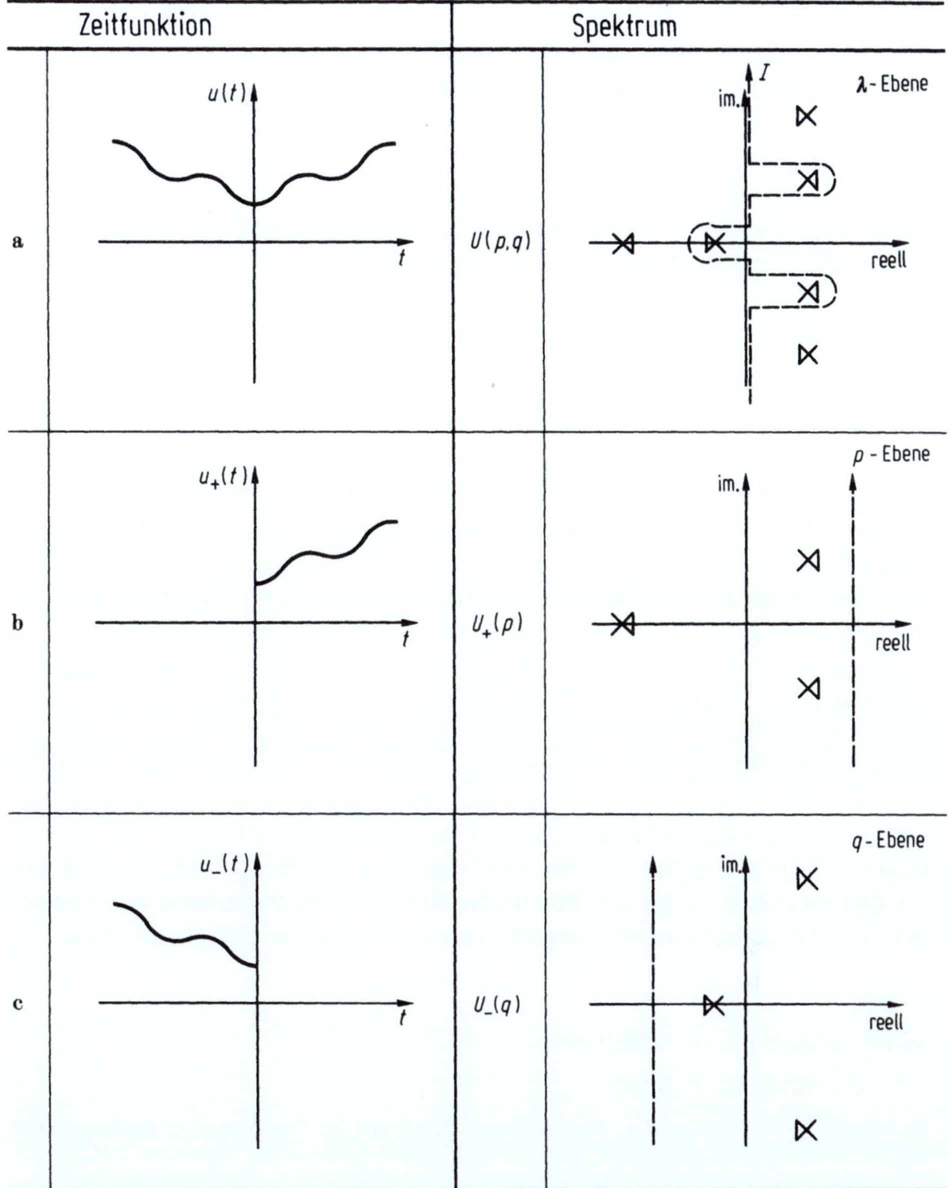

Bild 2.2a–c. Zeitfunktion und Polstruktur bei der Allgemeinen Spektralfunktion. (a) Beidseitig anklingende Zeitfunktion; (b) und (c) einseitig anklingende Zeitfunktionen

wobei die positiven Konstanten α und β ausreichend groß zu wählen sind. Die entsprechenden Integrationswege sind in Bild 2.2b und 2.2c gestrichelt eingezeichnet.

Statt über die beiden Teilspektren kann man jedoch auch über das Gesamtspektrum integrieren, wenn die Lage der Pole in bezug auf den Integrationsweg beibehalten wird, p- und q-Ebene die gleiche Skalierung besitzen und keine p- und q-Pole aufeinandertreffen. (Der Fall zusammenfallender p- und q-Pole ist zwar auch möglich, wird aber später behandelt.) Man kommt so zum Integrationsweg (I) von Bild 2.2a in der λ-Ebene, wobei $\lambda=p=q$ gesetzt wurde und sich somit $U(p,q)$ $=U(\lambda,\lambda)$ ergibt. Für die Rücktransformation gilt dann

$$u(t)=\frac{1}{2\pi j}\int_{(I)} U(\lambda,\lambda)e^{\lambda t}d\lambda. \tag{2.13}$$

Wenn $U(\lambda,\lambda)\to0$ für $\lambda\to\infty$ gilt, kann diese Formel mit Hilfe des Residuensatzes ausgewertet werden. Man erhält dann als Ergebnis

$$u_+(t)=\gamma(t)\sum_{v=1}^{n} \operatorname*{Res}_{\lambda=p_v}(U(\lambda,\lambda)e^{\lambda t}), \tag{2.14}$$

$$u_-(t)=-\gamma(-t)\sum_{v=1}^{n} \operatorname*{Res}_{\lambda=q_v}(U(\lambda,\lambda)e^{\lambda t}). \tag{2.15}$$

Hierbei wurde der Integrationsweg für (2.14) über den linken und für (2.15) über den rechten großen Bogen nach dem Jordanschen Lemma zu einem Ringintegral ergänzt.

Obwohl also der Integrationsweg nach Bild 2.2a relativ kompliziert sein kann, ist die Auswertung mit Hilfe des Residuensatzes sehr einfach. Erforderlich ist die Kenntnis der Pole p_v und q_v von $U(p,q)$. Man erhält sie durch die Lösung der Gleichung

$$\frac{1}{U(p,q)}=0. \tag{2.16}$$

Der Integrationsweg (I) für die Rücktransformation muß dann von $-j\infty$ bis $+j\infty$ so in die λ-Ebene gelegt werden, daß sämtliche p-Pole p_v links von ihm und sämtliche q-Pole q_v rechts von ihm liegen. Außerdem muß er überschneidungsfrei sein und die λ-Ebene in zwei einfach zusammenhängende Gebiete aufteilen.

Beispiel

Als Beispiel betrachten wir die Zeitfunktion

$$u(t)=\gamma(t)A_1 e^{p_1 t}+\gamma(-t)B_1 e^{q_1 t}$$

für beliebige Werte von p_1 und q_1. Das Spektrum ist aufgrund der Transformationsgleichungen (2.7, 2.8)

$$U_+(p)=\int_0^\infty A_1 e^{p_1 t}e^{-pt}dt=\frac{A_1}{p-p_1},$$

$$U_-(q)=\int_{-\infty}^0 B_1 e^{q_1 t}e^{-qt}dt=-\frac{B_1}{q-q_1}.$$

Insbesondere erhält man den zweiten Ausdruck auch durch eine Laplacetransformation von

$$B_1 e^{-q_1 t}\!\circ\!\!\!\!-\!\!\!\!-\!\!\!\bullet\frac{B_1}{p+q_1},$$

wobei t durch $-t$ substituiert wurde. Ersetzt man nun noch p durch $-q$, so erhält man $U_-(q)$. Laut Gl. (2.11) ergibt sich für das Gesamtspektrum

$$U(p,q)=\frac{A_1}{p-p_1}-\frac{B_1}{q-q_1}.$$

Ist z. B. $p_1 = -\alpha$ und $q_1 = \alpha$ und $\alpha > 0$, so klingt die Zeitfunktion nach beiden Seiten hin ab, denn der Pol p_1 liegt in der linken Frequenzhalbebene und der Pol q_1 in der rechten Frequenzhalbebene. (In diesem Fall ist die Bedingung der Fouriertransformation erfüllt.) Für $\alpha < 0$ hingegen handelt es sich um eine zweiseitig exponentiell ansteigende Funktion und die Pole wechseln die Halbebenen. Die Allgemeine Spektraltransformation läßt also für p_1 und q_1 beliebig endliche (voneinander unabhängige) Werte zu.

Für die Rücktransformation erhält man für den Fall $p_1 \neq q_1$ aufgrund des Residuensatzes

$$u_+(t) = \gamma(t) \operatorname*{Res}_{\lambda = p_1} \left(\left(\frac{A_1}{\lambda - p_1} - \frac{B_1}{\lambda - q_1} \right) e^{\lambda t} \right) = \gamma(t) A_1 e^{p_1 t},$$

$$u_-(t) = -\gamma(-t) \operatorname*{Res}_{\lambda = q_1} \left(\left(\frac{A_1}{\lambda - p_1} - \frac{B_1}{\lambda - q_1} \right) e^{\lambda t} \right) = \gamma(-t) B_1 e^{q_1 t}.$$

Diese hier definierte Allgemeine Spektraltransformation hat den Vorteil, daß sie keine wesentliche Beschränkung mehr für die darzustellenden Zeitfunktionen verlangt. So sind auch exponentiell anklingende Vorgänge im gesamten Zeitbereich zulässig. Die Spektralfunktion ist, wie auch bei der Laplace-Transformation, in der Regel ein analytischer Ausdruck, z. B. eine rational gebrochene Funktion der beiden komplexen Frequenzvariablen p und q. Hierbei ist die komplexe Frequenz p mit dem Teilspektrum $U_+(p)$ dem positiven Zeitbereich zugeordnet und entspricht damit der Laplace-Transformation. Die komplexe Frequenz q mit dem Teilspektrum $U_-(q)$ ist dem negativen Zeitbereich zugeordnet. Man kann p und q als zwei übereinanderliegende Blätter der komplexen Frequenzebene auffassen. Für $p = \mathrm{j}\omega$ und $q = \mathrm{j}\omega$ erhält man den Frequenzgang des Spektrums bei reellen Frequenzen. Sowohl die Laplace-Transformation als auch die Fourier-Transformation sind in der Allgemeinen Spektraltransformation als Spezialfälle enthalten. Für die Gültigkeit der Laplace-Transformation ist $U_-(q) = 0$ zu fordern. Es gilt dann also

$$U_\mathrm{L}(p) = U_+(p). \tag{2.17}$$

Für die Gültigkeit der Fourier-Transformation ist zu fordern, daß die Pole p_ν von $U_+(p)$ (Typ $\rtimes$) in der linken Frequenzhalbebene und die Pole q_ν von $U_-(q)$ (Typ $\ltimes$) in der rechten Frequenzhalbebene liegen, da bei der Fourier-Transformation der Integrationsweg die $\mathrm{j}\omega$-Achse ist. Jedoch dürfen Pole beiden Typs auf der $\mathrm{j}\omega$-Achse vorkommen und müssen hier unterschieden werden. Man erhält daher das Fourier-Spektrum $U_\mathrm{F}(f)$, falls dieses existiert, aus dem Allgemeinen Spektrum $U(p, q)$ durch den Grenzübergang

$$U_\mathrm{F}(f) = \lim_{\varepsilon \to 0} U(\mathrm{j}\omega + \varepsilon, \mathrm{j}\omega - \varepsilon). \tag{2.18}$$

Diese Formel erweist sich als sehr nützlich für die Interpretation und für die Berechnung von Fourier-Spektren.

Das Beispiel eines einfachen Poles im Frequenznullpunkt zeigt Bild 2.3 und das eines mehrfachen Poles Bild 2.4. So erhält man z. B. für den Einheitssprung $\gamma(t)$ gemäß Bild 2.3 das Allgemeine Spektrum $U(p, q) = 1/p$, welches mit dem Spektrum der Laplace-Transformation identisch ist. Durch den Grenzübergang

$$U_\mathrm{F}(f) = \lim_{\varepsilon \to 0} \frac{1}{\mathrm{j}\omega + \varepsilon} = \frac{1}{\mathrm{j}\omega} + \pi\delta(\omega) \tag{2.19}$$

Zeitfunktion		Spektrum		
Skizze	$u(t)$	$U(p,q)$	$U_F(f)$	Symbol
	$\gamma(t)$	$\dfrac{1}{p}$	$\dfrac{1}{j\omega} + \pi\delta(\omega)$	
	$-\gamma(-t)$	$\dfrac{1}{q}$	$\dfrac{1}{j\omega} - \pi\delta(\omega)$	
	$\mathrm{sgn}\,(t)$	$\dfrac{1}{p} + \dfrac{1}{q}$	$\dfrac{2}{j\omega}$	
	1	$\dfrac{1}{p} - \dfrac{1}{q}$	$2\pi\delta(\omega)$	

Bild 2.3. Allgemeine Spektraltransformation. Zeitfunktion und Spektrum eines einfachen Poles im Frequenznullpunkt

erhält man das Fourier-Spektrum. Dies entspricht dem Vorgehen in Abschnitt 1.4 [(1.48) und folgende].

Für das Gleichsignal erhält man das Allgemeine Spektrum

$$U(p,q) = \frac{1}{p} - \frac{1}{q}$$

als Differenz der Pole beiden Typs im Frequenznullpunkt. Durch den Grenzübergang

$$U_F(f) = \lim_{\varepsilon \to 0} \left(\frac{1}{j\omega + \varepsilon} - \frac{1}{j\omega - \varepsilon} \right) = 2\pi\delta(\omega)$$

folgt der Dirac-Impuls (Spektrallinie) im Frequenznullpunkt, ganz entsprechend der in (1.40) vorgenommenen Ableitung. Daraus folgt, daß die spektrale Dirac-Funktion bei der Allgemeinen Spektraltransformation analytisch beschrieben werden kann. Bild 2.3 zeigt auch, daß drei Typen von Schaltfunktionen zu unterscheiden sind, nämlich die „Einschaltfunktion" $\gamma(t)$, die „Abschaltfunktion" $\gamma(-t)$ und die „Umschaltfunktion" $\mathrm{sgn}(t)$. Sie alle haben einen Pol im Frequenznullpunkt, unterscheiden sich aber durch den Gleichanteil, der im Allgemeinen Spektrum durch die Zuordnung zu p (positiver Gleichanteil) oder q (negativer Gleichanteil) und im Fourier-Spektrum durch den Dirac-Impuls $\delta(\omega)$ beschrieben wird. (Diese

Zeitfunktion		Spektrum		
Skizze	$u(t)$	$U(p,q)$	$U_\mathrm{F}(f)$	Symbol
	$\gamma(t)\,\dfrac{t^{\mu-1}}{(\mu-1)!}$	$\dfrac{1}{p^\mu}$	$\dfrac{1}{(\mathrm{j}\omega)^\mu}+\dfrac{\pi\mathrm{j}^{\mu-1}}{(\mu-1)!}\,\delta^{(\mu-1)}(\omega)$	
	$-\gamma(-t)\,\dfrac{t^{\mu-1}}{(\mu-1)!}$	$\dfrac{1}{q^\mu}$	$\dfrac{1}{(\mathrm{j}\omega)^\mu}-\dfrac{\pi\mathrm{j}^{\mu-1}}{(\mu-1)!}\,\delta^{(\mu-1)}(\omega)$	
	$\mathrm{sgn}\,(t)\,\dfrac{t^{\mu-1}}{(\mu-1)!}$	$\dfrac{1}{p^\mu}+\dfrac{1}{q^\mu}$	$\dfrac{2}{(\mathrm{j}\omega)^\mu}$	
	$\dfrac{t^{\mu-1}}{(\mu-1)!}$	$\dfrac{1}{p^\mu}-\dfrac{1}{q^\mu}$	$\dfrac{2\pi\mathrm{j}^{\mu-1}}{(\mu-1)!}\,\delta^{(\mu-1)}(\omega)$	

Bild 2.4. Allgemeine Spektraltransformation. Zeitfunktion und Spektrum eines μ-fachen Poles im Frequenznullpunkt. (Die Bilder sind für ungerade Werte von μ gezeichnet.) Bezüglich der Auswertung der Fourier-Spektren siehe Abschnitt 2.2d

Schaltfunktionen wurden für die Fourier-Transformation bereits in Bild 1.12 dargestellt.)
Analog zu Bild 2.3 zeigt Bild 2.4 einen μ-fachen Pol im Frequenznullpunkt. Bei den Grenzübergängen zum Fourier-Spektrum nach (2.18) treten nun die $(\mu-1)$-fachen Ableitungen des Dirac-Impulses $\delta^{(\mu-1)}(\omega)$ auf. Diese Distributionen höherer

Ordnung sind im Abschnitt 10.1 näher erklärt. Bei der Auswertung des Poles auf der jω-Achse $\dfrac{1}{(j\omega)^\mu}$ treten für $\mu \geq 2$ ebenfalls höhere Distributionen auf, wenn das Integral im Sinne des Cauchy-Hauptwertes gebildet werden soll. Dies ist im Abschnitt 2.2d näher erläutert.

Durch den Übergang zur Allgemeinen Spektraltransformation lassen sich die bei der Fourier-Transformation auf der jω-Achse auftretenden Distributionen im Spektralbereich vermeiden. Nach Bild 2.3 bzw. 2.4 sind sie durch eine rationale Funktion des Allgemeinen Spektrums ersetzbar:

$$\delta(\omega) \mathrel{\hat=} \frac{1}{2\pi}\left(\frac{1}{p} - \frac{1}{q}\right),$$

$$\delta^{(\mu-1)}(\omega) \mathrel{\hat=} \frac{1}{2\pi}\,\frac{(\mu-1)!}{j^{\mu-1}}\left(\frac{1}{p^\mu} - \frac{1}{q^\mu}\right).$$

Diese Beziehungen lassen sich noch mit Hilfe des Verschiebungssatzes (vgl. Abschnitt 4.7) für eine bei der Frequenz ω_v auftretende spektrale Distribution verallgemeinern:

$$\delta(\omega - \omega_v) \mathrel{\hat=} \frac{1}{2\pi}\left(\frac{1}{p-j\omega_v} - \frac{1}{q-j\omega_v}\right),$$

$$\delta^{(\mu-1)}(\omega - \omega_v) \mathrel{\hat=} \frac{1}{2\pi}\,\frac{(\mu-1)!}{j^{\mu-1}}\left(\frac{1}{(p-j\omega_v)^\mu} - \frac{1}{(q-j\omega_v)^\mu}\right).$$

Mit dem Allgemeinen Spektrum $U(p,q)$ läßt sich in vielen Fällen besser als mit dem Fourier-Spektrum rechnen, insbesondere dann, wenn der Residuensatz anwendbar und damit eine bequeme Auswertung der Rücktransformation gemäß (2.14) und (2.15) möglich ist. Außerdem können in vielen Fällen die Laplace-Korrespondenzen benutzt werden, für die es umfangreiche Tabellen gibt.

Anmerkung 1: Bei der Ableitung der Allgemeinen Spektraltransformation wurden hier sog. „meromorphe Funktionen" für das Spektrum angenommen, bei denen keine anderen Singularitäten als Pole auftreten. Die Ableitung läßt sich jedoch insoweit verallgemeinern als auch Funktionen mit sog. „wesentlichen singulären Stellen" zugelassen werden können (z. B. die Funktionen $1/\sqrt{p}$ mit der wesentlich singulären Stelle für $p=0$). Man müßte dann allgemein statt p-Pole, p-Stellen und statt q-Pole, q-Stellen sagen. Für die folgenden Betrachtungen werden aber der Einfachheit halber meromorphe Funktionen vorausgesetzt.

Anmerkung 2: Beziehung zur zweiseitigen Laplace-Transformation

Für den Fall, daß die Funktion $U(p,q)$ in einem Streifen parallel zur imaginären Achse polfrei ist, und daß sämtliche p-Pole links und sämtliche q-Pole rechts dieses Streifens liegen, ist die hier definierte Allgemeine Spektraltransformation mit der bekannten zweiseitigen Laplace-Transformation

$$U_{2L}(\lambda) = \int\limits_{-\infty}^{\infty} u(t)\cdot e^{-\lambda t}\,dt$$

identisch. Diese Konvergenzbedingung der zweiseitigen Laplace-Transformation bedeutet, daß exponentiell anklingende Funktionen nur in einem Zeitbereich (z. B. $t>0$) zulässig sind und ein entsprechend abklingendes Verhalten im anderen Zeitbereich (z. B. $t<0$) erfordern.
Die Korrespondenz gemäß Bild 2.2a würde z. B. diese Bedingung nicht erfüllen.

2.2 Methoden der Rücktransformation

Im folgenden werden einige Methoden für die Durchführung der Rücktransformation, d. h. für die Auswertung des Umkehrintegrals, angegeben, die zugleich einen Einblick in den Zusammenhang der verschiedenen Spektraltransformationen vermitteln.

a) Zerlegung des Allgemeinen Spektrums

In sehr vielen Fällen wird das Allgemeine Spektrum direkt in der Form von (2.11)

$$U(p,q) = U_+(p) + U_-(q)$$

darstellbar sein. Dann kann die Rücktransformation mit Hilfe der Tabellen der Laplace-Transformation erfolgen, denn es gilt

$$u_+(t) \circ \!\!-\!\!\!\!\overset{L}{-}\!\!\!\!-\!\! \bullet\, U_+(p), \quad u_-(-t) \circ \!\!-\!\!\!\!\overset{L}{-}\!\!\!\!-\!\! \bullet\, U_-(-p).$$

Hierbei wurde im Spektrum $U_-(q)$ die Variable q durch $-p$ ersetzt und in der zugehörigen Zeitfunktion t durch $-t$.

Wenn das Allgemeine Spektrum nicht unmittelbar in der Form von (2.11) vorliegt oder darstellbar ist, etwa weil es sich um das Produkt zweier Spektralfunktionen handelt, so kann der Zerlegungssatz (vgl. Abschnitt 4.10) angewandt werden, der auf die Form

$$U(p,q) \cong U_+(p) + U_-(q)$$

führt. Das Zeichen $\cong$ bedeutet hierbei, daß die linke und rechte Seite der Gleichung für $p = q$ gleich ist, sonst aber verschieden sein kann. Diese Bedingung ist jedoch für die Rücktransformation ausreichend, denn beim Umkehrintegral wird ja $p = q = \lambda$ gesetzt, d. h. die entsprechenden Koordinaten der p-Ebene und die der q-Ebene liegen übereinander. Die Rücktransformation kann dann nach den Laplace-Tabellen getrennt für $U_+(p)$ und $U_-(q)$ erfolgen.

b) Dämpfungssatz (Polverschiebung)

Mit Hilfe des in Abschnitt 4.7 erklärten Dämpfungssatzes kann das Allgemeine Spektrum $U(p,q)$ in ein einfaches Fourier-Spektrum überführt werden, das keine Pole auf der $j\omega$-Achse besitzt und daher mit dem reellen Fourier-Integral auswertbar ist. Es gilt nach dem Dämpfungssatz

$$e^{-\alpha|t|} u(t) \circ \!\!-\!\!\!\!-\!\!\!\!-\!\! \bullet\, U(p+\alpha, q-\alpha). \tag{2.20}$$

Dies bedeutet aber im $U(p,q)$-Spektrum eine Verschiebung der p-Pole nach links und eine Verschiebung der q-Pole nach rechts. Wählt man α genügend groß, so liegen alle p-Pole in der linken und alle q-Pole in der rechten Frequenzhalbebene und die $j\omega$-Achse ist polfrei. Somit gilt

$$u_\alpha(t) = e^{-\alpha|t|} u(t) \circ \!\!-\!\!\!\!\overset{F}{-}\!\!\!\!-\!\! \bullet\, U(j\omega + \alpha, j\omega - \alpha),$$

wobei $\alpha > \mathrm{Re}\, p_\nu$ und $\alpha > -\mathrm{Re}\, q_\nu$ zu wählen ist. Die durch die Fourier-Rücktransformation erhaltene Zeitfunktion $u_\alpha(t)$ ist dann nachträglich durch einen Grenzüber-

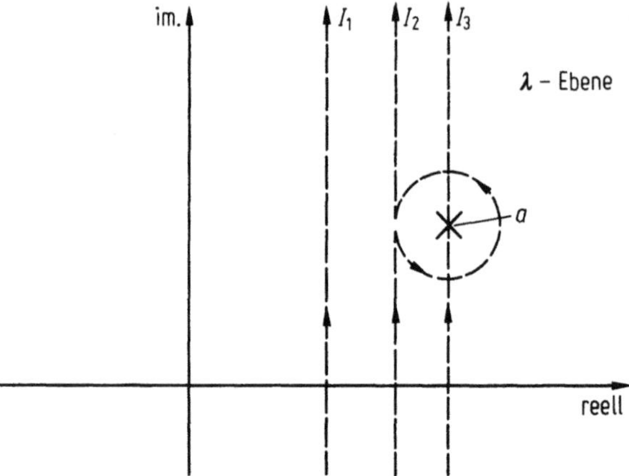

Bild 2.5. μ-facher Pol an der Stelle a in der Frequenzebene bei verschiedenen Integrationswegen

gang mit $\alpha\rightarrow 0$ in die Zeitfunktion $u(t)$ überzuführen. Die Anwendung des Dämpfungssatzes kann zur Verschiebung von Polen beliebiger Ordnung erfolgen.

c) Wegverschiebungssatz (Polumwandlung)

Im Umkehrintegral (2.13) ist der Integrationsweg in der λ-Ebene so festgelegt, daß die p-Pole (Typ $\bowtie$) links des Integrationsweges und die q-Pole (Typ $\bowtie$) rechts des Integrationsweges liegen müssen, und zwar unabhängig von ihrer Lage in der Frequenzebene. (Dadurch wurde die Darstellbarkeit auch exponentiell anklingender Zeitvorgänge ermöglicht.) Nach dem Hauptsatz der Funktionentheorie kann der Integrationsweg in der λ-Ebene beliebig verschoben werden, sofern kein Pol dabei überschritten wird. Im folgenden soll nun gezeigt werden, daß es auch möglich ist, den Integrationsweg über einen Pol hinweg zu verschieben, wobei eine Polumwandlung erfolgt, d. h. p-Pole können in q-Pole umgewandelt werden oder auch umgekehrt.
Wir betrachten hierzu nach Bild 2.5 einen μ-fachen Pol der Spektralfunktion an der Stelle a in der Frequenzebene. Dieser Pol ist bezüglich des Integrationsweges I_1 ein q-Pol, aber bezüglich des Integrationsweges I_2 ein p-Pol. Für den q-Pol ergibt sich die Zeitfunktion

$$u_-(t) = \frac{1}{2\pi\mathrm{j}} \int_{(I_1)} \frac{1}{(\lambda-a)^\mu} \mathrm{e}^{\lambda t}\mathrm{d}\lambda = -\gamma(-t)\frac{1}{(\mu-1)!}t^{\mu-1}\mathrm{e}^{at}, \qquad (2.21)$$

wobei der Pol rechts des Integrationsweges I_1 liegt. Entsprechend erhält man für den p-Pol

$$u_+(t) = \frac{1}{2\pi\mathrm{j}} \int_{(I_2)} \frac{1}{(\lambda-a)^\mu} \mathrm{e}^{\lambda t}\mathrm{d}\lambda = \gamma(t)\frac{1}{(\mu-1)!}t^{\mu-1}\mathrm{e}^{at}, \qquad (2.22)$$

wobei jetzt der Pol links vom Integrationsweg I_2 liegt. Gemäß Bild 2.5 läßt sich der Integrationsweg I_2 beliebig nahe an den Integrationsweg I_1 heranschieben, wobei der Pol jedoch immer im mathematisch positiven Sinne zu umkreisen ist. Es folgt daraus, daß das Integrationsergebnis über I_2 gleich dem über I_1 zuzüglich einem Ringintegral ist:

$$u_+(t) = u_-(t) + \frac{1}{2\pi \mathrm{j}} \oint \frac{\mathrm{e}^{\lambda t}}{(\lambda - a)^\mu}\, \mathrm{d}\lambda. \tag{2.23}$$

Das Ringintegral von (2.23) definiert die „Eigenfunktion" des μ-fachen Poles an der Stelle a:

$$e_a^\mu(t) = \frac{1}{2\pi \mathrm{j}} \oint \frac{\mathrm{e}^{\lambda t}}{(\lambda - a)^\mu}\, \mathrm{d}\lambda = \frac{1}{(\mu - 1)!}\, t^{\mu - 1}\mathrm{e}^{at}.$$

Diese Eigenfunktion ist durch die Exponentialfunktion an der Polstelle bestimmt und entspricht der stationären Zeitfunktion des Poles. Für $\mu > 1$ treten noch Potenzen von t hinzu.

Das Spektrum der Eigenfunktion erhält man aufgrund der Korrespondenz

$$
\begin{array}{ccccc}
e_a^\mu(t) & = & u_+(t) & - & u_-(t) \\
\circ & & \circ & & \circ \\
\vert & & \vert & & \vert \\
\bullet & & \bullet & & \bullet
\end{array}
$$

$$E_a^\mu(p, q) = \frac{1}{(p - a)^\mu} - \frac{1}{(q - a)^\mu}. \tag{2.24}$$

Es ergibt sich als Differenz der Spektren der beiden Poltypen an der Stelle a und ist andererseits durch eine Distribution beschreibbar, weil es für $p = q = \lambda$ und $\lambda \neq a$ zu 0 wird. Man kann es durch einen Grenzübergang bestimmen, wenn man $p = \lambda + \varepsilon$ und $q = \lambda - \varepsilon$ setzt und $\varepsilon \to 0$ gehen läßt (dadurch ist sichergestellt, daß der p-Pol links und der q-Pol rechts des Integrationsweges liegt):

$$E_a^\mu(\lambda) = \lim_{\varepsilon \to 0}\left(\frac{1}{(\lambda + \varepsilon - a)^\mu} - \frac{1}{(\lambda - \varepsilon - a)^\mu}\right). \tag{2.25}$$

Dieser Grenzübergang führt auf die Ableitung der Dirac-Funktion und damit auf eine Distribution höherer Ordnung (vgl. Abschnitt 10.1). Damit gilt folgende Korrespondenz für die Eigenfunktion:

$$e_a^\mu(t) = \frac{1}{(\mu - 1)!}\, t^{(\mu - 1)}\mathrm{e}^{at} \tag{2.26a}$$

$$
\begin{array}{c}
\circ \\
\vert \\
\bullet
\end{array}
$$

$$E_a^\mu(\lambda) = \frac{2\pi \mathrm{j}^{(\mu - 1)}}{(\mu - 1)!}\, \delta^{(\mu - 1)}\left(\frac{\lambda - a}{\mathrm{j}}\right). \tag{2.26b}$$

Die Eigenfunktion eines einfachen Poles im Frequenznullpunkt ist in Bild 2.3 und die eines mehrfachen Poles in Bild 2.4 dargestellt.

Mit Hilfe von (2.24) kann nun ein q-Pol in einen p-Pol umgewandelt werden, denn es ist

$$\frac{1}{(q - a)^\mu} = \frac{1}{(p - a)^\mu} - E_a^\mu(\lambda). \tag{2.27}$$

Ganz entsprechend gilt für die Umwandlung eines p-Poles in einen q-Pol

$$\frac{1}{(p-a)^\mu} = \frac{1}{(q-a)^\mu} + E_a^\mu(\lambda). \tag{2.28}$$

Bei (2.27) und (2.28) wurde der Integrationsweg über den Pol hinweggeschoben. Dies ist also statthaft, wenn bei einer Verschiebung nach rechts (Umwandlung q-Pol in p-Pol) das Eigenfunktionsspektrum subtrahiert wird und bei einer Verschiebung nach links (Umwandlung p-Pol in q-Pol) addiert wird. Es ist nun leicht einzusehen, daß bei einer Verschiebung des Integrationsweges direkt auf den Pol (Integrationsweg I_3 führt symmetrisch und parallel zur $j\omega$-Achse über den Pol) der halbe Wert von E_a^μ zu subtrahieren bzw. zu addieren ist, d. h.

$$\frac{1}{(\lambda-a)^\mu} = \frac{1}{(p-a)^\mu} - \frac{1}{2} E_a^\mu(\lambda), \tag{2.29}$$

$$\frac{1}{(\lambda-a)^\mu} = \frac{1}{(q-a)^\mu} + \frac{1}{2} E_a^\mu(\lambda). \tag{2.30}$$

Dies führt zur Korrespondenz

$$\frac{1}{(\lambda-a)^\mu} \bullet\!\!-\!\!-\!\!\circ \frac{1}{2} \operatorname{sgn}(t) \frac{t^{\mu-1}}{(\mu-1)!} e^{at} = \frac{1}{2} \operatorname{sgn}(t) \cdot e_a^\mu(t). \tag{2.31}$$

Aufgrund von (2.29) und (2.30) kann man auch umgekehrt das Eigenfunktionsspektrum und den λ-Pol durch p- und q-Pole ausdrücken:

$$E_a^\mu(\lambda) = \frac{1}{(p-a)^\mu} - \frac{1}{(q-a)^\mu}, \tag{2.32}$$

$$\frac{1}{(\lambda-a)^\mu} = \frac{1}{2}\left(\frac{1}{(p-a)^\mu} + \frac{1}{(q-a)^\mu}\right). \tag{2.33}$$

Der Wegverschiebungssatz (Polumwandlung) kann damit wie folgt formuliert werden:

1. Bei einer Verschiebung des Integrationsweges nach *links* über einen Pol hinweg (Umwandlung p-Pol in q-Pol) wird das Eigenfunktionsspektrum $E_a^\mu(\lambda)$ addiert; bei Verschiebung des Integrationsweges auf die Polmitte (Umwandlung p-Pol in λ-Pol) ist der halbe Wert $(1/2)E_a^\mu(\lambda)$ hinzuzufügen.

2. Bei einer Verschiebung des Integrationsweges nach *rechts* über einen Pol hinweg (Umwandlung q-Pol in p-Pol) wird das Eigenfunktionsspektrum $E_a^\mu(\lambda)$ subtrahiert; bei Verschiebung auf die Polmitte (Umwandlung q-Pol in λ-Pol) muß dementsprechend der halbe Wert $(1/2)E_a^\mu(\lambda)$ subtrahiert werden.

Bild 2.6 veranschaulicht diese Operationen der Polumwandlungen eines p-Poles mit dem Polfaktor A und eines q-Poles mit dem Polfaktor B durch Verschiebung des Integationsweges. Im oberen Teil des Bildes wird der Integrationsweg über einen p-Pol nach links verschoben, wobei zunächst ein λ-Pol und dann ein q-Pol entsteht. Hierbei muß das Eigenfunktionsspektrum gemäß (2.30) bzw. (2.28) mit dem Faktor 1/2 bzw. mit dem Faktor 1 addiert werden. Im unteren Teil des Bildes wird die

Verschiebung	p - Pol	λ - Pol	q - Pol
nach links über p-Pol			
	$\dfrac{A}{(p-a)^\mu}$	$=\quad \dfrac{A}{(\lambda-a)^\mu}+\dfrac{A}{2}E_a^\mu$	$=\quad \dfrac{A}{(q-a)^\mu}+AE_a^\mu$
nach rechts über q-Pol			
	$\dfrac{B}{(p-a)^\mu}-BE_a^\mu$	$=\quad \dfrac{B}{(\lambda-a)^\mu}-\dfrac{B}{2}E_a^\mu$	$=\quad \dfrac{B}{(q-a)^\mu}$

Bild 2.6. Polumwandlung beim Allgemeinen Spektrum durch Verschiebung des Integrationsweges (Wegverschiebungssatz)

Umwandlung eines q-Poles in einen p-Pol gezeigt, wobei der Integrationsweg nach rechts verschoben wird und die Eigenfunktionsspektren subtrahiert werden. In Bild 2.6 sind die Eigenfunktionsspektren als Pfeile eingezeichnet; sie sind im Polpunkt senkrecht auf der Frequenzebene stehend zu denken. Man erkennt, daß die Polfaktoren A der p-Pole mit positiven Vorzeichen und die Polfaktoren B der q-Pole mit negativen Vorzeichen bei dem hinzugefügten Eigenfunktionsspektrum auftreten.

d) Zusammenhang zwischen Allgemeinem Spektrum und Fourier-Spektrum

Wenn die Fourier-Transformation in der verallgemeinerten Form gemäß (1.54) gelten soll, so müssen sämtliche p-Pole in der linken Frequenzhalbebene und sämtliche q-Pole in der rechten Frequenzhalbebene liegen. Auf der $j\omega$-Achse können sowohl einfache als auch mehrfache Pole sowie auch Distributionen erster oder höherer Ordnung auftreten, wie dies z.B. aus Bild 2.4 ersichtlich ist. Allgemein gelten hierfür (2.32) und (2.33), wobei $a=j\omega_0$ und $\lambda=j\omega$ zu setzen ist. Man erhält dann für die singulären Stellen auf der $j\omega$-Achse:

$$E_{j\omega_0}=\frac{1}{(p-j\omega_0)^\mu}-\frac{1}{(q-j\omega_0)^\mu}=\frac{2\pi j^{(\mu-1)}}{(\mu-1)!}\,\delta^{(\mu-1)}(\omega-\omega_0),$$

$$\frac{1}{(j\omega-j\omega_0)^\mu}=\frac{1}{2}\left(\frac{1}{(p-j\omega_0)^\mu}+\frac{1}{(q-j\omega_0)^\mu}\right).$$

Da der Integrationsweg bei der Fourier-Transformation genau auf der $j\omega$-Achse verläuft, d.h. daß über ω integriert wird, erhebt sich die Frage nach der

Auswertung der Integrale an den erwähnten singulären Stellen. Bei den spektralen Distributionen ist die Auswertung des Fourier-Integrals besonders einfach, denn es gilt gemäß Anhang 10.1 die Formel

$$\int_{-\infty}^{\infty} \delta^{(n)}(\omega-\omega_0)F(\omega)\,\mathrm{d}\omega = (-1)^n F^{(n)}(\omega_0),$$

wobei hier $F(\omega)=\mathrm{e}^{\mathrm{j}\omega t}$ eine auf der $\mathrm{j}\omega$-Achse stetige und differenzierbare Funktion ist. Auf diese Weise berechnen sich z.B. die Korrespondenzen der letzten Zeile von Bild 2.4. Beim einfachen Pol des Spektrums entstehen keine Schwierigkeiten (vgl. Abschnitt 1.4); hierfür gilt die Korrespondenz

$$\frac{1}{\mathrm{j}\omega-\mathrm{j}\omega_0} \quad\bullet\!\!-\!\!\!-\!\!\!-\!\!\circ\quad \frac{1}{2}\operatorname{sign}(t)\mathrm{e}^{\mathrm{j}\omega_0 t}.$$

Bei den mehrfachen Polen ($\mu\geq 2$) treten jedoch Schwierigkeiten bei der Anwendung des Fourier-Integrals auf und es erhebt sich die Frage, wie das Integral über die Polstelle auszuwerten ist. Hierfür sollen zwei Methoden angegeben werden:

1 Polaufspaltung

Aus (2.33) ist ersichtlich, daß der symmetrische λ-Pol (mit $\lambda=\mathrm{j}\omega$) je zur Hälfte aus einem p-Pol und einem q-Pol entstanden ist.
Durch den Ansatz $p=\mathrm{j}\omega+\varepsilon$ und $q=\mathrm{j}\omega-\varepsilon$ kann dabei die Polstelle zunächst vermieden werden und man erhält

$$\frac{1}{(\mathrm{j}\omega-\mathrm{j}\omega_0)^{\mu}} \rightarrow \frac{1}{2}\left(\frac{1}{(\mathrm{j}(\omega-\omega_0)+\varepsilon)^{\mu}} + \frac{1}{(\mathrm{j}(\omega-\omega_0)-\varepsilon)^{\mu}}\right).$$

Nun kann die Integration durchgeführt werden und anschließend ist der Grenzübergang $\varepsilon\rightarrow 0$ durchzuführen. Gegebenenfalls kann jetzt auch der Residuensatz angewendet werden, was aber auf die Methode der Allgemeinen Spektraltransformation hinaus läuft.

2 Uneigentliches Integral

Untersucht man vorstehenden Ausdruck für $\varepsilon\rightarrow 0$ so findet man, daß mehrfache Schwankungen der Funktion an der Polstelle auftreten. Diese Schwankungen sind im Grenzfall $\varepsilon\rightarrow 0$ durch Distribution erster und höherer Ordnung darstellbar. Damit kann der Wertebereich der ω-Achse aufgeteilt werden in einen Bereich $-\alpha<\omega-\omega_0<\alpha$ in dem die Distribution gelten und in einen Bereich außerhalb, in dem die Funktion $\dfrac{1}{(\omega-\omega_0)^{\mu}}$ gilt.

Die erwähnten Distributionen lassen sich durch die Forderung bestimmen, daß die durch die Rücktransformation erhaltene Zeitfunktion $u(t)$ sowie ihre sämtlichen Ableitungen bis zur $(\mu-2)$ten für $t=0$ verschwinden. Diese Forderung gilt nämlich für alle Zeitfunktionen von Bild 2.4 für $\mu\geq 2$. Man erhält auf diese Weise eine Äquivalenz unter Verwendung von „α-Distributionen" (vgl. auch Anhang 10.1)

$$\frac{1}{(\omega-\omega_0)^\mu} = \frac{1}{(\omega-\omega_0)^\mu}\Bigg|_{|\omega-\omega_0|>\alpha} + \sum_{v=v_0}^{\mu-2} \frac{2(-1)^{v+1}}{v!(\mu-v-1)} \frac{\delta^{(v)}(\omega-\omega_0)}{\alpha^{\mu-v-1}}$$

mit $v_0 = 0$ für μ gerade und $v_0 = 1$ für μ ungerade.

Das Fourier-Integral über den ersten Summanden ist nun als uneigentliches Integral zu bilden, d.h.

$$\int_{-\infty}^{\infty} \ldots = \int_{-\infty}^{\omega_0-\alpha} \ldots + \int_{\omega_0+\alpha}^{\infty} \ldots .$$

Es hängt vom Wert α ab, wobei α eine kleine Zahl sei ($\alpha\to 0$). Auch das Fourier-Integral über die zugefügten Distributionen, (das sehr einfach auszuwerten ist) hängt von α ab, so daß hier eine Kompensation eintritt und das Endergebnis von α unabhängig wird.

Man erhält die Korrespondenzen

$$\frac{1}{2}\operatorname{sign}(t)\frac{t^{\mu-1}}{(\mu-1)!}e^{j\omega_0 t} \; \circ\!\!-\!\!\overset{F}{}\!\!-\!\!\bullet \; \frac{1}{(j\omega-j\omega_0)^\mu}$$

die für $\omega_0 = 0$ auch in Bild 2.4 angegeben sind.

Beispiel

Für $\mu = 2$ und $\omega_0 = 0$ wird obige Korrespondenz zu

$$\frac{1}{2}|t| \; \circ\!\!-\!\!\!-\!\!\bullet \; -\frac{1}{\omega^2} = -\frac{1}{\omega^2}\Bigg|_{|\omega|>\alpha} + \frac{2}{\alpha}\delta(\omega).$$

Der unendliche Gleichanteil des Zeitsignals kommt durch den Dirac-Impuls mit unendlichem Impulsintegral für $\alpha\to 0$ deutlich zum Ausdruck.

e) Verschiedene Formen der Rücktransformation

Mit Hilfe der Polumwandlung durch Anwendung des Wegverschiebungssatzes kann eine ganze Reihe von möglichen Rücktransformationen des Allgemeinen Spektrums angegeben werden. Sie werden im folgenden diskutiert. Wir denken uns hierzu das Allgemeine Spektrum an den Polstellen in eine Potenzreihe nach fallenden und steigenden Potenzen entwickelt (Laurentreihe). Die Koeffizienten dieser Potenzreihe (Polfaktoren) für einen p-Pol μ_{p_v}-ten Grades an der Stelle p_v seien mit $A_{v\mu}$ bezeichnet. Das Spektrum wird in der nahen Umgebung des Poles durch die fallenden Potenzen (Hauptteil der Laurent-Reihe)

$$\sum_{\mu=1}^{\mu_{p_v}} \frac{A_{v\mu}}{(p-p_v)^\mu}$$

angenähert. Analog dazu erhalten wir für einen q-Pol die Polkoeffizienten $B_{v\mu}$, so daß für das Spektrum die Annäherung

$$\sum_{\mu=1}^{\mu_{q_v}} \frac{B_{v\mu}}{(q-q_v)^\mu}$$

gilt. Es sei noch bemerkt, daß sowohl Pole verschiedenen Grades als auch q-Pole und p-Pole zusammenfallen können.

Damit gelten die Umwandlungen (2.34) bis (2.38) des Allgemeinen Spektrums mit ihren Rücktransformationen, die sich durch die Führung des Integrationsweges in der λ-Ebene unterscheiden. Für die Rücktransformation der Eigenfunktionsspektren gilt hierbei immer (2.24) bzw. (2.26):

$$u(t)\circ\!\!-\!\!\bullet U(p,q), \tag{2.34}$$

$$u(t)\circ\!\!\overset{p}{-}\!\!\bullet U(p,p) - \sum_{(v)} \sum_{\mu=1}^{\mu_{q_v}} B_{v\mu} E_{q_v}^{\mu}(\lambda), \tag{2.35}$$

$$u(t)\circ\!\!\overset{q}{-}\!\!\bullet U(q,q) + \sum_{(v)} \sum_{\mu=1}^{\mu_{p_v}} A_{v\mu} E_{p_v}^{\mu}(\lambda), \tag{2.36}$$

$$u(t)\circ\!\!\overset{\wedge}{-}\!\!\bullet U(\lambda,\lambda) + \frac{1}{2} \sum_{(v)} \sum_{\mu=1}^{\mu_{p_v}} A_{v\mu} E_{p_v}^{\mu}(\lambda) - \frac{1}{2} \sum_{(v)} \sum_{\mu=1}^{\mu_{q_v}} B_{v\mu} E_{q_v}^{\mu}(\lambda), \tag{2.37}$$

$$u(t)\circ\!\!\overset{j\omega}{-}\!\!\bullet U(j\omega,j\omega) + \sum_{(v)} \sum_{\mu=1}^{\mu_{p_v}} A'_{v\mu} E_{p_v}^{\mu}(\lambda) - \sum_{(v)} \sum_{\mu=1}^{\mu_{q_v}} B'_{v\mu} E_{q_v}^{\mu}(\lambda)$$
$$+ \frac{1}{2} \sum_{(v)} \sum_{\mu=1}^{\mu_{\omega_v}} (A''_{v\mu} - B''_{v\mu}) E_{j\omega_v}^{\mu}(j\omega). \tag{2.38}$$

(2.34) stellt die ursprüngliche Rücktransformation des Spektrums $U(p,q)$ dar, wobei der Integrationsweg so zu führen ist, daß die p-Pole links und die q-Pole rechts liegen.

Bei (2.35) wurde der Integrationsweg über alle q-Pole hinweg nach rechts verschoben, so daß sie alle in p-Pole umgewandelt wurden. Daher ist $U(p,q)$ durch $U(p,p)$ zu ersetzen und es sind die Eigenfunktionsspektren der q-Pole mit ihren Polfaktoren abzuziehen. Da nur noch p-Pole vorhanden sind, ist in (2.35) die Laplace-Transformation anzuwenden. Wegen der Hinzunahme der Eigenfunktionsspektren kann man (2.35) als verallgemeinerte Laplace-Transformation oder als p-Transformation bezeichnen.

Ganz entsprechendes gilt für (2.36), nur daß hier der Integrationsweg über alle p-Pole hinweg nach links verschoben wurde. Jetzt sind die Eigenfunktionsspektren der p-Pole mit ihren Polfaktoren zu addieren. Die q-Transformation entspricht der Laplace-Transformation für den negativen Zeitbereich, die zu Beginn dieses Abschnittes eingeführt wurde.

In (2.37) wurde der Integrationsweg genau auf die Pole geschoben, so daß symmetrisch über sämtliche Pole integriert werden muß. Das Integral ist hierbei nach dem Cauchy-Hauptwert auszuwerten und die Eigenfunktionsspektren der p-Pole zu addieren und die der q-Pole zu subtrahieren, wobei der halbe Polfaktor anzusetzen ist. Wir können diese Rücktransformation als λ-Transformation bezeichnen.

In (2.38) schließlich wird der Integrationsweg genau auf die jω-Achse geschoben. Die Rücktransformation entspricht somit der Fourier-Transformation. Jetzt müssen die Eigenfunktionsspektren der in der rechten Frequenzhalbebene liegenden p-Pole addiert werden, da sie in q-Pole umgewandelt wurden. Ihre Polfaktoren seien $A'_{\nu\mu}$ für die p-Pole mit $\mathrm{Re}\,p_\nu > 0$. Entsprechendes gilt für die in der linken Frequenzhalbebene liegenden q-Pole, die in p-Pole umgewandelt werden, mit den Polfaktoren $B'_{\nu\mu}$ für die q-Pole mit $\mathrm{Re}\,q_\nu < 0$. Bei den Polen der $j\omega$-Achse wird der Integrationsweg genau auf die Pole geschoben. Somit ist nur der halbe Polfaktor anzuwenden. Die Polfaktoren der auf $j\omega$-Achse liegenden Pole sind bei den p-Polen mit $A''_{\nu\mu}$ (für $p_\nu = j\omega_\nu$) und bei den q-Polen mit $B''_{\nu\mu}$ (für $q_\nu = j\omega_\nu$) bezeichnet. (2.38) kann als verallgemeinerte Fourier-Transformation oder $j\omega$-Transformation bezeichnet werden. Sie geht in die normale Fourier-Transformation über, wenn $A'_{\nu\mu} = 0$ und $B'_{\nu\mu} = 0$ ist. Ist darüber hinaus auch $A''_{\nu\mu} = B''_{\nu\mu} = 0$, so sind die Bedingungen des einfachen Fourier-Integrals gegeben, d. h. die korrespondierende Zeitfunktion $u(t)$ ist energiebegrenzt und erfüllt die Bedingung $\lim |u(t)| = 0$ für $|t| \to \infty$.

Die hier besprochenen Rücktransformationsarten sind nur als typische Beispiele anzusehen. Prinzipiell gestattet der Wegverschiebungssatz, den Integrationsweg in einer beliebigen Weise durch die λ-Ebene von $-j\infty$ bis $+j\infty$ zu legen.

Im folgenden wird noch die Bestimmung der Polfaktoren $A_{\nu\mu}$ und $B_{\nu\mu}$ aus dem Allgemeinen Spektrum $U(p, q)$ besprochen. $A_{\nu\mu}$ und $B_{\nu\mu}$ sind die Residuen der Spektralfunktion an den Polstellen λ_ν. Diese können ermittelt werden, indem man die Spektralfunktion an der Polstelle in eine Laurent-Reihe nach fallenden Potenzen entwickelt. In der nahen Umgebung einer Polstelle p_ν mit dem Grad μ_{p_ν} bzw. einer Polstelle q_ν mit dem Grad μ_{q_ν} gelten dann die Laurent-Entwicklungen

$$U(\lambda, \lambda) = \sum_{\mu=1}^{\mu_{p_\nu}} \frac{A_{\nu\mu}}{(\lambda - p_\nu)^\mu}, \tag{2.39a}$$

$$U(\lambda, \lambda) = \sum_{\mu=1}^{\mu_{q_\nu}} \frac{B_{\nu\mu}}{(\lambda - q_\nu)^\mu}. \tag{2.39b}$$

Man erhält daraus eine einfache Potenzreihe durch Multiplikation mit dem Polfaktor der höchsten Potenz

$$U(\lambda, \lambda)(\lambda - p_\nu)^{\mu_{p\nu}} = \sum_{\mu=1}^{\mu_{p_\nu}} A_{\nu\mu}(\lambda - p_\nu)^{(\mu_{p_\nu} - \mu)}, \tag{2.40}$$

$$U(\lambda, \lambda)(\lambda - q_\nu)^{\mu_{q\nu}} = \sum_{\mu=1}^{\mu_{q_\nu}} B_{\nu\mu}(\lambda - q_\nu)^{(\mu_{q_\nu} - \mu)}. \tag{2.41}$$

Die Koeffizienten dieser Potenzreihen bestimmen sich zu

$$A_{\nu\mu} = \frac{1}{(\mu_{p_\nu} - \mu)!} \left[\frac{\mathrm{d}^{(\mu_{p_\nu} - \mu)} U(\lambda, \lambda)(\lambda - p_\nu)^{\mu_{p_\nu}}}{\mathrm{d}\lambda^{(\mu_{p_\nu} - \mu)}} \right]_{\lambda = p_\nu}, \tag{2.42}$$

$$B_{\nu\mu} = \frac{1}{(\mu_{q_\nu} - \mu)!} \left[\frac{\mathrm{d}^{(\mu_{q_\nu} - \mu)} U(\lambda, \lambda)(\lambda - q_\nu)^{\mu_{q_\nu}}}{\mathrm{d}\lambda^{(\mu_{q_\nu} - \mu)}} \right]_{\lambda = q_\nu}. \tag{2.43}$$

Die Schreibweise $[\ldots]_{\lambda = p_\nu}$ bedeutet, daß zuerst der Klammerausdruck berechnet und dann $\lambda = p_\nu$ gesetzt werden soll. Man kann dafür auch schreiben

$$A_{\nu\mu} = \frac{1}{(\mu_{p_\nu} - \mu)!} \lim_{\lambda \to p_\nu} [\ldots].$$

Hierbei sind die Funktionen $U(\lambda, \lambda)(\lambda - p_\nu)^{\mu_{p_\nu}}$ durch die Aufhebung der Pole regulär und somit also differenzierbar. Somit lassen sich die Polfaktoren $A_{\nu\mu}$ und $B_{\nu\mu}$ durch Differentiation des Allgemeinen Spektrums nach Aufhebung der Pole bestimmen. Für den Fall, daß ein p-Pol und ein q-Pol zusammenfällt, d. h. daß $p_\nu = q_\nu = \lambda_\nu$ gilt, müssen diese Formeln wie folgt modifiziert werden:

$$A_{\nu\mu} = \frac{1}{(\mu_{p_\nu} - \mu)!} \left[\frac{d^{(\mu_{p_\nu} - \mu)} U(\lambda, \lambda - \alpha)(\lambda - \lambda_\nu)^{\mu_{p_\nu}}}{d\lambda^{(\mu_{p_\nu} - \mu)}} \right]_{\substack{\lambda = \lambda_\nu \\ \alpha \to 0}}, \tag{2.44}$$

$$B_{\nu\mu} = \frac{1}{(\mu_{q_\nu} - \mu)!} \left[\frac{d^{(\mu_{q_\nu} - \mu)} U(\lambda + \alpha, \lambda)(\lambda - \lambda_\nu)^{\mu_{q_\nu}}}{d\lambda^{(\mu_{q_\nu} - \mu)}} \right]_{\substack{\lambda = \lambda_\nu \\ \alpha \to 0}}. \tag{2.45}$$

Dies ist so zu verstehen: In der Formel für $A_{\nu\mu}$ wurde das Spektrum $U(p, q) \cong U(\lambda, \lambda)$ durch $U(p, q - \alpha)$ ersetzt, wodurch die q-Ebene nach rechts verschoben wird. Dadurch wird auch der Pol q_ν um α nach rechts verschoben, während der Pol p_ν seine Lage beibehält. Nun kann die Koeffizientenformel für die Entwicklung an der Polstelle $p_\nu = \lambda_\nu$ angewandt werden. Nachträglich ist ein Grenzübergang $\alpha \to 0$ durchzuführen. Entsprechend sind auch die Koeffizienten $B_{\nu\mu}$ zu berechnen.

In vielen praktischen Fällen wird man nur einfache Pole haben und dann vereinfachen sich diese Formeln erheblich. Für einfache und getrennte Pole gilt

$$A_\nu = [U(\lambda, \lambda)(\lambda - p_\nu)]_{\lambda = p_\nu}, \tag{2.46}$$

$$B_\nu = [U(\lambda, \lambda)(\lambda - q_\nu)]_{\lambda = q_\nu}, \tag{2.47}$$

für einfache und zusammenfallende Pole

$$A_\nu = [U(\lambda, \lambda - \alpha)(\lambda - \lambda_\nu)]_{\substack{\lambda = \lambda_\nu \\ \alpha \to 0}}, \tag{2.48}$$

$$B_\nu = [U(\lambda + \alpha, \lambda)(\lambda - \lambda_\nu)]_{\substack{\lambda = \lambda_\nu \\ \alpha \to 0}}. \tag{2.49}$$

Mit (2.42) bis (2.49) sind die Polkoeffizienten $A_{\nu\mu}$ und $B_{\nu\mu}$ aus dem allgemeinen Spektrum $U(p, q)$ berechenbar. Dies geschieht prinzipiell in der gleichen Weise wie dies beim letzten Beispiel des ersten Abschnitts erläutert wurde.

Beispiel

Bild 2.7 zeigt ein Beispiel für die Anwendung des Wegverschiebungssatzes in der λ-Ebene. Das Allgemeine Spektrum besitze vier einfache Pole, und zwar die Pole p_1 und p_2 links des Integrationsweges und die Pole q_3 und q_4 rechts des Integrationsweges. Es sei durch folgende Partialbruchentwicklung darstellbar:

$$U(p, q) = \frac{A_1}{p - p_1} + \frac{A_2}{p - p_2} + \frac{B_3}{q - q_3} + \frac{B_4}{q - q_4}.$$

Für die p, q-Transformation ist der Integrationsweg nach Bild 2.7a festgelegt. Verschiebt man den Integrationsweg nach rechts (Bild 2.7b), so erhält man die p-Transformation mit dem Spektrum gemäß (2.35)

$$U(p, p) - B_3 E_{q_3}^1 - B_4 E_{q_4}^1.$$

Verschiebt man den Integrationsweg genau auf die $j\omega$-Achse (Bild 2.7c), so erhält man die $j\omega$-Transformation mit dem Spektrum gemäß (2.38)

$$U(j\omega, j\omega) + \tfrac{1}{2} A_2 E_{p_2}^1.$$

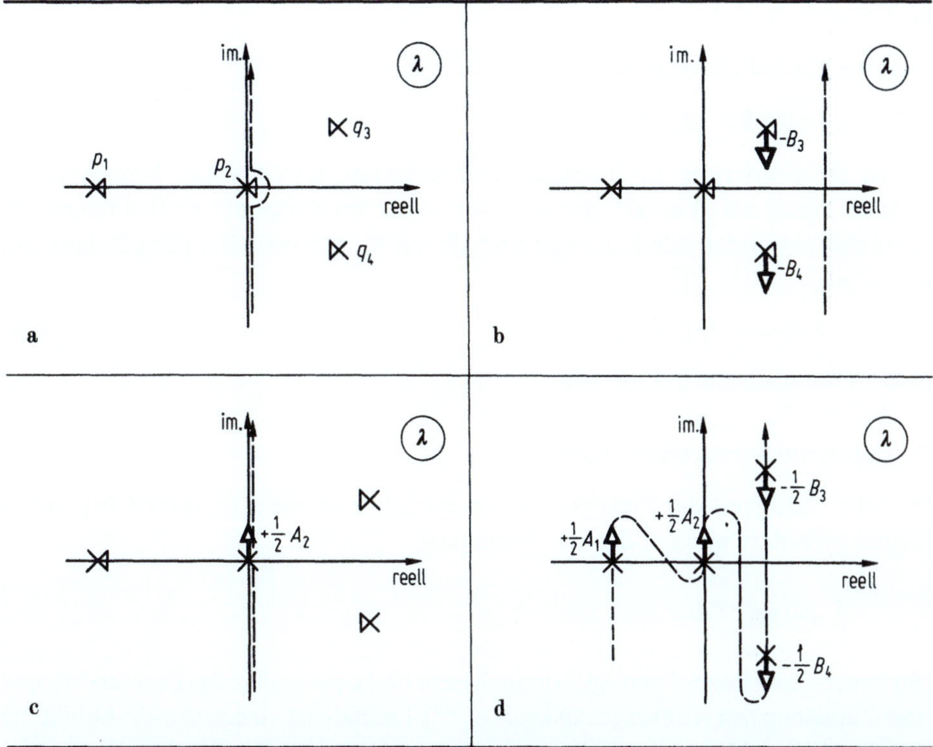

Bild 2.7a–d. Beispiele für die Anwendung des Wegverschiebungssatzes. (a) p, q-Transformation; (b) p-Transformation; (c) jω-Transformation; (d) λ-Transformation

Verschiebt man schließlich den Integrationsweg auf sämtliche Pole, so ergibt sich die λ-Transformation (Bild 2.7d) mit dem Spektrum nach (2.37):

$$U(\lambda, \lambda) + \tfrac{1}{2}A_1 E_{p_1}^1 + \tfrac{1}{2}A_2 E_{p_2}^1 - \tfrac{1}{2}B_3 E_{q_3}^1 - \tfrac{1}{2}B_4 E_{q_4}^1 \, .$$

Die Eigenfunktionsspektren werden nach (2.26) in den Zeitbereich transformiert. Für die Eigenfunktionen der hier vorhandenen einfachen Pole gilt

$$e_a^1(t) = e^{at}$$
$$E_a^1(\lambda) = 2\pi\delta\left(\frac{\lambda - a}{j}\right).$$

Für die auf dem Integrationsweg liegenden Pole muß bei der Durchführung der jω-Transformation und der λ-Transformation die Cauchy-Hauptwertformel angewandt werden.

2.3 Klasseneinteilung der Signale und Umwandlung ihrer Spektren

Mit der Allgemeinen Spektraltransformation lassen sich sehr allgemeine Signale wie abklingende, stationäre oder beliebig anklingende Vorgänge spektral darstellen. Im folgenden werden einige spezielle Signale und die Eigenschaften ihrer Spektren besprochen. Dabei wird auch untersucht, ob und wie ein Allgemeines Spektrum $U(p, q)$ in ein Fourier- oder Laplace-Spektrum und umgekehrt umgerechnet werden kann.

a) Kausales Signal

Gilt die Kausalitätsbedingung

$$u(t) = 0 \quad \text{für} \quad t < 0,$$

so ist die Forderung der Laplace-Transformation erfüllt. (Man bezeichnet ein solches Signal als „kausal", das als Folge einer im Zeitpunkt $t = 0$ einsetzenden Ursache entstanden sein kann und deshalb nur für $t \geqq 0$ existiert.) Es gilt dann mit $U_-(q) = 0$

$$U(p, q) = U_+(p) = U_L(p) \tag{2.50}$$

und es kommen nur p-Pole vor.

b) Exponentiell begrenztes Signal

Für die Gültigkeit der Fourier-Transformation muß ein exponentiell begrenztes Signal gefordert werden, das der Bedingung

$$\int\limits_{-\infty}^{+\infty} |u(t)| e^{-\varepsilon|t|} \mathrm{d}t < \infty$$

für beliebige reelle $\varepsilon > 0$ genügt. Nur in diesem Fall konvergiert das Fourier-Integral (bei Zulassung des Konvergenzfaktors $e^{-\varepsilon|t|}$). Deshalb ist eine spektrale Abbildung exponentiell anklingender Zeitfunktionen mit Hilfe der Fourier-Transformation nicht möglich. Zugelassen sind jedoch Zeitfunktionen mit einer beliebigen Potenz von t. Im Spektrum liegen die p-Pole in der linken Frequenzhalbebene einschließlich der $j\omega$-Achse und die q-Pole in der rechten Frequenzhalbebene einschließlich der $j\omega$-Achse. Auf der $j\omega$-Achse können gemischte Pole beliebigen Grades auftreten. Das Fourier-Spektrum folgt aus dem Allgemeinen Spektrum $U(p, q)$ durch den Grenzübergang

$$U_F(f) = \lim_{\varepsilon \to 0} U(j\omega + \varepsilon, j\omega - \varepsilon).$$

Er ergibt analog zu (2.38) den Ausdruck

$$U_F(f) = U(j\omega, j\omega) + \sum_{(\nu)} \sum_{\mu=1}^{\mu_{\omega_\nu}} \frac{1}{2} (A''_{\nu\mu} - B''_{\nu\mu}) E^\mu_{j\omega_\nu} \tag{2.51}$$

und enthält die Eigenfunktionsspektren der Pole auf der $j\omega$-Achse, die von beliebiger Ordnung sein können. Dabei sind die Polfaktoren $A''_{\nu\mu}$ der p-Pole und die Polfaktoren $B''_{\nu\mu}$ der q-Pole auf der $j\omega$-Achse durch (2.42) bis (2.49) bestimmbar.
Auch die umgekehrte Umwandlung eines Fourier-Spektrums in das Allgemeine Spektrum ist möglich. Hierzu kann man einerseits zunächst $u(t)$ ermitteln und dann nach der Allgemeinen Spektraltransformation das Spektrum $U(p, q)$ berechnen. Eleganter ist jedoch die direkte Berechnung des Allgemeinen Spektrums aus dem Fourier-Spektrum unter Benutzung des Faltungssatzes (vgl. Abschnitt 4.10). Man setzt hierzu

$$U(p, q) \cong U_+(p) + U_-(q),$$

wobei nach dem Faltungssatz (Zerlegungssatz) gemäß (4.33) gilt:

$$U_+(p) = U_F(f) * \frac{1}{p} = \int\limits_{-\infty}^{+\infty} \frac{U_F(f)}{p - \mathrm{j}2\pi f}\, \mathrm{d}f \quad (\operatorname{Re} p > 0),$$ (2.52)

$$U_-(q) = U_F(f) * \left(-\frac{1}{q}\right) = - \int\limits_{-\infty}^{+\infty} \frac{U_F(f)}{q - \mathrm{j}2\pi f}\, \mathrm{d}f \quad (\operatorname{Re} q < 0).$$ (2.53)

Hierbei ist anzumerken, daß für die Faltung der Eigenfunktionsspektren, die auf der $\mathrm{j}\omega$-Achse auftreten können, gilt:

$$E^\mu_{\mathrm{j}\omega_\nu} * \frac{1}{p} = \frac{1}{(p - \mathrm{j}\omega_\nu)^\mu}\,,$$ (2.54)

$$E^\mu_{\mathrm{j}\omega_\nu} * \left(-\frac{1}{q}\right) = \frac{(-1)}{(q - \mathrm{j}\omega_\nu)^\mu}\,.$$ (2.55)

Schließlich kann man ein Fourier-Spektrum aufgrund einer Partialbruchentwicklung in das Allgemeine Spektrum umwandeln. Hierzu werden sämtliche Pole der linken Frequenzhalbebene der Funktion $U_+(p)$ mit $\mathrm{j}\omega = p$ und die der rechten Frequenzhalbebene der Funktion $U_-(q)$ mit $\mathrm{j}\omega = q$ zugeordnet. Für die Pole und Distributionen auf der $\mathrm{j}\omega$-Achse gilt (2.32) und (2.33) mit $\lambda = \mathrm{j}\omega$ und $a = \mathrm{j}\omega_\nu$, wodurch eine Umwandlung in p- bzw. q-Pole erfolgt.

c) Kausales und exponentiell begrenztes Signal

In diesem Fall gilt sowohl die Laplace-Transformation als auch die Fourier-Transformation. Für die Umrechnung des Spektrums gilt

$$U_F(f) = U_L(\mathrm{j}\omega) + \sum_{(\nu)} \sum_{\mu=1}^{\mu_{\omega_\nu}} \frac{A''_{\nu\mu}}{2} E^\mu_{\mathrm{j}\omega_\nu}\,.$$ (2.56)

Alle Pole sind jetzt vom p-Typ, daher kommen nur Polfaktoren $A''_{\nu\mu}$ auf der $\mathrm{j}\omega$-Achse vor. Das Laplace-Spektrum erhält man aus dem Fourier-Spektrum einfach durch Fortlassen der Eigenwertspektren (im Fourier-Spektrum durch Distributionen dargestellt) und Substitution von $\mathrm{j}\omega$ durch p im verbleibenden Funktionsterm.

d) Leistungsbegrenztes Signal

Hierfür gilt

$$\lim_{T \to \infty} \left(\frac{1}{T} \int\limits_{-T/2}^{+T/2} |u(t)|^2\, \mathrm{d}t \right) < \infty\,.$$ (2.57)

Unter dieser Bedingung kommen im Spektrum auf der $\mathrm{j}\omega$-Achse nur einfache Pole vor, da Zeitfunktionen vom Typ t^m ausgeschlossen sind. Dann gilt vereinfacht für $U_F(f)$

$$U_F(f) = U(\mathrm{j}\omega, \mathrm{j}\omega) + \sum_{(\nu)} (A''_\nu - B''_\nu)\pi\delta(\omega - \omega_\nu)\,.$$ (2.58)

e) Energiebegrenztes Signal

Mit der Bedingung

$$\int_{-\infty}^{+\infty} |u(t)|^2 \, dt < \infty$$

sind stationäre Komponenten ausgeschlossen, und es können daher im Spektrum auf der $j\omega$-Achse keine Pole vorhanden sein. Dann konvergiert das Fourier-Integral auch ohne Verwendung eines Konvergenzfaktors. Für das Fourier-Spektrum gilt einfach

$$U_F(f) = U(j\omega, j\omega).$$

2.4 Entwicklungssatz nach Eigenfunktionen

In vielen Fällen ist das Allgemeine Spektrum durch eine rational gebrochene Funktion in p und q gegeben. Dann kann man $U(p,q)$ in eine Partialbruchreihe entwickeln. Ist die Potenz des Zählers gleich oder größer als die des Nenners, so muß man eine ganze Funktion abspalten, bei der man $p = q = \lambda$ setzt. Man erhält dann die Form

$$U(p,q) = \sum_{(\mu)} C_\mu \lambda^\mu + \sum_{(\nu)} \sum_{\mu=1}^{\mu_{p\nu}} \frac{A_{\nu\mu}}{(p-p_\nu)^\mu} + \sum_{(\nu)} \sum_{\mu=1}^{\mu_{q\nu}} \frac{B_{\nu\mu}}{(q-q_\nu)^\mu}. \tag{2.59}$$

Die Koeffizienten $A_{\nu\mu}$ und $B_{\nu\mu}$ erhält man mit Hilfe von (2.42) und (2.43) für nicht zusammenfallende Pole bzw. mit (2.44) und (2.45) für zusammenfallende Pole. Bei einfachen Polen gelten (2.46) bis (2.49). Die Koeffizienten C_μ kann man nach einem rekursiven Verfahren bestimmen. Ist $\mu_{\max}$ die Potenz in λ, zu der $U(\lambda, \lambda)$ für $\lambda \to \infty$ strebt, dann gilt

$$C_{\mu_{\max}} = \left[\frac{U(\lambda, \lambda)}{\lambda^{\mu_{\max}}} \right]_{\lambda \to \infty}, \tag{2.60a}$$

$$C_{\mu_{\max}-1} = \left[\frac{U(\lambda, \lambda) - C_{\mu_{\max}} \lambda^{\mu_{\max}}}{\lambda^{\mu_{\max}-1}} \right]_{\lambda \to \infty}, \tag{2.60b}$$

$$C_{\mu_{\max}-2} = \left[\frac{U(\lambda, \lambda) - C_{\mu_{\max}} \lambda^{\mu_{\max}} - C_{\mu_{\max}-1} \lambda^{\mu_{\max}-1}}{\lambda^{\mu_{\max}-2}} \right]_{\lambda \to \infty} \tag{2.60c}$$

usw. bis zu C_0.

(2.59) kann man nun unter Benutzung der Korrespondenzen in den Zeitbereich transformieren:

$$\lambda^\mu \; \bullet\!\!-\!\!\!-\!\!\!-\!\!\circ \; \delta^{(\mu)}(t), \tag{2.61}$$

$$\frac{1}{(p-p_\nu)^\mu} \; \bullet\!\!-\!\!\!-\!\!\!-\!\!\circ \; \gamma(t) \frac{t^{\mu-1}}{(\mu-1)!} e^{p_\nu t}, \tag{2.62}$$

$$\frac{1}{(q-q_\nu)^\mu} \; \bullet\!\!-\!\!\!-\!\!\!-\!\!\circ \; -\gamma(-t) \frac{t^{\mu-1}}{(\mu-1)!} e^{q_\nu t}. \tag{2.63}$$

Man erhält dann die folgende Entwicklung nach den Eigenfunktionen:

$$u(t) = \sum_{(\mu)} C_\mu \delta^{(\mu)}(t) + \gamma(t) \sum_{(\nu)} \sum_{\mu=1}^{\mu_{p_\nu}} A_{\nu\mu} \frac{t^{\mu-1}}{(\mu-1)!} e^{p_\nu t}$$

$$- \gamma(-t) \sum_{(\nu)} \sum_{\mu=1}^{\mu_{q_\nu}} B_{\nu\mu} \frac{t^{\mu-1}}{(\mu-1)!} e^{q_\nu t}. \tag{2.64}$$

Hierbei beschreibt die erste Summe die Zeitfunktion $u(t)$ im Zeitnullpunkt $t=0$[1]. Die erste Doppelsumme in (2.64) gilt im Bereich $t>0$ und besteht aus den Eigenfunktionen an den Polstellen p_ν. Die zweite Doppelsumme beschreibt das Verhalten im Bereich $t<0$ und besteht aus den Eigenfunktionen an den Polstellen q_ν. Die erste Doppelsumme dieser Entwicklung entspricht außerdem dem Heavisideschen Entwicklungssatz der Laplace-Transformation.

Zusammenfassung: Durch zweimalige Anwendung der Laplace-Transformation für den Bereich $t>0$ und den Bereich $t<0$ läßt sich eine Allgemeine Spektraltransformation definieren. Ihr Spektrum ist eine Funktion zweier komplexer Frequenzen p und q, die den beiden Zeitbereichen entsprechen. Damit lassen sich beliebige stückweise stetige Zeitvorgänge darstellen. Wir benutzen das Korrespondenzzeichen $u(t)\circ\!\!-\!\!-\!\!-\!\!\bullet U(p,q)$.
Für die Rücktransformation des Allgemeinen Spektrums $U(p,q)$ gilt die Regel, daß die p-Pole links und die q-Pole rechts des Integrationsweges in der komplexen Frequenzebene liegen müssen. Der Integrationsweg läßt sich jedoch aufgrund des Wegverschiebungssatzes auch über die Pole hinweg verschieben, wobei die Spektren der Eigenfunktionen an den Polstellen hinzutreten. Diese sind durch rational gebrochene Funktionen in p und q oder aber durch Distributionen darstellbar. Die Spezialfälle der Laplace-Transformation und der Fourier-Transformation ergeben sich aufgrund einschränkender Bedingungen für die Zeitfunktion. In diesen Fällen lassen sich die zugehörigen Spektren aus dem Allgemeinen Spektrum (und auch umgekehrt) ermitteln. Für rational gebrochene Spektralfunktionen läßt sich eine Entwicklung nach den Eigenfunktionen angeben, die eine Verallgemeinerung des Heavisideschen Entwicklungssatzes ist.
Für die weiteren Ausführungen in diesem Buch nehmen wir im allgemeinen an, daß exponentiell anklingende Vorgänge ausgeschlossen sind, so daß das Fourier-Spektrum in der verallgemeinerten Form (d. h. bei Zulassung von Distributionen) existiert. Der Einfachheit halber lassen wir den Index zur Unterscheidung der Spektraltypen in den meisten Fällen fort, meinen also mit $U(f)=U_\mathrm{F}(f)$ das Fourier-Spektrum und mit $U(p)=U_\mathrm{L}(p)$ das Laplace-Spektrum.

---

[1] Wir können diesen Anteil auch dem Zeitbereich $t>0$ bzw. $t<0$ zuordnen, indem wir in (2.59) λ durch p bzw. q ersetzen. Dann treten im Zeitbereich die Distributionen für $t=(+0)$ bzw. (-0) auf.

3 Lineare zeitinvariante Systeme

Die wichtigste Klasse der in der Nachrichtentechnik vorkommenden Systeme sind lineare und zeitinvariante Systeme. Sie werden mathematisch durch ein System linearer Differentialgleichungen mit konstanten Koeffizienten beschrieben. Bei Systemen oder Netzwerken mit konzentrierten Bauelementen sind es gewöhnliche Differentialgleichungen nach der Zeit; bei Systemen mit verteilten Elementen sind es partielle Differentialgleichungen nach Ort und Zeit (z. B. die homogene Leitung). Diese Systeme können besonders zweckmäßig mit Hilfe der Spektraltransformationen beschrieben werden, was im folgenden gezeigt werden soll. Obwohl das Verfahren nicht auf elektrische Systeme beschränkt ist, sondern genauso gut auch z. B. auf akustische, mechanische oder chemische Vorgänge anwendbar ist, wollen wir als Beispiele stets elektrische Systeme verwenden, um so mehr, als sich für die anderen Anwendungen elektrische Ersatzschaltungen angeben lassen.

Die Hauptaufgabe besteht nun darin, für eine beliebig gegebene Ursachenfunktion $u_1(t)$ am Eingang eines Systems die Wirkungsfunktion $u_2(t)$ am Ausgang des Systems zu ermitteln (Übertragungsproblem). Dabei stellt die Ursache $u_1(t)$ eine von außen vorgegebene Zwangskraft dar, die die Wirkung $u_2(t)$ zur Folge hat.

Ursache und Wirkung sind in nachrichtentechnischen Systemen meist elektrische Größen wie Spannung und Strom. Bei der Anwendung der Systemtheorie auf andere nichtelektrische Systeme kann es sich hierbei auch um andere physikalische Größen wie Schalldruck, Geschwindigkeit, Kraft, chemische Konzentration usw. handeln, so daß die Funktionsbezeichnung $u(t)$ nur symbolisch zu verstehen ist.

Im folgenden wird gezeigt, daß lineare zeitinvariante Systeme hinsichtlich ihres Übertragungsverhaltens durch jede der drei Funktionen Systemfunktion, Impulsantwort und Sprungantwort vollständig beschrieben werden.

3.1 Systemfunktion $S(f)$

Wir betrachten im folgenden lineare zeitinvariante stabile Systeme. Solche Systeme, die auch durch Differentialgleichungen beschrieben werden können, haben vor allem differenzierende und integrierende Eigenschaften. Verwenden wir nun als Ursachenfunktion $u_1(t)$ eine Exponentialschwingung, so erhalten wir als Wirkungsfunktion $u_2(t)$ ebenfalls eine Exponentialschwingung mit der gleichen Frequenz. Die e-Funktion ergibt beim Differenzieren und Integrieren durch Komponenten des Systems wieder eine e-Funktion, ist also invariant in bezug auf diese Operationen. (Daher führt bei linearen Differentialgleichungen mit konstanten Koeffizienten der e-Ansatz stets zum Ziel.)

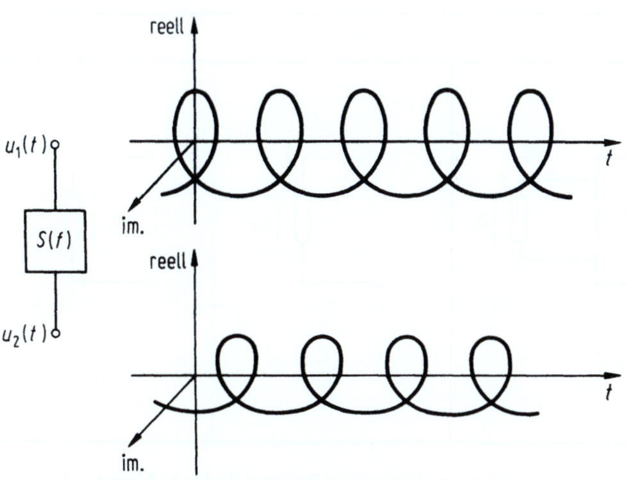

Bild 3.1. Zur Definition der Systemfunktion

In der komplexen Darstellung gilt also

$$\text{Ursache}: \quad u_1(t) = A_1(f)\,\mathrm{e}^{\mathrm{j}2\pi f t}, \tag{3.1}$$

$$\text{Wirkung}: \quad u_2(t) = A_2(f)\,\mathrm{e}^{\mathrm{j}2\pi f t}. \tag{3.2}$$

Dabei sind die komplexen Amplituden $A_1(f)$ und $A_2(f)$ zeitunabhängig und nur von der Frequenz f abhängig. Bild 3.1 veranschaulicht diese Drehzeigerschwingungen (bzw. Exponentialschwingungen mit imaginärem Exponenten) in der komplexen Ebene und mit fortschreitender Zeit (wobei die Zeitachse senkrecht auf der komplexen Ebene steht, so daß eine Schraubenlinie entsteht). Die Systemfunktion S, auch Übertragungsfaktor genannt, ist nun für diesen besonderen Fall der Drehzeigerschwingung als Quotient von Wirkung und Ursache definiert:

$$S(f) = \frac{\text{Wirkung}}{\text{Ursache}} = \frac{u_2(t)}{u_1(t)} = \frac{A_2(f)\mathrm{e}^{\mathrm{j}2\pi f t}}{A_1(f)\mathrm{e}^{\mathrm{j}2\pi f t}} = \frac{A_2(f)}{A_1(f)}. \tag{3.3}$$

Gemäß (1.9) bzw. (1.10) können Sinus- und Cosinusschwingungen als Summe zweier Exponentialschwingungen dargestellt werden. $S(f)$ beschreibt daher auch deren Übertragung durch ein System.

Der Ansatz von (3.1) und (3.2) und die Definition von (3.3) entsprechen der üblichen komplexen Rechnung in der Netzwerktheorie. Hierbei kann die Systemfunktion $S(f)$ der Übertragungsfaktor eines Vierpols oder der Widerstand bzw. der Leitwert eines Zweipols sein, was in Bild 3.2 dargestellt ist. Allgemein gilt: Jedes Verhältnis von Spannungen oder Strömen ist eine Systemfunktion, wenn die Eingangsgröße die Ursache oder Zwangskraft (Index 1) und die Ausgangsgröße eine davon abhängige Wirkung (Index 2) ist. Dagegen ist das Verhältnis zweier abhängiger Größen keine Systemfunktion (z. B. das Verhältnis von Ausgangsspannung und Eingangsspannung an den Klemmen eines passiven Vierpols, wobei die Signalquelle einen endlichen, von Null verschiedenen Innenwiderstand hat).

Beim Vierpol sind z. B. sämtliche Elemente der Widerstandsmatrix, der Leitwertmatrix und auch der Streumatrix Systemfunktionen. Ebenso sind die reziproken

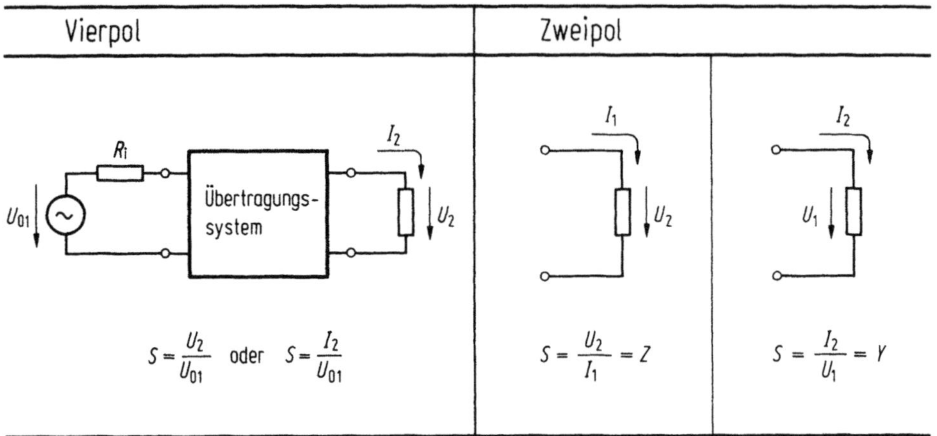

Bild 3.2. Systemfunktion (Übertragungsfaktor) S beim Vierpol und Zweipol (Index 1: Ursache, Index 2: Wirkung)

Elemente der Kettenmatrix Systemfunktionen. Der Betriebsdämpfungsfaktor (bei reellen Abschlußwiderständen) und der Reflexionsfaktor sind danach ebenfalls Systemfunktionen. Alle diese Größen können bei einer Kettenschaltung von Vierpolen nach den Regeln der Vierpoltheorie ermittelt werden. Beim Zweipol ist sowohl der Widerstand (Strom ist Ursache und Spannung ist Wirkung) wie auch der komplexe Leitwert (Spannung ist Ursache und Strom ist Wirkung) eine Systemfunktion.

Wie man sieht, kürzt sich in (3.3) die Zeitabhängigkeit heraus. $S(f)$ hängt daher nur von der Frequenz und nicht von der Zeit ab. Diese Besonderheit gilt nur für die Exponentialschwingung.

Die komplexe Rechnung macht sich diesen Umstand zunutze. Mit ihrer Hilfe berechnet sich die komplexe Amplitude der Wirkung durch Multiplikation der Amplitude der Ursache mit der Systemfunktion nach der Formel

$$A_2(f) = S(f)A_1(f). \tag{3.4}$$

(3.4) gilt nun für jede der Frequenzen, aus denen das Eingangssignal besteht. Da das Überlagerungsgesetz in linearen Systemen gilt, können alle Frequenzkomponenten unabhängig voneinander behandelt werden. (3.3) gilt daher z. B. auch für alle Frequenzkomponenten einer Fourier-Reihe. Bei beliebigen Zeitfunktionen gilt die Gleichung aber auch ganz allgemein für das kontinuierliche Spektrum $U(f)$, welches durch den Grenzübergang von (1.30) den komplexen Amplituden $A(f)$ proportional ist. Wir können daher in Erweiterung von (3.4) schreiben

$$U_2(f) = S(f)U_1(f). \tag{3.5}$$

Hierbei gelten folgende Korrespondenzen:

$$U_1(f) \bullet\!\!-\!\!\stackrel{\text{F}}{\rule{1.5em}{0pt}}\!\!-\!\!\circ u_1(t),$$

$$U_2(f) \bullet\!\!-\!\!\stackrel{\text{F}}{\rule{1.5em}{0pt}}\!\!-\!\!\circ u_2(t).$$

Die Aussage von (3.5) ist von fundamentaler Bedeutung und ermöglicht die Lösung des Übertragungsproblems für beliebige Vorgänge nach folgendem Schema:

$$u_1(t)\circ\!\!-\!\!\overset{F}{-}\!\!-\!\!\bullet\, U_1(f)\rightarrow U_2(f)=S(f)U_1(f)\bullet\!\!-\!\!\overset{F}{-}\!\!-\!\!\circ\, u_2(t). \tag{3.6}$$

Das bedeutet: Man bilde aus der Ursachenzeitfunktion $u_1(t)$ über die Fourier-Transformation das Ursachenspektrum $U_1(f)$ und berechne das Spektrum der Wirkung $U_2(f)$ durch Multiplikation von $U_1(f)$ mit der Systemfunktion $S(f)$ des Systems. Daraus erhält man über die Fourier-Transformation die Zeitfunktion der Wirkung. Dadurch ist das Übertragungsproblem für beliebige Zeitfunktionen auf die Übertragung stationärer harmonischer Schwingungen im Sinne der komplexen Rechnung zurückgeführt. Wie hier ist die Operation des Systems eine Multiplikation des Eingangsspektrums mit der Systemfunktion, die für das gesamte Spektrum, d. h. für alle Frequenzen durchzuführen ist. Die mit Hilfe der komplexen Rechnung gewonnene Systemfunktion $S(f)$ eines linearen stabilen Systems beschreibt also die Übertragung des Systems für beliebige Eingangszeitfunktionen vollständig.

Anmerkung: (3.5) wurde für stationäre Exponentialschwingungen bei reellen Frequenzen abgeleitet und gilt daher zunächst nur im Sinne der Fourier-Transformation. Man kann (3.5) jedoch auf Exponentialschwingungen mit beliebig komplexen Frequenzen im Sinne der Allgemeinen Spektraltransformation und der darin als Spezialfall enthaltenen Laplace-Transformation erweitern. Zunächst gilt mit $\lambda=\mathrm{j}2\pi f$ anstelle von (3.1) und (3.2)

$$u_1(t)=A_1(\lambda)\mathrm{e}^{\lambda t}, \qquad u_2(t)=A_2(\lambda)\mathrm{e}^{\lambda t},$$

d. h. auch für eine beliebige Exponentialschwingung $\mathrm{e}^{\lambda t}$ ist die Wirkung von der gleichen Form wie die Ursache. Der Quotient

$$S(\lambda)=\frac{u_2(t)}{u_1(t)}=\frac{A_2(\lambda)}{A_1(\lambda)},$$

der die Systemfunktion angibt, ist also ebenfalls zeitunabhängig. Betrachten wir das Umkehrintegral (2.13), so kann dieses aufgefaßt werden als eine Superposition solcher Exponentialschwingungen $\mathrm{e}^{\lambda t}$ mit der differentiellen Amplitude $A(\lambda)$

$$A(\lambda)=\frac{1}{2\pi\mathrm{j}}\,U(\lambda,\lambda)\mathrm{d}\lambda \text{ auf einem zulässigen Integrationsweg } I.$$

Damit gilt für jede komplexe Frequenz λ aufgrund des Überlagerungsgesetzes

$$S(\lambda)=\frac{U_2(\lambda,\lambda)}{U_1(\lambda,\lambda)}.$$

Diese Gleichung läßt sich erweitern zu

$$U_2(p,q)\,\hat{=}\,S(p,q)U_1(p,q), \tag{3.7}$$

wobei das Gleichheitszeichen nur für den Fall $p=q=\lambda$ gilt. Die Systemfunktion $S(p,q)$ läßt sich jedoch hinsichtlich der Aufteilung in eine Funktion von p und von q aufgrund einer Messung mit Exponentialschwingungen nicht vollständig bestimmen. Man erkennt dies daran, daß z. B. die beiden Systemfunktionen

$$S_1=\frac{1}{p+\alpha}, \qquad S_2=\frac{1}{q+\alpha}$$

für $p=q=\lambda$ übereinstimmen und nicht unterscheidbar sind.
Die vollständige Bestimmung von $S(p,q)$ kann jedoch durch die im folgenden beschriebene Impulsantwort erfolgen. Handelt es sich beispielsweise um „kausale" Systeme, deren Impulsantwort der Bedingung der Laplace-Transformation genügt, so ist $S(p,q)=S_\mathrm{L}(p)$ nur eine Funktion von p.

3.2 Impulsantwort $s(t)$

Ebenso wie durch die Systemfunktion läßt sich das lineare System auch durch seine Impulsantwort beschreiben. Diese sei nach Bild 3.3 definiert als die Ausgangszeitfunktion des Systems, wenn an seinem Eingang als Ursachenfunktion ein Dirac-Impuls mit dem Impulsintegral 1 zum Zeitpunkt $t=0$ auftritt.

Schreiben wir nun für die Ursachenfunktion und das korrespondierende Spektrum

$$u_1(t)=\delta(t)\circ\!\!-\!\!\overset{F}{-}\!\!-\!\!\bullet U_1(f)=1\,, \tag{3.8}$$

so erhalten wir nach dem Schema (3.6) für die Wirkung

$$u_2(t)=s(t)\circ\!\!-\!\!\overset{F}{-}\!\!-\!\!\bullet U_2(f)=U_1(f)S(f)\,. \tag{3.9}$$

Da das Spektrum $U_1(f)$ der Eingangszeitfunktion konstant und gleich 1 ist („weißes Spektrum"), ist das Spektrum der Wirkung gleich der Systemfunktion. Daraus folgt

$$s(t)\circ\!\!-\!\!\overset{F}{-}\!\!-\!\!\bullet S(f)\,, \tag{3.10}$$

d. h. die Impulsantwort ist die mit der Systemfunktion korrespondierende Zeitfunktion.

Kennt man also die — mit Hilfe der komplexen Rechnung ermittelte oder auch gemessene — Systemfunktion eines Systems als Frequenzfunktion, so kann man mittels der Spektraltransformation die Impulsantwort daraus berechnen. Umgekehrt erhält man aus der — z. B. durch Messung ermittelten — Impulsantwort die Systemfunktion des Systems mit Hilfe der Spektraltransformation. Damit charakterisiert die Impulsantwort das lineare System vollständig.

Einheitenbetrachtung: Die Funktion $\delta(t)$ hat die Einheit 1/s, da definitionsgemäß

$$\int\limits_{-\infty}^{+\infty} \delta(t)\mathrm{d}t = 1$$

gilt. Hat man also z. B. einen Dirac-Impuls mit dem Impulsintegral 3 Vs vorliegen, so muß man setzen: $u_1(t)=\delta(t)\cdot 3\,\mathrm{Vs}$. Die Impulsantwort $s(t)$ hat die Einheit 1/s, wenn die Systemfunktion dimensionslos ist. Da nun (3.8) und (3.9) mit dem Faktor 3 Vs zu multiplizieren sind, hat $u_2(t)$ die Dimension einer Spannung.

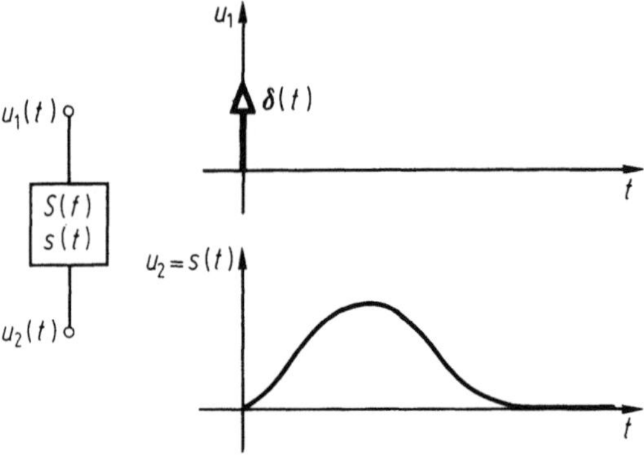

Bild 3.3. Zur Definition der Impulsantwort

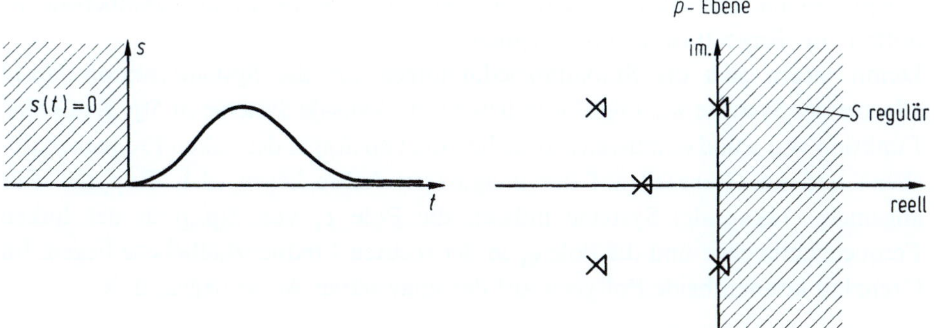

Bild 3.4. Impulsantwort und Polstruktur der Systemfunktion für realisierbare stabile Systeme

Im Sinne der Allgemeinen Spektraltransformation können wir anstelle von (3.10) für ein beliebiges lineares zeitinvariantes System

$$s(t) \circ\!\!-\!\!-\!\!\bullet S(p, q) \qquad (3.11)$$

schreiben. Die Eigenschaften der so definierten verallgemeinerten Systemfunktion $S(p, q)$ werden bestimmt durch die Eigenschaften der Impulsantwort $s(t)$ und umgekehrt. Allgemein gilt, daß die p-Pole von $S(p, q)$ für den Zeitbereich $t > 0$ und die q-Pole für den Zeitbereich $t < 0$ maßgebend sind.
Fordern wir, daß das System kausal sei, d. h.

$$s(t) = 0 \quad \text{für} \quad t < 0, \qquad (3.12)$$

so folgt

$$s(t) \circ\!\!-\!\!\!\overset{L}{-}\!\!-\!\!\bullet S_L(p),$$

da die Systemfunktion eine Funktion nur von der komplexen Frequenz p ist und daher die Allgemeine Spektraldarstellung identisch mit der Laplace-Spektraldarstellung von $s(t)$ ist.
Fordern wir, daß das System stabil sei, was in den meisten praktischen Fällen verlangt werden muß, so muß $s(t)$ mindestens exponentiell begrenzt sein, d. h.

$$\int\limits_{-\infty}^{+\infty} |s(t)| e^{-\varepsilon|t|} dt < \infty . \qquad (3.13a)$$

Damit ist die Bedingung der Fourier-Transformation erfüllt und es gilt

$$s(t) \circ\!\!-\!\!\!\overset{F}{-}\!\!-\!\!\bullet S_F(f).$$

Für realisierbare stabile Systeme müssen beide Bedingungen (3.12) und (3.13a) erfüllt sein. Die Pole von $S(p)$ können dann nur in der linken p-Ebene bzw. auf der $j\omega$-Achse auftreten. Sie sind reell oder konjugiert komplex, weil $S(p)$ eine reellwertige Funktion für reelles p ist (vgl. Abschnitt 3.5).
Bild 3.4 veranschaulicht den Verlauf von $s(t)$ sowie die typische Polstruktur in der p-Ebene für $S(p)$ für realisierbare stabile Systeme, bei denen das zeitliche Kausalitätsgesetz Gültigkeit hat. Alle Pole sind vom p-Typ und liegen in der linken

Frequenzhalbebene oder auf der jω-Achse. Die rechte Frequenzhalbebene ist polfrei; für $\mathrm{Re}\,p > 0$ ist also $S(p)$ regulär.

Damit lassen sich die Stabilitätsbedingungen für die Systemfunktion $S(p, q)$ allgemeiner Systeme wie folgt formulieren: Für kausale Systeme ist $S(p, q)$ nur eine Funktion von p und es müssen sämtliche Pole von $S(p)$ in der linken Frequenzhalbebene und im Grenzfall auf der imaginären Achse liegen; d.h. $\mathrm{Re}\,p_\nu \leq 0$. Für allgemeine (akausale) Systeme müssen die Pole p_ν von $S(p, q)$ in der linken Frequenzhalbebene und die Pole q_ν in der rechten Frequenzhalbebene liegen. Im Grenzfall können beide Poltypen auf der imaginären Achse liegen, d. h.

$$\mathrm{Re}\,p_\nu \leqq 0, \qquad \mathrm{Re}\,q_\nu \geqq 0.$$

Die Stabilitätsbedingung läßt sich noch weiter einengen, indem man für $s(t)$ Leistungsbegrenzung

$$\lim_{T \to \infty} \frac{1}{T} \int_{-T/2}^{+T/2} |s(t)|^2 \, \mathrm{d}t < \infty \tag{3.13b}$$

oder Energiebegrenzung

$$\int_{-\infty}^{+\infty} |s(t)|^2 \, \mathrm{d}t < \infty \tag{3.13c}$$

verlangt (vgl. Abschnitt 2.3 und 3.5).

Fordert man Leistungsbegrenzung[2] für $s(t)$, so sind auf der imaginären Achse nur einfache Pole zulässig. Fordert man Energiebegrenzung für $s(t)$, so ist die imaginäre Achse polfrei. Die Systemtheorie benutzt oft Funktionen als Impulsantworten, die das zeitliche Kausalitätsgesetz nicht erfüllen und daher zu den nicht realisierbaren Systemen gehören, weil sich dadurch oft Rechenerleichterungen ergeben. In diesen Fällen kann meist durch eine nachträgliche Zeitverschiebung von $s(t)$ das Kausalitätsgesetz erfüllt und damit das allgemeine System durch ein realisierbares (kausales) System beliebig genau angenähert werden.

Bei der Laplace-Transformation ist der zeitliche Dirac-Impuls als Ursachenfunktion streng genommen nur zulässig, wenn er im Zeitbereich $t > 0$ auftritt. Wir müßten eigentlich schreiben

$$u_1(t) = \lim_{\varepsilon \to 0} \delta(t - \varepsilon).$$

Damit ist sichergestellt, daß $u_2(t) = s(t)$ nur im Zeitbereich $t > 0$ auftritt. Dies ist insbesondere dann von Bedeutung, wenn die Impulsantwort einen Dirac-Impuls im Zeitnullpunkt enthält, der damit auch im Sinne der Laplace-Transformation der Wirkungsfunktion zuzurechnen wäre.

In der Praxis verwendet man zur Messung der Impulsantwort als Eingangssignal sehr schmale Impulse und nähert damit den in der Definition geforderten Dirac-Impuls an.

---

[2] In der Fachliteratur wird meistens die Leistungsbegrenzung für $s(t)$ gemäß (3.13b) als Stabilitätskriterium verwendet; in diesem Fall ist beispielsweise ein System mit zwei hintereinandergeschalteten rückwirkungsfreien Verstärkern mit kapazitiver Last als instabil einzuordnen.

3.3 Sprungantwort $\sigma(t)$

Ebenso wie durch die Impulsantwort kann das System auch durch die Antwort auf den Einheitssprung $\gamma(t)$, die Sprungantwort, charakterisiert werden. Diese läßt sich oft besser messen als die Impulsantwort, da kurze Impulse schwer zu erzeugen sind und wegen ihrer großen Amplitude das lineare System übersteuern können.
Bild 3.5 zeigt die zeitlichen Vorgänge. Die Ursachenzeitfunktion und das zugehörige Spektrum werden beschrieben durch die Beziehung

$$u_1(t) = \gamma(t) \circ\!\!-\!\!-\!\!\bullet\, U_1 = \frac{1}{p}.$$

Für die Fourier-Transformation ist natürlich

$$\frac{1}{p} = \frac{1}{\mathrm{j}2\pi f} + \frac{1}{2}\delta(f) \tag{3.14}$$

zu setzen. Für die Wirkung gilt damit nach (3.6)

$$u_2(t) = \sigma(t) \circ\!\!-\!\!-\!\!\bullet\, U_2 = \frac{S}{p}.$$

Es folgt daraus die Korrespondenz

$$\sigma(t) \circ\!\!-\!\!-\!\!\bullet\, \frac{S}{p}. \tag{3.15}$$

Das Spektrum der Sprungantwort erhält man also als das Produkt aus der Systemfunktion und dem Sprungspektrum. Aus (3.15) folgt bei Anwendung des Fourier-Integrals, daß $\sigma(t)$ die gleiche Dimension wie $S(f)$ hat.
Aufgrund des Integrationssatzes, der im Abschnitt 4.9 behandelt wird, gilt auch der Zusammenhang

$$\sigma(t) = \int\limits_{-\infty|0}^{t} s(t)\mathrm{d}t. \tag{3.16}$$

Dabei ist für die untere Integrationsgrenze allgemein $-\infty$ und im Fall des realisierbaren (kausalen) Systems 0 zu setzen. Mit (3.16) läßt sich die Sprungantwort

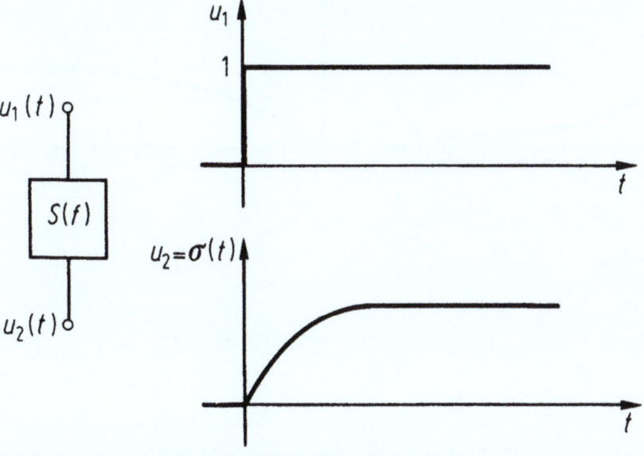

Bild 3.5. Zur Definition der Sprungantwort

aus der Impulsantwort durch Integration berechnen. Umgekehrt erhält man die Impulsantwort aus der Sprungantwort durch Differentiation

$$s(t) = \frac{d\sigma}{dt}. \tag{3.17}$$

Enthält $\sigma(t)$ auch einen Sprung, so entsteht beim Differenzieren an der Sprungstelle ein Dirac-Impuls, dessen Impulsintegral gleich der Sprunghöhe ist. Tritt dieser Sprung im Zeitnullpunkt auf, so ist bei der Laplace-Transformation der entstehende Dirac-Impuls dem Bereich $t > 0$ zuzurechnen.

3.4 Beispiele kausaler Systeme

Im folgenden wollen wir für zwei einfache aber typische Beispiele realisierbarer und daher kausaler Systeme die in den vorhergehenden Abschnitten besprochenen Funktionen berechnen. Wir betrachten hierzu zunächst den RC-Tiefpaß gemäß Bild 3.6a. Impulsantwort wie auch Sprungantwort dieses Netzwerks werden bekanntlich durch eine e-Funktion mit der Zeitkonstante $T = RC$ beschrieben. Wir berechnen zuerst die Systemfunktion $S(p)$ mit Hilfe der komplexen Rechnung:

$$S(p) = \frac{\dfrac{1}{pC}}{R + \dfrac{1}{pC}} = \frac{1}{1 + pCR} = \frac{1}{CR}\,\frac{1}{p + \dfrac{1}{CR}}.$$

Hieraus folgt mit $a = 1/RC$

$$S(p) = \frac{a}{p + a}.$$

Da $s(t)$ ein kausales Signal ist, können wir die Tabellen der Laplace-Transformation anwenden und erhalten für die Impulsantwort

$$s(t) = ae^{-at} \quad \text{für} \quad t > 0.$$

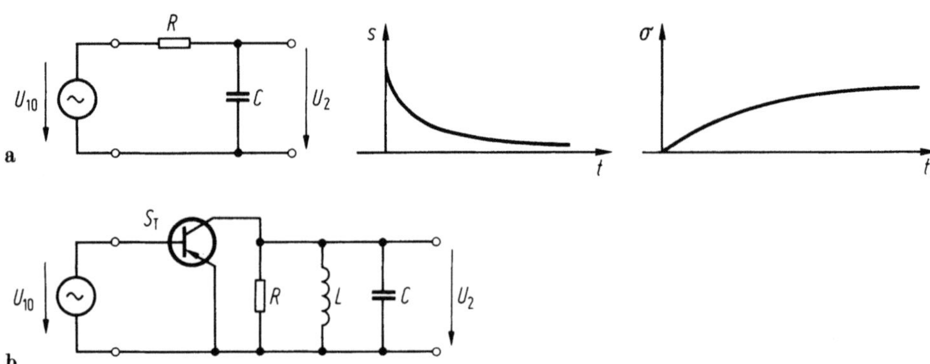

Bild 3.6a u. b. Beispiele realisierbarer Netzwerke. (a) RC-Tiefpaß; (b) Schwingkreis mit spannungsgesteuerter Stromquelle

Die Korrespondenz der Sprungantwort $\sigma(t)$ finden wir ebenfalls in den Laplace-Tabellen:

$$\sigma(t)\!\!\circ\!\!-\!\!\!-\!\!\!\overset{L}{\bullet}\ \frac{a}{p(p+a)},$$

$$\sigma(t)=1-e^{-at}\quad\text{für}\quad t>0.$$

Dasselbe Ergebnis würden wir auch mit Hilfe von (3.16) erhalten.

Beträgt z. B. das Impulsintegral 3 Vs und die Zeitkonstante $T=1$ s, so ist zu setzen

$$u_1(t)=\delta(t)3\,\text{Vs},$$

$$u_2(t)=s(t)3\,\text{Vs}=3\,\text{V}e^{-t/1\text{s}}.$$

Beträgt entsprechend die Sprungamplitude 2 V, so ist zu setzen

$$u_1(t)=\gamma(t)2\,\text{V},$$

und es folgt

$$u_2(t)=\sigma(t)2\,\text{V}=2\,\text{V}(1-e^{-t/1\text{s}}).$$

In der gleichen Weise können beliebig komplizierte Schaltungen behandelt werden. Macht man dabei von der umfangreichen Korrespondenzsammlung der Laplace-Transformation Gebrauch, ist der Rechenaufwand hierbei verhältnismäßig gering.

Als zweites Beispiel betrachten wir nach Bild 3.6b einen Bandpaß 2-ten Grades bestehend aus einem Parallelschwingkreis als Arbeitswiderstand Z einer rückwirkungsfreien Transistor-Verstärkerstufe mit der Steilheit S_T. Für die Systemfunktion gilt

$$S(p)=-S_T Z=-S_T\ \frac{1}{\dfrac{1}{R}+\dfrac{1}{pL}+pC}=-\frac{S_T}{C}\ \frac{p}{p^2+\dfrac{1}{RC}p+\dfrac{1}{LC}}.$$

Durch Nullsetzen des Nenners erhalten wir nach Auflösung der quadratischen Gleichung die beiden Pole

$$p_{1,2}=-\frac{1}{2RC}\pm\sqrt{\left(\frac{1}{2RC}\right)^2-\frac{1}{LC}}$$

und können damit $S(p)$ in der Form

$$S(p)=-\frac{S_T}{C}\ \frac{p}{(p-p_1)(p-p_2)}$$

angeben. Die Impulsantwort $s(t)$ dieses Netzwerkes könnten wir nun aus $S(p)$ mit Hilfe der Laplace-Tabelle ohne Rechnung ermitteln. Wir wollen hier jedoch eine Partialbruchentwicklung gemäß (1.72) durchführen. Hierbei sind zwei Fälle zu unterscheiden, nämlich $p_1\neq p_2$, d. h. die beiden Pole sind verschieden, und $p_1=p_2$, d. h. die Pole fallen zusammen. Für den Fall $p_1\neq p_2$ lautet die Partialbruchentwicklung

$$S(p)=-\frac{S_T}{C}\left(\frac{A_{11}}{p-p_1}+\frac{A_{21}}{p-p_2}\right).$$

Mit den Polfaktoren [vgl. (1.73)]

$$A_{11} = \frac{p_1}{p_1 - p_2}, \qquad A_{21} = \frac{p_2}{p_2 - p_1}$$

erhält man somit

$$S(p) = -\frac{S_T}{C} \frac{1}{p_1 - p_2} \left(\frac{p_1}{p - p_1} - \frac{p_2}{p - p_2} \right).$$

Mit der Korrespondenz $1/(p-a)\ \bullet\!\!-\!\!\stackrel{\text{L}}{-\!\!}\!\!-\!\!\circ\ e^{at}$ folgt für die Impulsantwort

$$s(t) = -\frac{S_T}{C} \frac{1}{p_1 - p_2} (p_1 e^{p_1 t} - p_2 e^{p_2 t}) \quad \text{für} \quad t > 0.$$

Die Sprungantwort ergibt sich nach (3.16) zu

$$\sigma(t) = -\frac{S_T}{C} \frac{1}{p_1 - p_2} (e^{p_1 t} - e^{p_2 t}) \quad \text{für} \quad t > 0.$$

Im „stark gedämpften" Fall $1/(2RC)^2 > 1/LC$ bzw. $2R < \sqrt{L/C}$ sind beide Pole p_1 und p_2 reell und negativ. Dann wird $s(t)$ wie auch $\sigma(t)$ durch zwei abklingende e-Funktionen beschrieben.

Im „schwach gedämpften" Fall, $2R > \sqrt{L/C}$ treten zwei konjugiert komplexe Pole auf:

$$p_{1,2} = -\alpha \pm j\omega_0,$$

mit

$$\alpha = \frac{1}{2RC}, \qquad \omega_0 = \sqrt{\frac{1}{LC} - \left(\frac{1}{2RC} \right)^2}.$$

In diesem Fall gilt für $t > 0$

$$s(t) = -\frac{S_T}{C} \frac{1}{j2\omega_0} e^{-\alpha t} ((-\alpha + j\omega_0) e^{j\omega_0 t} - (-\alpha - j\omega_0) e^{-j\omega_0 t})$$

$$= -\frac{S_T}{C} e^{-\alpha t} (\cos \omega_0 t - \frac{\alpha}{\omega_0} \sin \omega_0 t)$$

sowie

$$\sigma(t) = -\frac{S_T}{C} \frac{1}{j2\omega_0} e^{-\alpha t} (e^{j\omega_0 t} - e^{-j\omega_0 t}) = -\frac{S_T}{C\omega_0} e^{-\alpha t} \sin \omega_0 t.$$

Impulsantwort und Sprungantwort werden jetzt durch gedämpfte harmonische Schwingungen beschrieben.

Einen Sonderfall stellt der „aperiodische Grenzfall" mit $2R = \sqrt{L/C}$ dar, bei dem die beiden Pole p_1 und p_2 zusammenfallen. Mit $p_1 = p_2 = -1/(2RC) = -\alpha$ erhalten wir hierfür die Systemfunktion

$$S(p) = -\frac{S_T}{C} \frac{p}{(p - p_1)^2}.$$

Für die Partialbruchentwicklung

$$S(p) = -\frac{S_T}{C} \left(\frac{A_{11}}{p - p_1} + \frac{A_{12}}{(p - p_1)^2} \right)$$

berechnen sich die Polfaktoren jetzt nach (1.73) zu

$$A_{12}=p_1, \qquad A_{11}=1,$$

und somit folgt

$$S(p)= - \frac{S_T}{C} \left(\frac{1}{p-p_1} + \frac{p_1}{(p-p_1)^2} \right).$$

Unter Verwendung der Laplace-Korrespondenz

$$\frac{1}{(p-p_1)^2} \bullet \!\!-\!\!\!-\!\!\!\!\overset{L}{-}\!\!\!-\!\!\circ t e^{-p_1 t}$$

erhalten wir für die Impulsantwort

$$s(t)= - \frac{S_T}{C} e^{p_1 t}(1+p_1 t)= - \frac{S_T}{C} e^{-\alpha t}(1-\alpha t) \quad \text{für} \quad t>0.$$

Durch Integration von $s(t)$ nach (3.16) folgt für die Sprungantwort

$$\sigma(t)= - \frac{S_T}{C} t e^{-\alpha t} \quad \text{für} \quad t>0.$$

Außer der abklingenden e-Funktion als gemeinsamer Faktor enthalten $s(t)$ und $\sigma(t)$ nun einen zeitproportionalen Term.

Sämtliche hier abgeleiteten Formeln gelten auch für einen negativen Kreiswiderstand R. Hierfür wechselt nämlich α das Vorzeichen, und somit liegen die Pole der Systemfunktion in der rechten p-Ebene; deshalb haben wir es in diesem Falle mit einem instabilen System zu tun.

3.5 Eigenschaften der Systemfunktion von realisierbaren stabilen linearen Übertragungssystemen aus konzentrierten zeitkonstanten Elementen

Lineare Systeme mit konzentrierten zeitkonstanten Elementen sind die weitaus gebräuchlichsten. Falls sie elektrisch realisiert werden, bestehen sie aus Widerständen, Kapazitäten, Induktivitäten, Gegeninduktivitäten und Verstärkerelementen (gesteuerte Strom- und Spannungsquellen). Solche Systeme können durch eine gewöhnliche lineare Differentialgleichung mit konstanten Koeffizienten beschrieben werden, die die Ausgangsgröße (Wirkung) $u_2(t)$ mit der Eingangsgröße (Ursache oder Zwangskraft) $u_1(t)$ verknüpft:

$$a_n \frac{\mathrm{d}^n u_2}{\mathrm{d}t^n} + a_{n-1} \frac{\mathrm{d}^{n-1} u_2}{\mathrm{d}t^{n-1}} + \ldots + a_0 u_2$$

$$= b_z \frac{\mathrm{d}^z u_1}{\mathrm{d}t^z} + b_{z-1} \frac{\mathrm{d}^{z-1} u_1}{\mathrm{d}t^{z-1}} + \ldots + b_0 u_1. \tag{3.18}$$

Mit dem Ansatz

$$u_1(t)=e^{\lambda t}, \qquad u_2(t)=S(\lambda)e^{\lambda t}$$

folgt aus der Differentialgleichung die algebraische Gleichung

$$S(\lambda)(a_n\lambda^n + a_{n-1}\lambda^{n-1} + \ldots a_0) = b_z\lambda^z + b_{z-1}\lambda^{z-1} + \ldots b_0 \,.$$

Daraus folgt für die Systemfunktion $S(\lambda)$

$$S(\lambda) = \frac{b_z\lambda^z + b_{z-1}\lambda^{z-1} + \ldots + b_0}{a_n\lambda^n + a_{n-1}\lambda^{n-1} + \ldots + a_0} = \frac{Z(\lambda)}{N(\lambda)}\,.$$

Bei einem kausalen System ist $\lambda = p$ zu setzen, und somit folgt für die Systemfunktion

$$S(p) = \frac{U_2}{U_1} = \frac{b_z p^z + b_{z-1}p^{z-1} + \ldots + b_0}{a_n p^n + a_{n-1}p^{n-1} + \ldots + a_0} = \frac{Z(p)}{N(p)}\,. \tag{3.19}$$

Die Systemfunktion ist danach eine rational gebrochene Funktion, bestehend aus einem Zählerpolynom $Z(p)$ mit dem Grad z und einem Nennerpolynom $N(p)$ mit dem Grad n. Die Koeffizienten a_ν und b_ν sind reell, so daß S eine reellwertige Funktion für reelles p ist. In umgekehrter Weise bestimmen die Koeffizienten a_ν und b_ν der Systemfunktion die Differentialgleichung (3.18).

Die Systemfunktion kann man jedoch auch erhalten, ohne die Differentialgleichung aufzustellen. Man benutzt hierzu die Methoden der Netzwerktheorie (z. B. Maschen- und Knotengleichungen), oder man baut das System mit Hilfe der Vierpoltheorie aus einfachen Teilvierpolen auf und ermittelt z. B. den Betriebsübertragungsfaktor. Die Pole der Systemfunktion bei endlichen Frequenzen erhält man durch Nullsetzen des Nennerpolynoms. Man erhält n Lösungen (Wurzeln), die entweder reell oder konjugiert komplex sind. Ebenso erhält man durch Nullsetzen des Zählerpolynoms z reelle oder konjugiert komplexe Nullstellen von $S(p)$. Mit Hilfe von n Linearfaktoren im Nenner und z Linearfaktoren im Zähler kann man $S(p)$ auch schreiben

$$S(p) = k\frac{(p-p_{01})(p-p_{02})\ldots(p-p_{0z})}{(p-p_{x1})(p-p_{x2})\ldots(p-p_{xn})}\,, \tag{3.20}$$

wobei die reelle Konstante $k = b_z/a_n$ ist.
Es gibt insgesamt z Nullstellen bei den endlichen Frequenzen $p_{01}, \ldots p_{0z}$ und n Pole bei den endlichen Frequenzen $p_{x1}, \ldots p_{xn}$. (Hierbei werden mehrfache Pole als zusammenfallende Pole bei der gleichen Polfrequenz gewertet und daher so oft gezählt, wie ihr Grad angibt.) Weiterhin gibt es bei der Frequenz $p \to \infty$ $n-z$ Nullstellen für $n > z$ oder $z-n$ Pole für $z > n$. Zählt man diese hinzu, so erhält man insgesamt n bzw. z Pole wie auch Nullstellen, je nachdem welche Zahl größer ist. Es gelten daher folgende Sätze:

Satz 1: $S(p)$ ist durch z Nullstellen und n Pole bei endlichen Frequenzen und einer reellen Konstante k vollständig bestimmt. Einschließlich der Frequenz ∞ gilt: Gesamtzahl der Nullstellen = Gesamtzahl der Pole = höchster Grad von Nenner oder Zähler.

Satz 2: Die Pole und Nullstellen bei endlichen Frequenzen sind entweder reell oder sie treten in konjugiert komplexen Paaren auf.

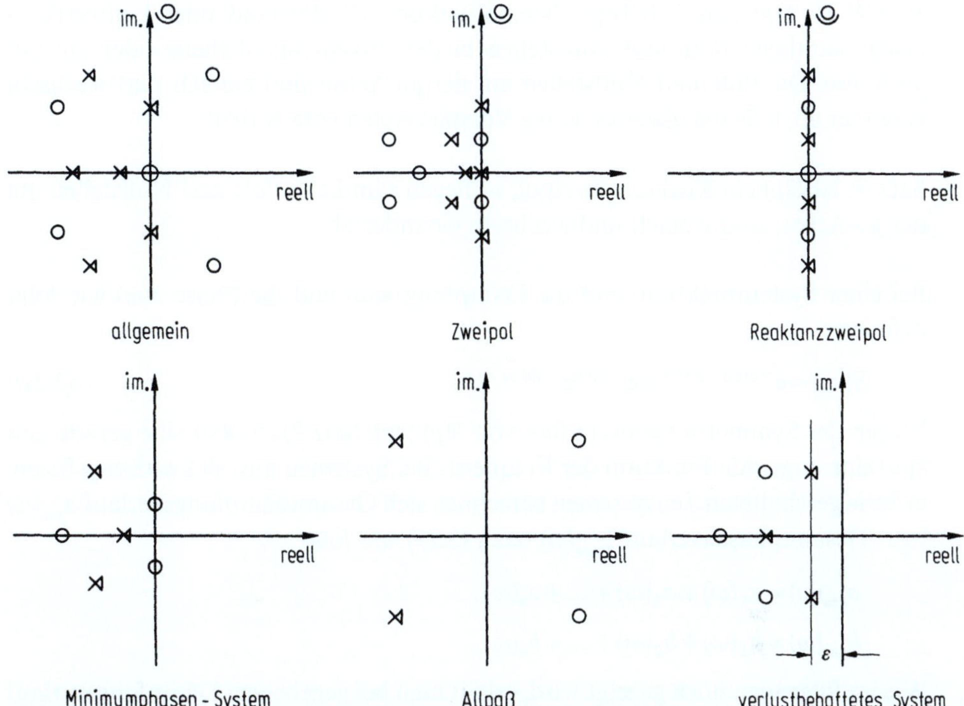

Bild 3.7. Pol-Nullstellenplan der Systemfunktionen von *RLC*-Netzwerken in der *p*-Ebene. (○ bedeutet Nullstelle für $p \to \infty$)

Durch den Pol- und Nullstellenplan in der *p*-Ebene, den Bild 3.7 für typische Fälle zeigt, wird das System daher charakterisiert. Ist nun das System stabil, so ist $s(t)$ ein kausales und mindestens exponentiell begrenztes Signal (Typ *c* von Abschnitt 2.3), wofür sowohl die Bedingung der Fourier-Transformation als auch der Laplace-Transformation gilt. Daher müssen sämtliche endliche *Pole* von $S(p)$ in der linken *p*-Halbebene oder (im Grenzfall) auf der jω-Achse liegen. Das Nennerpolynom von $S(p)$ hat also nur Wurzeln mit $\mathrm{Re}\, p_x \leqq 0$.

Nullstellen können jedoch auch in der rechten *p*-Halbebene vorkommen. Sind keine Verstärkerelemente zugelassen, so können die Pole auf der jω-Achse und bei ∞ nur einfach sein, da $s(t)$ mindestens ein leistungsbegrenztes Signal sein muß. (Dies erfordert auch, daß der Grad des Zählerpolynoms höchstens um eins größer ist als der Grad des Nennerpolynoms.) Im übrigen können mehrfache Pole und Nullstellen auftreten.

Bei einem Zweipol darf $S(p)$ auch keine Nullstellen in der rechten *p*-Halbebene haben, da $1/S(p)$ auch eine Systemfunktion ist (Widerstand und Leitwert). Bei der Inversion von $S(p)$ gehen die Nullstellen in Pole und die Pole in Nullstellen über. Enthält der Zweipol keine Verstärkerelemente, so sind die Pole und Nullstellen auf der jω-Achse einfach und wechseln einander ab. Damit gelten für $S(p)$ folgende weiteren Sätze, die in Bild 3.7 veranschaulicht sind.

Satz 3: Die Pole von $S(p)$ liegen nur in der linken *p*-Halbebene oder auf der jω-Achse. Sämtliche Pole sind vom *p*-Typ.

Satz 4: Ist $S(p)$ eine beliebige Zweipolfunktion (Widerstand oder Leitwert), so liegen sämtliche Pole und Nullstellen in der linken p-Halbebene oder auf der $j\omega$-Achse. Die Pole und Nullstellen auf der $j\omega$-Achse sind einfach und wechseln einander ab, falls der Zweipol keine Verstärkerelemente enthält.

Satz 5: Ist $S(p)$ ein Reaktanzzweipol, so liegen sämtliche Pole und Nullstellen auf der $j\omega$-Achse, sind einfach und wechseln einander ab.

Bei einer Systemfunktion sind die Dämpfung $a(\omega)$ und die Phase $b(\omega)$ wie folgt definiert:

$$S(j\omega) = e^{-a(\omega) - jb(\omega)} = e^{-a(\omega)} e^{-jb(\omega)} . \tag{3.21}$$

Wegen der Symmetrieeigenschaften von $S(p)$ (vgl. Satz 2) ist $a(\omega)$ eine gerade und $b(\omega)$ eine ungerade Funktion der Frequenz. Bei Systemen aus rückwirkungsfreien, in Serie geschalteten Teilsystemen berechnen sich Gesamtdämpfungsverlauf $a_{ges}(\omega)$ bzw. Gesamtphasenverlauf $b_{ges}(\omega)$ nach (3.21) wie folgt:

$$a_{ges}(\omega) = a_1(\omega) + a_2(\omega) + \ldots + a_n(\omega) ,$$

$$b_{ges}(\omega) = b_1(\omega) + b_2(\omega) + \ldots + b_n(\omega) .$$

Wie im folgenden noch gezeigt wird, erhält man bei gegebenem Dämpfungsverlauf dann die geringstmögliche Phase b, wenn in der rechten p-Halbebene auch keine Nullstellen von $S(p)$ liegen. Man nennt dann $S(p)$ allpaßfrei oder von minimaler Phase (Minimumphasennetzwerk). (Eine Abzweigschaltung mit durchgehender Erdleitung erfüllt stets diese Bedingung.)
Im Gegensatz dazu steht der Allpaß, der mit $a(\omega) = $ const alle Frequenzen gleichmäßig passieren läßt. Sein Phasengang $b(\omega)$ kann nur positiv sein, wie noch gezeigt werden soll, und es gilt $b(\omega) \geq 0$ und $db(\omega)/d\omega \geq 0$. (Für die Realisierung eines Allpasses ist es notwendig, daß das Signal auf mindestens zwei Wegen zum Ausgang gelangt, wie dies z. B. bei einer Brückenschaltung der Fall ist.) Bei dem Pol-Nullstellenplan eines Allpasses haben alle Pole eine zur $j\omega$-Achse spiegelbildlich liegende Nullstelle in der rechten p-Halbebene, wie dies Bild 3.7 zeigt. Es gelten danach folgende Sätze:

Satz 6: Liegen keine Nullstellen in der rechten p-Halbebene, so ist $S(p)$ allpaßfrei oder von minimaler Phase. Dies ist beim Zweipol stets der Fall.

Satz 7: Haben alle Pole eine zur $j\omega$-Achse spiegelbildliche Nullstelle, so stellt $S(p)$ einen Allpaß dar.

Schließlich sei noch der Fall eines verlustbehafteten Netzwerkes ohne Verstärker-elemente betrachtet. Mit dem Verlustwiderstand R der Induktivität und dem Verlustleitwert G der Kapazität müssen wir setzen

$$pL \rightarrow pL + R = L\left(p + \frac{R}{L}\right), \quad pC \rightarrow pC + G = C\left(p + \frac{G}{C}\right) .$$

Setzt man (für gleiche Verluste) $\varepsilon = R/L = G/C$, so geht, wie man sieht, p in $p + \varepsilon$ über. Dies bedeutet, wie Bild 3.7 zeigt, daß die jω-Achse zur Berücksichtigung der Verluste um ε nach rechts zu verschieben ist. Damit treten keine Pole auf der jω-Achse auf. Das Nennerpolynom von $S(p)$ ist damit ein sogenanntes *Hurwitz-Polynom*, für dessen Wurzeln $\operatorname{Re} p_x < 0$ gilt.

Satz 8: Bei Netzwerken ohne Verstärkerelemente und bei Berücksichtigung der Verluste von L und C hat $S(p)$ keine Pole auf der jω-Achse.

Satz 8 zeigt somit deutlich, daß die Pole eines passiven Reaktanznetzwerkes vom p-Typ sind und (bei vernachlässigten Verlusten) von links her auf die jω-Achse kommen. Bei Erfüllung von Satz 8 ist $s(t)$ energiebegrenzt (vgl. Abschnitt 2.3).

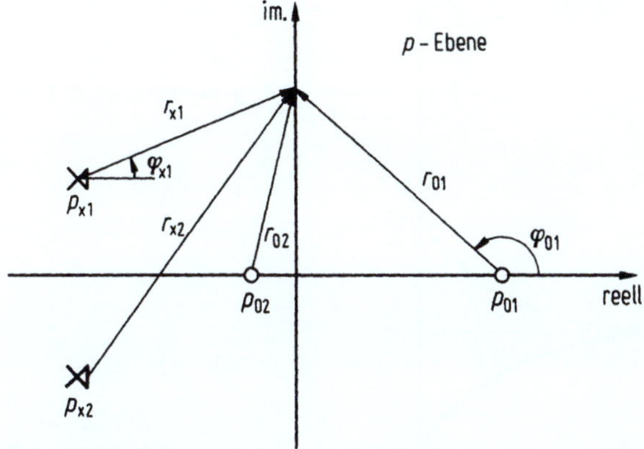

Bild 3.8. Zur Bestimmung des Frequenzganges von Dämpfung und Phase aus dem Pol-Nullstellenplan [vgl. (3.22) und (3.23)]

Im folgenden soll der Frequenzgang von Dämpfung und Phase aufgrund des Pol-Nullstellenplanes diskutiert werden. Schreibt man für die Linearfaktoren von (3.20)

$$p - p_v = r_v e^{j\varphi_v}$$

für $p = j\omega$, so kann man r_v und φ_v nach Bild 3.8 aus dem Pol-Nullstellenplan entnehmen. Für $S(p)$ gilt dann

$$S(p) = k \frac{r_{01} \cdot r_{02} \cdots r_{0z}}{r_{x1} \cdot r_{x2} \cdots r_{xn}} e^{j((\varphi_{01} + \varphi_{02} + \ldots + \varphi_{0z}) - (\varphi_{x1} + \varphi_{x2} + \ldots + \varphi_{xn}))}.$$

Dämpfung a und Phase b erhält man aufgrund von (3.21) für den Fall $p = j\omega$ zu

$$a(\omega) = \ln \left| \frac{1}{S(p)} \right| = \ln \frac{1}{k} + \sum_{v=1}^{n} \ln r_{xv} - \sum_{v=1}^{z} \ln r_{0v}, \tag{3.22}$$

$$b(\omega) = \sum_{v=1}^{n} \varphi_{xv} - \sum_{v=1}^{z} \varphi_{0v}. \tag{3.23}$$

Mit Hilfe von Bild 3.8 kann man einen guten Überblick über den Frequenzgang von Dämpfung und Phase gewinnen. Betrachtet man den Beitrag eines Poles gemäß

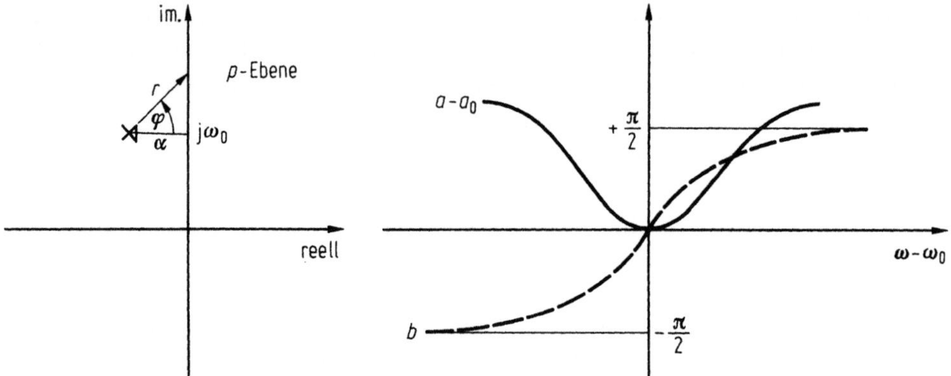

Bild 3.9. Beitrag eines Poles für Dämpfung und Phase

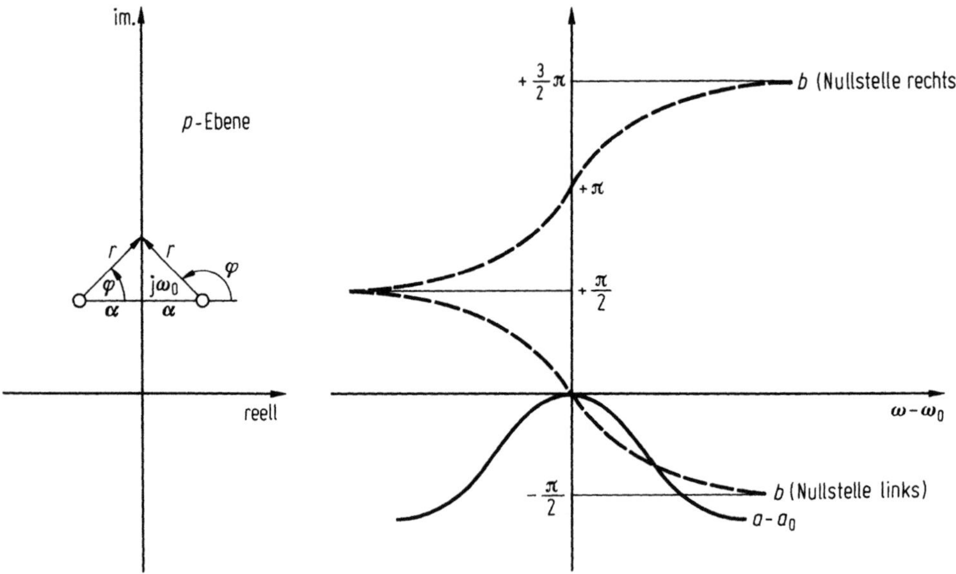

Bild 3.10. Beitrag einer Nullstelle (links oder rechts) für Dämpfung und Phase

Bild 3.9, so gilt für die Dämpfung

$$a(\omega) = \ln r = \ln\left|\sqrt{\alpha^2 + (\omega - \omega_0)^2}\right|. \tag{3.24}$$

Diesen Frequenzgang, der der Resonanzkurve eines Schwingkreises gleich ist, zeigt Bild 3.9. (Dabei ist $a_0 = \ln\alpha$ gesetzt für $\omega = \omega_0$.) Für die Phase des links liegenden Poles gilt

$$b(\omega) = \varphi = \arctan\frac{\omega - \omega_0}{\alpha}. \tag{3.25}$$

[Bei der Berechnung der Phase $b(\omega)$ nach (3.25) ist darauf zu achten, daß die arctan-Funktion mehrdeutig ist, weil $\tan x = \tan(x + \pi)$ gilt.]

Entsprechend erhält man Dämpfung und Phase einer Nullstelle gemäß Bild 3.10. Wenn die Nullstelle links liegt, hat Dämpfung und Phase den inversen Frequenzgang des Poles. Liegt dagegen die Nullstelle rechts, so bleibt die Dämpfung gleich, die Phase aber entspricht der des links liegenden Poles. Daher hebt sich der Dämpfungsbeitrag von Pol und Nullstelle beim Allpaß auf, während sich der Phasenbeitrag addiert.

Als Gruppenlaufzeit definiert man die Ableitung der Phase nach der Frequenz

$$\tau_{\mathrm{g}}(\omega) = \frac{db(\omega)}{d\omega}. \tag{3.26}$$

Ein Pol und eine rechts liegende Nullstelle liefern stets einen positiven, eine links liegende Nullstelle dagegen einen negativen Beitrag zu τ_{g}, d. h.

$$\tau_{\mathrm{g}}(\omega) = \pm \frac{1}{\alpha} \frac{1}{1 + \left(\dfrac{\omega - \omega_0}{\alpha}\right)^2}.$$

Die Phasenlaufzeit gibt im Gegensatz zur Gruppenlaufzeit die absolute Laufzeit der einzelnen Spektralanteile eines Signals an. Sie ist definiert als

$$\tau_{\mathrm{p}}(\omega) = \frac{b(\omega)}{\omega}. \tag{3.27}$$

Nicht alle linearen Systeme bestehen aus konzentrierten Elementen. Vor allem bei hohen Frequenzen lassen sich die Systeme oft nur durch partielle lineare Differentialgleichungen beschreiben. Dann ist die Systemfunktion $S(p)$ nicht mehr durch eine rational gebrochene Funktion, sondern durch eine allgemein transzendente Funktion gegeben. In diesen Fällen gelten die Ergebnisse des Abschnittes 3.5 nicht, es sei denn, man verwende als Systemfunktion eine Approximation für $S(p)$ durch eine rational gebrochene Funktion.

3.6 Beispiele nichtkausaler Systeme

In der Systemtheorie werden vielfach auch nichtkausale Systeme in der Rechnung verwendet. Diese sind prinzipiell nicht realisierbar, da die Kausalitätsbedingung verletzt ist und $s(t)$ für negative Zeiten von Null verschiedene Funktionswerte annimmt. Durch eine Zeitverschiebung der Impulsantwort (vorausgesetzt, diese konvergiert für sehr große negative Werte von t gegen 0) kann man jedoch diese Systeme in der Regel in realisierbare Systeme überführen; d. h. $s(t - t_0)$ wird für ein entsprechend großes t_0 in der Regel kausal und daher realisierbar. (Dies wird anhand des Verschiebungssatzes in Abschnitt 4.7 noch näher erläutert.) Wir betrachten drei typische idealisierte Tiefpaß-Systeme gemäß Bild 3.11. Sie sind stabil, d. h. ihre Impulsantworten sind exponentiell begrenzt und genügen somit den Bedingungen der Fourier-Transformation. Deshalb sind die entsprechenden Korrespondenzen zwischen Systemfunktion $S(f)$ und Impulsantwort $s(t)$ den Korrespondenztabellen im Abschnitt 10.10 zu entnehmen.

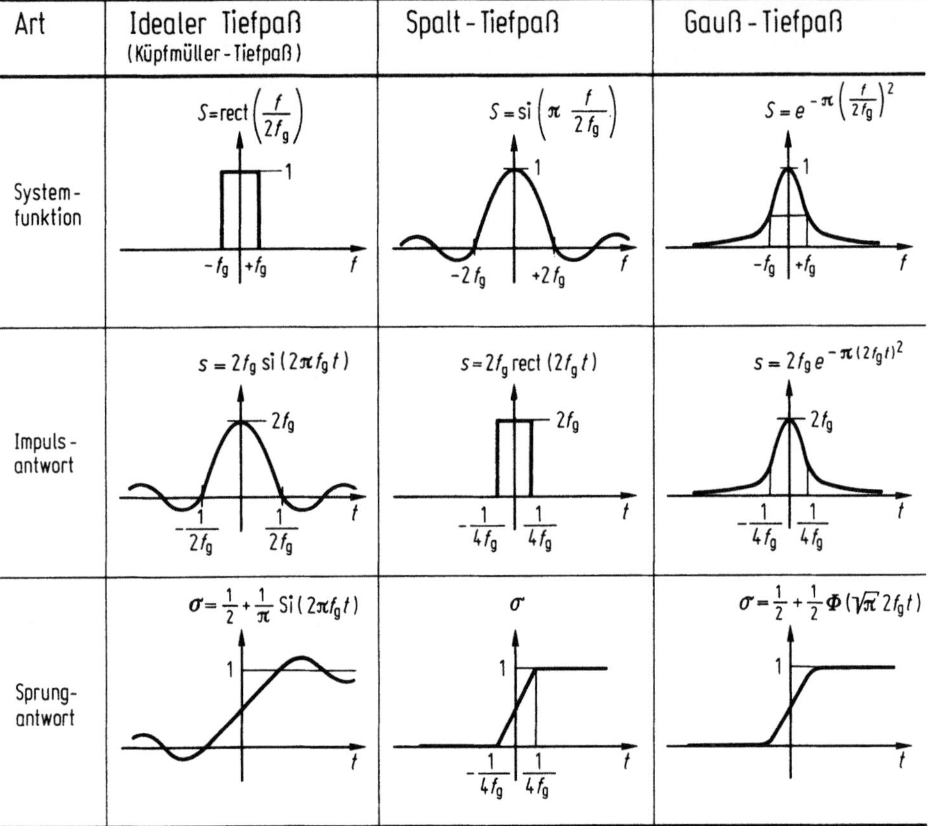

Bild 3.11. Beispiele idealisierter Tiefpässe. Verwendete Abkürzungen: $\mathrm{si}(x) = (\sin x)/x$; $\mathrm{Si}(x) = \int\limits_0^x \mathrm{si}(y)\mathrm{d}y$;

$$\phi(x) = (2/\sqrt{\pi})\int\limits_0^x e^{-y^2}\mathrm{d}y\,; \mathrm{rect}(x) = \begin{cases} 1 & \text{für} \quad |x| < 1/2, \\ 1/2 & \text{für} \quad |x| = 1/2, \\ 0 & \text{für} \quad |x| > 1/2 \end{cases}$$

Zur Normierung wurde in Bild 3.11

$$S(0) = \int\limits_{-\infty}^{+\infty} s(t)\mathrm{d}t = 1$$

gesetzt. Die Grenzfrequenz f_g ist durch das flächengleiche Rechteck der System-funktion definiert (vgl. auch das Reziprozitätsgesetz von Zeitdauer und Band-breite in Abschnitt 4.12):

$$2f_\mathrm{g}S(0) = \int\limits_{-\infty}^{+\infty} S(f)\mathrm{d}f\,.$$

(Die flächengleichen Rechtecke von Systemfunktion und Impulsantwort sind in Bild 3.11 gleich groß gezeichnet.)

Der ideale Tiefpaß (oder Küpfmüller-Tiefpaß) hat eine rechteckförmige System-funktion mit einer scharfen Bandbegrenzung bei $\pm f_\mathrm{g}$. Im Durchlaßband $-f_\mathrm{g} < f < +f_\mathrm{g}$ nimmt die Systemfunktion den Wert 1, außerhalb den Wert 0 an.

Die Impulsantwort ist durch die $(\sin x)/x$-Funktion gegeben, die starke Überschwinger (Vor- und Nachläufer) aufweist.

Den Spalttiefpaß erhält man, wenn man bei der Systemfunktion und Impulsantwort des idealen Tiefpasses die Variablen t gegen f, bzw. f gegen t austauscht (vgl. hierzu den Vertauschungssatz, Abschnitt 4.6).

Eine Mittelstellung zwischen den vorgenannten Systemen nimmt der Gauß-Tiefpaß ein. Bei ihm ist sowohl Systemfunktion wie auch Impulsantwort durch die Gaußsche Fehlerfunktion e^{-x^2} dargestellt. Diese Funktion ist gewissermaßen invariant gegenüber der Fourier-Transformation.

Bei all diesen Tiefpässen ergibt sich die Sprungantwort gemäß (3.16) aus dem Integral über die Impulsantwort, wobei jetzt für die untere Integrationsgrenze der Wert $-\infty$ zu nehmen ist

$$\sigma(t) = \int_{-\infty}^{t} s(t)\mathrm{d}t\,.$$

Diese idealisierten Systeme können zum Studium des prinzipiellen Zusammenhanges zwischen Frequenzgang (Systemfunktion) und Zeitverhalten (Impulsantwort sowie Sprungantwort) verwendet werden.

4 Gesetze der Spektraltransformationen

Im folgenden sollen die wichtigsten Gesetze der Spektraltransformationen besprochen werden. Diese stellen zugleich grundlegende Gesetzmäßigkeiten der Übertragungssysteme dar, was verständlich erscheint, nachdem letztere durch eine Spektralfunktion — die Systemfunktion — charakterisiert werden können. Wir wollen daher im folgenden nach der Angabe des jeweiligen Gesetzes und dessen formalen Beweises auch auf seine Anwendung und seine Bedeutung für lineare Systeme eingehen. Die angeführten Gesetze werden zunächst für die Fourier-Transformation aufgestellt und bewiesen. In einer Anmerkung wird ihre Gültigkeit in gleicher oder abgewandelter Form für die Allgemeine Spektraltransformation und die Laplace-Transformation diskutiert. Selbstverständlich sind solche Gesetze, die den vollen Zeitbereich in Anspruch nehmen, nicht für die Laplace-Transformation anwendbar. Dies trifft für die Gesetze 4.4, 4.5, 4.6 und 4.12 zu.

Für ein erstes Verständnis der Gesetze und ihrer Anwendungen ist die Darstellungsform in der Fourier-Transformation ausreichend. Die Anmerkung dient einem erweiterten Verständnis der Gesetze im Hinblick auf die Allgemeine Spektraltransformation und die Laplace-Transformation.

Im Anhang 10.4 sind die in diesem Abschnitt abgeleiteten Gesetze in übersichtlicher Form zusammengefaßt.

4.1 Additionssatz

Ist $u_1(t) \circ\!\!-\!\!\overset{F}{-\!\!-}\!\!\bullet\, U_1(f)$ und $u_2(t) \circ\!\!-\!\!\overset{F}{-\!\!-}\!\!\bullet\, U_2(f)$, so gilt auch

$$u(t) = u_1(t) + u_2(t) \circ\!\!-\!\!\overset{F}{-\!\!-}\!\!\bullet\, U(f) = U_1(f) + U_2(f). \tag{4.1}$$

Dieser Satz folgt unmittelbar aus dem Fourier-Integral. Setzt man den Summenausdruck, z. B. für das Spektrum, ein, so läßt sich in zwei Integrale aufspalten, womit der Satz bewiesen ist.

Bedeutung: Der Additionssatz zeigt unmittelbar die Gültigkeit des Überlagerungsgesetzes in linearen Systemen. Sind nämlich

$$u_1(t) \circ\!\!-\!\!\overset{F}{-\!\!-}\!\!\bullet\, U_1(f), \quad u_2(t) \circ\!\!-\!\!\overset{F}{-\!\!-}\!\!\bullet\, U_2(f)$$

zwei Ursachenfunktionen, so ergeben sich am Ausgang eines Systems mit der Systemfunktion $S(f)$ jeweils die Wirkungsfunktionen

$$u_{1w}(t) \circ\!\!-\!\!\overset{F}{-\!\!-}\!\!\bullet\, U_1(f)S(f), \quad u_{2w}(t) \circ\!\!-\!\!\overset{F}{-\!\!-}\!\!\bullet\, U_2(f)\,S(f).$$

Liegen nun $u_1(t)$ und $u_2(t)$ gleichzeitig als Ursachenfunktionen am Eingang des Systems an, so erhält man am Ausgang die Wirkungsfunktion $u_w(t)$. Handelt es sich nun um ein lineares System, so gilt

$$u_w(t) = u_{1w}(t) + u_{2w}(t)$$

und

$$u_w(t) \circ\!\!\!\!-\!\!\!-\!\!\!\!\overset{F}{-}\!\!\!-\!\!\!\!\bullet (U_1(f) + U_2(f))S(f).$$

In der Praxis bedeutet dies: Kann man eine Zeitfunktion $u(t)$ als Summe von Teilfunktionen $u_n(t)$ darstellen, so ist auch das Spektrum von $u(t)$ die Summe der korrespondierenden Teilspektren $U_n(f)$.

Anmerkung: Der Additionssatz gilt in gleicher Form auch für die Allgemeine Spektraltransformation und für die Laplace-Transformation. Wegen seiner Gültigkeit zählen diese Transformationen zu den linearen Rechenverfahren.

4.2 Multiplikation mit konstantem Faktor

Gilt $u(t) \circ\!\!\!\!-\!\!\!-\!\!\!\!\overset{F}{-}\!\!\!-\!\!\!\!\bullet U(f)$, so existiert auch die Korrespondenz

$$k\,u(t) \circ\!\!\!\!-\!\!\!-\!\!\!\!\overset{F}{-}\!\!\!-\!\!\!\!\bullet k\,U(f), \tag{4.2}$$

wenn k ein beliebiger konstanter Faktor ist. Dies folgt unmittelbar aus der Definition des Fourier-Integrals und den Regeln der Integralrechnung.

Bedeutung: k kann als Zahlen- und Einheitsfaktor aufgefaßt werden. Zur Vereinfachung der Rechnung wird er häufig zunächst fortgelassen und nachträglich hinzugefügt. Ebenso kann k ein Verstärkungsfaktor oder — bei komplexer Darstellung der Zeitfunktion — ein konstanter Phasenfaktor $k = e^{j\varphi}$ sein.

Anmerkung: Dieses Gesetz gilt selbstverständlich bei allen Spektraltransformationen.

4.3 Ähnlichkeitssatz

Gilt $u(t) \circ\!\!\!\!-\!\!\!-\!\!\!\!\overset{F}{-}\!\!\!-\!\!\!\!\bullet U(f)$, so gilt auch

$$u(kt) \circ\!\!\!\!-\!\!\!-\!\!\!\!\overset{F}{-}\!\!\!-\!\!\!\!\bullet \frac{1}{|k|} U\!\left(\frac{f}{k}\right), \tag{4.3}$$

wobei k eine reelle Konstante ist.

Beweis: Es werde das Spektrum $U_k(f)$ für die Zeitfunktion $u(kt)$ mit dem Fourier-Integral ermittelt:

$$U_k(f) = \int_{-\infty}^{+\infty} u(kt)e^{-j2\pi ft}\,\mathrm{d}t.$$

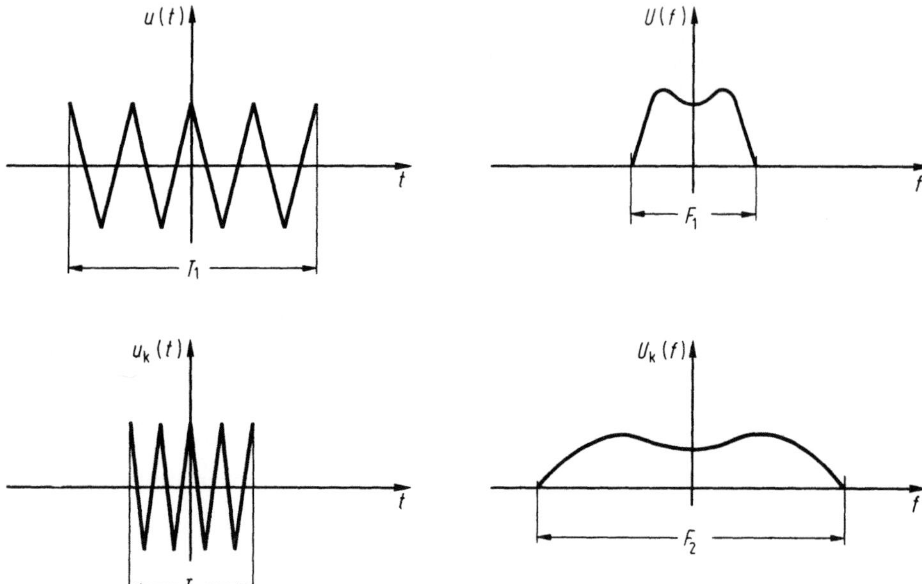

Bild 4.1. Beispiel für den Ähnlichkeitssatz ($k=2$)

Mit der Substitution $\tau = kt$ für $k>0$ folgt

$$U_k(f) = \frac{1}{k} \int\limits_{-\infty}^{+\infty} u(\tau)\,\mathrm{e}^{-\mathrm{j}2\pi\tau\frac{f}{k}}\,\mathrm{d}\tau = \frac{1}{k}\,U\!\left(\frac{f}{k}\right).$$

Für $k<0$ würden sich die Integrationsgrenzen vertauschen, und es gilt für diesen Fall $U_k(f) = (-1/k)U(f/k)$. Um keine Fallunterscheidung für positive und negative Werte von k vornehmen zu müssen, wurde in (4.3) der Faktor der Spektralfunktion betragsmäßig angesetzt. Es ist jedoch zu beachten, daß k reell sein muß, denn andernfalls wäre nicht mehr längs der reellen Zeitachse zu integrieren, wie dies das Fourier-Integral verlangt. Der Faktor k bestimmt die Dehnung bzw. Stauchung der Zeitachse im Sinne einer Koordinatentransformation.

Bedeutung: Wir betrachten nach Bild 4.1 eine Zeitfunktion $u(t)$, deren Dauer T_1 sei. Ihr Spektrum sei $U(f)$ mit der Bandbreite F_1. (Hierbei sei die spektrale Ausdehnung F_1 als „mathematische Bandbreite", d. h. von den negativen Frequenzen bis zu den positiven Frequenzen reichend, definiert. Die „physikalische Bandbreite" umfaßt nur die positiven Frequenzen und ist deshalb $F_1/2$.) Bildet man mit $k=2$ die neue Zeitfunktion $u_k(t)$ sowie das zugehörige Spektrum $U_k(f)$, so zeigt Bild 4.1, daß dann die Zeitdauer von $u_k(t)$ zu $T_2 = 1/2\,T_1$ und die Bandbreite von $U_k(f)$ zu $F_2 = 2F_1$ wird.

Daraus folgt das Zeitgesetz der Nachrichtenübertragung: Für ein gegebenes Signal ist das Produkt aus Übertragungszeit und Bandbreite konstant, also

$$F_1 T_1 = F_2 T_2 = FT = \text{const}.$$

Man kann also z. B. ein Signal auf ein Tonband aufnehmen und anschließend doppelt so schnell abspielen. Dabei halbiert sich die Übertragungszeit. Die Bandbreite aber verdoppelt sich, weil nun alle Frequenzen mit einem Faktor 2 multipliziert erscheinen.

Der Ähnlichkeitssatz kann auch zur Normierung der Argumente von Zeitfunktion und Spektrum verwendet werden. Setzt man $k = f_0 = 1/t_0$, so folgt

$$u\left(\frac{t}{t_0}\right) \circ\!\!-\!\!\!-\!\!\bullet \frac{1}{|f_0|}\, U\left(\frac{f}{f_0}\right)$$

als normierte Darstellung. Setzt man insbesondere $k = -1$, so folgt aus dem Ähnlichkeitssatz der Zusammenhang

$$u(-t) \circ\!\!-\!\!\!-\!\!\bullet U(-f),$$

d. h. einer Spiegelung der Zeitfunktion im Zeitnullpunkt entspricht auch eine entsprechende Spiegelung der Spektralfunktion.

Anmerkung: Bei der Allgemeinen Spektraltransformation muß man $k > 0$ und $k < 0$ unterscheiden, da bei negativem k die Zeitfunktion an der Ordinate gespiegelt wird und sich daher die Bedeutung von p und q vertauscht. Es gilt für $k > 0$

$$u(kt) \circ\!\!-\!\!\!-\!\!\bullet \frac{1}{k}\, U\left(\frac{p}{k}, \frac{q}{k}\right) = \frac{1}{k}\left(U_+\left(\frac{p}{k}\right) + U_-\left(\frac{q}{k}\right)\right).$$

Für $k < 0$ erhält man entsprechend

$$u(kt) \circ\!\!-\!\!\!-\!\!\bullet -\frac{1}{k}\, U\left(\frac{q}{k}, \frac{p}{k}\right) = -\frac{1}{k}\left(U_+\left(\frac{q}{k}\right) + U_-\left(\frac{p}{k}\right)\right).$$

Besonders interessant ist der Fall $k = -1$, also die unverzerrte Spiegelung der Zeitfunktion, wobei gilt

$$u(t) \circ\!\!-\!\!\!-\!\!\bullet U(p, q), \qquad u(-t) \circ\!\!-\!\!\!-\!\!\bullet U(-q, -p) = U_+(-q) + U_-(-p).$$

Hierbei muß also bei der Spektralfunktion p durch $-q$ und q durch $-p$ ersetzt werden.

4.4 Satz der konjugiert komplexen Funktion

Gilt $u(t) \circ\!\!-\!\!\!-\!\!\bullet U(f)$, so gilt auch

$$u^*(-t) \circ\!\!-\!\!\!-\!\!\bullet U^*(f), \qquad u^*(t) \circ\!\!-\!\!\!-\!\!\bullet U^*(-f). \qquad (4.4)$$

Beweis: Bildet man das Fourier-Integral für $u(t)$, so erhält man

$$u(t) = \int\limits_{-\infty}^{+\infty} U(f)\mathrm{e}^{\mathrm{j}2\pi f t}\mathrm{d}f.$$

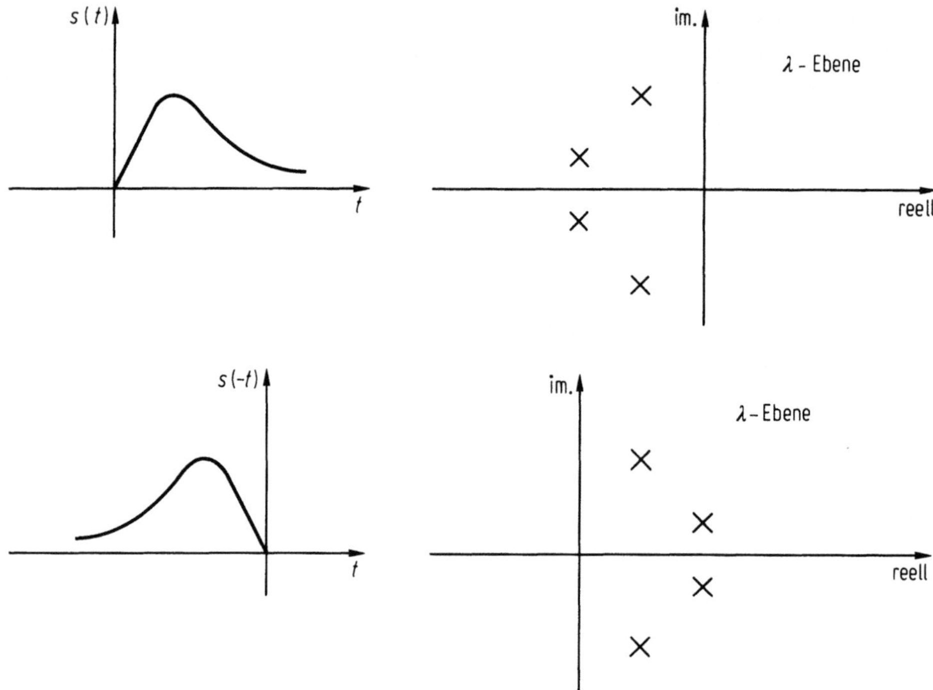

Bild 4.2. Impulsantwort und gespiegelte Impulsantwort und zugehöriger Polplan in der λ-Ebene

Bildet man auf beiden Seiten den konjugiert komplexen Ausdruck und substituiert gleichzeitig t durch $-t$, so erhält man

$$u^*(-t) = \int\limits_{-\infty}^{+\infty} U^*(f)\mathrm{e}^{+\mathrm{j}2\pi ft}\mathrm{d}f,$$

womit der Satz unmittelbar bewiesen ist. Durch den Vorzeichenwechsel von t und f aufgrund des Ähnlichkeitssatzes ist auch die zweite Version bewiesen.

Bedeutung: Bildet man die konjugiert komplexe Systemfunktion bei einem realisierbaren stabilen System, so gilt

$$s(t)\!\circ\!\!\!\overset{\text{F}}{-\!\!\!-\!\!\!-}\!\!\!\bullet S(f), \quad s^*(-t) = s(-t)\!\circ\!\!\!\overset{\text{F}}{-\!\!\!-\!\!\!-}\!\!\!\bullet S^*(f) = S(-f).$$

Die Impulsantwort (reelle Zeitfunktion) erscheint im Zeitnullpunkt gespiegelt. Bild 4.2 veranschaulicht dieses und zeigt auch den Polplan für S und S^* in der λ-Ebene ($\lambda = \mathrm{j}2\pi f$). Im gespiegelten Fall liegen die Pole in der rechten λ-Halbebene. Das System mit $S^*(f)$ ist natürlich nicht realisierbar, da es akausal ist. Es hat die zu $S(f)$ inverse Phase bei gleicher Dämpfung.

Anmerkung: Dieser Satz ist nur bei der Fourier-Transformation sinnvoll, da hier das Spektrum bei reellen Frequenzen betrachtet wird. Jedoch erkennt man aus Bild 4.2, daß bei Spiegelung der Zeitfunktion die p-Pole in q-Pole des Spektrums übergehen (vgl. Ähnlichkeitssatz).

4.5 Zuordnungssatz

Bei einer Korrespondenz $u(t)\circ\!\!-\!\!\overset{F}{-}\!\!-\!\!\bullet U(f)$ lassen sich sowohl die Zeitfunktion als auch das Spektrum in Real- und Imaginärteil, und diese wiederum jeweils in einen geraden und einen ungeraden Anteil zerlegen. Bekanntlich ist für eine Funktion $f(x)$ der gerade Anteil $f_g(x)$ und der ungerade Anteil $f_u(x)$ gegeben durch

$$f_g(x) = \tfrac{1}{2}(f(x) + f(-x)), \qquad f_u(x) = \tfrac{1}{2}(f(x) - f(-x)).$$

Wie man sich leicht überzeugt, ist dann $f_g(x) = f_g(-x)$ und $f_u(x) = -f_u(-x)$, und außerdem $f(x) = f_g(x) + f_u(x)$. Damit lassen sich vier Terme bilden, die mit folgendem Index bezeichnet seien: R_g für reell gerade, R_u für reell ungerade, I_g für imaginäres gerade, I_u für imaginär ungerade. Der Zuordnungssatz gibt nun die direkte Korrespondenz zwischen diesen Teilfunktionen wie folgt an:

$$u(t) = u_{R_g} + u_{R_u} + ju_{I_g} + ju_{I_u} \tag{4.5a}$$

$$U(f) = U_{R_g} + U_{R_u} + jU_{I_g} + jU_{I_u}. \tag{4.5b}$$

Danach korrespondieren stets gerade Zeitfunktionen mit geraden Spektralfunktionen und ungerade Zeitfunktionen mit ungeraden Spektralfunktionen. Während aber bei den geraden Funktionen Real- und Imaginärteil direkt korrespondieren, vertauscht sich die Zuordnung bei den ungeraden Funktionen. Zu obiger Formel sei bemerkt, daß j mit zur Korrespondenz gehört, also z. B. $u_{R_u}\circ\!\!-\!\!\overset{F}{-}\!\!-\!\!\bullet jU_{I_u}$ gilt.

Beweis: Wir zerlegen beim Fourier-Integral den Faktor

$$e^{-j\omega t} = \cos\omega t - j\sin\omega t$$

und setzen damit an

$$U(f) = \int_{-\infty}^{+\infty} (u_{R_g} + u_{R_u} + ju_{I_g} + ju_{I_u})(\cos\omega t - j\sin\omega t)\,dt.$$

Bei den acht zu bildenden Produkten ist der Integrand entweder eine gerade oder eine ungerade Funktion von t. Da beim Fourier-Integral symmetrisch bezüglich der Zeit integriert wird, verschwinden die Integrale über die ungeraden Funktionen und es bleiben nur vier Integrale für die geraden Integranden übrig:

$$U(f) = \underbrace{\int_{-\infty}^{+\infty} u_{R_g}\cos\omega t\,dt}_{U_{R_g}} + \underbrace{\int_{-\infty}^{+\infty} ju_{I_g}\cos\omega t\,dt}_{jU_{I_g}}$$

$$+ \underbrace{\int_{-\infty}^{+\infty} u_{R_u}(-j\sin\omega t)\,dt}_{jU_{I_u}} + \underbrace{\int_{-\infty}^{+\infty} ju_{I_u}(-j\sin\omega t)\,dt}_{U_{R_u}}$$

Die ersten beiden Integrale sind eine gerade Funktion von ω, die letzten beiden eine ungerade Funktion von ω. Außerdem ist zu erkennen, ob das Ergebnis reell oder imaginär ist. Somit gilt die in (4.5a,b) angegebene Entsprechung, womit der Zuordnungssatz bewiesen ist.

Bedeutung: Mit Hilfe des Zuordnungssatzes lassen sich zu einer gegebenen Korrespondenz weitere Korrespondenzen ermitteln. Betrachtet man z. B. den Zusammenhang

$$e^{j\omega_0 t} \circ \!\!-\!\!\overset{F}{\rule{2em}{0.4pt}}\!\!-\!\!\bullet\, 2\pi\delta(\omega - \omega_0)$$

und zerlegt die Zeitfunktion in geraden Realteil und ungeraden Imaginärteil sowie das reelle Spektrum in geraden und ungeraden Teil, so erhält man für die Zuordnung

$$e^{j\omega_0 t} = \cos\omega_0 t + j\sin\omega_0 t$$
$$\big\downarrow F \qquad\qquad \big\downarrow F \qquad\qquad \big\downarrow F$$
$$2\pi\delta(\omega - \omega_0) = \pi(\delta(\omega - \omega_0) + \delta(\omega + \omega_0)) + \pi(\delta(\omega - \omega_0) - \delta(\omega + \omega_0)).$$

[Hierbei ist zu beachten, daß die δ-Funktion eine gerade Funktion ist, so daß $\delta(x) = \delta(-x)$ gilt.] Damit gewinnt man die neuen Korrespondenzen

$$\cos\omega_0 t \circ \!\!-\!\!\overset{F}{\rule{2em}{0.4pt}}\!\!-\!\!\bullet\, \pi(\delta(\omega - \omega_0) + \delta(\omega + \omega_0)),$$

$$\sin\omega_0 t \circ \!\!-\!\!\overset{F}{\rule{2em}{0.4pt}}\!\!-\!\!\bullet\, \frac{\pi}{j}\,(\delta(\omega - \omega_0) - \delta(\omega + \omega_0)).$$

Sie zeigen, daß das Spektrum der cos-Schwingung eine reelle gerade Funktion und das der sin-Schwingung eine rein imaginäre und ungerade Funktion ist. In beiden Fällen treten Dirac-Impulse bei den Frequenzen $(+\omega_0)$ und $(-\omega_0)$ als Spektrallinien auf.

Eine besonders wichtige Bedeutung hat der Zuordnungssatz für realisierbare stabile Systeme. Hier gilt zunächst, daß die Impulsantwort reell ist. Daher folgt aufgrund des Zuordnungssatzes: Die Systemfunktion $S(\omega)$ realisierbarer Systeme setzt sich zusammen aus einem geraden Realteil $X(\omega)$ und einem ungeraden Imaginärteil $Y(\omega)$. Zerlegt man auch die Impulsantwort $s(t)$ in einen geraden Anteil $x(t)$ und einen ungeraden Anteil $y(t)$, gilt die Zuordnung

$$s(t) = x(t) + y(t)$$
$$\big\downarrow F \qquad \big\downarrow F \qquad \big\downarrow F$$
$$S(\omega) = X(\omega) + jY(\omega).$$

Ein Beispiel ist die schon diskutierte Systemfunktion des *RC*-Tiefpasses.

$$s(t) = ae^{-at} = x(t) + y(t)$$
$$\big\downarrow F \qquad\quad \big\downarrow F \qquad\quad \big\downarrow F \qquad\quad \big\downarrow F$$
$$S(\omega) = \frac{a}{a+j\omega} = \frac{a^2}{a^2 + \omega^2} - j\frac{a\omega}{a^2 + \omega^2}.$$

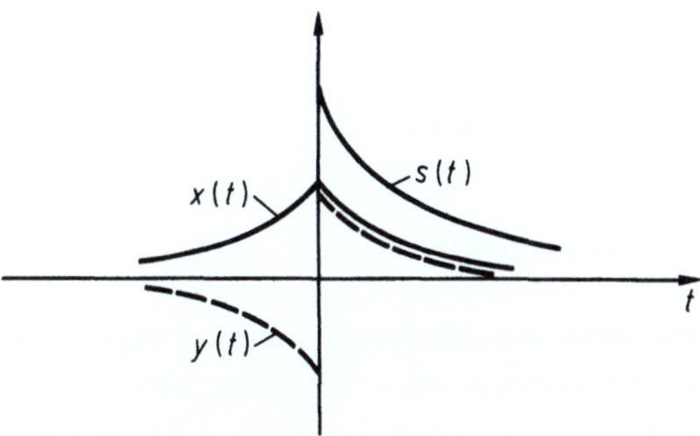

Bild 4.3. Impulsantwort $s(t)$ und deren gerader Anteil $x(t)$ und ungerader Anteil $y(t)$ bei einem realisierbaren Übertragungssystem

Bild 4.3 zeigt die Impulsantwort $s(t)$ und den daraus gebildeten geraden Anteil $x(t)$ und ungeraden Anteil $y(t)$. Nun gilt speziell für die Impulsantwort realisierbarer Systeme die Kausalitätsbedingung $s(t)=0$ für $t<0$. Daher läßt sich $x(t)$ und $y(t)$ aus $s(t)$ wie folgt berechnen:

$$x(t)=y(t)=\tfrac{1}{2}s(t) \quad \text{für} \quad t>0, \tag{4.6a}$$

$$x(t)=-y(t)=\tfrac{1}{2}s(-t) \quad \text{für} \quad t<0. \tag{4.6b}$$

Vor allem erkennt man daraus: Ist $x(t)$ oder $y(t)$ alleine gegeben, so ist dennoch die gesamte Zeitfunktion vollständig bestimmt, da $x(t)$ und $y(t)$ gemäß (4.6a,b) folgendermaßen zusammenhängen:

$$y(t)=\operatorname{sgn}(t)x(t).$$

[Die Umschaltfunktion $\operatorname{sgn}(t)$ ist durch (1.51) definiert.]
Über die Fourier-Korrespondenz hängt aber dann auch der Realteil mit dem Imaginärteil der Systemfunktion zusammen. Dieser Zusammenhang wird explizit durch die Hilbert-Transformation ausgedrückt, die im Abschnitt 5.1 behandelt wird.
Wir wollen hier zunächst nur den Real- und Imaginärteil der Systemfunktion kausaler Systeme aus der Impulsantwort berechnen und umgekehrt, wobei wir von der Kausalitätsbedingung, $s(t)=0$ für $t<0$, Gebrauch machen. Setzen wir das Fourier-Integral für die Systemfunktion an und spalten diese in Real- und Imaginärteil auf, so folgt

$$S(\omega)=X(\omega)+\mathrm{j}Y(\omega)=\int\limits_{0}^{\infty} s(t)\mathrm{e}^{-\mathrm{j}\omega t}\mathrm{d}t=\int\limits_{0}^{\infty} s(t)\cos\omega t\,\mathrm{d}t-\mathrm{j}\int\limits_{0}^{\infty} s(t)\sin\omega t\,\mathrm{d}t.$$

Daraus ergibt sich

$$X(\omega)=\int\limits_{0}^{\infty} s(t)\cos\omega t\,\mathrm{d}t, \quad Y(\omega)=-\int\limits_{0}^{\infty} s(t)\sin\omega t\,\mathrm{d}t.$$

Umgekehrt läßt sich auch $s(t)$ aus $X(\omega)$ allein oder $Y(\omega)$ allein herleiten, wenn man die Korrespondenz $x(t)\circ\!\!-\!\!-\!\!\overset{F}{-}\!\!-\!\!\bullet X(\omega)$ und $y(t)\circ\!\!-\!\!-\!\!\overset{F}{-}\!\!-\!\!\bullet \mathrm{j}Y(\omega)$ sowie die Gültigkeit von

(4.6) beachtet. Man erhält zunächst

$$x(t) = \frac{1}{2\pi} \int_{-\infty}^{+\infty} X(\omega)\, \mathrm{e}^{\mathrm{j}\omega t}\mathrm{d}\omega = \frac{1}{2\pi} \int_{-\infty}^{+\infty} X(\omega)\cos\omega t\,\mathrm{d}\omega,$$

$$y(t) = \frac{1}{2\pi} \int_{-\infty}^{+\infty} \mathrm{j}Y(\omega)\mathrm{e}^{\mathrm{j}\omega t}\mathrm{d}\omega = \frac{-1}{2\pi} \int_{-\infty}^{+\infty} Y(\omega)\sin\omega t\,\mathrm{d}\omega.$$

Dabei ist $\mathrm{e}^{\mathrm{j}\omega t}$ nach (1.8) zerlegt worden, wodurch das symmetrische Integral über den ungeraden Integranden entfällt. Die verbleibenden Integrale haben einen geraden Integranden. Man kann daher die Integration nur von 0 bis ∞ durchführen und ihren Wert verdoppeln. Mit Hilfe von (4.6) folgt damit für $s(t)$ für $t>0$

$$s(t) = \frac{2}{\pi} \int_0^\infty X(\omega)\cos\omega t\,\mathrm{d}\omega = -\frac{2}{\pi} \int_0^\infty Y(\omega)\sin\omega t\,\mathrm{d}\omega. \tag{4.7}$$

(4.7) zeigt, daß $s(t)$ aus dem Real- bzw. Imaginärteil der Systemfunktion allein berechnet werden kann. Letztere bestimmen daher den Vorgang bereits vollständig.

Weiterhin soll hier erwähnt werden, daß $s(t)$ auch aus Dämpfung $a(\omega)$ und Phase $b(\omega)$ des Systems berechnet werden kann. Mit

$$S(\omega) = \mathrm{e}^{-a(\omega)-\mathrm{j}b(\omega)}$$

erhält man für realisierbare, kausale Systeme unter Beachtung der in Abschnitt 3.5 beschriebenen Tatsache, daß $a(\omega)$ eine gerade und $b(\omega)$ eine ungerade Funktion der Frequenz ist,

$$s(t) = \frac{1}{\pi} \int_0^\infty \mathrm{e}^{-a(\omega)}\cos(\omega t - b(\omega))\,\mathrm{d}\omega \quad \text{für} \quad t>0. \tag{4.8}$$

(4.8) gibt Anlaß zu einer Näherungsbetrachtung, die auch als das Prinzip der konstanten Phase bekannt ist. Die unter dem Cosinus stehende Gesamtphase ($\omega t - b(\omega)$) ist für jeden festgehaltenen Zeitpunkt t eine Funktion der Frequenz. Je steiler diese Funktion mit der Frequenz steigt oder fällt, um so schneller wird der Faktor $\cos(\omega t - b(\omega))$ des Integrals schwanken und sein Beitrag sich daher ausmitteln. Dies gilt unter der Bedingung, daß der andere Faktor $\mathrm{e}^{-a(\omega)}$ nicht zu stark schwankt. Der Hauptbeitrag des Integrals ist daher bei den Frequenzen zu erwarten, für die die Gesamtphase ($\omega t - b(\omega)$) konstant ist. Dafür gilt der Ansatz

$$\frac{\mathrm{d}(\omega t - b(\omega))}{\mathrm{d}\omega} = 0$$

mit der Lösung

$$t = \frac{\mathrm{d}b(\omega)}{\mathrm{d}\omega}.$$

Daraus folgt: Diejenigen Frequenzen ω des Spektrums liefern ihren Hauptbeitrag für das Fourier-Integral zu jener Zeit, für die

$$t = \frac{\mathrm{d}b(\omega)}{\mathrm{d}\omega} = \tau_\mathrm{g}(\omega)$$

ist. Die Ableitung der Phase $b(\omega)$ nach der Frequenz ist die Gruppenlaufzeit τ_g (vgl. Abschnitt 3.5). Dadurch erscheinen die Frequenzen des Spektrums im Zeitvorgang näherungsweise nach der Gruppenlaufzeit aufgeschlüsselt.

Anmerkung: Der Zuordnungssatz ist nur bei der Fourier-Transformation anwendbar, da die Teilkomponenten der Zeitfunktion sich über den ganzen Zeitbereich erstrecken und da die Spektralfunktion für reelle Frequenzen verwendet wird. Er zeigt besonders anschaulich die Symmetrieeigenschaft der Fourier-Transformation bezüglich Zeit- und Frequenzfunktion.

4.6 Vertauschungssatz

Gilt $u(t)\circ\!\!-\!\!\overset{F}{-\!\!-\!\!-}\!\!\bullet\, U(f)$, so gilt auch

$$U^*(t)\circ\!\!-\!\!\overset{F}{-\!\!-}\!\!\bullet\, u^*(f)\,. \tag{4.9}$$

Hierbei ist gemeint, daß bei der ursprünglichen Spektralfunktion f durch t ersetzt wird, wodurch eine Zeitfunktion entsteht. Dann muß bei der ursprünglichen Zeitfunktion t durch f ersetzt werden und es entsteht eine neue Korrespondenz, wenn noch in beiden Fällen die konjugiert komplexe Funktion gebildet wird. Unter diesen Bedingungen können Zeitfunktion und Spektrum vertauscht werden. Dieser Satz veranschaulicht ebenfalls sehr deutlich die Symmetrie der Fourier-Transformation.

Beweis: Für die Spektralfunktion $U(f)$ gilt das Fourier-Integral

$$U(f) = \int\limits_{-\infty}^{+\infty} u(x)\mathrm{e}^{-\mathrm{j}2\pi fx}\mathrm{d}x\,,$$

wobei hier die Integrationsvariable t durch x ersetzt ist, damit das Symbol t noch verfügbar bleibt. Ersetzen wir jetzt f durch t und bilden den konjugiert komplexen Ausdruck, so folgt

$$U^*(t) = \int\limits_{-\infty}^{+\infty} u^*(x)\mathrm{e}^{\mathrm{j}2\pi tx}\mathrm{d}x\,.$$

Dies ist offensichtlich ein Fourier-Integral, nach dem eine Zeitfunktion berechnet wird. Das zugehörige Spektrum ist die Funktion $u^*(f)$, was zu beweisen war.

Bedeutung: Der Vertauschungssatz ist besonders nützlich, um neue Korrespondenzen zu erhalten. Um zu vermeiden, daß beim Vertauschen von t und f Dimensionsschwierigkeiten auftreten, ist es zweckmäßig, mit Hilfe des Ähnlichkeitssatzes eine normierende Konstante als Faktor den Variablen hinzuzufügen.
Besonders einfach wird der Vertauschungssatz bei reellen Funktionen, da dann die Bildung des konjugiert komplexen Ausdruckes wegfällt. Sind Zeitfunktion und

Spektrum reell, so müssen beide aufgrund des Zuordnungssatzes gerade Funktionen sein. Solche Korrespondenzen sind z. B.

$$1 \circ\!\!\!-\!\!\!\overset{F}{-\!\!\!-\!\!\!}\!\!\!\bullet \delta(f), \qquad \delta(t) \circ\!\!\!-\!\!\!\overset{F}{-\!\!\!-}\!\!\!\bullet 1$$

oder aufgrund von (1.40)

$$\tfrac{1}{2}a\mathrm{e}^{-a|t|} \circ\!\!\!-\!\!\!\overset{F}{-\!\!\!-}\!\!\!\bullet \frac{a^2}{a^2+4\pi^2 f^2}, \qquad \frac{a^2}{a^2+4\pi^2 t^2} \circ\!\!\!-\!\!\!\overset{F}{-\!\!\!-}\!\!\!\bullet \tfrac{1}{2}a\mathrm{e}^{-a|f|}.$$

Anmerkung: Der Vertauschungssatz gilt nur für die Fourier-Transformation, da er von deren Symmetrieeigenschaften Gebrauch macht.

4.7 Verschiebungssatz

Gilt $u(t) \circ\!\!\!-\!\!\!\overset{F}{-\!\!\!-}\!\!\!\bullet U(f)$, so gilt der Verschiebungssatz in folgenden beiden Versionen:

$$\mathrm{e}^{\mathrm{j}2\pi f_0 t}u(t) \circ\!\!\!-\!\!\!\overset{F}{-\!\!\!-}\!\!\!\bullet U(f-f_0), \tag{4.10a}$$

$$u(t-t_0) \circ\!\!\!-\!\!\!\overset{F}{-\!\!\!-}\!\!\!\bullet \mathrm{e}^{-\mathrm{j}2\pi t_0 f}U(f). \tag{4.10b}$$

Hierbei ist f_0 und t_0 reell.

Beweis: Man bilde durch die Substitution $f \to f - f_0$ den Ausdruck für $U(f-f_0)$:

$$U(f-f_0) = \int\limits_{-\infty}^{+\infty} u(t)\mathrm{e}^{-\mathrm{j}2\pi(f-f_0)t}\mathrm{d}t = \int\limits_{-\infty}^{+\infty} u(t)\mathrm{e}^{\mathrm{j}2\pi f_0 t}\mathrm{e}^{-\mathrm{j}2\pi f t}\mathrm{d}t.$$

Zu obigem Fourier-Integral gehört die Zeitfunktion $u(t)\mathrm{e}^{\mathrm{j}2\pi f_0 t}$, was zu beweisen war.

Bedeutung: Die erste Version des Verschiebungssatzes ist eine Frequenzverschiebung des Spektrums, was einer Amplitudenmodulation der Zeitfunktion entspricht. Die zweite Version entspricht einer Zeitverschiebung der Zeitfunktion, also einer Laufzeit. Wir diskutieren beide nacheinander.

a) Frequenzverschiebung

Wir betrachten nach Bild 4.4a ein Korrespondenzpaar $u(t) \circ\!\!\!-\!\!\!\overset{F}{-\!\!\!-}\!\!\!\bullet U(f)$. Nach Bild 4.4b werde $U(f)$ nach rechts um f_0 verschoben, so daß sich die Spektralfunktion $U(f-f_0)$ ergibt. Die hierzu korrespondierende Zeitfunktion erhält man, indem man gemäß (4.10a) $u(t)$ mit der „Trägerfrequenzschwingung" $\mathrm{e}^{\mathrm{j}\omega_0 t}$ multipliziert. $u(t)$ erscheint dabei als Hüllkurve, also als Amplitudenmodulation der Trägerschwingung. Zur reellen Darstellung der Amplitudenmodulation kommt man gemäß Bild 4.4c durch zweimalige Anwendung des Verschiebungssatzes. Es ist nämlich

$$u(t)\cos\omega_0 t = \tfrac{1}{2}u(t)\mathrm{e}^{\mathrm{j}\omega_0 t} + \tfrac{1}{2}u(t)\mathrm{e}^{-\mathrm{j}\omega_0 t},$$

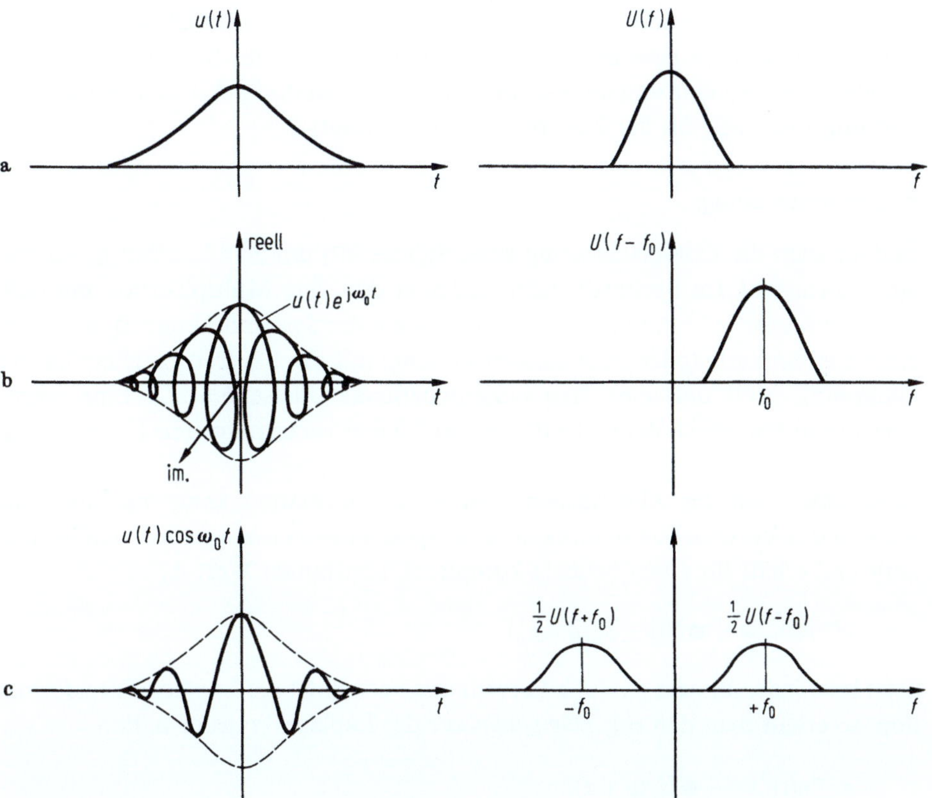

Bild 4.4a–c. Frequenzverschiebung und Amplitudenmodulation. (a) Ursprüngliche Korrespondenz; (b) Amplitudenmodulation mit komplexem Träger; (c) Amplitudenmodulation mit reellem Träger

so daß der Verschiebungssatz mit $+\omega_0$ und mit $-\omega_0$ anzuwenden ist. Das zugehörige Spektrum

$$\tfrac{1}{2}U(f-f_0)+\tfrac{1}{2}U(f+f_0)$$

zeigt ebenfalls Bild 4.4c.

Der Verschiebungssatz kann auch zur Bildung neuer Korrespondenzen herangezogen werden. So lassen sich die Korrespondenzen der harmonischen Schwingung (Spektrallinien) aus dem Spektrum des Gleichsignals wie folgt entwickeln:

$$1 \circ\!\!-\!\!\!-\!\!\!-\!\!\!\bullet\, \delta(f),$$

$$e^{j\omega_0 t} \circ\!\!-\!\!\!-\!\!\!-\!\!\!\bullet\, \delta(f-f_0),$$

$$\cos\omega_0 t \circ\!\!-\!\!\!-\!\!\!-\!\!\!\bullet\, \tfrac{1}{2}\delta(f-f_0)+\tfrac{1}{2}\delta(f+f_0),$$

$$\sin\omega_0 t \circ\!\!-\!\!\!-\!\!\!-\!\!\!\bullet\, \frac{1}{2j}\delta(f-f_0)-\frac{1}{2j}\delta(f+f_0).$$

Hierbei ist bei $\cos\omega_0 t$ und $\sin\omega_0 t$ von der Eulerschen Zerlegung Gebrauch gemacht worden. Da $\cos\omega_0 t$ eine gerade reelle Funktion ist, ist ihr Spektrum reell und gerade; da $\sin\omega_0 t$ eine ungerade reelle Funktion ist, ist ihr Spektrum rein imaginär und ungerade, wie das der Zuordnungssatz erfordert.

b) Zeitverschiebung

Bild 4.5 zeigt die Zeitverschiebung eines Signals $u(t)$ um eine Laufzeit t_0, so daß $u(t-t_0)$ entsteht. Im Spektralbereich bedeutet dies eine Multiplikation mit dem „Laufzeitfaktor" $e^{-j\omega t_0}$. Dieser Faktor entspricht der Systemfunktion $S(\omega)=e^{-j\omega t_0}$ einer Laufzeitkette (oder einer idealen Leitung) mit der Laufzeit t_0. Diese hat die Dämpfung $a=0$ und eine frequenzproportionale Phase $b=\omega t_0$. Eine solche Systemfunktion erfüllt daher die Bedingung für eine verzerrungsfreie Übertragung.

Anmerkung: Bei der Allgemeinen Spektraltransformation kann man die erste Version des Verschiebungssatzes für eine *Spektralverschiebung* noch verallgemeinern und erhält für einen beliebig komplexen konstanten Wert p_0

$$e^{p_0 t}u(t)\circ\!\!-\!\!-\!\!-\!\!\bullet\, U(p-p_0, q-p_0)\,.$$

Setzt man insbesondere $p_0=-\alpha$ (α reell) und verwendet die Laplace-Transformation, so erhält man den sog. *Dämpfungssatz* der Laplace-Transformation

$$e^{-\alpha t}u(t)\circ\!\!-\!\!-\!\!-\!\!\bullet\, U_{\mathrm{L}}(p+\alpha)\,.$$

Als Beispiel betrachten wir gemäß Bild 1.13 die Korrespondenz des Einheitssprunges

$$\gamma(t)\circ\!\!-\!\!-\!\!-\!\!\bullet\,\frac{1}{p}\,.$$

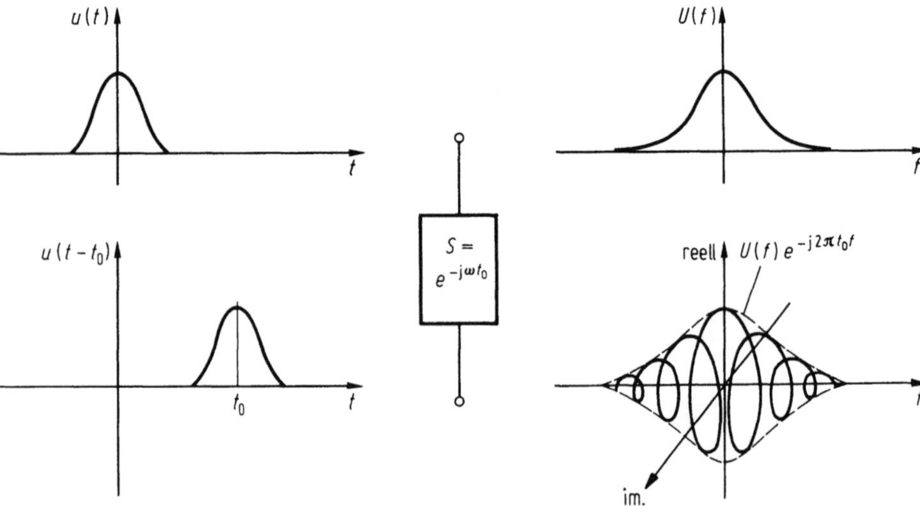

Bild 4.5. Zeitverschiebung

Durch Anwendung des Dämpfungssatzes entsteht daraus

$$\gamma(t)\mathrm{e}^{-\alpha t}\circ\!\!-\!\!\!-\!\!\!-\!\!\bullet\,\frac{1}{p+\alpha}\,.$$

Der ursprüngliche Pol in der p-Ebene bei $p=0$ rückt jetzt in die linke Halbebene bei $p=-\alpha$. Gemäß Satz 8 von Abschnitt 3.5 entspricht die Berücksichtigung der Schaltungsverluste einer solchen Verschiebung und somit einer Dämpfung der Zeitfunktion.

Für die Allgemeine Spektraltransformation kann man ebenfalls einen Dämpfungssatz angeben, wenn man für das Teilspektrum $U_+(p)$ — wie bei der Laplace-Transformation — die Variable p durch $p+\alpha$ ersetzt, jedoch auch beim Teilspektrum $U_-(q)$ die Variable q durch $q-\alpha$ ersetzt. Man erhält dann

$$\mathrm{e}^{-\alpha|t|}u(t)\circ\!\!-\!\!\!-\!\!\!-\!\!\bullet\,U(p+\alpha,q-\alpha)\,.$$

Diese Beziehung ist z. B. für die Rücktransformation nützlich. Wählt man α genügend groß, so liegen alle Pole q_ν rechts und alle Pole p_ν links der $j\omega$-Achse. Dann gilt für die Rücktransformation (vgl. Abschnitt 2.2)

$$\mathrm{e}^{-\alpha|t|}u(t)=\frac{1}{2\pi}\int\limits_{-\infty}^{+\infty}U(\mathrm{j}\omega+\alpha,\mathrm{j}\omega-\alpha)\mathrm{e}^{\mathrm{j}\omega t}\mathrm{d}\omega\,.$$

Dieses Integral konvergiert immer und die Rücktransformation ist damit auf ein einfaches Fourier-Integral zurückgeführt. Auf diese Weise kann man Integrale in der komplexen Frequenzebene auf reelle Integrale zurückführen, die auswertbar sind, weil der Integrand auf der $j\omega$-Achse keine Pole mehr hat.

Der positive Parameter α muß dazu mindestens so groß gewählt werden, daß auch bei einer weiteren Vergrößerung von α keine Pole von $U(p+\alpha,\,q-\alpha)$ auf der $j\omega$-Achse zu liegen kommen. Es muß also gelten

$$U(\mathrm{j}\omega+\alpha+\varrho,\mathrm{j}\omega-\alpha-\varrho)<\infty\quad\text{für}\quad\varrho>0\,.$$

In diesem Fall kann das Integral längs der $j\omega$-Achse, d.h. für $U(\mathrm{j}\omega+\alpha,\mathrm{j}\omega-\alpha)$ ausgewertet werden und ist damit auf ein reelles Integral mit begrenztem Integranden zurückgeführt. Nach der Integration muß der Grenzübergang $\alpha\to0$ durchgeführt werden, um das Ergebnis von der Hilfsgröße α wieder zu befreien.

Bei der Allgemeinen Spektraltransformation muß man unterscheiden, ob eine *Zeitverschiebung* in positiver oder negativer Zeitrichtung vorgenommen wird. Es gilt mit $t_0>0$

$$u(t-t_0)\circ\!\!-\!\!\!-\!\!\!-\!\!\bullet\,U(p,q)\mathrm{e}^{-pt_0}\,,$$

$$u(t+t_0)\circ\!\!-\!\!\!-\!\!\!-\!\!\bullet\,U(p,q)\mathrm{e}^{+qt_0}\,.$$

Das neuentstandene Spektrum für die verschobene Zeitfunktion kann man mit Hilfe des Zerlegungssatzes (vgl. Abschnitt 4.10) wieder in die beiden Anteile $U_+(p)$ und $U_-(q)$ aufspalten.

4.8 Differentiationssatz

Gilt $u(t)\circ\!\!-\!\!\overset{F}{-\!\!-\!\!-}\!\!\bullet\, U(f)$, so gilt auch

$$\frac{\mathrm{d}u(t)}{\mathrm{d}t}\circ\!\!-\!\!\overset{F}{-\!\!-\!\!-}\!\!\bullet\, U(f)\mathrm{j}2\pi f, \tag{4.11a}$$

$$-tu(t)\circ\!\!-\!\!\overset{F}{-\!\!-\!\!-}\!\!\bullet\,\frac{1}{\mathrm{j}2\pi}\frac{\mathrm{d}U(f)}{\mathrm{d}f}. \tag{4.11b}$$

Dieser Satz ist auch mehrfach anwendbar:

$$\frac{\mathrm{d}^n u(t)}{\mathrm{d}t^n}\circ\!\!-\!\!\overset{F}{-\!\!-\!\!-}\!\!\bullet\, U(f)(\mathrm{j}2\pi f)^n,\qquad (-1)^n t^n u(t)\circ\!\!-\!\!\overset{F}{-\!\!-\!\!-}\!\!\bullet\,\frac{1}{(\mathrm{j}2\pi)^n}\frac{\mathrm{d}^n U(f)}{\mathrm{d}f^n}.$$

Beweis: Wir betrachten das Fourier-Integral

$$u(t)=\int\limits_{-\infty}^{+\infty} U(f)\mathrm{e}^{\mathrm{j}2\pi ft}\mathrm{d}f$$

und differenzieren die Zeitfunktion, wobei nur der vom Parameter t abhängige Faktor $\mathrm{e}^{\mathrm{j}2\pi ft}$ unter dem Integral differenziert wird.

$$\frac{\mathrm{d}u}{\mathrm{d}t}=\int\limits_{-\infty}^{+\infty} U(f)\mathrm{j}2\pi f\mathrm{e}^{\mathrm{j}2\pi ft}\mathrm{d}f.$$

Bei dem nun erhaltenen Fourier-Integral ist das Spektrum durch $U(f)\mathrm{j}2\pi f$ gegeben, was zu beweisen war.

Bedeutung: Der Differentiationssatz in der ersten Form dient dazu, eine Differentialgleichung nach der Zeit in den Spektralbereich zu transformieren. Ein ganz einfaches Beispiel ist die Differentialgleichung für eine Kapazität

$$i(t)=C\frac{\mathrm{d}u}{\mathrm{d}t}.$$

Im Spektralbereich gilt daher

$$I(f)=CU(f)\mathrm{j}2\pi f=\mathrm{j}\omega CU(f).$$

Dies entspricht der komplexen Rechnung, nach der für den Strom I und die Spannung U der Kapazität $I=\mathrm{j}\omega CU$ gilt.

Auch in der zweiten Form ist der Differentiationssatz interessant, weil er für die Herleitung neuer Korrespondenzen verwendet werden kann.

So gilt beispielsweise für den symmetrischen Einheitssprung

$$\frac{1}{\mathrm{j}\omega}\bullet\!\!-\!\!\overset{F}{-\!\!-\!\!-}\!\!\circ\,\frac{1}{2}\mathrm{sgn}(t),$$

woraus durch n-fache Differentiation des Spektrums folgt

$$\frac{1}{(\mathrm{j}\omega)^{n+1}}\bullet\!\!-\!\!\overset{F}{-\!\!-\!\!-}\!\!\circ\,\frac{t^n}{n!}\frac{1}{2}\mathrm{sgn}(t).$$

(Über die Anwendung der Fourier-Transformation bei mehrfachem Pol vgl. Abschnitt 2.2d.)

Ebenso läßt sich die zu den n-fachen Ableitungen der Spektrallinie (Dirac-Impuls) gehörende Zeitfunktion ermitteln [vgl. (2.26)]:

$$2\pi\delta(\omega)\bullet\!\!-\!\!\overset{F}{\rule{3em}{0.4pt}}\!\!-\!\!\circ 1\,,\qquad 2\pi j^n\delta^{(n)}(\omega)\bullet\!\!-\!\!\overset{F}{\rule{3em}{0.4pt}}\!\!-\!\!\circ t^n\,.$$

Des weiteren führt der Differentiationssatz zum sogenannten *Momentensatz*, der die Ableitungen der einen Funktion im Nullpunkt mit den Momenten der korrespondierenden Funktion verknüpft. Für die n-fachen Momente der Zeitfunktion (m_n) und der Spektralfunktion (M_n) gilt

$$m_n = \int\limits_{-\infty}^{+\infty} t^n u(t)\,\mathrm{d}t = \left(\frac{-1}{j2\pi}\right)^n\left[\frac{\mathrm{d}^n U(f)}{\mathrm{d}f^n}\right]_{f=0},$$

$$M_n = \int\limits_{-\infty}^{+\infty} f^n U(f)\,\mathrm{d}f = \frac{1}{(j2\pi)^n}\left[\frac{\mathrm{d}^n u(t)}{\mathrm{d}t^n}\right]_{t=0}.$$

Dies folgt unmittelbar aus dem Differentiationssatz unter Beachtung der Beziehungen aufgrund des Fourier-Integrals

$$U(0) = \int\limits_{-\infty}^{+\infty} u(t)\,\mathrm{d}t\,,$$

$$u(0) = \int\limits_{-\infty}^{+\infty} U(f)\,\mathrm{d}f\,.$$

Die Momente der Zeitfunktion sind danach durch die Ableitungen des Spektrums im Nullpunkt gegeben; entsprechendes gilt für die Momente der Spektralfunktion. Entwickelt man etwa die Spektralfunktion in eine Potenzreihe mit $\lambda = j2\pi f$

$$U = a_0 + a_1\lambda + a_2\lambda^2 + \dots\,,$$

so sind die Koeffizienten a_n mit der Zeitfunktion wie folgt verknüpft:

$$a_n = \frac{1}{n!}\left[\frac{\mathrm{d}^n U}{\mathrm{d}\lambda^n}\right]_{\lambda=0} = \frac{1}{n!}(-1)^n m_n\,. \tag{4.12}$$

Die Koeffizienten der Potenzreihe der Spektralfunktion sind also durch die Momente der Zeitfunktion bestimmt.

Anmerkung: Bei der Allgemeinen Spektraltransformation müssen bei der zeitlichen Differentiation drei verschiedene Versionen unterschieden werden, je nachdem, ob die Differentiation kausal, akausal oder separat angenommen wird:

$$\left(\frac{\mathrm{d}u(t)}{\mathrm{d}t}\right)_k \circ\!\!-\!\!\rule{3em}{0.4pt}\!\!-\!\!\bullet U(p,q)p \quad \text{(kausale Differentiation)}, \tag{4.13}$$

$$\left(\frac{\mathrm{d}u(t)}{\mathrm{d}t}\right)_a \circ\!\!-\!\!\rule{3em}{0.4pt}\!\!-\!\!\bullet U(p,q)q \quad \text{(akausale Differentiation)}, \tag{4.14}$$

$$\left(\frac{\mathrm{d}u(t)}{\mathrm{d}t}\right)_s \circ\!\!-\!\!\rule{3em}{0.4pt}\!\!-\!\!\bullet U_+(p)p + U_-(q)q \quad \text{(separate Differentiation)}. \tag{4.15}$$

Der Unterschied zwischen der kausalen und der akausalen Differentiation ergibt sich aus dem Übergang vom Differenzenquotienten zum Differentialquotienten. Der Grenzwert

$$\left(\frac{\mathrm{d}u(t)}{\mathrm{d}t}\right)_k = \lim_{\Delta t \to 0} \frac{u(t) - u(t - \Delta t)}{\Delta t} \tag{4.16}$$

bedeutet für positives Δt eine kausale Differentiation, weil das Ergebnis dieser Operation vom Wert $u(t)$ und einem zeitlich *früheren* (vergangenen) Wert $u(t - \Delta t)$ gewonnen wurde. Dagegen ist die Differentiation

$$\left(\frac{\mathrm{d}u(t)}{\mathrm{d}t}\right)_a = \lim_{\Delta t \to 0} \frac{u(t + \Delta t) - u(t)}{\Delta t} \tag{4.17}$$

akausal, weil das Ergebnis von dem zeitlich *späteren* (zukünftigen) Wert $u(t + \Delta t)$ abhängt.

Durch Transformation von (4.16) in den Spektralbereich (unter Anwendung des Verschiebungssatzes) erhält man für das Spektrum bei der kausalen Differentiation

$$U_k(p, q) = \lim_{\Delta t \to 0} \frac{1}{\Delta t}(U(p, q) - U(p, q)\mathrm{e}^{-p\Delta t}) = U(p, q) \lim_{\Delta t \to 0} \frac{1 - \mathrm{e}^{-p\Delta t}}{\Delta t} = U(p, q)p.$$

Dagegen gilt für das Spektrum der akausalen Differentiation entsprechend

$$U_a(p, q) = \lim_{\Delta t \to 0} \frac{1}{\Delta t}(U(p, q)\mathrm{e}^{+q\Delta t} - U(p, q)) = U(p, q) \lim_{\Delta t \to 0} \frac{\mathrm{e}^{q\Delta t} - 1}{\Delta t} = U(p, q)q.$$

[Würde man den Differentialoperator symmetrisch ansetzen, so wie er ursprünglich von Newton definiert wurde, so würde man für den spektralen Faktor $(p + q)/2$ erhalten.]

Hinsichtlich der Realisierbarkeit ist zu bemerken, daß für die zeitliche Differentiation bei realisierbaren Systemen nur der kausale Operator in Frage kommt, was aufgrund des Kausalitätsgesetzes einleuchtet. Danach darf der Differentialoperator nur vergangene und nicht zukünftige Funktionswerte benutzen; im Spektrum bedeutet dies eine Multiplikation mit p.

In der Anwendung auf zeitliche Differentialgleichungen (vgl. Abschnitt 9) besagt dies, daß die Differentialgleichung durch eine realisierbare Differenzengleichung approximierbar sein muß. [Hierzu ist der Differentialquotient aus dem kausalen Differenzenquotienten nach (4.16) zu bilden.] Dies hat wiederum zur Folge, daß die Systemfunktion eines realisierbaren Systems nur eine Funktion von p (und nicht von q) ist, und daß dessen Impulsantwort kausal ist (vgl. Abschnitt 3.2). Ersetzt man aber die Zeit t z. B. durch den Ort x, so sind beide Formen der Differentiation realisierbar. Die Systemfunktion ist dann im allgemeinen eine Funktion von p und q, und die Impulsantwort kann im gesamten Ortsbereich auftreten[1].

Die separate Differentiation ergibt sich dadurch, daß man den Zeitbereich auftrennt (wie dies die Allgemeine Spektraltransformation vorsieht) und für $t > 0$

---

[1] In der „Systemtheorie der homogenen Schichten" (veröffentlicht in Kybernetik 5, S. 221–240), die man auch als mehrdimensionale Systemtheorie bezeichnen kann, werden solche Systeme beschrieben.

kausal, dagegen für $t<0$ akausal differenziert. Dadurch werden die beiden Spektralanteile getrennt behandelt, und man kann die Anfangswerte berücksichtigen. Setzt man nämlich

$$u(t) = u_+(t) + u_-(t),$$

so erhält man

$$\left(\frac{du(t)}{dt}\right)_s = \left(\frac{du_+(t)}{dt}\right)_k + u_+(+0)\delta(t) + \left(\frac{du_-(t)}{dt}\right)_a - u_-(-0)\delta(t)$$

$$U(p,q) = U_+(p)p + U_-(q)q. \tag{4.18}$$

Hierbei gilt jetzt die kausale Differentiation $(du_+(t)/dt)_k$ nur für $t>0$ und der rechtsseitige Anfangswert $u_+(+0)$ führt auf den Dirac-Impuls $u_+(+0)\delta(t)$. Ganz entsprechend gilt die akausale Differentiation $(du_-(t)/dt)_a$ nur für $t<0$, wobei der linksseitige Anfangswert $u_-(-0)$ durch den Dirac-Impuls $u_-(-0)\delta(t)$ berücksichtigt ist. (4.18) läßt sich in die für die Zeitbereiche $t>0$ und $t<0$ geltenden Korrespondenzen aufspalten:

$$\left(\frac{du_+(t)}{dt}\right)_k + u_+(+0)\delta(t) \circ\!\!-\!\!-\!\!-\!\!\bullet\, U_+(p)p \quad \text{für} \quad t>0, \tag{4.19a}$$

$$\left(\frac{du_-(t)}{dt}\right)_a - u_-(-0)\delta(t) \circ\!\!-\!\!-\!\!-\!\!\bullet\, U_-(q)q \quad \text{für} \quad t<0. \tag{4.19b}$$

Durch Transformation des zweiten Terms auf die rechte Seite erhält man schließlich

$$\left(\frac{du_+(t)}{dt}\right)_k \circ\!\!-\!\!-\!\!-\!\!\bullet\, U_+(p)p - u_+(+0) \quad \text{für} \quad t>0, \tag{4.19c}$$

$$\left(\frac{du_-(t)}{dt}\right)_a \circ\!\!-\!\!-\!\!-\!\!\bullet\, U_-(q)q + u_-(-0) \quad \text{für} \quad t<0. \tag{4.19d}$$

Die erste Gleichung ist der Differentiationssatz der Laplace-Transformation. Für mehrfache Differentiation erhält man in der Schreibweise der Laplace-Transformation

$$\frac{d^n u(t)}{dt^n} \circ\!\!-\!\!\overset{L}{-}\!\!-\!\!\bullet\, U_L(p)p^n - u(+0)p^{n-1} - \frac{du(+0)}{dt}p^{n-2} - \ldots - \frac{d^{n-1}u(+0)}{dt^{n-1}}. \tag{4.19e}$$

Diese Beziehung enthält die Anfangswerte von $u(t)$ bis zu den $(n-1)$-fachen zeitlichen Ableitungen für $t \to +0$.

Die Unterscheidung der drei Differentiationstypen ist nur dann notwendig, wenn eine Umkehr (z.B. die Integration von Differentialgleichungen) beabsichtigt ist, weil hierbei im Spektralbereich der reziproke Wert des korrespondierenden Faktors p bzw. q verwendet wird. Im Nenner des Spektrums wirkt sich dann der Unterschied des Faktors p oder q aus, während er im Zähler bei der Rücktransformation belanglos wäre.

Im folgenden Abschnitt wird gezeigt, daß für die Umkehrung der Differentiation im kausalen Fall in positiver Zeitrichtung und im akausalen Fall in negativer Zeitrichtung zu integrieren ist.

Aus (4.19c) und (4.19d) erhält man weiterhin die sogenannten *Grenzwertsätze*. Hierbei muß vorausgesetzt werden, daß $u(t)$ für $t=0$ keinen Dirac-Impuls und auch keine Distributionen höherer Ordnung aufweist. Es gelten dann die *Anfangswertsätze*

$$u_+(+0)=\lim_{\mathrm{Re}\,p\to\infty}(pU_+(p)), \qquad u_-(-0)=\lim_{\mathrm{Re}\,q\to-\infty}(-qU_-(q))$$

sowie die *Endwertsätze*

$$u_+(\infty)=\lim_{p\to0}(pU_+(p)), \qquad u_-(-\infty)=\lim_{q\to0}(-qU_-(q)).$$

Diese Sätze werden für die Korrespondenz $u_+(t)\circ\!\!-\!\!-\!\!-\!\!\bullet\,U_+(p)$ im folgenden bewiesen. Aufgrund des Differentiationssatzes (4.19c) gilt

$$\int\limits_0^\infty \frac{\mathrm{d}u_+(t)}{\mathrm{d}t}\,\mathrm{e}^{-pt}\mathrm{d}t=pU_+(p)-u_+(+0).$$

Für $\mathrm{Re}\,p\to\infty$ verschwindet das linke Integral, womit der erste Anfangswertsatz bewiesen ist. Der erste Endwertsatz ergibt sich, wenn man in der obigen Gleichung den Grenzübergang $p\to0$ durchführt. Man erhält dann

$$\int\limits_0^\infty \mathrm{d}u_+(t)=u_+(\infty)-u_+(+0)=\lim_{p\to0}pU_+(p)-u_+(+0).$$

Ganz entsprechend sind die beiden anderen Sätze zu beweisen.

Mit Hilfe des Allgemeinen Spektrums erhält man somit durch einfache Grenzübergänge die rechtsseitigen bzw. linksseitigen Anfangs- oder Endwerte der Zeitfunktion.

Der spektrale Differentiationssatz lautet bei der Allgemeinen Spektraltransformation

$$-tu(t)\circ\!\!-\!\!-\!\!-\!\!\bullet\,\frac{\mathrm{d}U_+(p)}{\mathrm{d}p}+\frac{\mathrm{d}U_-(q)}{\mathrm{d}q}. \tag{4.20}$$

Sind die beiden Spektralanteile $U_+(p)$ und $U_-(q)$ nicht von vornherein verfügbar, so kann man sie aus dem Spektrum $U(p,q)$ mit Hilfe des Zerlegungssatzes erhalten (vgl. Abschnitt 4.10).

4.9 Integrationssatz

Gilt $u(t)\circ\!\!-\!\!\!\overset{F}{-}\!\!-\!\!\bullet\,U(f)$, so gilt auch

$$\int\limits_{-\infty}^t u(t)\mathrm{d}t\,\circ\!\!-\!\!\!\overset{F}{-}\!\!-\!\!\bullet\,U(f)\left(\frac{1}{\mathrm{j}2\pi f}+\frac{1}{2}\delta(f)\right), \tag{4.21a}$$

$$u(t)\left(-\frac{1}{\mathrm{j}2\pi t}+\frac{1}{2}\delta(t)\right)\circ\!\!-\!\!\!\overset{F}{-}\!\!-\!\!\bullet\,\int\limits_{-\infty}^f U(f)\mathrm{d}f. \tag{4.21b}$$

In der ersten Form tritt das Spektrum des Einheitssprunges als Faktor auf. Die zweite Form ergibt sich aus der ersten aufgrund der Symmetrie der Fourier-Transformation.

Die zweiten Glieder der Klammerausdrücke in (4.21a, b) lassen sich auch wie folgt schreiben:

$$\frac{1}{2}U(f)\delta(f) = \frac{1}{2}U(0)\delta(f)$$

bzw.

$$\frac{1}{2}u(t)\delta(t) = \frac{1}{2}u(0)\delta(t) = \frac{1}{4}(u(+0) + u(-0))\delta(t).$$

Dies ergibt sich aus den Eigenschaften des Dirac-Impulses.

Beweis: Wir setzen zum Beweis der ersten Form (4.21a) das Fourier-Integral (wobei wir t durch x ersetzen)

$$u(x) = \int\limits_{-\infty}^{+\infty} U(f)e^{j2\pi f x}\,df$$

an und bilden das bestimmte Integral

$$\int\limits_{-\infty}^{t} u(x)dx = \int\limits_{x=-\infty}^{t} \int\limits_{f=-\infty}^{+\infty} U(f)e^{j2\pi f x}\,df\,dx.$$

Durch Vertauschen der Integrale folgt

$$\int\limits_{-\infty}^{t} u(x)dx = \int\limits_{f=-\infty}^{+\infty} U(f) \int\limits_{x=-\infty}^{t} e^{j2\pi f x}\,dx\,df.$$

Zur Auswertung des inneren Integrals I über x substituieren wir rein formal $p = j2\pi f$ und erhalten hierfür

$$I = \int\limits_{-\infty}^{t} e^{px}\,dx.$$

Dieses Integral konvergiert für die untere Grenze nur unter der Annahme $\operatorname{Re}p > 0$, womit sich

$$I = \frac{e^{pt}}{p} \quad \text{für} \quad \operatorname{Re}p > 0$$

ergibt. Da für die Spektralfunktion im Sinne der Fourier-Transformation nur reelle Frequenzen f zugelassen sind, muß nun die komplexe Erweiterung von p durch einen Grenzübergang $\operatorname{Re}p \to 0$ wieder rückgängig gemacht werden. Der bei der Integration entstandene p-Pol führt dabei auf eine Distribution [vgl. (1.48) bis (1.50)] und wir erhalten

$$\int\limits_{-\infty}^{t} u(x)dx = \int\limits_{-\infty}^{+\infty} U(f)\left(\frac{1}{j2\pi f} + \frac{1}{2}\delta(f)\right)e^{j2\pi f t}\,df,$$

womit (4.12a) bewiesen ist.

Bedeutung: Integrierende Schaltungen sind die Speicherelemente Induktivität und Kapazität. So gilt z. B. bei der Induktivität, wenn die Spannung als Ursache eingeprägt ist,

$$i(t) = \frac{1}{L} \int\limits_{-\infty}^{t} u(t)\mathrm{d}t \,.$$

In den Spektralbereich übersetzt gilt aufgrund des Integrationssatzes

$$I(f) = \frac{U(f)}{Lj2\pi f} + \frac{1}{2}\frac{U(0)}{L}\delta(f)\,.$$

Das erste Glied ist der Wechselstromanteil und entspricht dem Ansatz der komplexen Rechnung $I = U/(j\omega L)$; das zweite Glied ist der Gleichstromanteil, der durch die Integration entsteht.

Anmerkung: Bei der Allgemeinen Spektraltransformation gelten ebenfalls drei Versionen für den zeitlichen Integrationssatz:

$$\int\limits_{-\infty}^{t} u(t)\mathrm{d}t\,\circ\!\!-\!\!\!-\!\!\bullet\, U(p,q)\frac{1}{p} \quad \text{(kausale Integration)}, \tag{4.22}$$

$$\int\limits_{+\infty}^{t} u(t)\mathrm{d}t\,\circ\!\!-\!\!\!-\!\!\bullet\, U(p,q)\frac{1}{q} \quad \text{(akausale Integration)}, \tag{4.23}$$

$$\int\limits_{0}^{t} u(t)\mathrm{d}t\,\circ\!\!-\!\!\!-\!\!\bullet\, \frac{U_{+}(p)}{p} + \frac{U_{-}(q)}{q} \quad \text{(separate Integration)}. \tag{4.24}$$

Die kausale Form entspricht dem Integrationssatz der Fourier-Transformation. Diese Integration geht in positiver Zeitrichtung. Bei der akausalen Integration muß die Zeitrichtung umgekehrt werden. Die separate Integration geht vom Nullpunkt als Anfangswert aus; sie ist im Hinblick auf die Zeitrichtung für $t > 0$ kausal und für $t < 0$ akausal. Die Korrespondenzen von Bild 2.4 sind ein Beispiel für die Anwendung der separaten Integration. Anzumerken ist noch, daß für die bestimmten Integrale

$$\int\limits_{0}^{\infty} u(t)\mathrm{d}t = U_{+}(0)\,, \tag{4.25a}$$

$$\int\limits_{-\infty}^{0} u(t)\mathrm{d}t = U_{-}(0) \tag{4.25b}$$

und daher auch

$$\int\limits_{-\infty}^{+\infty} u(t)\mathrm{d}t = U(0,0) \tag{4.25c}$$

gilt. Für den Fall, daß diese Integrale unendlich werden, ist nur die separate Integration durchführbar.

Bei der Laplace-Transformation sind die kausale und die separate Integration identisch:

$$\int\limits_{-\infty}^{t} u(t)\mathrm{d}t = \int\limits_{0}^{t} u(t)\mathrm{d}t\,\circ\!\!-\!\!\!-\!\!\bullet\, \frac{U_{\mathrm{L}}(p)}{p}\,.$$

Für die akausale Integration erhält man mit dem bestimmten Integral (4.25a)

$$\int\limits_{+\infty}^{t} u(t)\mathrm{d}t \;\circ\!\!-\!\!-\!\!\bullet\; \frac{U_L(p)-U_L(0)}{p} \qquad (t>0).$$

Für die spektrale Integration gilt bei der Allgemeinen Spektraltransformation

$$\frac{u(t)}{(-t)} \;\circ\!\!-\!\!-\!\!\bullet\; \int\limits_{\infty}^{p} U_{+}(p)\mathrm{d}p + \int\limits_{-\infty}^{q} U_{-}(q)\mathrm{d}q. \tag{4.26}$$

Hier wird wieder eine Zerlegung des Spektrums vorausgesetzt.

4.10 Faltungssatz

Der Faltungssatz ist das wichtigste Gesetz der Fourier-Transformation. Er bezieht sich auf das Produkt zweier Zeitfunktionen bzw. zweier Spektralfunktionen. Gilt

$$u_1(t) \;\circ\!\!-\!\!\overset{F}{-}\!\!-\!\!\bullet\; U_1(f) \quad \text{und} \quad u_2(t) \;\circ\!\!-\!\!\overset{F}{-}\!\!-\!\!\bullet\; U_2(f),$$

so gilt auch

$$u_1(t) * u_2(t) = \int\limits_{-\infty}^{+\infty} u_1(x)u_2(t-x)\mathrm{d}x \;\circ\!\!-\!\!\overset{F}{-}\!\!-\!\!\bullet\; U_1(f)U_2(f), \tag{4.27a}$$

$$u_1(t)u_2(t) \;\circ\!\!-\!\!\overset{F}{-}\!\!-\!\!\bullet\; U_1(f) * U_2(f) = \int\limits_{-\infty}^{+\infty} U_1(x)U_2(f-x)\mathrm{d}x. \tag{4.27b}$$

Hierbei bedeutet das Zeichen * das Symbol für die „Faltung", die durch das angegebene Integral definiert ist. Danach lautet der Faltungssatz in Worten: Dem Produkt zweier Zeitfunktionen entspricht eine Faltung der zugehörigen Spektralfunktionen. Und: Dem Produkt zweier Spektralfunktionen entspricht die Faltung der zugehörigen Zeitfunktionen.

Beweis: Wir beweisen die erste Version und setzen hierzu die Fourier-Integrale für die Spektralfunktionen an, wobei die Integrationsvariable t durch x bzw. y ersetzt wird:

$$U_1(f) = \int\limits_{-\infty}^{+\infty} u_1(x)\mathrm{e}^{-\mathrm{j}2\pi f x}\mathrm{d}x, \qquad U_2(f) = \int\limits_{-\infty}^{+\infty} u_2(y)\mathrm{e}^{-\mathrm{j}2\pi f y}\mathrm{d}y.$$

Bilden wir das Produkt der Spektralfunktionen, so folgt

$$U_1(f)U_2(f) = \int\limits_{y=-\infty}^{+\infty} \int\limits_{x=-\infty}^{+\infty} u_1(x)u_2(y)\mathrm{e}^{-\mathrm{j}2\pi f(x+y)}\mathrm{d}x\mathrm{d}y.$$

Für die Integration über y wollen wir jetzt y ersetzen durch

$$y = t - x, \qquad \mathrm{d}y = \mathrm{d}t$$

und erhalten

$$U_1(f)U_2(f) = \int\limits_{t=-\infty}^{+\infty} \int\limits_{x=-\infty}^{+\infty} u_1(x)u_2(t-x)\mathrm{e}^{-\mathrm{j}2\pi f t}\mathrm{d}x\mathrm{d}t.$$

Da der Exponentialfaktor von x unabhängig ist, kann man ihn aus dem inneren Integral herausziehen. Man bekommt damit ein inneres Integral über die Variable x (für feste Werte von t) und ein äußeres Integral über die Variable t:

$$U_1(f)U_2(f) = \int\limits_{t=-\infty}^{+\infty} \int\limits_{x=-\infty}^{+\infty} u_1(x)u_2(t-x)\mathrm{d}x\, \mathrm{e}^{-\mathrm{i}2\pi ft}\mathrm{d}t.$$

Das äußere Integral ist ein Fourier-Integral über die Zeitfunktion, die durch das innere Integral gegeben ist. Daraus folgt

$$u_1(t) * u_2(t) = \int\limits_{x=-\infty}^{+\infty} u_1(x)u_2(t-x)\mathrm{d}x,$$

was zu beweisen war.

Anzumerken ist, daß die Faltungsoperation kommutativ ist, das heißt, daß die Reihenfolge der Faktoren vertauschbar ist, wie dies auch beim normalen Produkt der Fall ist.

Bedeutung: Der Faltungssatz liefert in der ersten Version das Fundamentalgesetz für die zeitliche Operation linearer zeitinvarianter Systeme. In der zweiten Version liefert er ein ähnlich wichtiges Gesetz für die Spektren des idealen Modulators. Beides wird im folgenden besprochen.

a) Bedeutung des Faltungssatzes für lineare zeitinvariante Systeme

Da das Ausgangsspektrum beim linearen zeitinvarianten System das Produkt von Eingangsspektrum und Systemfunktion ist, folgt, daß die Ausgangszeitfunktion das Faltungsprodukt von Eingangszeitfunktion und Impulsantwort ist. Diese Verhältnisse veranschaulicht Bild 4.6. Der Faltungssatz ermöglicht es damit, die Ausgangszeitfunktion $u_2(t)$ direkt, d. h. ohne Fourier-Transformation aus der Eingangszeitfunktion $u_1(t)$ zu berechnen. Die durchzuführende Operation ist die Faltung von $u_1(t)$ mit der Impulsantwort $s(t)$. Da die Reihenfolge der Faktoren beim Produkt der Spektralfunktionen gleichgültig ist (die Multiplikation ist kommutativ), läßt sich der Faltungssatz in zwei Arten schreiben:

$$u_2(t) = \int\limits_{-\infty/0}^{+\infty} s(x)u_1(t-x)\mathrm{d}x, \tag{4.28}$$

$$u_2(t) = \int\limits_{-\infty}^{+\infty/t} s(t-x)u_1(x)\mathrm{d}x. \tag{4.29}$$

Gehorcht $s(t)$ dem zeitlichen Kausalitätsgesetz (Realisierbarkeitsbedingung), so kann wegen $s(t)=0$ für $t<0$ bei der ersten Version die untere Grenze gleich 0 und bei der zweiten Version die obere Grenze gleich t gesetzt werden.

In der ersten Schreibweise nach (4.28) läßt sich der Faltungssatz gemäß Bild 4.7 wie folgt deuten: Die Eingangszeitfunktion $u_1(t)$ werde in kurze Impulse der Dauer $\mathrm{d}x$ zerlegt. Dann muß sich die Ausgangsfunktion $u_2(t)$ durch Überlagerung der von den einzelnen Eingangsimpulsen herrührenden Impulsantworten berechnen lassen.

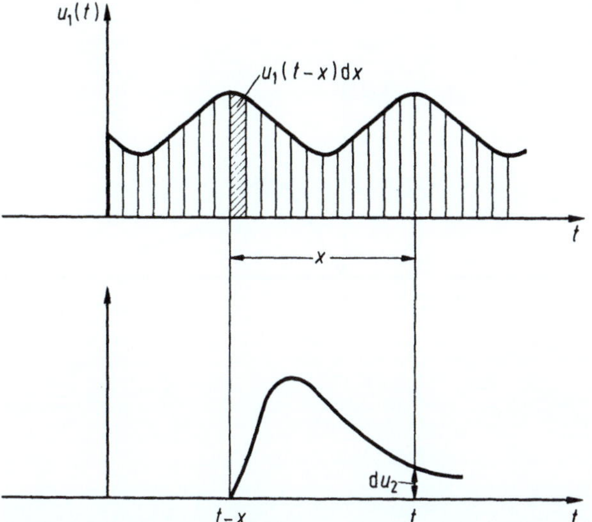

Bild 4.6. Rechenregeln für lineare zeitinvariante Systeme

Bild 4.7. Deutung des Faltungssatzes durch Zerlegung der Eingangszeitfunktion in Impulse und Überlagerung der Impulsantworten

Bei einem festgehaltenen Zeitpunkt t liefert ein im Abstand x davor liegender Eingangsimpuls den Beitrag

$$\mathrm{d}u_2(t) = s(x)u_1(t-x)\mathrm{d}x.$$

Dabei ist $u_1(t-x)\mathrm{d}x$ das Impulsintegral des betrachteten Eingangsimpulses. Durch Aufsummieren (Integration) aller Beiträge ergibt sich $u_2(t)$ zu

$$u_2(t) = \int\limits_{-\infty/0}^{+\infty} s(x)u_1(t-x)\mathrm{d}x.$$

Gilt das zeitliche Kausalitätsgesetz, so liefern alle vor dem Zeitpunkt t liegenden Anteile von u_1 einen Beitrag, wie Bild 4.7 dies zeigt.

Der Faltungssatz hat damit eine ähnliche Bedeutung wie das Fourier-Integral selbst. Das Fourier-Integral stellt die Zeitfunktion durch eine Reihe harmonischer Schwingungen dar. Demgegenüber benutzt der Faltungssatz eine Zeitreihe von Impulsantworten. In der zweiten Schreibweise von (4.29) sei der Faltungssatz mit Hilfe von Bild 4.8 interpretiert, das den Vorgang der Lösung des Faltungsintegrals etwa mit Hilfe einer graphischen Integration veranschaulichen soll. Hierzu muß man nacheinander folgende Schritte durchführen:

1. Auftragen von $u_1(x)$ (Bild 4.8a).

2. Auftragen von $s(t-x)$ (Bild 4.8b). (Hierbei ist $s(x)$ an der Ordinate zu spiegeln, wobei $s(-x)$ entsteht, und um t nach rechts zu verschieben, wobei $s(t-x)$ entsteht.)

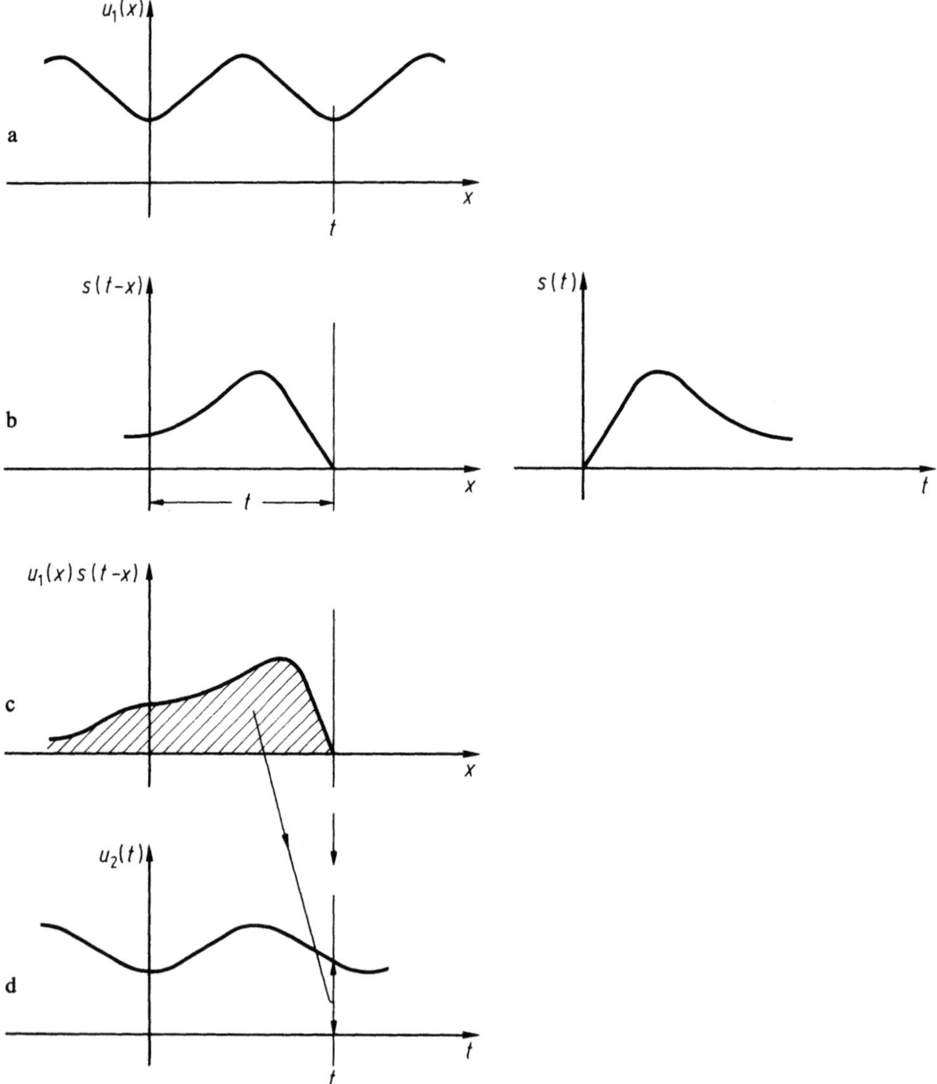

Bild 4.8. Deutung des Faltungssatzes mit $s(t)$ als Bewertungsfunktion, gemäß $u_2(t) = \int\limits_{-\infty}^{+\infty} u_1(x)s(t-x)dx$

3. Multiplikation beider Kurven, womit sich $u_1(x)s(t-x)$ ergibt (Bild 4.8c).

4. Integration dieser Kurve (Bildung der Fläche nach Bild 4.8c) sowie Auftragen des Integralwertes als Funktionswert von u_2 für den Zeitpunkt t (Bild 4.8d). Diese Operation gilt für einen festgehaltenen Zeitpunkt t. Dabei tritt offensichtlich $s(t)$ als „Bewertungsfunktion" auf. Bei kausalen Impulsantworten (wie dies in Bild 4.8 angenommen wurde), werden die vor t liegenden Werte von u_1 mit $s(t)$ „bewertet", d. h. multipliziert und aufintegriert. Wenn sich nun t verändert, wird sozusagen die Bewertungsfunktion $s(t-x)$ über $u_1(x)$ hinweggeschoben und bewertet jeweils die entsprechenden Teile von u_1. Dieses ist die zeitliche Operation eines linearen Systems auf die Eingangsfunktion.

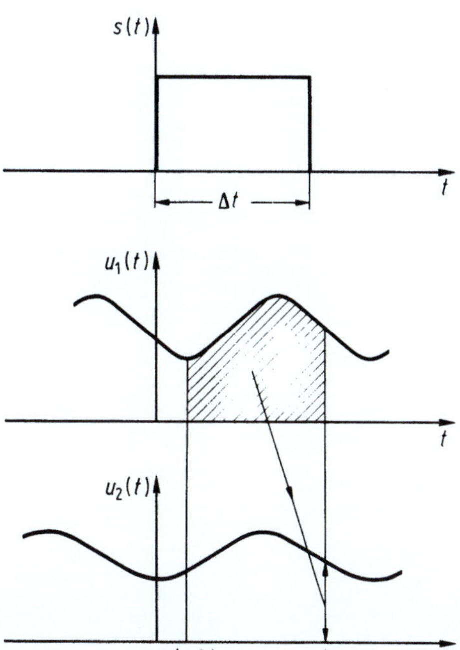

Bild 4.9. Faltung mit einer rechteckförmigen Impulsantwort

Besonders anschaulich wird diese Deutung, wenn $s(t)$ durch ein Rechteck der Dauer Δt gemäß Bild 4.9 angenähert wird. Dann gilt nach (4.29)

$$u_2(t) = \int\limits_{t-\Delta t}^{t} u_1(x)\mathrm{d}x\,.$$

In diesem Fall wird die Eingangsfunktion im Abschnitt Δt vor dem Zeitpunkt t integriert.

Ein anderes einfaches Beispiel ist in Bild 4.10 gezeigt. Hier handelt es sich um eine Laufzeitkette mit der Laufzeit t_0. Die Impulsantwort ist daher ein Dirac-Impuls im Zeitpunkt t_0 mit dem Impulsintegral 1. Wie Bild 4.10 zeigt, ist die Faltung mit einem Dirac-Impuls besonders einfach, da nur die Stelle der Eingangszeitfunktion zur Wirkung kommt, die mit dem Dirac-Impuls zusammenfällt. Das Faltungsprodukt ist daher das um t_0 verschobene Abbild der Eingangszeitfunktion. Dies erhält man auch formal mit $s(t) = \delta(t - t_0)$. Es wird damit

$$u_2(t) = \int\limits_{-\infty}^{+\infty} u_1(x)\delta(t - x - t_0)\mathrm{d}x\,.$$

Das Integral liefert gemäß der Definition des Dirac-Impulses (vgl. Abschnitt 10.1) nur für $x = t - t_0$ einen Beitrag. Daher gilt in diesem Fall

$$u_2(t) = u_1(t - t_0)\,.$$

Die Faltung mit Dirac-Impulsen ist besonders einfach, weil dabei das Faltungsintegral sofort ohne die Durchführung der Integration auszuwerten ist.

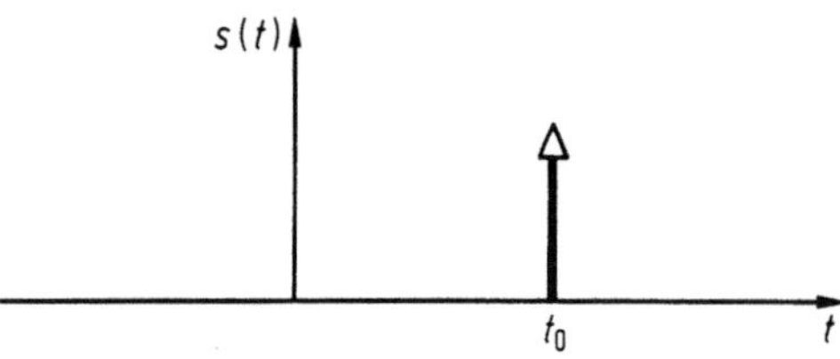

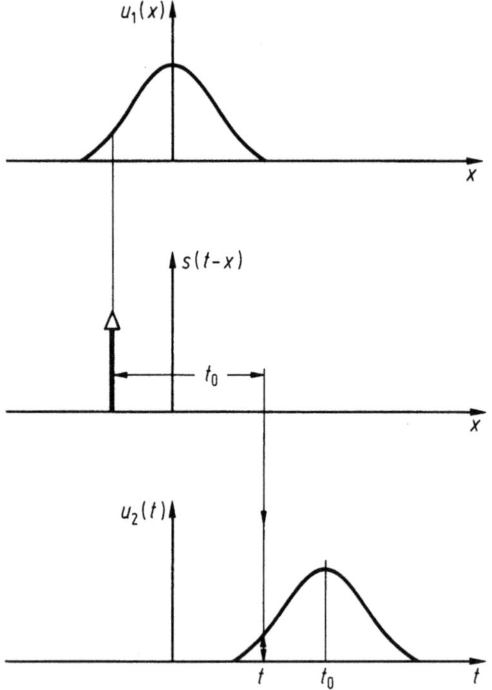

Bild 4.10. Faltung im Fall der Impulsantwort einer Laufzeitkette

Als weiteres Beispiel setzen wir für die Impulsantwort

$$s = \gamma(t)\cos\omega_0 t.$$

Dies ist die Impulsantwort eines ungedämpften Schwingkreises mit der Resonanzfrequenz ω_0. Wir erhalten mit dem Faltungssatz

$$u_2(t) = \int\limits_{-\infty}^{t} u_1(x)\cos\omega_0(t-x)\mathrm{d}x.$$

Durch die obere Integrationsgrenze ist die Bedingung $s(t)=0$ für $t<0$ berücksichtigt. Zerlegt man die cos-Funktion nach der Eulerschen Formel, so folgt

$$u_2(t) = \tfrac{1}{2}\mathrm{e}^{\mathrm{j}\omega_0 t}\int\limits_{-\infty}^{t} u_1(x)\mathrm{e}^{-\mathrm{j}\omega_0 x}\mathrm{d}x + \tfrac{1}{2}\mathrm{e}^{-\mathrm{j}\omega_0 t}\int\limits_{-\infty}^{t} u_1(x)\mathrm{e}^{+\mathrm{j}\omega_0 x}\mathrm{d}x.$$

Für $t\to\infty$ gehen die Integrale in Fourier-Integrale über, so daß

$$u_2(t) = \tfrac{1}{2}\mathrm{e}^{\mathrm{j}\omega_0 t}U(\omega_0) + \tfrac{1}{2}\mathrm{e}^{-\mathrm{j}\omega_0 t}U(-\omega_0)$$

folgt. Das heißt aber, daß ein ungedämpfter Schwingkreis genau die Operation des Fourier-Integrals durchführt, wenn der stationäre Zustand $(t \to \infty)$ betrachtet wird. Er filtert aus dem Eingangssignal die Spektralkomponenten $U(+\omega_0)$ und $U(-\omega_0)$ heraus, die als komplexe Amplituden der Exponentialschwingungen $(1/2)e^{j\omega_0 t}$ und $(1/2)e^{-j\omega_0 t}$ erscheinen.

b) Bedeutung des Faltungssatzes für den idealen Modulator

Ein idealer Modulator sei im Rahmen dieser Betrachtung als eine Anordnung definiert, die das Produkt zweier Zeitfunktionen bildet. Die eine Zeitfunktion ist die Eingangsfunktion, die andere der Träger. Dieser kann z. B. sin-förmig sein, aber auch eine beliebige Zeitfunktion sein, z. B. eine Rechteckfunktion als Zeittor. Der ideale Modulator gehört zu den linearen Systemen mit zeitlich veränderlichen Parametern. Er ist somit ein lineares, zeitvariantes System. Bild 4.11 zeigt die Operation des idealen Modulators im Zeit- und im Spektralbereich. Danach ist das Modulationsspektrum das Faltungsprodukt von Eingangs- und Trägerspektrum. Wir finden eine vollkommene Analogie zwischen einem idealen Modulator und einem linearen System gemäß Bild 4.6, wobei alle Zeitfunktionen und Spektralfunktionen zu vertauschen sind. Daher wirkt der ideale Modulator in gleicher Weise auf das Eingangsspektrum wie das lineare System auf die Eingangszeitfunktion.

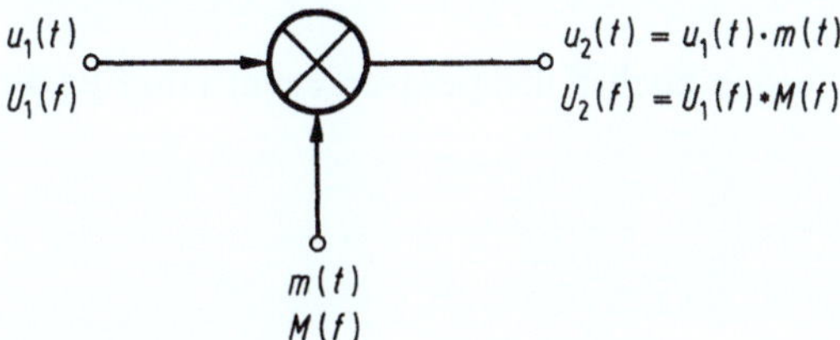

Bild 4.11. Operation des idealen Modulators im Zeitbereich (Multiplikation) und Spektralbereich (Faltung)

Als Beispiel betrachten wir den sin-Modulator nach Bild 4.12. Seine Trägerfunktion sei gegeben durch

$$m(t) = \cos\omega_0 t = \tfrac{1}{2}e^{j\omega_0 t} + \tfrac{1}{2}e^{-j\omega_0 t}, \qquad M(f) = \tfrac{1}{2}\delta(f - f_0) + \tfrac{1}{2}\delta(f + f_0).$$

Das Ausgangsspektrum $U_2(f)$ ergibt sich als Faltungsprodukt

$$U_2(f) = U_1(f) * M(f).$$

Die beiden Dirac-Impulse von $M(f)$ reproduzieren bei der Faltungsoperation $U_1(f)$ an den Stellen $+f_0$ und $-f_0$. Es gilt somit

$$U_2(f) = \tfrac{1}{2}U_1(f - f_0) + \tfrac{1}{2}U_1(f + f_0).$$

Das gleiche Ergebnis erhält man in diesem Fall auch durch Anwendung des Verschiebungssatzes.

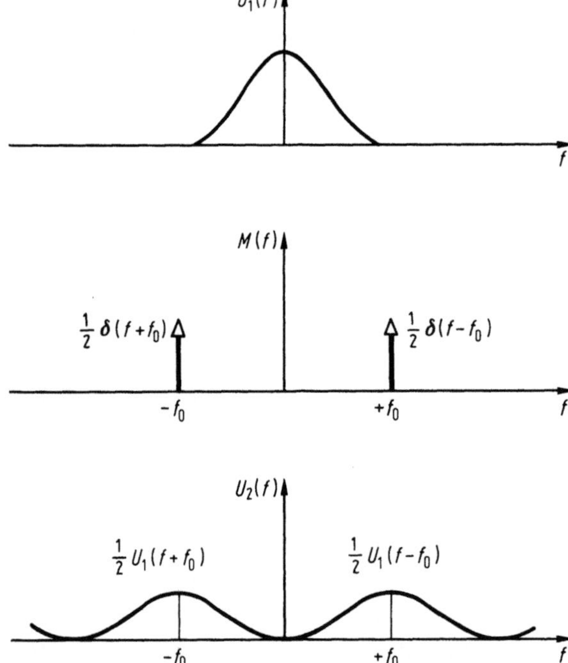

Bild 4.12. Faltung der Spektren im Fall des sin-Modulators

Mit Hilfe der Faltungsoperation lassen sich auch Klirrspektren ermitteln. Für die Zeitfunktionen

$$u_2(t) = u_1^2(t)$$

und

$$u_3(t) = u_1^3(t)$$

gelten die Spektren

$$U_2(f) = U_1(f) * U_1(f)$$

und

$$U_3(f) = U_2(f) * U_1(f) = U_1(f) * U_1(f) * U_1(f).$$

Das Eingangsspektrum ist also mit sich selbst zu falten.
Bild 4.13 zeigt für ein rechteckförmiges Eingangsspektrum die so ermittelten Klirrspektren zweiter und dritter Ordnung. Das Klirrspektrum zweiter Ordnung ist dreiecksförmig, das dritter Ordnung setzt sich aus Parabelbögen zusammen.

Anmerkung: Der Faltungssatz gilt auch für die Allgemeine Spektraltransformation, also symbolisch geschrieben

$$u_1(t)u_2(t) \circ\!\!-\!\!-\!\!\bullet U_1(p,q) * U_2(p,q),$$

$$u_1(t) * u_2(t) \circ\!\!-\!\!-\!\!\bullet U_1(p,q) U_2(p,q).$$

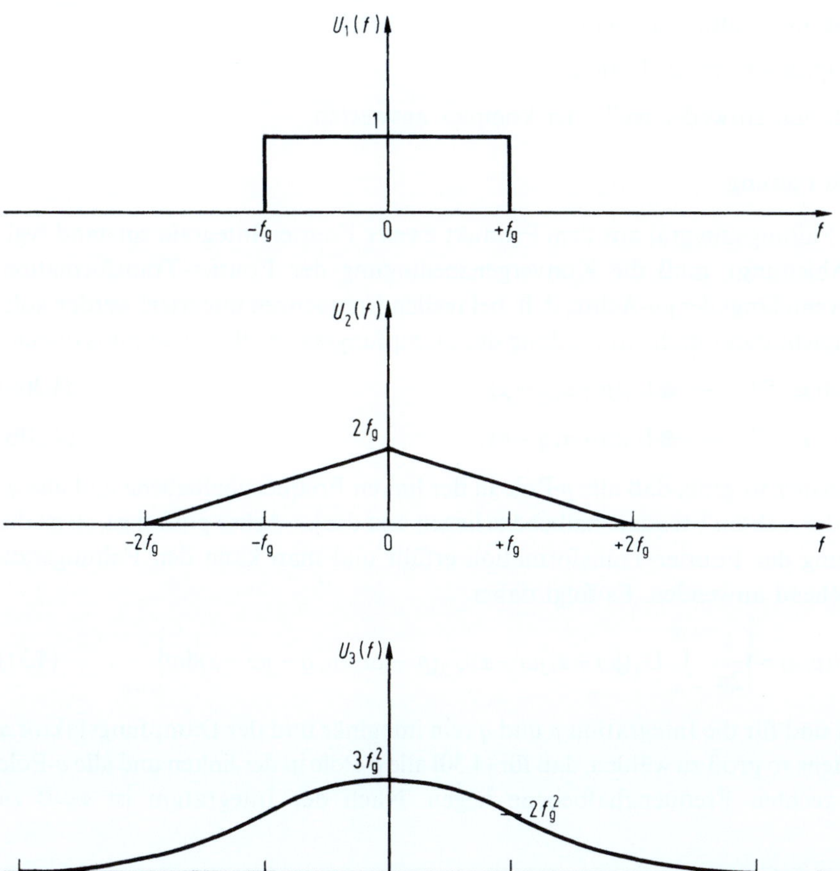

Bild 4.13. Klirrspektrum 2. Ordnung (U_2) und 3. Ordnung (U_3) bei einem rechteckförmigen Eingangsspektrum (U_1)

Jedoch sind hier einige Besonderheiten anzumerken: Wir betrachten zunächst die zeitliche Multiplikation oder die spektrale Faltung. Das Produkt der Zeitfunktionen $u_+(t)$ und $u_-(t)$ ist für alle t eine Nullfunktion, da eine der beiden Zeitfunktionen gemäß ihrer Definition in den Zeitbereichen $t>0$ bzw. $t<0$ jeweils identisch 0 ist. (Im Zeitnullpunkt auftretende Dirac-Impulse müssen bei dieser Betrachtung ausgeschlossen werden, da das Produkt zweier Dirac-Impulse nicht zulässig ist.) Daraus folgt

$$U_+(p) * U_-(q) = 0.$$

Die Faltung eines p-Spektrums mit einem q-Spektrum ergibt also immer 0. Sind nun die beiden Spektren jeweils in ihre Anteile $U_+(p)$ und $U_-(q)$ zerlegt, so gilt

$$u_1(t)u_2(t) \circ\!\!\!-\!\!\!-\!\!\!-\!\!\!\bullet\, U_{1+}(p) * U_{2+}(p) + U_{1-}(q) * U_{2-}(q),$$

da die gemischten Faltungsprodukte verschwinden.

Das spektrale Faltungsintegral

$$U(p,q) = U_1(p,q) * U_2(p,q)$$

läßt sich nun entweder reell oder komplex auswerten.

a) Reelle Faltung

Da das Faltungsintegral aus dem Produkt zweier Fourier-Integrale entstand (vgl.
obige Ableitung), muß die Konvergenzbedingung der Fourier-Transformation
gelten, wenn längs der $j\omega$-Achse, d. h. bei reellen Frequenzen integriert werden soll.
Man erreicht dies durch Anwendung des Dämpfungssatzes für beide Funktionen:

$$u_1(t)\mathrm{e}^{-\alpha|t|} \circ\!\!-\!\!-\!\!-\!\!\bullet U_1(p+\alpha, q-\alpha), \tag{4.30a}$$

$$u_2(t)\mathrm{e}^{-\alpha|t|} \circ\!\!-\!\!-\!\!-\!\!\bullet U_2(p+\alpha, q-\alpha). \tag{4.30b}$$

Wählt man α so groß, daß alle p-Pole in der linken Frequenzhalbebene und alle q-
Pole in der rechten Frequenzhalbebene liegen und die $j\omega$-Achse polfrei ist, so ist die
Bedingung der Fourier-Transformation erfüllt und man kann den Faltungssatz
entsprechend anwenden. Es folgt daher

$$U(p,q) = \left[\frac{1}{2\pi} \int_{-\infty}^{+\infty} U_1(j\omega+\alpha, j\omega-\alpha)U_2(p-j\omega+\alpha, q-j\omega-\alpha)\mathrm{d}\omega\right]_{\alpha=0}. \tag{4.31}$$

Hierbei sind für die Integration p und q rein imaginär und der Dämpfungsfaktor α
mindestens so groß zu wählen, daß für (4.30) alle p-Pole in der linken und alle q-Pole
in der rechten Frequenzhalbebene liegen. Nach der Integration ist $\alpha=0$ zu
setzen.

b) Komplexe Faltung

Anstelle auf der $j\omega$-Achse kann man auch auf dem für $U_1(p,q)$ geltenden
Integrationsweg I_1 integrieren, wenn die Lage sämtlicher Pole in bezug auf diesen
Integrationsweg (rechts oder links davon) die gleiche wie in (4.31) bleibt. Dies ist für
$U_1(p,q)$ automatisch (d. h. durch die Definition des Integrationsweges) erfüllt, muß
jedoch für $U_2(p,q)$ durch die Wahl von p und q bei der Integration gesichert werden.
Das komplexe Faltungsintegral lautet

$$U(p,q) = \frac{1}{2\pi j} \int_{(I_1)} U_1(\lambda,\lambda)U_2(p-\lambda, q-\lambda)\mathrm{d}\lambda, \tag{4.32}$$

wobei der Integrationsweg derjenige von $U_1(p,q)$ ist. Durch Vergleich von (4.32) mit
(4.31) erkennt man, daß für die Integration $\operatorname{Re}p$ genügend positiv und $\operatorname{Re}q$
genügend negativ zu wählen ist. [Man kann diese Forderung auch als Anwendung
des Dämpfungssatzes nur für $U_2(p,q)$ verstehen.] Für die Pole p_{v2} sowie q_{v2} von
$U_2(p,q)$ gelten die Beziehungen

$$p-\lambda = p_{v2}, \quad q-\lambda = q_{v2}.$$

Daraus folgt die Bedingung, daß

$$\operatorname{Re}p > \operatorname{Re}\lambda + \operatorname{Re}p_{v2}, \quad \operatorname{Re}q < \operatorname{Re}\lambda + \operatorname{Re}q_{v2}$$

sein muß, damit die verschobenen Pole $\lambda_v = p - p_{v2}$ rechts des Integrationsweges und die verschobenen Pole $\lambda_v = q - q_{v2}$ links des Integrationsweges zu liegen kommen. Durch Vertauschen von $U_1(p, q)$ und $U_2(p, q)$ in (4.32) kann man natürlich auch den Integrationsweg von $U_2(p, q)$ benutzen.

Mit Hilfe des spektralen Faltungssatzes kann man die in manchen Fällen erwünschte Zerlegung eines Spektrums $U(p, q)$ in seine beiden Anteile $U_+(p)$ und $U_-(q)$ durchführen. Da nämlich

$$u_+(t) = \gamma(t)u(t) \circ\!\!-\!\!-\!\!\bullet\, U_+(p),$$

$$u_-(t) = \gamma(-t)u(t) \circ\!\!-\!\!-\!\!\bullet\, U_-(q)$$

ist, können mit den Korrespondenzen

$$\gamma(t) \circ\!\!-\!\!-\!\!\bullet\, \frac{1}{p}, \quad \gamma(-t) \circ\!\!-\!\!-\!\!\bullet\, -\frac{1}{q}$$

und dem Faltungssatz die beiden Anteile des Spektrums $U(p, q)$ bestimmt werden:

$$U_+(p) = U(p, q) * \frac{1}{p} = \frac{1}{2\pi j} \int_{(I)} \frac{U(\lambda, \lambda)}{p - \lambda}\, d\lambda, \tag{4.33a}$$

$$U_-(q) = U(p, q) * \left(-\frac{1}{q}\right) = \frac{(-1)}{2\pi j} \int_{(I)} \frac{U(\lambda, \lambda)}{q - \lambda}\, d\lambda. \tag{4.33b}$$

Während der Integration muß $\mathrm{Re}\,p > \mathrm{Re}\,\lambda$, sowie $\mathrm{Re}\,q < \mathrm{Re}\,\lambda$ gelten, wobei der für $U(p, q)$ geltende Integrationsweg I zu benutzen ist.

Danach ist die Zerlegung

$$U(p, q) \triangleq U_+(p) + U_-(q) \tag{4.34}$$

stets durchführbar *(spektraler Zerlegungssatz)*. Allerdings muß das Gleichheitszeichen in (4.34) durch das Zeichen $\triangleq$ ersetzt werden, das die Gleichheit im allgemeinen auf den Fall $p = q = \lambda$ beschränkt. Dies ist deshalb notwendig, weil beispielsweise ein Produkt $U(p, q) = U_1(p)U_2(q)$ sich nicht immer in eine Summe nach (4.34) zerlegen läßt. Die Gleichheit für $p = q = \lambda$ ist jedoch für die richtige Rücktransformation vollkommen ausreichend.

Wenn die Konvergenzbedingung $U(\lambda, \lambda) \to 0$ für $\lambda \to \infty$ erfüllt ist, kann die Lösung obiger Faltungsintegrale mit Hilfe des Residuensatzes erfolgen. Dabei ist zu beachten, daß das zum Linienintegral (4.33a) bzw. (4.33b) hinzugefügte Bogenintegral nur im Konvergenzgebiet verlaufen darf:

Konvergenz $U(\lambda, \lambda) \to 0$ bei für $\lambda = Re^{j\varphi}$	$+\pi/2 < \varphi < 3\pi/2$ $R \to \infty$ $\lambda \to (+)\infty$	$-\pi/2 < \varphi < +\pi/2$ $R \to \infty$ $\lambda \to (-)\infty$	
$U_+(p) =$	$+\sum\limits_{\lambda = p_v} \mathrm{Res}\, \dfrac{U(\lambda, \lambda)}{p - \lambda}$	$-\sum\limits_{\substack{\lambda = q_v \\ \lambda = p}} \mathrm{Res}\, \dfrac{U(\lambda, \lambda)}{p - \lambda}$	(4.35a)
$U_-(q) =$	$-\sum\limits_{\substack{\lambda = p_v \\ \lambda = q}} \mathrm{Res}\, \dfrac{U(\lambda, \lambda)}{q - \lambda}$	$+\sum\limits_{\lambda = q_v} \mathrm{Res}\, \dfrac{U(\lambda, \lambda)}{q - \lambda}$	(4.35b)

Bei den links stehenden Ausdrücken wurde das Linienintegral (4.33a) bzw. (4.33b) über den linken großen Bogen, bei den rechts stehenden Ausdrücken über den rechten großen Bogen geschlossen. In vielen Fällen sind beide Konvergenzbedingungen gleichzeitig erfüllt, so daß beide Berechnungsformeln anwendbar sind. Für die Faltung der Zeitfunktionen oder das Produkt der Spektralfunktionen müssen aufgrund der Konvergenz des zeitlichen Faltungsintegrals einschränkende Bedingungen akzeptiert werden. Zerlegt man

$$U_1(p,q) \cong U_{1+}(p) + U_{1-}(q), \qquad U_2(p,q) \cong U_{2+}(p) + U_{2-}(q),$$

so folgt

$$U_1(p,q)U_2(p,q) \cong U_{1+}(p)U_{2+}(p) + U_{1-}(q)U_{2-}(q)$$
$$+ U_{1+}(p)U_{2-}(q) + U_{2+}(p)U_{1-}(q).$$

Für die reinen Produkte der p-Spektren bzw. der q-Spektren gibt es keine weitere Einschränkung. Dagegen gilt für die gemischten Spektralprodukte die Einschränkung

$$\mathrm{Re}\, p_v < \alpha < \mathrm{Re}\, q_v,$$

die für alle Pole p_v und q_v erfüllt sein muß. Es muß also eine Gerade $\lambda = \alpha$ in der λ-Ebene geben, bezüglich der alle p-Pole des einen Terms des Produkts links davon und alle q-Pole des anderen rechts davon liegen. Diese einschränkende Bedingung für die Mischprodukte der Spektralfunktionen folgt aus der Konvergenzbedingung für das zeitliche Faltungsintegral.

Beispiele

Als Beispiel betrachten wir das Produkt der Spektren

$$\frac{1}{p-p_0} \bullet\!\!-\!\!\circ u_1(t) = \gamma(t)e^{+p_0 t},$$

$$\frac{1}{q-q_0} \bullet\!\!-\!\!\circ u_2(t) = -\gamma(-t)e^{+q_0 t}.$$

Es ist also

$$U(p,q) = \frac{1}{(p-p_0)(q-q_0)},$$

wobei die Bedingung

$$\mathrm{Re}\, p_0 < \alpha < \mathrm{Re}\, q_0$$

gelten muß. Wir wollen dieses Spektrum in die beiden Anteile $U_+(p)$ und $U_-(q)$ zerlegen. Es ist also

$$U(p,q) \cong U_+(p) + U_-(q).$$

Gemäß (4.35) ist

$$U_+(p) = \operatorname*{Res}_{\lambda = p_0}\left(\frac{1}{p-\lambda}\frac{1}{(\lambda-p_0)(\lambda-q_0)}\right) = \frac{1}{p-p_0}\frac{1}{p_0-q_0},$$

$$U_-(q) = \operatorname*{Res}_{\lambda = q_0}\left(\frac{1}{q-\lambda}\frac{1}{(\lambda-p_0)(\lambda-q_0)}\right) = \frac{1}{q-q_0}\frac{1}{q_0-p_0}.$$

Unter Anwendung obiger Korrespondenzen ist dann die zugehörige Zeitfunktion

$$u(t) = \frac{1}{p_0 - q_0} \left[\gamma(t)e^{p_0 t} + \gamma(-t)e^{q_0 t} \right].$$

Sie enthält die beiden Eigenfunktionen der Polstellen p_0 (für $t > 0$) und q_0 (für $t < 0$). Das gleiche Ergebnis können wir auch durch Faltung der beiden Zeitfunktionen $u_1(t)$ und $u_2(t)$ berechnen.
Als weiteres Beispiel betrachten wir die Korrespondenz

$$\gamma(t + t_0) \circ\!\!-\!\!-\!\!-\!\!\bullet \frac{e^{q t_0}}{p} \quad \text{für} \quad t_0 > 0,$$

also einen nach links verschobenen Einheitssprung, bei dem die Sprungstelle bei $t = -t_0$ auftritt. Das Spektrum $U(p, q) = e^{q t_0}/p$ hat bei $p = 0$ einen Pol und bei $q \to \infty$ eine wesentlich singuläre Stelle, so daß wir den Zerlegungssatz zunächst folgendermaßen ansetzen:

$$U_+(p) = \frac{1}{2\pi j} \int\limits_{-j\infty}^{+j\infty} \frac{1}{p - \lambda} \frac{e^{\lambda t_0}}{\lambda} \, d\lambda,$$

$$U_-(q) = \frac{(-1)}{2\pi j} \int\limits_{-j\infty}^{+j\infty} \frac{1}{q - \lambda} \frac{e^{\lambda t_0}}{\lambda} \, d\lambda.$$

Mit $\mathrm{Re}\, p > 0$ und $\mathrm{Re}\, q < 0$ kann über die $j\omega$-Achse integriert werden, wobei der Integrationsweg rechts an dem p-Pol für $\lambda = 0$ vorbeizuführen ist. Nach dem Jordanschen Lemma kann der Residuensatz in beiden Fällen angewendet werden, wenn das Linienintegral über den linken großen Bogen (auf dem der Integralbeitrag verschwindet) zum Ringintegral geschlossen wird. Wir erhalten nach (4.35) linke Spalte

$$U_+(p) = \operatorname*{Res}_{\lambda = 0} \frac{1}{p - \lambda} \frac{e^{\lambda t_0}}{\lambda} = \frac{1}{p},$$

$$U_-(q) = -\sum_{\substack{\lambda = 0 \\ \lambda = q}} \operatorname{Res} \frac{1}{q - \lambda} \frac{e^{\lambda t_0}}{\lambda} = -\frac{1}{q} + \frac{e^{q t_0}}{q}.$$

Betrachten wir nun die Korrespondenzen

$$U(p, q) = \quad \frac{1}{p} \quad + \left(-\frac{1}{q}\right) + \quad \frac{e^{q t_0}}{q}$$

$$u(t) \quad = \quad \gamma(t) \quad + \gamma(-t) + (-\gamma(-t - t_0))$$
$$= \gamma(t + t_0)$$

so erkennen wir, daß die berechnete Zeitfunktion $u(t)$ mit der ursprünglichen Zeitfunktion identisch ist.

4.11 Parsevalsche Gleichung

Gelten die Korrespondenzen $u_1(t) \circ\!\!-\!\!\!\!\stackrel{F}{-}\!\!-\!\!\bullet U_1(f)$ und $u_2(t) \circ\!\!-\!\!\!\!\stackrel{F}{-}\!\!-\!\!\bullet U_2(f)$, so kann man daraus das Gesetz

$$\int\limits_{-\infty}^{+\infty} u_1(t) u_2^*(t) \, dt = \int\limits_{-\infty}^{+\infty} U_1(f) U_2^*(f) \, df. \tag{4.36}$$

ableiten. Dies stellt die allgemeine Form der Parsevalschen Gleichung dar.

Beweis: Aufgrund des Satzes der konjugiert komplexen Funktion ist die Korrespondenz $u_2^*(t)\!\circ\!\!\!-\!\!\!\overset{F}{-}\!\!\!-\!\!\!\bullet U_2^*(-f)$ gegeben. Für das Produkt der Zeitfunktionen $u_1(t)$ und $u_2^*(t)$ kann nach dem Faltungssatz das korrespondierende Spektrum $u_3(t)$ wie folgt ermittelt werden:

$$u_3(t) = u_1(t)u_2^*(t)\!\circ\!\!\!-\!\!\!\overset{F}{-}\!\!\!-\!\!\!\bullet U_1(f)*U_2^*(-f) = U_3(f).$$

Bildet man nun $U_3(f)$ einerseits mit Hilfe des spektralen Faltungsintegrals und andererseits mit Hilfe des Fourier-Integrals, so erhält man

$$U_3(f) = \int_{-\infty}^{+\infty} U_1(x)U_2^*(-f+x)\mathrm{d}x = \int_{-\infty}^{+\infty} u_1(t)u_2^*(t)\mathrm{e}^{-j2\pi ft}\mathrm{d}t.$$

Setzt man $f=0$, so folgt daraus (4.36) unmittelbar.

Bedeutung: Setzt man $u_1(t)=u(t)$ und $u_2(t)=u(t)$, so führt der Satz auf die Gleichheit des Energieintegrals im Zeit- und Spektralbereich

$$\int_{-\infty}^{+\infty} |u(t)|^2\mathrm{d}t = \int_{-\infty}^{+\infty} |U(f)|^2\mathrm{d}f.$$

Dies ist die übliche Form der Parsevalschen Gleichung. Die Größe $|U(f)|^2$ bezeichnet man auch als Energiespektrum. Die Parsevalsche Gleichung sagt danach aus, daß die Gesamtenergie der Zeitfunktion gleich ist mit dem Integral über das Energiespektrum.

Anmerkung: Die Parsevalsche Gleichung gilt nur bei Gültigkeit der Fourier-Transformation (Konvergenz des zeitlichen Integrals).

4.12 Reziprozitätsgesetz von Zeitdauer und Bandbreite

Betrachtet wird zunächst eine Korrespondenz $u(t)\!\circ\!\!\!-\!\!\!\overset{F}{-}\!\!\!-\!\!\!\bullet U(f)$ für reelle und gerade Funktionen. (Ist eine der beiden Funktionen reell und gerade, so ist es die andere nach dem Zuordnungssatz auch.) Gemäß Bild 4.14 definieren wir mit Hilfe des „flächengleichen Rechtecks" die sog. äquivalente Bandbreite Δf für das Spektrum. In gleicher Weise wird als Maß für die zeitliche Ausdehnung die Zeitdauer Δt bei der Zeitfunktion definiert. Das äquivalente Rechteck hat die Höhe des Funktionswertes im Nullpunkt und eine Breite, die so bestimmt wird, daß die Rechteckfläche gleich dem Integral über die Funktion ist. Es gilt also

$$\Delta f\, U(0) = \int_{-\infty}^{+\infty} U(f)\mathrm{d}f = u(0), \tag{4.37}$$

$$\Delta t\, u(0) = \int_{-\infty}^{+\infty} u(t)\mathrm{d}t = U(0). \tag{4.38}$$

Hierbei ist das Integral über die Spektralfunktion gleich $u(0)$ und das Integral über die Zeitfunktion gleich $U(0)$, was aus dem Fourier-Integral unmittelbar folgt. Für

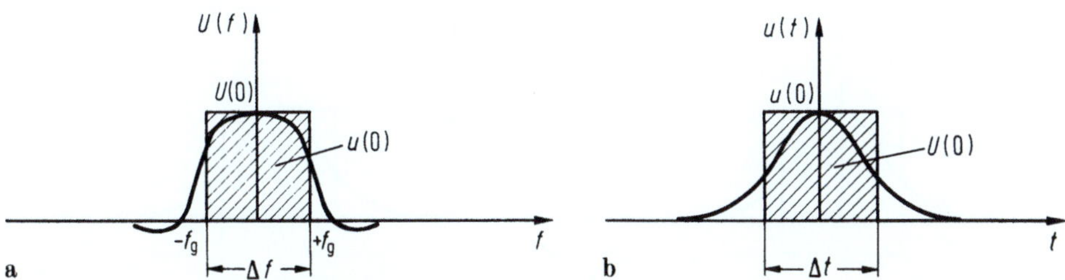

Bild 4.14a und b. Definition der (mathematischen) Bandbreite Δf und Zeitdauer Δt mit Hilfe des flächengleichen Rechtecks (a) beim Spektrum und (b) bei der Zeitfunktion

die so definierte Bandbreite Δf und Zeitdauer Δt kann aus obigen Gleichungen abgeleitet werden:

$$\frac{u(0)}{U(0)} = \Delta f = \frac{1}{\Delta t}$$

oder

$$\Delta f \Delta t = 1. \tag{4.39}$$

Bandbreite und Zeitdauer sind demnach einander reziprok. Man bezeichnet diese Beziehung oft auch als „Unschärferelation der Fourier-Transformation", wobei aber klar sein muß, daß es sich hier um eine deterministische Aussage und nicht um eine statistische Beziehung handelt.

Wie Bild 4.14 zu entnehmen ist, wird hier die Bandbreite Δf von den negativen bis zu den positiven Frequenzen reichend definiert, weshalb sie als „mathematische Bandbreite" bezeichnet werden kann. Demgegenüber ist die „physikalische Bandbreite" oder Grenzfrequenz f_{g} halb so groß, d. h. $\Delta f = 2 f_{\mathrm{g}}$.

Bedeutung: Die idealisierten Tiefpässe von Bild 3.11 erfüllen die Bedingung des Reziprozitätsgesetzes. Mit $\Delta f = 2 f_{\mathrm{g}}$ ist damit die Zeitdauer der Impulsantwort, die „Einschwingzeit", gegeben durch $\Delta t = 1/\Delta f = 1/2 f_{\mathrm{g}}$. Man erkennt aus den Beispielen von Bild 3.11, daß diese Bedingung erfüllt ist.

Die Tiefpässe von Bild 3.11 sind zunächst nicht realisierbar. Sie können jedoch zumindest näherungsweise in kausale und damit realisierbare Systeme übergeführt werden, wenn ihre Impulsantwort nach rechts verschoben wird. Wir betrachten daher als nächstes einen Tiefpaß ohne Phasenverzerrung, jedoch mit einer Laufzeit t_0 der Impulsantwort. Seine Systemfunktion ist gegeben durch

$$S(f) = A(f) e^{-j 2 \pi f t_0}.$$

$A(f)$ ist als Betrag der Systemfunktion eine gerade Funktion der Frequenz. Für die Korrespondenz $a(t) \circ\!\!-\!\!\!\stackrel{F}{-\!\!-\!}\!\!\bullet A(f)$ gilt daher das Reziprozitätsgesetz, wie dies Bild 4.15 zeigt. Damit läßt sich eine Bandbreite Δf und eine Zeitdauer Δt definieren. Die Impulsantwort $s(t)$ erhält man aus $a(t)$ durch Anwendung des Verschiebungssatzes zu

$$s(t) = a(t - t_0).$$

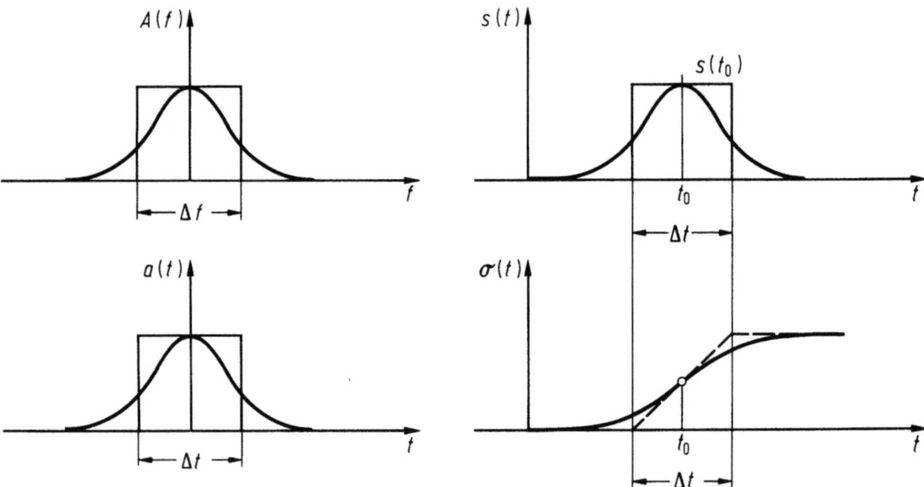

Bild 4.15. Zum Reziprozitätsgesetz von Zeitdauer und Bandbreite beim Tiefpaß ohne Phasenverzerrung

Dabei ist für die verschobene Zeitfunktion die Definition von Δt erhalten geblieben, mit dem Unterschied, daß jetzt für die Höhe des flächengleichen Rechtecks $s(t_0)$ zu setzen ist. Die „Einschwingzeit" Δt ist der (mathematischen) Bandbreite der Systemfunktion Δf reziprok.

In Bild 4.15 ist auch die Sprungantwort $\sigma(t)$ eingetragen, die sich aus der Impulsantwort nach (3.16) durch Integration berechnet zu

$$\sigma(t) = \int_{-\infty}^{t} s(t)\mathrm{d}t.$$

Führt man diese Integration sowohl für die Funktion selbst wie auch für das flächengleiche Rechteck durch (in Bild 4.15 gestrichelt), so ergibt das letztere einen linearen Übergang. Dessen Steigung stimmt mit der Steilheit von $\sigma(t)$ für $t = t_0$ überein, da nach (3.17)

$$\frac{\mathrm{d}\sigma(t_0)}{\mathrm{d}t} = s(t_0)$$

gilt. Durch die Tangente an $\sigma(t)$ im Zeitpunkt $t = t_0$ und die asymptotischen Sprungwerte wird daher ein Tangentenabschnitt definiert, der die Zeitdauer Δt ebenfalls festlegt. Damit läßt sich Δt entweder aus der Impulsantwort durch das flächengleiche Rechteck oder aus der Sprungantwort durch den Tangentenabschnitt ermitteln.

Bei dem eben betrachteten Tiefpaß war zwar eine frequenzproportionale Phase, jedoch keine Phasenverzerrung vorhanden. Bei einem beliebigen Phasenfrequenzgang $b(f)$ müssen wir ansetzen

$$S(f) = A(f)\,\mathrm{e}^{-\mathrm{j}b(f)}.$$

Damit gilt für die Impulsantwort

$$s(t) = \int_{-\infty}^{+\infty} A(f)\,\mathrm{e}^{+\mathrm{j}(2\pi ft - b(f))}\mathrm{d}f.$$

Durch den Einfluß der Phasenverzerrung wird $s(t)$ verzerrt und ist nicht mehr eine in bezug auf einen Zeitpunkt t_0 gerade Funktion. Jedoch ist das Integral

$$\int_{-\infty}^{+\infty} s(t)\mathrm{d}t = S(0) = A(0) \tag{4.40}$$

erhalten geblieben. Wir nehmen jetzt an, daß $A(f)$ eine stets positive Funktion mit $A(f) \geqq 0$ sei. Dann gilt aufgrund der Abschätzung, daß der Wert des obigen Integrals kleiner oder gleich dem Integral über den Betrag des Integranden ist,

$$s(t) \leqq \int_{-\infty}^{+\infty} A(f)\mathrm{d}f.$$

Das Gleichheitszeichen gilt nur für den Fall des frequenzproportionalen Phasengangs

$$b(f) = 2\pi f t_0,$$

wobei sich im Zeitpunkt t_0 der Maximalwert $s(t_0)$ ergibt. Bei einer vorhandenen Phasenverzerrung gilt also stets die Abschätzung

$$s(t) \leqq s(t_0).$$

Da aber nach (4.40) das Integral über $s(t)$ gleich geblieben ist, gilt für den Fall der Phasenverzerrung

$$\Delta f \Delta t > 1, \tag{4.41}$$

wenn man ein flächengleiches Rechteck im Maximum von $s(t)$ ansetzt und daraus Δt bestimmt. Daraus folgt, daß bei vorgegebener Bandbreite Systeme ohne Phasenverzerrung die kleinste Einschwingzeit aufweisen.

Anmerkung: Das Reziprozitätsgesetz geht von einer geraden Zeitfunktion aus und beansprucht somit die Gültigkeit der Fourier-Transformation. Es kann jedoch, wie gezeigt wurde, auch im Gültigkeitsbereich der Laplace-Transformation richtig interpretiert werden.

5 Hilbert-Transformation

Die Hilbert-Transformation ist eine aus dem Faltungssatz abgeleitete Transformation, die unter bestimmten Bedingungen zwischen Real- und Imaginärteil der Zeitfunktion oder des Spektrums gilt. Die Gültigkeit der Hilbert-Transformation für Real- und Imaginärteil der Spektralfunktion setzt voraus, daß die zugrundeliegende Zeitfunktion ein „kausales" Signal ist, d. h. es muß $u(t)=0$ für $t<0$ gelten. Soll andererseits die Hilbert-Transformation für die Zeitfunktion gelten, so muß hierfür die Bedingung $U(f)=0$ für $f<0$ erfüllt sein. In diesem Fall spricht man von einem „analytischen" Signal. Im folgenden werden beide Fälle behandelt. Darüber hinaus wird auch die Anwendung der Hilbert-Transformation auf den Zusammenhang zwischen Dämpfungs- und Phasenfunktion bei Minimum-Phasen-Systemen besprochen. Zum Schluß wird unter Verwendung der Hilbert-Transformation der verallgemeinerte Zuordnungssatz aufgestellt.

5.1 Kausales Signal

Für die Zeitfunktion $u(t)$ gelte

$$u(t)=0 \quad \text{für} \quad t<0,$$

d. h. $u(t)$ genügt der Bedingung der Laplace-Transformation. Außerdem muß $u(t)$ die Forderung der Fourier-Transformation erfüllen, also im Zeitbereich $t>0$ ein exponentiell begrenztes Signal (vgl. Abschnitt 2.3) sein. Wir zerlegen nun Zeitfunktion und Spektrum nach dem Zuordnungssatz (4.5) in reelle und imaginäre und diese wiederum in gerade und ungerade Anteile und erhalten so

$$u(t) = u_{R_g}(t) + u_{R_u}(t) + ju_{I_g}(t) + ju_{I_u}(t),$$

$$U(f) = U_{R_g}(f) + U_{R_u}(f) + jU_{I_g}(f) + jU_{I_u}(f). \tag{5.1}$$

Betrachten wir nun speziell den Realteil $u_R(t)$ von $u(t)$ und seine Zerlegung in gerade und ungerade Teilfunktionen:

$$u_R(t) = u_{R_g}(t) + u_{R_u}(t).$$

Der gerade Anteil $u_{R_g}(t)$ und der ungerade Anteil $u_{R_u}(t)$ von $u_R(t)$ berechnen sich wie folgt:

$$u_{R_g}(t) = \tfrac{1}{2}(u_R(t)+u_R(-t)), \qquad u_{R_u}(t) = \tfrac{1}{2}(u_R(t)-u_R(-t)).$$

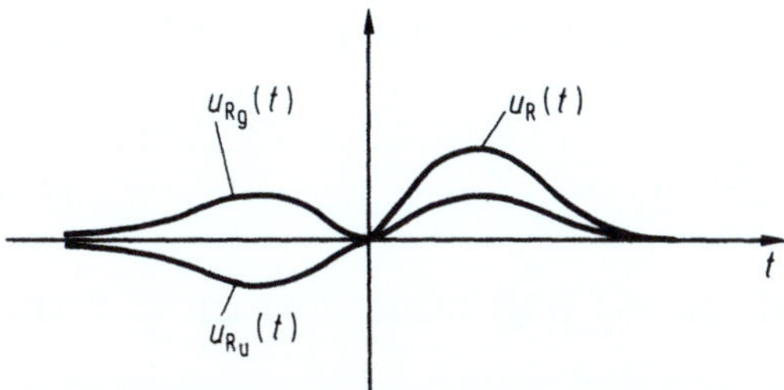

Bild 5.1. Beziehungen zwischen geradem Anteil $u_{R_g}(t)$ und ungeradem Anteil $u_{R_u}(t)$ einer reellen kausalen Funktion $u_R(t) = u_{R_g}(t) + u_{R_u}(t)$

Da $u_R(t)$ der Kausalitätsbedingung genügt, d. h. $u_R(t) = 0$ für $t < 0$, können wir die Beziehung

$$u_{R_g}(t) = u_{R_u}(t) = \tfrac{1}{2}u_R(t) \quad \text{für} \quad t > 0$$

aufstellen. Diese Bedingung ist in Bild 5.1 veranschaulicht. Danach ergibt sich der gerade Anteil $u_{R_g}(t)$ durch gerade Fortsetzung von $(1/2)u_R(t)$ in den negativen Zeitbereich. Entsprechend erhält man den ungeraden Anteil $u_{R_u}(t)$ durch ungerade Fortsetzung von $(1/2)u_R(t)$ für den Bereich $t < 0$. Somit ist die Forderung $u_R(t) = 0$ für $t < 0$ erfüllt. Zwischen den beiden Anteilen gelten daher folgende Beziehungen:

$$u_{R_g}(t) = \operatorname{sgn}(t)u_{R_u}(t), \qquad u_{R_u}(t) = \operatorname{sgn}(t)u_{R_g}(t). \tag{5.2}$$

Dabei ist $\operatorname{sgn}(t)$ die Vorzeichenfunktion mit dem Fourier-Spektrum (vgl. z. B. Bild 1.12c)

$$\operatorname{sgn}(t) \circ \!\!-\!\!\!-\!\!\bullet \; \frac{1}{j\pi f}.$$

Obige Beziehungen können wir nun in den Spektralbereich übertragen und erhalten für die nach dem Zuordnungssatz korrespondierenden Spektralanteile unter Anwendung des Faltungssatzes

$$U_{R_g}(f) = \frac{1}{j\pi f} * jU_{I_u}(f),$$

$$jU_{I_u}(f) = \frac{1}{j\pi f} * U_{R_g}(f).$$

Die beiden Gleichungen liefern somit folgende Beziehung zwischen $U_{R_g}(f)$ und $U_{I_u}(f)$:

$$U_{R_g}(f) = \frac{1}{\pi} \int_{-\infty}^{+\infty} \frac{U_{I_u}(\varphi)}{f - \varphi}\, d\varphi, \tag{5.3}$$

$$U_{I_u}(f) = \frac{(-1)}{\pi} \int_{-\infty}^{+\infty} \frac{U_{R_g}(\varphi)}{f - \varphi}\, d\varphi. \tag{5.4}$$

Da die beiden Spektralanteile über eine Integralgleichung zusammenhängen, spricht man auch hier von einer Integraltransformation, die nach ihrem Entdecker auch **Hilbert-Transformation** genannt wird. Man verwendet für sie den Operator $H(g(x))$.

Die Hilbert-Transformation ist also definiert durch die Faltung einer reellwertigen Funktion $g(x)$ mit der Funktion $1/(\pi x)$, d. h.

$$\hat{g}(x) = H(g(x)) = \frac{1}{\pi x} * g(x) = \frac{1}{\pi} \int_{-\infty}^{+\infty} \frac{g(y)}{x-y}\, dy. \tag{5.5}$$

Die Umkehrung dieser Integraltransformation folgt unmittelbar aus (5.3) und (5.4):

$$g(x) = -H(\hat{g}(x)) = \frac{(-1)}{\pi x} * \hat{g}(x) = \frac{(-1)}{\pi} \int_{-\infty}^{+\infty} \frac{\hat{g}(y)}{x-y}\, dy. \tag{5.6}$$

Bei der Umkehrung gilt somit die gleiche Transformation, nur mit umgekehrtem Vorzeichen. Eine zweimalige Hilbert-Transformation führt daher bis auf ein negatives Vorzeichen auf die Funktion zurück

$$\hat{\hat{g}}(x) = -g(x).$$

Das Hilbert-Integral muß mit Hilfe des Cauchy-Hauptwert-Satzes der Integralrechnung ausgewertet werden, da aufgrund der Korrespondenz der sgn-Funktion der Integrationsweg über einen symmetrischen Pol zu führen ist. Wir benutzen für die Hilbert-Transformation das Korrespondenzzeichen

$$g(x) \bullet\!\!-\!\!-\!\!\!\rightarrow \hat{g}(x),$$

wobei der Pfeil andeutet, daß zur Berechnung von $\hat{g}(x)$ das positive bzw. zur Berechnung von $g(x)$ das negative Vorzeichen der Transformation zu nehmen ist. Mit dem eingeführten Korrespondenzzeichen gilt also die Hilbert-Transformation bei kausalen und reellen Signalen zwischen dem (geraden) Realteil und dem (ungeraden) Imaginärteil des zugehörigen Spektrums, d. h.

$$U_{R_g}(f) \leftarrow\!\!-\!\!-\!\!\bullet\, U_{I_u}(f).$$

In analoger Weise gilt auch für die geraden und ungeraden Teilfunktionen des Imaginärteils der kausalen Zeitfunktion

$$u_I(t) = u_{I_g}(t) + u_{I_u}(t)$$

die Hilbert-Transformation

$$U_{R_u}(f) \leftarrow\!\!-\!\!-\!\!\bullet\, U_{I_g}(f).$$

Fassen wir nun Realteil und Imaginärteil des Spektrums zusammen, d. h.

$$U(f) = U_R(f) + jU_I(f),$$

so ergibt sich

$$U_R(f) = U_{R_g}(f) + U_{R_u}(f)$$

$$U_I(f) = U_{I_g}(f) + U_{I_u}(f). \tag{5.7}$$

Die Hilbert-Transformation gilt also ganz allgemein zwischen Realteil und Imaginärteil des Spektrums kausaler Signale. Diese Gesetzmäßigkeit kann man

Tabelle 5.1. Einige Korrespondenzen der Hilbert-Transformation

$g(x)$	$\hat{g}(x)$
const	0
$\delta(x)$	$\dfrac{1}{\pi x}$
$\gamma(\lvert x\rvert - x_0)$	$\dfrac{1}{\pi}\ln\left\lvert\dfrac{x-x_0}{x+x_0}\right\rvert$
$\mathrm{rect}\,\dfrac{x}{2x_0}$	$\dfrac{1}{\pi}\ln\left\lvert\dfrac{x+x_0}{x-x_0}\right\rvert$
$\dfrac{1}{1+x^2}$	$\dfrac{x}{1+x^2}$
$\cos x$	$\sin x$
$\mathrm{si}^2\left(\dfrac{x}{2}\right)$	$2\,\dfrac{x-\sin x}{x^2}$
$\mathrm{si}(x)$	$2\,\dfrac{\sin^2 x/2}{x}$
$\ln\left\lvert\left(\dfrac{x}{x_0}\right)^n\right\rvert$	$-\dfrac{n\pi}{2}\,\mathrm{sgn}(x)$
$\dfrac{1}{x}\arctan\dfrac{x}{x_0}$	$-\dfrac{1}{x}\ln\left\lvert\sqrt{1+(x/x_0)^2}\right\rvert$
$\dfrac{\pi}{2}\Big(\delta(x-x_0)+\delta(x+x_0)\Big)$	$\dfrac{x}{x^2-x_0^2}$
$\dfrac{x_0}{x_0^2-x^2}$	$\dfrac{\pi}{2}\Big(\delta(x-x_0)-\delta(x+x_0)\Big)$

sich zur Herleitung von Hilbert-Korrespondenzen zunutze machen. Man wandelt hierzu — soweit möglich — das Spektrum der Laplace-Transformierten in ein Fourier-Spektrum um und zerlegt dieses in Real- und Imaginärteil. Die beiden Spektralanteile sind dann Hilbert-Korrespondenzen. Ist außerdem $u(t)$ reell, so ist der Realteil des Spektrums gerade und der Imaginärteil ungerade, was für die Systemfunktion realisierbarer Systeme stets zutrifft. Beispielsweise erhält man aus der Fourier-Korrespondenz

$$\gamma(t)\circ\!\!-\!\!\!-\!\!\!-\!\!\bullet\ \frac{1}{2}\,\delta(f)+\mathrm{j}\,\frac{(-1)}{2\pi f}$$

die Hilbert-Korrespondenzen

$$\delta(f)\ \bullet\!\!\leftarrow\!\!-\!\!\!-\!\!-\!\bullet\ -\frac{1}{\pi f}\,,\quad \delta(f)\bullet\!-\!\!\!-\!\!\!-\!\!\rightarrow\ \frac{1}{\pi f}\,.$$

Ebenso ergeben sich aus der Fourier-Korrespondenz

$$\delta(t-t_0)\circ\!\!-\!\!\!-\!\!\!-\!\!\bullet\ \mathrm{e}^{-\mathrm{j}\omega t_0}=\cos\omega t_0+\mathrm{j}(-\sin\omega t_0)$$

die Hilbert-Korrespondenzen

$$\cos\omega t_0 \;\longleftarrow\!\!\bullet\; -\sin\omega t_0, \qquad \cos\omega t_0 \;\bullet\!\!\longrightarrow\; \sin\omega t_0.$$

In Tabelle 5.1 und im Abschnitt 10.10 finden sich Korrespondenzen der Hilbert-Transformation.

Anzumerken ist, daß eine gerade Funktion durch Hilbert-Transformation in eine ungerade Funktion übergeht. Weiterhin folgt aus der Transformationsgleichung, daß die Hilbert-Transformation einer Konstanten 0 ergibt, so daß die durch die Hilbert-Transformation berechnete Funktion nur bis auf eine additive Konstante bestimmt ist. In Abschnitt 10.5 sind einige Gesetze und Operationen der Hilbert-Transformation zusammengestellt.

Im folgenden wird die Systemfunktion $S(\omega)$ realisierbarer und daher kausaler Systeme näher betrachtet. Für diese gilt

$$S(\omega) = X(\omega) + \mathrm{j}\, Y(\omega),$$

wobei der Realteil $X(\omega)$ und der Imaginärteil $Y(\omega)$ über die Hilbert-Transformationsgleichungen zusammenhängen (hier wurde f durch ω ersetzt, was ohne weiteres möglich ist):

$$X(\omega) = \frac{1}{\pi} \int_{-\infty}^{+\infty} \frac{Y(w)}{\omega - w}\, \mathrm{d}w, \tag{5.8}$$

$$Y(\omega) = -\frac{1}{\pi} \int_{-\infty}^{+\infty} \frac{X(w)}{\omega - w}\, \mathrm{d}w. \tag{5.9}$$

Nach dem Zuordnungssatz ist der Realteil $X(\omega)$ eine gerade und der Imaginärteil $Y(\omega)$ eine ungerade Funktion der Kreisfrequenz ω. Erweitert man obige Integrale im Zähler und Nenner mit $(\omega + w)$, und berücksichtigt man, daß Integrale mit symmetrischen Grenzen über ungerade Funktionen 0 ergeben, so lassen sich obige Gleichungen umformen zu

$$X(\omega) = -\frac{2}{\pi} \int_{0}^{\infty} \frac{w\, Y(w)}{w^2 - \omega^2}\, \mathrm{d}w,$$

$$Y(\omega) = \frac{2\omega}{\pi} \int_{0}^{\infty} \frac{X(w)}{w^2 - \omega^2}\, \mathrm{d}w.$$

Bei dieser zweiten Version der Transformationsgleichungen wird zur Integration nur die positive ω-Achse benutzt. Aus diesen Formeln erhält man die asymptotischen Grenzwerte für $\omega \to 0$ und $\omega \to \infty$, wobei im Nenner der Integranden jeweils ein Term vernachlässigt werden kann.

Für $\omega \to 0$ ergibt sich

$$X(\omega) = -\frac{2}{\pi} \int_{0}^{\infty} \frac{Y(w)}{w}\, \mathrm{d}w, \qquad Y(\omega) = \frac{2\omega}{\pi} \int_{0}^{\infty} \frac{X(w)}{w^2}\, \mathrm{d}w, \tag{5.10}$$

für $\omega \to \infty$

$$X(\omega) = \frac{2}{\pi\omega^2} \int_{0}^{\infty} w\, Y(w)\, \mathrm{d}w, \qquad Y(\omega) = -\frac{2}{\pi\omega} \int_{0}^{\infty} X(w)\, \mathrm{d}w. \tag{5.11}$$

Diese Grenzwertsätze der Hilbert-Transformation gelten natürlich nur, sofern die bestimmten Integrale existieren.

Beispiel

Wir betrachten den RC-Tiefpaß mit der Impulsantwort $s(t)$ und der Systemfunktion $S(\omega)$:

$$s(t) = \gamma(t)\,\alpha e^{-\alpha t},$$

$$S(\omega) = \frac{\alpha}{\alpha + j\omega} = \frac{\alpha^2}{\alpha^2 + \omega^2} + j\frac{-\alpha\omega}{\alpha^2 + \omega^2}. \tag{5.12}$$

Realteil $X(\omega)$ und Imaginärteil $Y(\omega)$ sind Hilbert-Korrespondenzen, da es sich um ein realisierbares System handelt:

$$X(\omega) = \frac{\alpha^2}{\alpha^2 + \omega^2}$$

$$Y(\omega) = \frac{-\alpha\omega}{\alpha^2 + \omega^2}.$$

Außerdem gelten die asymptotischen Formeln aufgrund der Grenzwertsätze

$$X(\omega) = -\frac{2}{\pi}\int_0^\infty \frac{-\alpha}{\alpha^2 + w^2}\,dw = 1 \quad \text{für} \quad \omega \to 0,$$

$$Y(\omega) = -\frac{2}{\pi\omega}\int_0^\infty \frac{\alpha^2}{\alpha^2 + w^2}\,dw = -\frac{\alpha}{\omega} \quad \text{für} \quad \omega \to \infty.$$

Zur Auswertung wurde die Formel

$$\int_0^\infty \frac{a}{a^2 + w^2}\,dw = \frac{\pi}{2}$$

benutzt. Durch Betrachtung von (5.12) überzeugt man sich leicht, daß obige Grenzwerte richtig sind. Die anderen beiden asymptotischen Formeln sind nicht anwendbar, da die bestimmten Integrale unendlich werden.

Als weiteres Beispiel für die Anwendung der asymptotischen Formeln sei ein komplexer Widerstand Z betrachtet, der mit einer den Klemmen parallelen Kapazität C beginnt und sonst beliebig sei. Dann gilt für $\omega \to \infty$

$$Z = X(\omega) + j\,Y(\omega) \to \frac{1}{j\omega C},$$

d. h. für sehr hohe Frequenzen strebt

$$X(\omega) \to 0 \quad \text{und} \quad Y(\omega) \to -\frac{1}{\omega C}.$$

Vergleicht man dies mit der asymptotischen Formel für $\omega \to \infty$,

$$Y(\omega) = -\frac{2}{\pi\omega}\int_0^\infty X(w)\,dw,$$

so folgt

$$\int_0^\infty X(w)\,dw = \frac{\pi}{2}\cdot\frac{1}{C}.$$

Das Integral über den Realteil des an sich beliebigen komplexen Widerstandes Z ist also allein durch die Kapazität C bestimmt.

Mit Hilfe der Allgemeinen Spektraltransformation läßt sich die Hilbert-Transformierte besonders einfach bestimmen. Mit der Korrespondenz

$$\mathrm{sgn}(t) \circ\!\!-\!\!-\!\!\bullet \frac{1}{p} + \frac{1}{q}$$

gilt nämlich

$$\mathrm{sgn}(t)u(t) \circ\!\!-\!\!-\!\!\bullet U(p,q) * \left(\frac{1}{p} + \frac{1}{q}\right) = U_+(p) - U_-(q).$$

Die zweite Form der rechten Seite folgt aufgrund des spektralen Zerlegungssatzes (4.33). Für das Fourier-Spektrum gilt andererseits mit der Korrespondenz

$$\mathrm{sgn}(t) \circ\!\!-\!\!\overset{F}{-}\!\!-\!\!\bullet \frac{1}{\mathrm{j}\pi f}$$

für die gleiche Zeitfunktion

$$\mathrm{sgn}(t)u(t) \circ\!\!-\!\!\overset{F}{-}\!\!-\!\!\bullet U_\mathrm{F}(f) * \frac{1}{\mathrm{j}\pi f} = \frac{1}{\mathrm{j}}\hat{U}_\mathrm{F}(f).$$

Aus der Identität beider Spektren beim Grenzübergang $p = \mathrm{j}\omega + \alpha$ und $q = \mathrm{j}\omega - \alpha$ bei $\alpha \to 0$ [vgl. (2.18)] folgt für die Hilbert-Transformierte

$$\hat{U}_\mathrm{F}(f) = \mathrm{j}\lim_{\alpha \to 0}\left(U_+(\mathrm{j}\omega + \alpha) - U_-(\mathrm{j}\omega - \alpha)\right).$$

Dieser Zusammenhang ist zu vergleichen mit dem des ursprünglichen Spektrums

$$U_\mathrm{F}(f) = \lim_{\alpha \to 0}\left(U_+(\mathrm{j}\omega + \alpha) + U_-(\mathrm{j}\omega - \alpha)\right).$$

Bis auf den Faktor j erhält man die Hilbert-Transformierte dadurch, daß das Teilspektrum U_- von U_+ abzuziehen ist, während es bei der ursprünglichen Korrespondenz zu addieren war.

5.2 Minimum-Phasen-Systeme und Hilbert-Transformation

Den wichtigsten Anwendungsfall der Hilbert-Transformation stellt der Zusammenhang zwischen Dämpfung und Phase bei den Minimum-Phasen-Systemen dar. $S(\omega)$ sei die Systemfunktion eines realisierbaren, also kausalen Systems. Das komplexe Übertragungsmaß $g(\omega)$ sowie Dämpfung $a(\omega)$ und Phase $b(\omega)$ sind wie folgt definiert:

$$S(\omega) = \mathrm{e}^{-g(\omega)} = \mathrm{e}^{-a(\omega) - \mathrm{j}b(\omega)} = \mathrm{e}^{-a(\omega)}\mathrm{e}^{-\mathrm{j}b(\omega)},$$

$$g(\omega) = a(\omega) + \mathrm{j}b(\omega). \tag{5.13}$$

Damit zwischen $a(\omega)$ und $b(\omega)$ die Hilbert-Transformation gilt, muß $g(\omega)$ die gleichen prinzipiellen Eigenschaften wie $S(\omega)$ besitzen. Bezüglich $S(\omega)$ bedeutet die Forderung der Kausalität und Stabilität, daß die Pole von $S(\lambda)$ (mit $\lambda = \mathrm{j}\omega$) in der linken λ-Ebene liegen müssen, daß also $S(\lambda)$ in der rechten λ-Ebene regulär ist. Das gleiche ist für $g(\lambda)$ zu verlangen, wenn die Hilbert-Transformation zwischen Dämpfung $a(\omega)$ und Phase $b(\omega)$ gelten soll. Nun ergeben aber wegen $g(\lambda) = -\ln S(\lambda)$ sowohl Pole als auch Nullstellen von $S(\lambda)$ Pole für $g(\lambda)$. Das bedeutet aber, daß dann $S(\lambda)$ weder Pole noch Nullstellen in der rechten λ-Ebene besitzen darf. Diese Bedingung wurde auch im Abschnitt 3.5 für Minimum-Phasen-Systeme aufgestellt, d. h. für diese Systeme gilt also die Hilbert-Transformation nicht nur zwischen Real- und Imaginärteil der Spektralfunktion, sondern auch zwischen Dämpfung $a(\omega)$ und Phase $b(\omega)$.

Minimum-Phasen-Systeme sind beispielsweise alle stabilen Zweipole sowie alle Abzweigschaltungen aus passiven Elementen. Für solche Minimum-Phasen-Systeme gilt also die Hilbert-Transformation zwischen Dämpfung und Phase, d. h.

$$g(\omega) = a(\omega) + jb(\omega).$$

Da $g(\lambda)$ in der rechten Halbebene, $\operatorname{Re}\lambda > 0$, regulär ist, sind dort auch sämtliche Ableitungen regulär, also gilt auch

$$g'(\omega) = a'(\omega) + jb'(\omega).$$

Hierbei ist $a'(\omega) = da(\omega)/d\omega$ die Ableitung der Dämpfung und $b'(\omega) = db(\omega)/d\omega = \tau_g(\omega)$ die Ableitung der Phase, die sog. Gruppenlaufzeit. Entsprechend läßt sich (5.13) auch mehrfach differenzieren, wobei die Hilbert-Transformation stets zwischen Real- und Imaginärteil der abgeleiteten Funktion gilt. Beachtet man, daß $a(\omega)$ eine gerade Funktion und $b(\omega)$ eine ungerade Funktion ist, so läßt sich auch die zweite Version der Transformationsgleichungen anwenden und man erhält für den Zusammenhang zwischen Dämpfung und Phase

$$b(\omega) = \frac{(-1)}{\pi} \int_{-\infty}^{+\infty} \frac{a(w)}{\omega - w}\, dw = \frac{2\omega}{\pi} \int_{0}^{\infty} \frac{a(w)}{w^2 - \omega^2}\, dw, \tag{5.14}$$

$$a(\omega) = \frac{1}{\pi} \int_{-\infty}^{+\infty} \frac{b(w)}{\omega - w}\, dw = -\frac{2}{\pi} \int_{0}^{\infty} \frac{wb(w)}{w^2 - \omega^2}\, dw. \tag{5.15}$$

Diese Gleichungen sind nach dem oben gesagten auch für die n-fachen Ableitungen $a^{(n)}(\omega)$ und $b^{(n)}(\omega)$ gültig.

Beispiele

Für einen Tiefpaß mit der Grenzfrequenz ω_g und konstanter Dämpfung im Sperrbereich a_S, gemäß Bild 5.2a, soll die Phase des Minimum-Phasen-Systems berechnet werden. Da die Hilbert-Transformierte der Konstanten a_S gleich Null ist, kann a_S abgezogen und die Phase für $(a - a_S)$ gemäß Bild 5.2b berechnet werden. Mit der Hilbert-Transformation folgt

$$b(\omega) = \frac{1}{\pi} \int_{-\omega_g}^{+\omega_g} \frac{(-a_S)}{w - \omega}\, dw = \frac{a_S}{\pi} \ln \frac{|\omega + \omega_g|}{|\omega - \omega_g|}. \tag{5.16}$$

Diese Funktion mit dem logarithmischen Pol bei $\pm\omega_g$ ist in Bild 5.2c dargestellt.

Für eine beliebige Dämpfungsfunktion eines Tiefpasses gemäß Bild 5.3 gibt die asymptotische Formel für $\omega \to 0$ die Phase $b(\omega)$ an:

$$b(\omega) = \frac{2\omega}{\pi} \int_{0}^{\infty} \frac{a(w)}{w^2}\, dw \quad \text{für} \quad \omega \to 0.$$

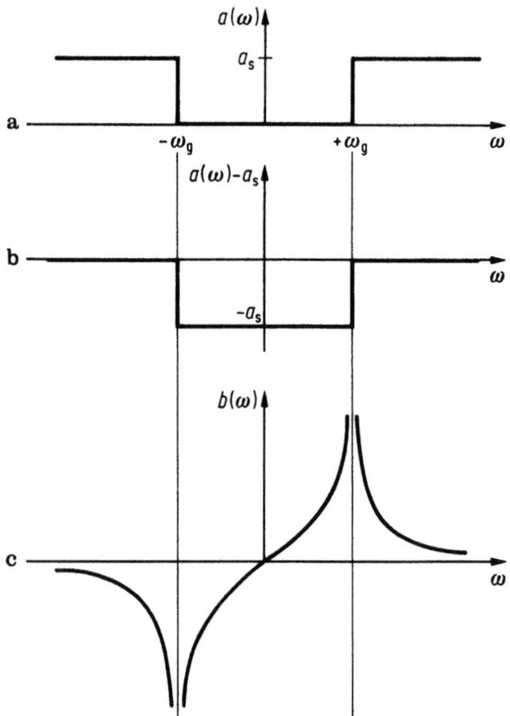

Bild 5.2. Zur Berechnung der Phase $b(\omega)$ für eine Dämpfungsstufe (steiler Tiefpaß mit Sperrdämpfung a_s) eines kausalen Systems

Hier wird die Dämpfung mit der Funktion $1/w^2$ bewertet. Für die Gruppenlaufzeit $\tau_g = db(\omega)/d\omega$ gilt danach für $\omega \to 0$:

$$\tau_g(0) = \frac{2}{\pi} \int_0^\infty \frac{a(w)}{w^2}\, dw.$$

Speziell für den Tiefpaß nach Bild 5.2a mit der Grenzfrequenz ω_g und der Sperrdämpfung a_S ergibt sich für die Gruppenlaufzeit bei $\omega \to 0$

$$\tau_g(0) = \frac{2}{\pi} \frac{a_S}{\omega_g}.$$

Approximiert man nach Bild 5.4 eine Dämpfungsfunktion durch eine Treppenkurve, so folgt für die minimale Phase aufgrund von (5.16)

$$b(\omega) = \frac{1}{\pi}\left(a_1 \ln\left|\frac{\omega+\omega_1}{\omega-\omega_1}\right| + (a_2 - a_1)\ln\left|\frac{\omega+\omega_2}{\omega-\omega_2}\right| + (a_3 - a_2)\ln\left|\frac{\omega+\omega_3}{\omega-\omega_3}\right| + \cdots\right).$$

Bei vielen Stufen ergibt sich mit den Bezeichnungen

$$\omega_\nu - \omega_{\nu-1} = dw, \qquad \omega_\nu = \nu dw \xrightarrow{dw\to 0} w, \qquad a_\nu - a_{\nu-1} = da(w)$$

der Zusammenhang

$$b(\omega) = \frac{1}{\pi} \sum_{\nu=1}^\infty da(w) \ln\left|\frac{\omega+\omega_\nu}{\omega-\omega_\nu}\right|.$$

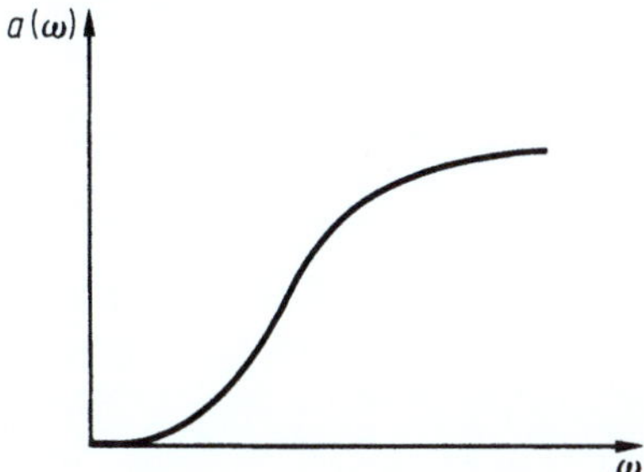

Bild 5.3. Beliebige Dämpfungsfunktion eines kausalen Tiefpasses

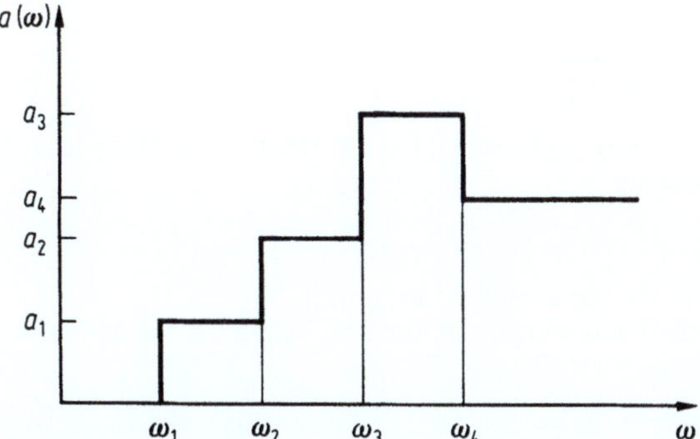

Bild 5.4. Approximation des Dämpfungsverlaufs $a(\omega)$ durch eine Treppenfunktion

Hierbei kann die Summe durch den Grenzübergang $dw \to 0$ in das Integral

$$b(\omega) = \frac{1}{\pi} \int\limits_0^\infty \frac{da(w)}{dw} \ln \left| \frac{w+\omega}{w-\omega} \right| dw \tag{5.17}$$

übergeführt werden. Daraus folgt, daß zur Gewinnung der Phase an der Stelle ω die Ableitung der Dämpfung $a(\omega)$ verwendet werden kann, die mit der stets positiven Funktion $\ln|(w+\omega)/(w-\omega)|$ zu bewerten ist. Diese Bewertungsfunktion hat zwar einen logarithmischen Pol bei $w=\omega$, jedoch ist das Integral

$$\int\limits_0^\infty \ln \left| \frac{w+\omega}{w-\omega} \right| dw$$

endlich.

Führt man eine logarithmische Frequenzvariable $\eta = \ln(w/\omega)$ ein, so läßt sich die letzte Gleichung mit $\ln|(w+\omega)/(w-\omega)| = \ln \coth|\eta/2|$ wie folgt umformen (für $\omega > 0$):

$$b(\omega) = \frac{1}{\pi} \int\limits_{-\infty}^{+\infty} \frac{da}{d\eta} \ln \coth \left| \frac{\eta}{2} \right| d\eta . \tag{5.18}$$

Auch jetzt ist die Bewertungsfunktion $\ln \coth|\eta/2|$ für die logarithmisch differenzierte Dämpfung $da/d\eta$ stets positiv mit einem endlichen Integral

$$\int\limits_{-\infty}^{+\infty} \ln \coth \left| \frac{\eta}{2} \right| d\eta = \frac{\pi^2}{2} .$$

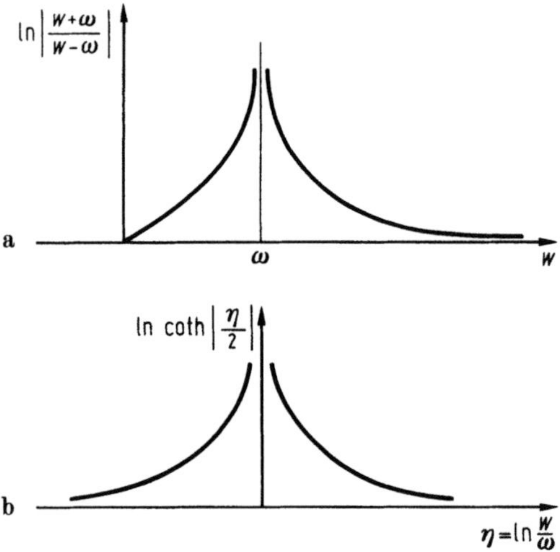

Bild 5.5a u. b. Bewertungsfunktion zur Berechnung der Phase. (a) Für die Ableitung der Dämpfung; (b) für die logarithmische Ableitung der Dämpfung

Die Bewertungsfunktionen für (5.17) und (5.18) sind in Bild 5.5 dargestellt.

Für einen logarithmischen Dämpfungsverlauf $a(\omega)=\ln(\omega/\omega_0)^n$, der dem Betrag der Systemfunktion $|S(\omega)|=(\omega_0/\omega)^n$ entspricht, gilt

$$a(w)=\ln\left(\frac{w}{\omega_0}\right)^n=n\ln\left(\frac{w}{\omega}\,\frac{\omega}{\omega_0}\right)=n\ln\frac{w}{\omega}+n\ln\frac{\omega}{\omega_0}=n\eta+\text{const.}$$

Dabei ist

$$\frac{\mathrm{d}a}{\mathrm{d}\eta}=n.$$

Somit gilt gemäß (5.18)

$$b(\omega)=\frac{1}{\pi}n\frac{\pi^2}{2}=n\frac{\pi}{2}.$$

Dies gilt zunächst nur für $\omega>0$. Da $b(\omega)$ aber eine ungerade Funktion der Frequenz ist, gilt im ganzen Bereich $-\infty<\omega<+\infty$

$$b(\omega)=n\frac{\pi}{2}\,\mathrm{sgn}(\omega).$$

Einem gleichmäßigen Abfall der Systemfunktion mit der Potenz n entspricht also eine für positive Frequenzen konstante Phase von $n(\pi/2)$. Von Bode wird der Zusammenhang zwischen Dämpfung und Phase ausführlich behandelt, und es finden sich in dessen Veröffentlichung weitere Formeln sowie Kurvenblätter für die Anwendung in der Praxis. Selbstverständlich kann man die im Abschnitt 10.10 aufgelisteten Hilbert-Korrespondenzen auch für den Zusammenhang von Dämpfung und Phase verwenden.

5.3 Analytisches Signal

Ganz analog zum kausalen Signal gilt die Hilbert-Transformation auch zwischen Realteil und Imaginärteil einer Zeitfunktion, deren Spektrum für negative Frequenzen verschwindet bzw. 0 gesetzt wird. Setzt man ein Spektrum für negative

Frequenzen gleich 0, so entspricht dies dem Vorgehen der komplexen Rechnung im Falle einer harmonischen Schwingung (vgl. Abschnitt 1.1). Wir bezeichnen allgemein ein Signal, für dessen Spektrum

$$U(f)=0 \quad \text{für} \quad f<0$$

gilt, als „analytisches" Signal. Es ist eine komplexe Zeitfunktion und stellt eine Erweiterung der komplexen Rechenmethode auf beliebige Signale dar. Im folgenden wird die Bestimmung des analytischen Signals $u(t)$, das zu einem beliebigen exponentiell begrenzten reellwertigen Signal $x(t)$ gehört, erläutert.
Wir setzen

$$u(t) = x(t) + jy(t)$$

$$U(f)=X(f)+jY(f). \tag{5.19}$$

Wir haben in (5.19) zum reellen gegebenen Signal $x(t)$ einen Imaginärteil $jy(t)$ hinzugefügt. $y(t)$ ist so zu bestimmen, daß $U(f)=0$ für $f<0$ gilt. Die Teilspektren von $U(f)$, nämlich $X(f)\!\bullet\!\!-\!\!-\!\!\circ x(t)$ und $Y(f)\!\bullet\!\!-\!\!-\!\!\circ y(t)$ sind im allgemeinen komplex. Zwischen ihnen muß die Beziehung

$$jY(f)=\mathrm{sgn}(f)X(f) \tag{5.20}$$

gelten, denn damit wird

$$U(f)=X(f)+\mathrm{sgn}(f)X(f)=2\gamma(f)X(f).$$

Es ist dann die Bedingung $U(f)=0$ für $f<0$ bei beliebigem $X(f)\!\bullet\!\!-\!\!-\!\!\circ x(t)$ erfüllt. Für $f>0$ wird $U(f)=2X(f)$.
Mit der Korrespondenz

$$\frac{j}{\pi t}\circ\!\!-\!\!-\!\!\bullet\mathrm{sgn}(f)$$

läßt sich (5.20) in den Zeitbereich transformieren mit dem Ergebnis

$$y(t)=\frac{1}{\pi t}*x(t)=\frac{1}{\pi}\int_{-\infty}^{+\infty}\frac{x(\tau)}{t-\tau}\,d\tau. \tag{5.21}$$

Es ist also $y(t)=H(x(t))=\hat{x}(t)$ die Hilbert-Transformierte von $x(t)$. Damit gilt für das analytische Signal

$$u(t)=x(t)+j\hat{x}(t). \tag{5.22}$$

Für ein gegebenes reellwertiges Signal $x(t)$ läßt sich somit ein analytisches Signal $u(t)$ angeben, dessen Realteil $x(t)$ und dessen Imaginärteil $y(t)$ die Hilbert-Transformierte $\hat{x}(t)$ von $x(t)$ ist. Das Spektrum $U(f)$ dieses analytischen Signals verschwindet für $f<0$.
Zwischen den Spektren von Realteil $X(f)\!\bullet\!\!-\!\!-\!\!\circ x(t)$ und Imaginärteil $Y(f)\!\bullet\!\!-\!\!-\!\!\circ \hat{x}(t)$ des analytischen Signals gilt gemäß (5.20) die Beziehung

$$Y(f)=-j\,\mathrm{sgn}(f)X(f)=e^{-j\frac{\pi}{2}\mathrm{sgn}(f)}X(f).$$

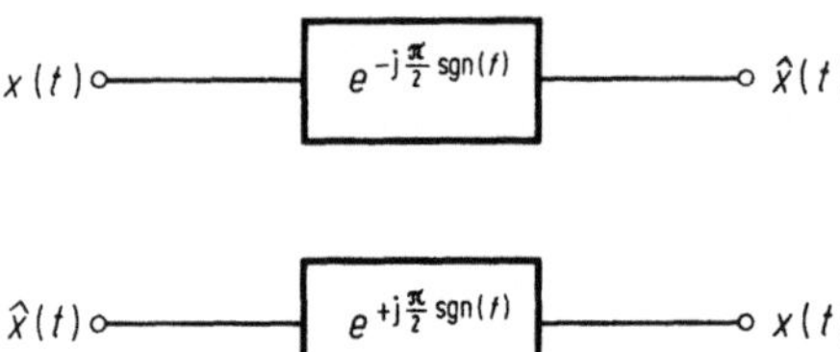

Bild 5.6. Lineares System zur Durchführung der zeitlichen Hilbert-Transformation

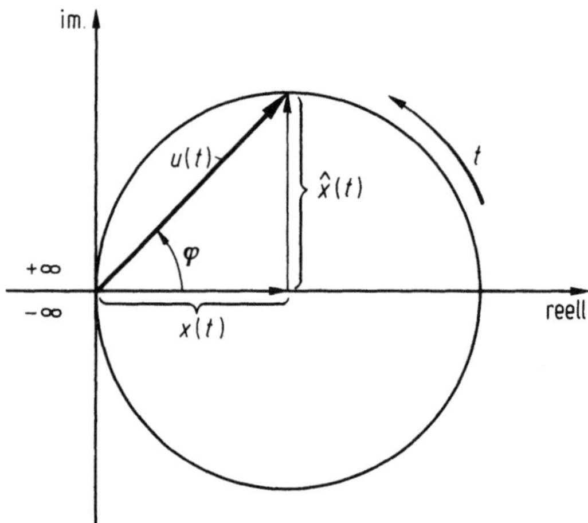

Bild 5.7. Zeitortskurve des analytischen Signals $u(t)=1/(\alpha-\mathrm{j}2\pi t)=x(t)+\mathrm{j}\hat{x}(t)$

Diese Gleichung zeigt, daß die Hilbert-Transformation durch ein lineares System durchgeführt werden kann, das für alle Frequenzen die Phase um 90° dreht (90°-Schaltung). In Bild 5.6 ist ein solcher „Hilbert-Transformator" zur Umwandlung von $x(t)$ in $\hat{x}(t)$ und umgekehrt dargestellt.

Beispiele

Wir betrachten als Beispiel die komplexe harmonische Schwingung im Bereich $f>0$:

$$\delta(f-f_0)\!\bullet\!\!-\!\!-\!\!\circ e^{\mathrm{j}2\pi f_0 t}=\cos 2\pi f_0 t+\mathrm{j}\sin 2\pi f_0 t,$$

woraus die Hilbert-Korrespondenz

$$\cos 2\pi f_0 t\!\bullet\!\!-\!\!-\!\!\blacktriangleright\sin 2\pi f_0 t$$

folgt. Man erkennt hier wiederum, daß die Hilbert-Transformation durch ein lineares System durchgeführt werden kann, das die Phase unabhängig von der Frequenz f_0 um 90° dreht und dadurch die cos-Funktion in die sin-Funktion verwandelt.
Als weiteres Beispiel sei ein einseitiges exponentiell abklingendes Spektrum betrachtet:

$$\gamma(f)e^{-\alpha f}\!\bullet\!\!-\!\!-\!\!\circ\frac{1}{\alpha-\mathrm{j}2\pi t}=\frac{\alpha}{\alpha^2+4\pi^2 t^2}+\mathrm{j}\frac{2\pi t}{\alpha^2+4\pi^2 t^2}.$$

Daraus folgt, daß zur Zeitfunktion

$$x(t) = \frac{\alpha}{\alpha^2 + 4\pi^2 t^2}$$

das analytische Signal

$$u(t) = \frac{1}{\alpha - j2\pi t} \tag{5.23}$$

gehört, dessen Imaginärteil $\hat{x}(t) = 2\pi t/(\alpha^2 + 4\pi^2 t^2)$ die Hilbert-Transformierte von $x(t)$ ist. In Bild 5.7 ist die Zeitortskurve dieses Signals dargestellt. Sie stellt den komplexen Vektor des analytischen Signals in Abhängigkeit der Zeit dar. Aus der Zeitortskurve ist der Realteil $x(t)$ sowie der Imaginärteil $\hat{x}(t)$ des analytischen Signals leicht zu entnehmen. Für den Grenzfall $\alpha \to 0$ erhält man (analog dem Vorgehen in Abschnitt 5.1)

$$\gamma(f) \bullet\!\!-\!\!-\!\!\circ \frac{1}{2}\delta(t) + \frac{j}{2}\frac{1}{\pi t},$$

wobei hier die Ortskurvendarstellung von Bild 5.7 entartet.

Das analytische Signal nach (5.23) läßt sich auch in Polarkoordinatenform durch Betrag $a(t)$ und Phase $\varphi(t)$ darstellen, d. h.

$$u(t) = x(t) + j\hat{x}(t) = a(t)e^{j\varphi(t)}.$$

Hierbei ist

$$a(t) = \sqrt{x^2(t) + \hat{x}^2(t)},$$

$$\varphi(t) = \arctan\frac{\hat{x}(t)}{x(t)}.$$

$\varphi(t)$ bezeichnet man als Augenblicksphase. Ihre zeitliche Ableitung ist die Augenblicksfrequenz

$$\omega_a(t) = \frac{d\varphi(t)}{dt}. \tag{5.24}$$

Sie ist keine Spektralfrequenz (wie der Name vermuten läßt), sondern stellt vielmehr eine Zeitfunktion dar. Mit Hilfe der Hilbert-Transformation ist es daher möglich, für eine beliebige reellwertige Zeitfunktion Amplitude, Augenblicksphase und Augenblicksfrequenz eindeutig zu bestimmen. Für das vorhergehende Beispiel ist

$$a(t) = \frac{1}{\sqrt{\alpha^2 + 4\pi^2 t^2}},$$

$$\varphi(t) = \arctan\left(\frac{2\pi}{\alpha} \cdot t\right),$$

$$\omega_a(t) = \frac{1}{1 + \dfrac{4\pi^2}{\alpha^2}t^2}\,\frac{2\pi}{\alpha}.$$

$a(t)$ und $\varphi(t)$ sind aus Bild 5.7 zu entnehmen.

5.4 Der verallgemeinerte Zuordnungssatz

Unter Benutzung der Beziehung der Hilbert-Transformation kann man den Zuordnungssatz gemäß (4.5) im Hinblick auf die Sonderfälle des kausalen bzw. des analytischen Signals erweitern. Er lautet dann:

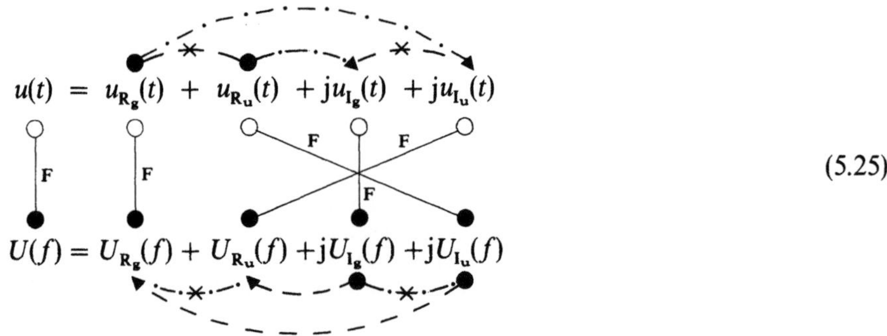

$$(5.25)$$

– – – – kausales Signal: $u(t)=0$ für $t<0$; — · — · analytisches Signal: $U(f)=0$ für $f<0$.

Die Korrespondenzen der Fourier-Transformation gelten mit dem Faktor j. Dagegen gelten die angegebenen Beziehungen innerhalb der Zeitfunktion bzw. des Spektrums nur für die reellen Teilfunktionen, d. h. ohne den Faktor j. Die Beziehung — · ✕ · — bzw. – ✕ – soll Umpolung, d. h. Multiplikation mit sgn(x) bedeuten. Die Beziehung ●——➤ kennzeichnet die Hilbert-Transformation. Gestrichelt sind die Beziehungen für das kausale Signal und strichpunktiert die Beziehungen für das analytische Signal angegeben.

6 Abtasttheorem

Das Abtasttheorem gestattet eine diskrete Darstellung einer frequenzbandbegrenzten Zeitfunktion und wird damit zur Grundlage jeder zeitdiskreten Signaldarstellung und insbesondere auch sämtlicher Pulsmodulationsverfahren. In einer anderen Version gilt das Abtasttheorem für zeitbegrenzte Signale und erlaubt eine diskrete Darstellung der Spektralfunktion. Wir besprechen zunächst das Abtasttheorem der Zeitfunktion und danach das der Spektralfunktion, wobei jeweils auf verschiedene Anwendungen hingewiesen wird.

6.1 Das Abtasttheorem der Zeitfunktion

Wir betrachten gemäß Bild 6.1 ein kontinuierliches Signal $u(t)$○———●$U(f)$, das auf eine mathematisch definierte Frequenzbandbreite F begrenzt ist (F schließt also den negativen Frequenzbereich mit ein). Für eine physikalische Grenzfrequenz f_g des Signals ergibt sich $F = 2f_g$. Außerdem gelte $U(f) = 0$ für $|f| \geq f_g$.

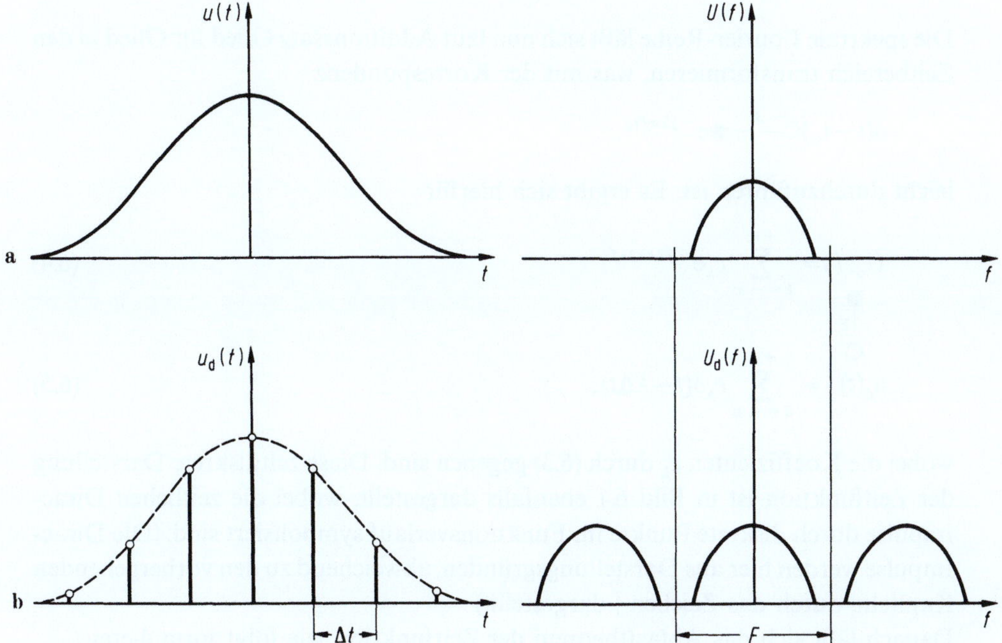

Bild 6.1a u. b. Abtasttheorem der Zeitfunktionen. (a) Ursprüngliches zeitkontinuierliches Signal $u(t)$○———●$U(f)$; (b) zeitdiskretes Signal mit periodischem Spektrum $u_d(t)$○———●$U_d(f)$

In Abschnitt 1.2 und 1.3 wurde gezeigt, daß periodische Zeitfunktionen immer diskrete Spektren besitzen. Da die Fourier-Transformation reziprok ist, muß deshalb auch ein periodisches Spektrum mit einer diskreten Zeitfunktion korrespondieren. Um dies nachzuweisen, setzen wir $U(f)$ außerhalb des Frequenzbandes F periodisch fort und entwickeln diese periodische Spektralfunktion $U_\mathrm{d}(f)$ in eine Fourier-Reihe

$$U_\mathrm{d}(f)= \sum_{k=-\infty}^{+\infty} c_k \mathrm{e}^{-\mathrm{j}2\pi k\frac{f}{F}} \tag{6.1}$$

mit den im allgemeinen komplexen Koeffizienten

$$c_k = \frac{1}{F} \int_{-F/2}^{+F/2} U(f)\mathrm{e}^{+\mathrm{j}2\pi k\frac{f}{F}}\mathrm{d}f. \tag{6.2}$$

(Spektrum und Fourier-Reihe sind hier komplex angesetzt, während in Bild 6.1 aus Darstellungsgründen ein reelles Spektrum verwendet wurde.) Vergleichen wir nun die Koeffizientenformel von (6.2) mit der Fourier-Rücktransformationsgleichung

$$u(t)= \int_{-\infty}^{+\infty} U(f)\mathrm{e}^{\mathrm{j}2\pi ft}\mathrm{d}f,$$

so folgt für die Zeitpunkte $t=k\Delta t=k/F$ (mit $\Delta t=1/F$)

$$c_k = \frac{1}{F}u\left(\frac{k}{F}\right) = \Delta t u(k\Delta t). \tag{6.3}$$

Die spektrale Fourier-Reihe läßt sich nun laut Additionssatz Glied für Glied in den Zeitbereich transformieren, was mit der Korrespondenz

$$\delta(t-t_0)\!\circ\!\!-\!\!\!\overset{F}{-\!\!-}\!\!\!-\!\!\bullet\mathrm{e}^{-\mathrm{j}2\pi ft_0}$$

leicht durchzuführen ist. Es ergibt sich hierfür

$$U_\mathrm{d}(f)= \sum_{k=-\infty}^{+\infty} c_k \mathrm{e}^{-\mathrm{j}2\pi k\Delta t f} \tag{6.4}$$

$$u_\mathrm{d}(t) = \sum_{k=-\infty}^{+\infty} c_k \delta(t-k\Delta t), \tag{6.5}$$

wobei die Koeffizienten c_k durch (6.3) gegeben sind. Diese zeitdiskrete Darstellung der Zeitfunktion ist in Bild 6.1 ebenfalls dargestellt, wobei die zeitlichen Dirac-Impulse durch diskrete Punkte im Funktionsverlauf symbolisiert sind. (Die Dirac-Impulse werden hier aus Darstellungsgründen, abweichend zu den vorhergehenden Kapiteln, durch das Zeichen $\uparrow$ dargestellt.)

Danach läßt sich das Abtasttheorem der Zeitfunktion wie folgt formulieren:

Ist $U(f)$ auf $F=1/\Delta t$ bandbegrenzt, so ist $u(t)\circ\!\!-\!\!\!-\!\!\!-\!\!\bullet U(f)$ vollständig bestimmt durch die äquidistanten Punkte der Zeitfunktion: $c_k=\Delta t u(k\Delta t)$. Hat ein solches Signal die Zeitdauer T, so kann es durch endlich viele, nämlich durch $T/\Delta t = FT = 2f_g T$ Abtastwerte dargestellt werden.[1]

Hierbei ist anzumerken, daß die spektrale Periode $F = 1/\Delta t$ zwar größer, jedoch nicht kleiner als $2f_g$ gewählt werden darf, um Überlappungen des periodischen Spektrums zu vermeiden. Es gilt also für die Gültigkeit des Abtasttheorems

$$\Delta t = \frac{1}{F} \leq \frac{1}{2f_g}, \tag{6.6}$$

wenn f_g die physikalische Grenzfrequenz des Signals ist. (Wird diese Bedingung verletzt, so treten durch die spektrale Überlappung Störungen in der Darstellung auf.[2] Dieser Fall wird im nächsten Abschnitt behandelt.) (6.6) läßt sich auch folgendermaßen interpretieren: im Bereich einer Periode $1/f_g$ der höchsten Frequenz des Signals müssen mindestens zwei Abtastwerte liegen. Weiterhin muß das Originalspektrum $U(f)$ nicht notwendigerweise Tiefpaßcharakteristik haben, sondern kann auch entsprechend dem später folgenden Beispiel bei höheren Frequenzen liegen.

Will man nun vom zeitdiskreten Signal $u_d(t)$ auf das ursprüngliche kontinuierliche Signal $u(t)$ zurückkommen, so sind im Spektrum $U_d(f)$ einfach die unerwünschten periodischen Fortsetzungsteile durch eine geeignete Filterung zu unterdrücken, womit nur der Anteil $U(f)$ im Bereich F übrigbleibt. Dies geschieht durch Bandbegrenzung von $U_d(f)$ mit einem idealen Tiefpaß (sogenannter Küpfmüller-Tiefpaß). Dieser hat die Systemfunktion

$$S_K(f) = \mathrm{rect}(f/F) = \begin{cases} 1 & \text{für} \quad -F/2 < f < +F/2, \\ 1/2 & \text{für} \quad |f| = F/2, \\ 0 & \text{für außerhalb} \end{cases}$$

und die Impulsantwort

$$s_K(t) = \frac{1}{\Delta t}\,\mathrm{si}\!\left(\pi\,\frac{t}{\Delta t}\right), \quad -\infty \leq t \leq +\infty, \tag{6.7}$$

wobei $\mathrm{si}(x) = (\sin x)/x$ und $\Delta t = 1/F$ ist (vgl. Bild 3.11).

Gemäß dieser Impulsantwort bewirkt jeder Dirac-Impuls $\delta(t - k\Delta t)$ von (6.5) am Ausgang des Tiefpasses eine Antwortfunktion $(1/\Delta t)\,\mathrm{si}(\pi t/\Delta t - k\pi)$. Damit erhält man für $u(t)$ die Interpolationsformel

$$u(t) = \sum_{k=-\infty}^{+\infty} u(k\Delta t)\,\mathrm{si}\!\left(\pi\,\frac{t}{\Delta t} - k\pi\right), \tag{6.8}$$

wobei die Koeffizienten c_k nach (6.3) eingesetzt wurden. Diese Formel ist in Bild 6.2 veranschaulicht. Die Überlagerung sämtlicher si-Funktionen ergibt die ursprüngliche kontinuierliche Zeitfunktion $u(t)$. Auf diese Weise ist $u(t)$ aus den Abtastwerten $u(k\Delta t)$ exakt zu rekonstruieren, wenn die Bedingung der Bandbegrenzung erfüllt ist.

---

[1] Theoretisch kann ein bandbegrenztes Signal nicht gleichzeitig zeitbegrenzt sein; in der Praxis ist eine Begrenzung jedoch durch die bleibende Unterschreitung eines Mindestwertes gegeben.

[2] Wegen der Bedingung $U(f) = 0$ bei $|f| = f_g$ darf bei der Grenzfrequenz f_g kein Dirac-Stoß im Spektrum vorhanden sein.

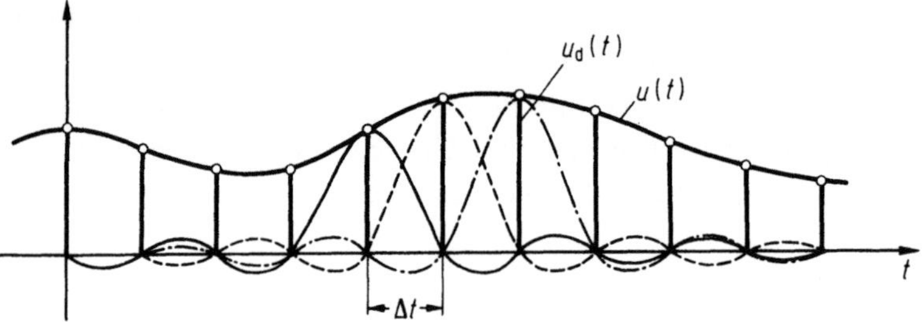

Bild 6.2. Rückgewinnung des Originalsignals $u(t)$ aus der diskreten Darstellung $u_\mathrm{d}(t)$ durch Interpolation

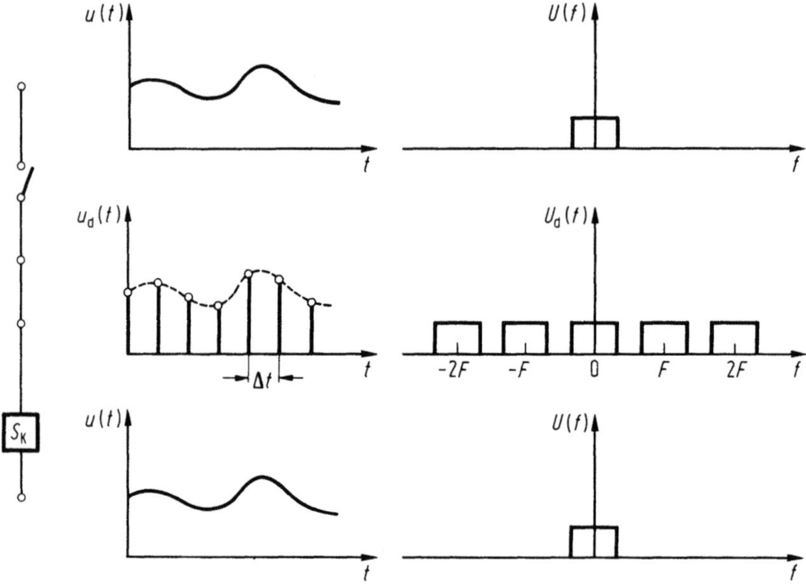

Bild 6.3. Schema der Pulsamplitudenmodulation (zeitliche Abtastung)

Anwendungen

Als Anwendung des zeitlichen Abtasttheorems sei die ideale Pulsamplitudenmodulation (Zeitabtastung) gemäß Bild 6.3 betrachtet. Der Modulator besteht aus einem Abtastschalter, der mit der Periode $\Delta t = 1/F$ nur infinitesimal kurz schließt und so das Signal abtastet. Die zur Übertragung notwendige Verstärkung auf der Sendeseite sei hier der Einfachheit wegen fortgelassen. $u_\mathrm{d}(t)$ ist das Signal der entstandenen Pulsamplitudenmodulation. Sie besitzt ein periodisch fortgesetztes Spektrum $U_\mathrm{d}(f)$, das sich im Idealfall bis zu unendlichen Frequenzen hin erstreckt. Der Demodulator besteht aus einem idealen Tiefpaß mit der Systemfunktion $S_\mathrm{K}(f)$, der diese Fortsetzungsteile des Spektrums unterdrückt. Wird das Spektrum von $U_\mathrm{d}(f)$ auf dem Übertragungsweg frequenzbandbegrenzt, so gehen die idealen Dirac-Impulse von $u_\mathrm{d}(t)$ in Impulse endlicher Zeitdauer über.

Bei einer Bandbegrenzung durch das Übertragungssystem auf f_H (physikalische Bandbreite) wird die Impulsdauer nach dem Reziprozitätsgesetz $\Delta\tau = 1/2f_\mathrm{H}$, wobei $f_\mathrm{H} > f_\mathrm{g}$ sein muß. Die Pulsamplitudenmodulation wird häufig im Zeitmultiplexverfahren benutzt, indem man zwischen den Abtastimpulsen eines Kanals weitere zeitversetzte Abtastimpulse anderer Kanäle bei gleicher Pulsperiode überträgt. Auf diese Weise sind jedoch bei einer durch den Übertragungskanal bedingten endlichen Impulsbreite $\Delta\tau$ maximal nur

$$N = \frac{\Delta t}{\Delta\tau} = \frac{2f_\mathrm{H}}{2f_\mathrm{g}} = \frac{f_\mathrm{H}}{f_\mathrm{g}}$$

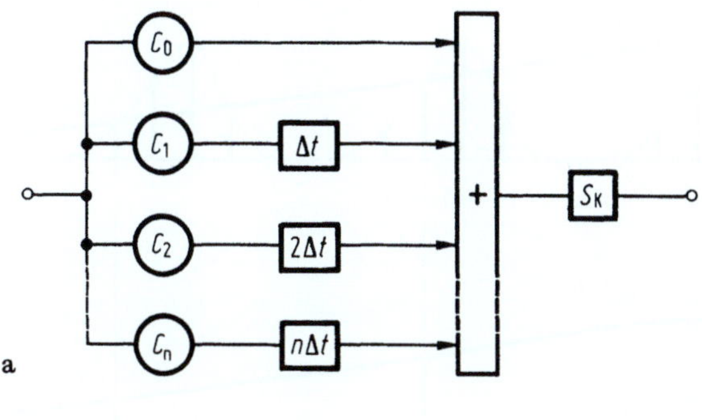

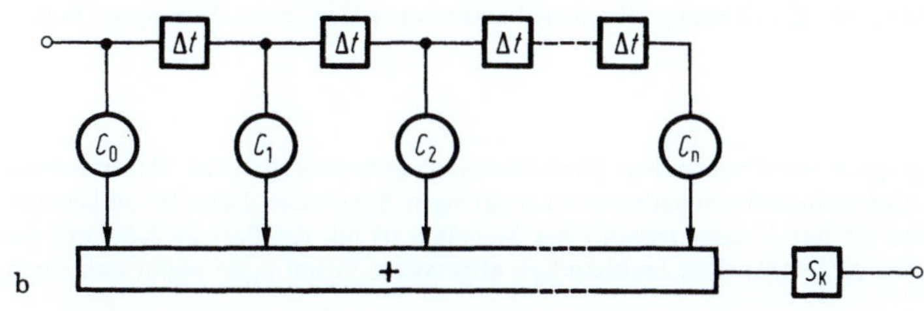

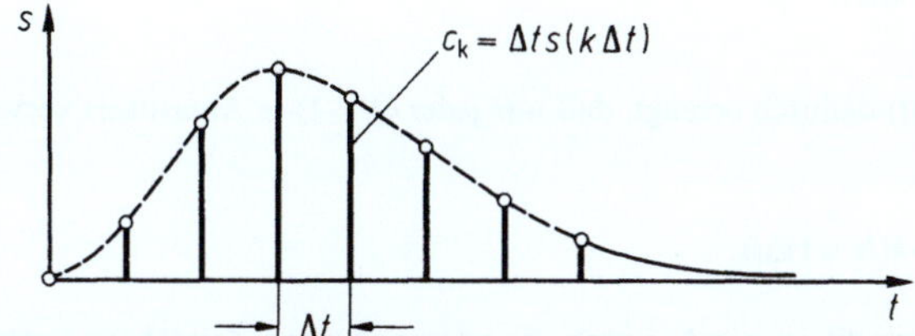

Bild 6.4a–c. Nichtrekursives Laufzeitfilter als Ersatzschaltung eines linearen zeitkonstanten Systems (Laufzeitharfe). (a) Parallelform; (b) Serienform; (c) Bestimmung der Koeffizienten c_k aus der Impulsantwort $s(t)$ des Systems

Kanäle übertragbar, wenn f_g die Grenzfrequenz eines Kanals ist. In der Praxis erhält man auch bei Verwendung elektronischer Abtastschalter für $u_d(t)$ keine Folge von modulierten Dirac-Impulsen, sondern — der endlichen Schließdauer des Schalters entsprechend — eine Folge von endlich breiten Ausschnitten des Signals $u(t)$. Es läßt sich systemtheoretisch nachweisen, daß dies zu keinen Verzerrungen führt, sondern nur eine zu höheren Frequenzen hin ansteigende Dämpfung der Wiederholungsspektren zur Folge hat. (Innerhalb eines Wiederholungsspektrums ist die Dämpfung jeweils konstant.)

Eine weitere Anwendung des zeitlichen Abtasttheorems ist die „Laufzeitharfe" nach Gensel bzw. das nichtrekursive Laufzeitfilter gemäß neuerer Bezeichnung. Diese Anordnung kann als eine Ersatzschaltung eines linearen zeitinvarianten Systems (sofern dieses frequenzbandbegrenzt ist) angesehen werden. Sie ist in Bild 6.4 in der parallelen sowie in der seriellen Form dargestellt. Durch das nichtrekursive Laufzeitfilter kann die Impulsantwort $s(t)$ eines beliebigen linearen Systems approximiert werden. Δt ist hierbei so klein zu wählen, daß für die höchste noch interessierende (bzw. zu übertragende) Frequenz f_g das Abtasttheorem

$$\Delta t \leqq \frac{1}{2 f_g}$$

erfüllt ist. Um dies sicherzustellen, ist ein idealer Tiefpaß $S_K(f)$ mit der Grenzfrequenz f_g vor- oder nachzuschalten.

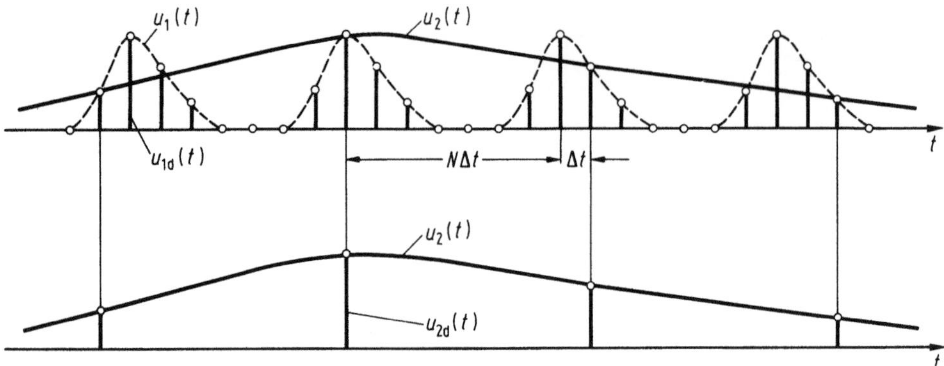

Bild 6.5. Veranschaulichung der Zeitdehnung (Frequenzbandkompression) beim Sampling-Oszillographen

Beim „Sampling-Oszillographen" wird neben dem Ähnlichkeitssatz (Abschnitt 4.3) das Abtasttheorem ausgenutzt, um breitbandige periodische Signale mit einer geringen Bandbreite darstellen zu können. Hierbei sei Δt gemäß Bild 6.5 das Abtastintervall eines Signals $u_1(t)$ mit der Periode $N\Delta t$ und der mathematischen Bandbreite $\Delta f_1 = 1/\Delta t$. Das breitbandige, abgetastete Signal $u_{1d}(t)$ ergibt sich somit zu

$$u_{1d}(t) = \Delta t \sum_{k=-\infty}^{+\infty} u_1(k\Delta t)\delta(t - k\Delta t). \tag{6.9}$$

Aus $u_{1d}(t)$ wird nun das Signal $u_{2d}(t)$ dadurch erzeugt, daß nur jeder $(N+1)$-te Abtastwert verwendet wird. Somit erhält man

$$u_{2d}(t) = \Delta t \sum_{k=-\infty}^{+\infty} u_1(k\Delta t)\delta(t - k(N+1)\Delta t). \tag{6.10}$$

Die Bandbreite der Wiederholungsspektren wurde durch die vorgenommene Zeitdehnung mit dem Faktor $N+1$ entsprechend dem Ähnlichkeitssatz auf den Wert $\Delta f_2 = \Delta f_1/(N+1)$ komprimiert. (Diese Art der Zeitdehnung durch Abtastung ohne Zwischenspeicherung ist nur bei periodischen Zeitfunktionen möglich.) Deshalb kann aus der diskreten Zeitfunktion $u_{2d}(t)$ mit einem idealen Tiefpaß der Bandbreite Δf_2, der die Wiederholungsspektren unterdrückt, das kontinuierliche Signal $u_2(t)$ gewonnen werden. Durch Interpolation mit der $(\sin x)/x$ Funktion entsteht damit

$$u_2(t) = \sum_{k=-\infty}^{+\infty} u_1(k(N+1)\Delta t)\,\mathrm{si}\left(\pi\frac{t}{(N+1)\Delta t} - k\pi\right).$$

Dies ist zu vergleichen mit dem ursprünglichen Signal, das sich nach der Interpolationsformel aus (6.9) ergibt:

$$u_1(t) = \sum_{k=-\infty}^{+\infty} u_1(k\Delta t)\,\mathrm{si}\left(\pi\frac{t}{\Delta t} - k\pi\right).$$

Man erkennt dabei, daß

$$u_2(t) = u_1\left(\frac{t}{N+1}\right)$$

ist. Das niederfrequente Signal $u_2(t)$ kann nun verstärkt und mit einem gewöhnlichen Oszillographen zur Anzeige gebracht werden.

Das Abtasttheorem kann auch bei Bandpaßsignalen angewandt werden. Reellwertige Bandpaßzeitfunktionen haben im Spektralbereich Anteile sowohl bei positiven als auch bei negativen Frequenzen (siehe Bild 4.4). Sollen solche Signale ohne spektrale Überlappung periodisch fortgesetzt werden, so muß für die Abtastfrequenz $F = 2B$ gelten, wenn B die Bandbreite des Signals ist. Dies veranschaulicht Bild 6.6, wobei die Frequenzachse in Abschnitte der Länge B eingeteilt ist. (Falls f_0 zunächst kein ganzzahliges Vielfaches von B ist, kann diese Bedingung immer mit einer Vergrößerung von B durch Hinzunahme von

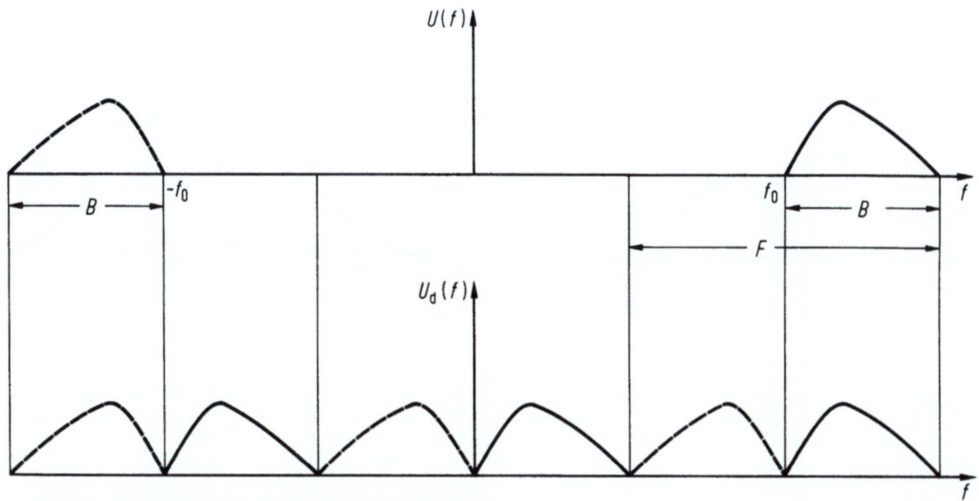

Bild 6.6. Zum Abtasttheorem bei Bandpaßsignalen

Nullbereichen rechts bzw. links des Bandpaßspektrums erfüllt werden.) Das Spektrum des positiven Frequenzbereiches ist ausgezogen und das des negativen Frequenzbereiches gestrichelt dargestellt. Bei der periodischen Fortsetzung des Bandpaßspektrums $U(f)$ mit $F=2B$ kommen die Fortsetzungsspektren des positiven und negativen Frequenzbereiches nebeneinander zu liegen, so daß eine Überlappung bei $U_d(f)$ vermieden wird. Zur Interpolation und Gewinnung des ursprünglichen Signals ist nun eine Bandbegrenzung mit Hilfe eines idealen Bandpasses nötig, der die periodische Fortsetzung des Spektrums wieder unterdrückt. Somit gilt das Abtasttheorem auch für Bandpaßsignale, wobei mit $\Delta t = 1/F = 1/(2B)$ abzutasten ist. Für die Übertragung eines solchen Signals der Dauer T werden ebenfalls $T/\Delta t = 2BT$ Abtastwerte benötigt.

6.2 Das Abtasttheorem der Spektralfunktion

In ähnlicher Weise wie für die Zeitfunktion läßt sich auch für die Spektralfunktion ein Abtasttheorem aufstellen, wenn die Zeitfunktion zeitbegrenzt, d. h. von endlicher Dauer ist. In Analogie zu Bild 6.1 sind die Verhältnisse für diesen Fall in Bild 6.7 dargestellt. Die Zeitdauer des Signals sei T. Dann gilt mit $\Delta f = 1/T$

$$u_p(t) = \sum_{i=-\infty}^{+\infty} C_i e^{j2\pi i \frac{t}{T}}, \tag{6.11}$$

$$U_p(f) = \sum_{i=-\infty}^{+\infty} C_i \delta(f - i\Delta f). \tag{6.12}$$

Die Koeffizienten C_i berechnen sich dabei zu

$$C_i = \Delta f\, U(i\Delta f). \tag{6.13}$$

Schließlich läßt sich das Abtasttheorem im Spektralbereich formulieren:

Ist $u(t)$ auf $T=1/\Delta f$ zeitbegrenzt, so ist $u(t) \circ\!\!-\!\!\overset{F}{-}\!\!-\!\!\bullet\, U(f)$ vollständig bestimmt durch die äquidistanten Punkte der Spektralfunktion $C_i = \Delta f\, U(i\Delta f)$.

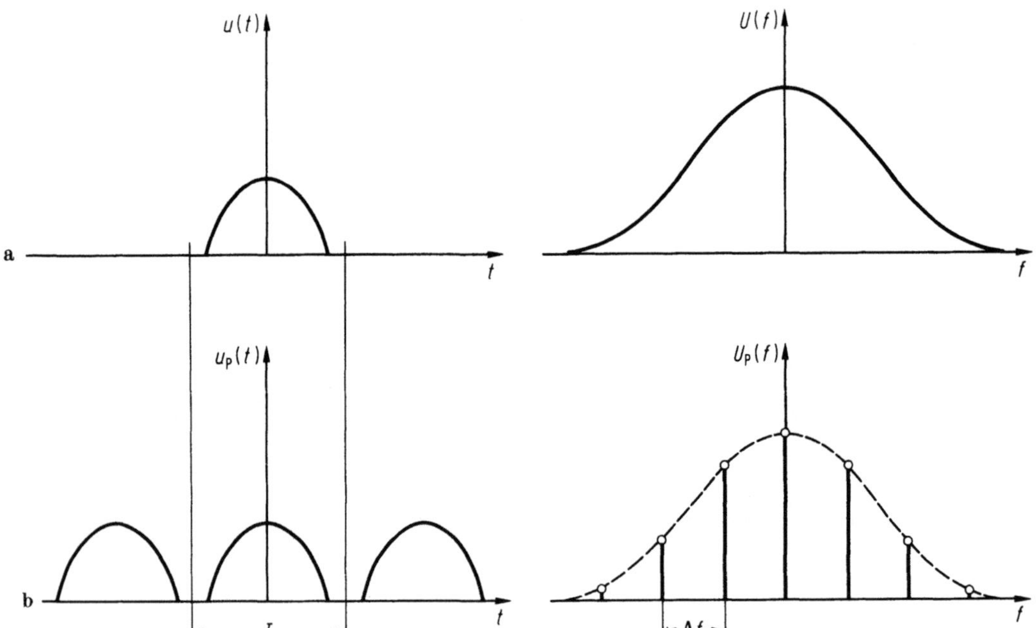

Bild 6.7a u. b. Abtasttheorem der Spektralfunktionen. (a) Ursprüngliches Signal mit kontinuierlichem Spektrum $u(t)$○———●$U(f)$; (b) periodisches Signal mit frequenzdiskretem Spektrum $u_p(t)$○———●$U_p(f)$

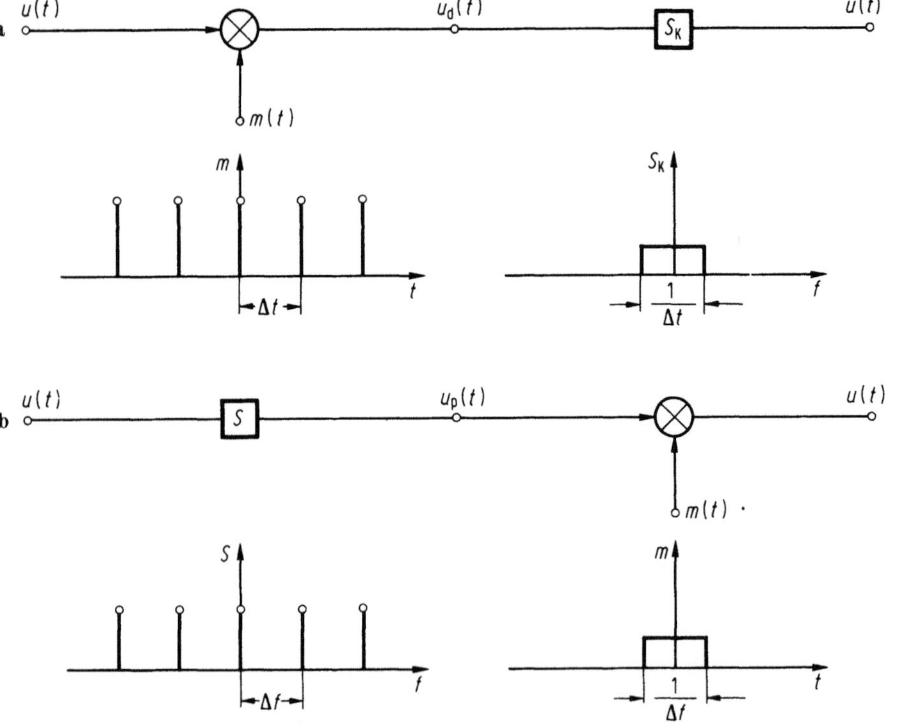

Bild 6.8. (a) Pulsamplitudenmodulation; (b) Kammfilterverfahren

Für die Interpolation im Spektralbereich bei der Wiedergewinnung des Originalsignals durch ein entsprechendes Zeittor gilt in Analogie zu (6.8)

$$U(f) = \sum_{-\infty}^{+\infty} U(i\Delta f)\,\mathrm{si}\left(\pi\frac{f}{\Delta f} - i\pi\right). \tag{6.14}$$

Anwendung

Das Abtasttheorem der Spektralfunktion entspricht der Darstellung periodischer Zeitfunktionen durch
die Fourier-Reihe. Hierbei sind die diskreten Frequenzen der Fourier-Reihe durch die Abtastwerte des
kontinuierlichen Spektrums gegeben. Als weitere Anwendung kann man in Analogie zur Pulsamplitudenmodulation sich ein „Kammfilter" vorstellen, das nur sehr schmale Frequenzbereiche (im Grenzfall
nur einzelne Spektrallinien) im Frequenzabstand Δf überträgt. Am Ausgang des Kammfilters erscheint
das Eingangssignal in zeitperiodischer Fortsetzung. Durch ein Zeittor lassen sich dann die Fortsetzungsteile unterdrücken. Bild 6.8 zeigt diese Analogie zwischen idealer Pulsamplitudenmodulation und dem
Kammfilterverfahren. Beide bestehen im Prinzip aus einem idealen Modulator und einem Filter. Bei der
Pulsamplitudenmodulation ist der Modulator sendeseitig und das Filter empfangsseitig angeordnet und
beim Kammfilterverfahren umgekehrt. Eine Frequenzmultiplexbildung (d.h. Zuordnung nebeneinander liegender Spektralbereiche zu verschiedenen Kanälen) durch eine Verschachtelung der Kanäle ist
beim Kammfilterverfahren nicht in der ursprünglichen aber in einer verschobenen (geträgerten)
Frequenzlage möglich. Da das Kammfilterverfahren jedoch zeitbegrenzte Signale erfordert, hat es nur
geringe praktische Bedeutung.

7 z-Transformation

In diesem Abschnitt betrachten wir zeitdiskrete Signale, die jedoch nicht notwendigerweise dem Abtasttheorem gehorchen. Die Bedingung der Frequenzbandbegrenzung kann nämlich nicht immer exakt eingehalten werden, jedoch wird man im allgemeinen bestrebt sein, sie wenigstens näherungsweise zu erfüllen. Andererseits ist eine diskrete Signaldarstellung immer dann notwendig, wenn digitale Rechenanlagen benutzt werden, sei es zum Zwecke analytischer Rechnungen wie Fourier-Transformation oder Faltung, oder sei es zum Zwecke der Simulation linearer Systeme. Aus diesem Grunde hat die diskrete Signaldarstellung eine große praktische Bedeutung erlangt.

In diesem Abschnitt soll zunächst die allgemeine zeitdiskrete Signaldarstellung, die im Spektralbereich zur z-Transformation führt, behandelt werden. Im nächsten Abschnitt folgt die frequenzdiskrete Signaldarstellung. Damit gelangen wir zur sowohl zeitdiskreten als auch frequenzdiskreten Signaldarstellung, die wir als „finite" Beschreibung mit endlich vielen Abtastwerten bezeichnen werden. In Bild 7.1 finden sich alle diese Signal-Darstellungen mit den zugehörigen Formeln für die Zeitfunktionen und Spektren zusammengefaßt.

7.1 Zeitdiskrete Signale und z-Transformation

Wir betrachten zunächst das zeitdiskrete Signal $u_\mathrm{d}(t)\circ\!\!\!-\!\!\!-\!\!\!\bullet U_\mathrm{d}(f)$, das durch Abtastung eines kontinuierlichen Signals $u(t)\circ\!\!\!-\!\!\!-\!\!\!\bullet U(f)$ entsteht. $u(t)$ sei energiebegrenzt (vgl. Abschnitt 2.5), so daß hierfür die Korrespondenzen im Sinne der Fourier-Transformation Gültigkeit haben. Für das abgetastete Signal gilt

$$u_\mathrm{d}(t)=\sum_{k=-\infty}^{+\infty} u(k\Delta t)\delta(t-k\Delta t)=u(t)\sum_{k=-\infty}^{+\infty}\delta(t-k\Delta t)=u(t)p_{\Delta t}(t)\,. \tag{7.1}$$

(Im Vergleich zur Darstellung (6.3) bis (6.5) haben wir hier den Faktor Δt fortgelassen.)

Es tritt hier der „Dirac-Puls" $p_{\Delta t}(t)$ auf, d. h. die periodische Wiederholung von Dirac-Impulsen im zeitlichen Abstand Δt. Er läßt sich auch wie jede andere periodische Zeitfunktion in eine Fourier-Reihe entwickeln, wobei alle Fourier-Koeffizienten gleich $1/\Delta t$ werden. Somit erhält man

$$p_{\Delta t}(t)=\sum_{k=-\infty}^{+\infty}\delta(t-k\Delta t)=\frac{1}{\Delta t}\sum_{n=-\infty}^{+\infty}\mathrm{e}^{\mathrm{j}2\pi n\frac{t}{\Delta t}}\,, \tag{7.2a}$$

$$P_{\Delta t}(f)=\sum_{k=-\infty}^{+\infty}\mathrm{e}^{-\mathrm{j}2\pi k\Delta t f}=\frac{1}{\Delta t}\sum_{n=-\infty}^{+\infty}\delta\!\left(f-\frac{n}{\Delta t}\right)\,. \tag{7.2b}$$

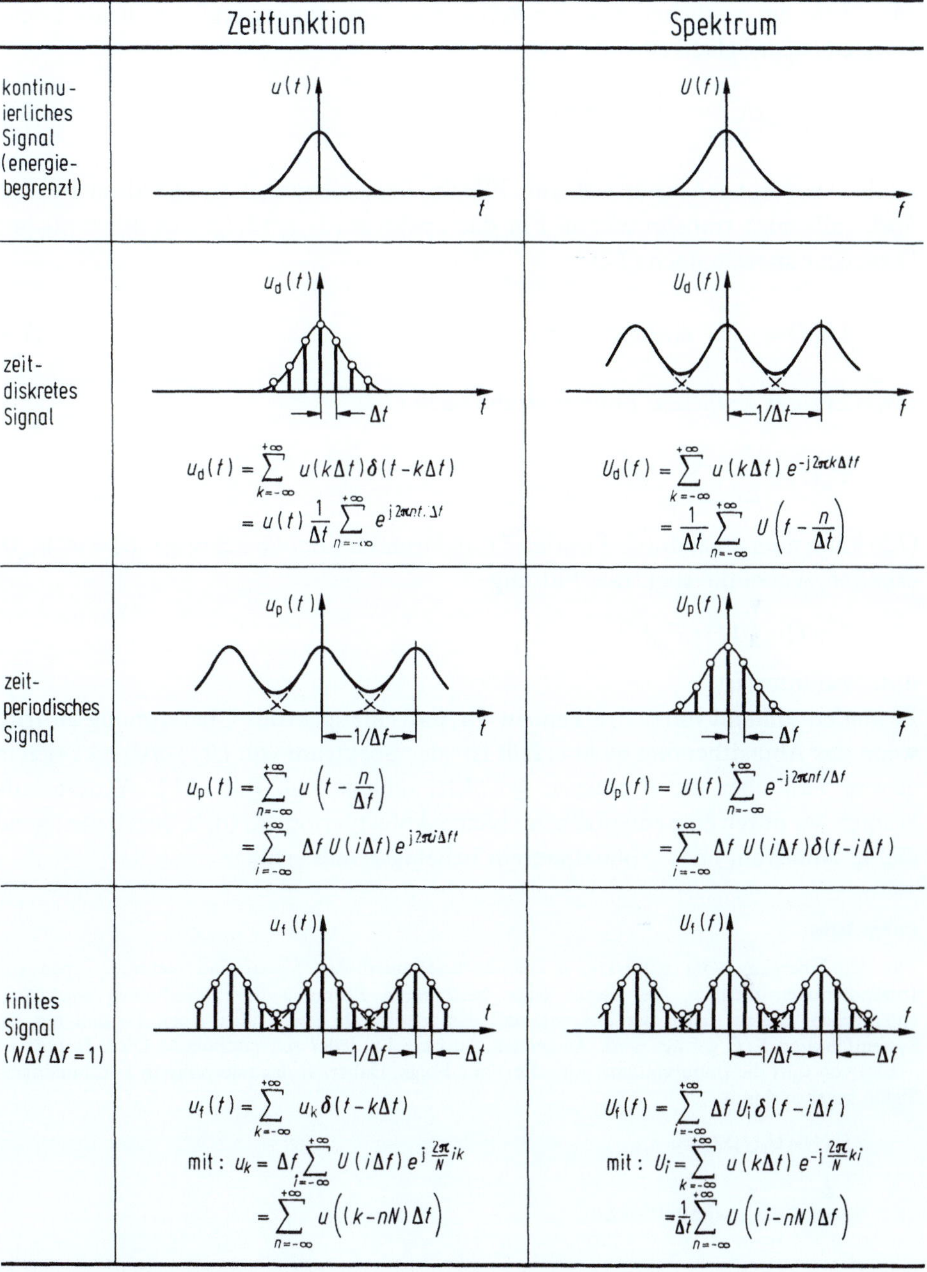

$$u_\mathrm{d}(t) = \sum_{k=-\infty}^{+\infty} u(k\Delta t)\,\delta(t - k\Delta t)$$
$$= u(t)\,\frac{1}{\Delta t}\sum_{n=-\infty}^{+\infty} e^{j2\pi nt\cdot\Delta t}$$

$$U_\mathrm{d}(f) = \sum_{k=-\infty}^{+\infty} u(k\Delta t)\,e^{-j2\pi k\Delta tf}$$
$$= \frac{1}{\Delta t}\sum_{n=-\infty}^{+\infty} U\left(f - \frac{n}{\Delta t}\right)$$

$$u_\mathrm{p}(t) = \sum_{n=-\infty}^{+\infty} u\left(t - \frac{n}{\Delta f}\right)$$
$$= \sum_{i=-\infty}^{+\infty} \Delta f\,U(i\Delta f)\,e^{j2\pi i\Delta ft}$$

$$U_\mathrm{p}(f) = U(f)\sum_{n=-\infty}^{+\infty} e^{-j2\pi nf/\Delta f}$$
$$= \sum_{i=-\infty}^{+\infty} \Delta f\,U(i\Delta f)\,\delta(f - i\Delta f)$$

$$u_\mathrm{f}(t) = \sum_{k=-\infty}^{+\infty} u_k\,\delta(t - k\Delta t)$$
$$\text{mit}:\ u_k = \Delta f\sum_{i=-\infty}^{+\infty} U(i\Delta f)\,e^{j\frac{2\pi}{N}ik}$$
$$= \sum_{n=-\infty}^{+\infty} u\big((k-nN)\Delta t\big)$$

$$U_\mathrm{f}(f) = \sum_{i=-\infty}^{+\infty} \Delta f\,U_i\,\delta(f - i\Delta f)$$
$$\text{mit}:\ U_i = \sum_{k=-\infty}^{+\infty} u(k\Delta t)\,e^{-j\frac{2\pi}{N}ki}$$
$$= \frac{1}{\Delta t}\sum_{n=-\infty}^{+\infty} U\big((i-nN)\Delta f\big)$$

Bild 7.1. Vergleichende Darstellung von Zeitfunktion und Spektrum des kontinuierlichen, zeitdiskreten, zeitperiodischen und finiten Signals

In (7.2b) ist auch das Fourier-Spektrum des Dirac-Pulses angegeben, das man durch gliedweise Transformation der Reihen erhält. Danach läßt sich sowohl der Dirac-Puls als auch sein Spektrum wahlweise durch eine unendliche Folge von Dirac-Impulsen oder durch eine Fourier-Reihe darstellen. Bei beiden Reihen sind die Koeffizienten jeweils konstant.

Mit Hilfe der zeitlichen Fourier-Reihe des Dirac-Pulses ergibt sich als zweite Darstellungsmöglichkeit für $u_{\mathrm{d}}(t)$

$$u_{\mathrm{d}}(t) = u(t)\frac{1}{\Delta t}\sum_{n=-\infty}^{+\infty} e^{+j2\pi n\frac{t}{\Delta t}}. \tag{7.3}$$

Beide Darstellungen lassen sich mit Hilfe des Verschiebungssatzes gliedweise in den Spektralbereich transformieren. Für das Spektrum $U_{\mathrm{d}}(f)$ folgt aus der zeitlichen Dirac-Impulsreihe nach (7.1)

$$U_{\mathrm{d}}(f) = \sum_{k=-\infty}^{+\infty} u(k\Delta t)e^{-j2\pi k\Delta t f} \tag{7.4}$$

sowie aus der zeitlichen Fourier-Reihe nach (7.3)

$$U_{\mathrm{d}}(f) = \frac{1}{\Delta t}\sum_{n=-\infty}^{+\infty} U\left(f-\frac{n}{\Delta t}\right). \tag{7.5}$$

(7.5) kann man auch durch Fourier-Transformation der Gleichung $u_{\mathrm{d}}(t) = u(t)p_{\Delta t}(t)$ erhalten, wobei die spektrale Faltung

$$U_{\mathrm{d}}(f) = U(f) * P_{\Delta t}(f)$$

durchzuführen ist.

Besonders anhand von (7.5) erkennen wir, daß eine spektrale Überlappung auftritt, wenn das Abtasttheorem nicht erfüllt ist [das Spektrum von $U(f)$ erstreckt sich in diesem Fall über die Frequenz $\pm 1/(2\Delta t)$ hinaus; vgl. Bild 7.1]. Andererseits können wir durch eine entsprechend kleine Abtastperiode Δt (d. h. durch genügend dichte Abtastung) das Abtasttheorem beliebig genau erfüllen.

Interpolation

Für den Übergang vom zeitdiskreten zum zeitkontinuierlichen Signal sind mehrere Typen von Interpolationen möglich, die jeweils einer bestimmten Formung des periodischen Spektrums entsprechen. Hierzu stellen wir uns vor, daß das zeitdiskrete Signal über einen Tiefpaß mit der Systemfunktion $S_{\mathrm{i}}(f)$ geleitet wird. An seinem Ausgang hat jeder zeitverschobene Dirac-Impuls $\delta(t-k\Delta t)$ von $u_{\mathrm{d}}(t)$ die Impulsantwort $s_{\mathrm{i}}(t-k\Delta t)$ zur Folge. Daher ist das interpolierte kontinuierliche Signal gegeben durch

$$U_{\mathrm{i}}(f) = U_{\mathrm{d}}(f)S_{\mathrm{i}}(f)$$

$$u_{\mathrm{i}}(t) = \sum_{k=-\infty}^{+\infty} u(k\Delta t)s_{\mathrm{i}}(t-k\Delta t).$$

In Bild 7.2 sind einige Interpolationsfunktionen zusammengestellt. Die $(\sin x)/x$-Interpolation entspricht einer scharfen Begrenzung des Spektrums durch einen Küpfmüller-Tiefpaß. Nehmen wir ein Rechteck als interpolierende Funktion, so wird $u_{\mathrm{i}}(t)$ durch eine Treppenkurve dargestellt. Dies entspricht einer Multiplikation des Spektrums mit einer $(\sin x)/x$-Funktion. Die weiteren Interpolationsfunktionen entstehen durch einmalige bzw. mehrmalige Faltung des Rechtecks. Sie führen nacheinander zu einer linearen, quadratischen usw. Interpolation. Entsprechend ist das Spektrum mit einer Potenz der si-Funktion zu multiplizieren, wie in Bild 7.2 angegeben ist. Besonders zweckmäßig ist die lineare oder quadratische Interpolation; hierbei wird das Spektrum bei hohen Frequenzen genügend stark gedämpft, so daß gleichzeitig bestehende Forderungen hinsichtlich einer beschränkten Signalbandbreite erfüllbar sind. Die Fortsetzung dieser Reihe von Interpolationsfunktionen führt auf die Form

$$s_{\mathrm{i}_n}(t)\circ\!\!-\!\!\!-\!\!\bullet\, \mathrm{si}^n(a\pi\Delta t f).$$

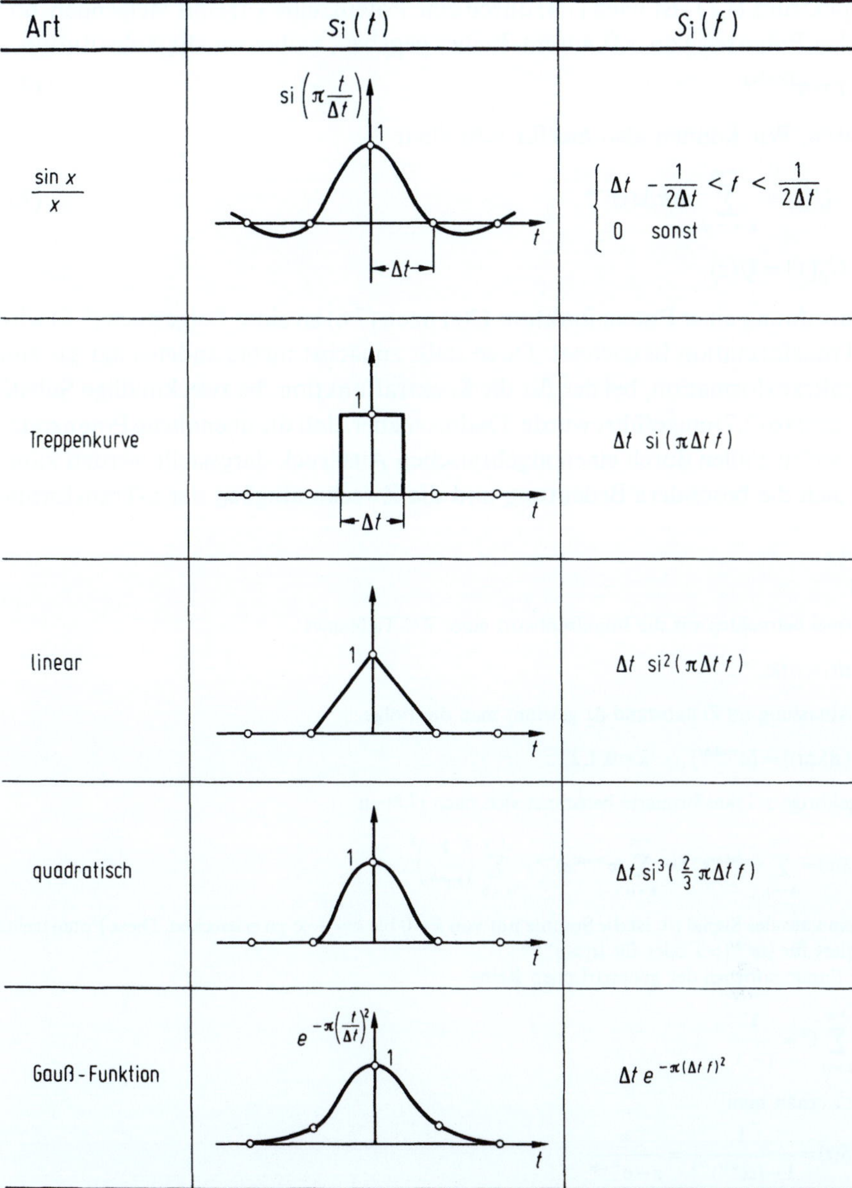

Bild 7.2. Interpolationsfunktionen $s_i(t)$ und die korrespondierenden Systemfunktionen $S_i(f)$

Die dadurch definierten Interpolationsfunktionen entstehen durch n-fache Faltung der Rechteckfunktionen mit sich selbst (siehe Interpolationsfunktion von Bild 7.2). Für $n > 3$ ist hierbei eine geringe Beeinflussung benachbarter Abtastwerte gegeben. Für $n \to \infty$ konvergiert diese Reihe zur e^{-x^2}-Funktion sowohl für die Interpolationsfunktion wie auch für die Systemfunktion.

Wir betrachten im folgenden die zeitliche Dirac-Impulsreihe nach (7.1) und die spektrale Fourier-Reihe nach (7.4) genauer. Aus der zeitlichen Reihe folgt, daß $u_d(t)$ durch eine Folge zeitdiskreter Werte $u(k\Delta t)$ dargestellt werden kann. Wir führen hierfür folgende Schreibweise ein:

$$\{u(k\Delta t)\} = (\dots, u(-2\Delta t), u(-\Delta t), u(0), u(\Delta t), \dots). \tag{7.6}$$

Das Spektrum $U_d(f)$ ist nach (7.4) durch eine Potenzreihe $U(z)$ mit steigenden und fallenden Potenzen von z (Laurent-Reihe) gegeben, wobei wir die Substitution

$$z = e^{j2\pi\Delta t f} \tag{7.7}$$

einführen. Wir können also hierfür schreiben

$$U(z) = \sum_{k=-\infty}^{+\infty} u(k\Delta t)z^{-k}, \tag{7.8}$$

$$U_d(f) = U(z).$$

Die Zuordnung einer Potenzfunktion $U(z)$ nach (7.8) zu einer Folge nach (7.6) wird als z-Transformation bezeichnet. Diese stellt zunächst nichts anderes dar als eine Spektraltransformation, bei der für die Spektralfunktion die zweckmäßige Substitution gemäß (7.7) eingeführt wurde. Dadurch aber, daß die unendliche Potenzreihe in z in vielen Fällen durch einen algebraischen Ausdruck dargestellt werden kann, ergibt sich die besondere Bedeutung und die Zweckmäßigkeit der z-Transformation.

Beispiel

Als Beispiel betrachten wir die Impulsantwort eines RC-Tiefpasses

$$s(t) = \gamma(t)e^{-at}.$$

Durch Abtastung im Zeitabstand Δt gewinnt man die Folge

$$\{s(k\Delta t)\} = \{e^{-ak\Delta t}\}, \qquad k = 0, 1, 2, \ldots.$$

Die zugehörige z-Transformierte berechnet sich nach (7.8) zu

$$S(z) = \sum_{k=0}^{+\infty} e^{-ak\Delta t}z^{-k} = \sum_{k=0}^{+\infty} (e^{+a\Delta t}z)^{-k} = \sum_{k=0}^{+\infty} \left(\frac{1}{ze^{a\Delta t}}\right)^k.$$

Da $s(t)$ ein kausales Signal ist, ist die Summe nur von $k=0$ bis $k=+\infty$ zu erstrecken. Diese Potenzreihe konvergiert für $|ze^{a\Delta t}| > 1$ oder für $|z| > e^{-a\Delta t}$.
Mit der Summenformel der geometrischen Reihe

$$\sum_{k=0}^{+\infty} x^k = \frac{1}{1-x}$$

für $|x| < 1$ erhält man

$$S(z) = \frac{1}{1-(ze^{a\Delta t})^{-1}} = \frac{z}{z-e^{-a\Delta t}}.$$

Diese Funktion hat einen Pol für $z = e^{-a\Delta t}$ und einen Gültigkeitsbereich von $|z| > e^{-a\Delta t}$ (also außerhalb des durch den Pol bestimmten Kreises der z-Ebene). Das Spektrum des diskreten Signals

$$s_d(t) = \sum_{k=0}^{+\infty} e^{-ak\Delta t}\delta(t-k\Delta t)$$

berechnet sich zu

$$S_d(f) = S(z) = \frac{z}{z-e^{-a\Delta t}} = \frac{e^{j2\pi\Delta t f}}{e^{j2\pi\Delta t f}-e^{-a\Delta t}}.$$

$s(t)$ und $s_d(t)$ sind kausale Zeitfunktionen. Man kann daher $j2\pi f = p$ oder $z = e^{\Delta t p}$ setzen und erhält

$$S_d(p) = \frac{e^{\Delta t p}}{e^{\Delta t p}-e^{-\Delta t a}}. \tag{7.9}$$

Dieser Ausdruck für das Spektrum des zeitdiskreten Signals $s_\mathrm{d}(t)$ ist mit dem Spektrum

$$S(p) = \frac{1}{p+a}$$

des kontinuierlichen Signals zu vergleichen. $S_\mathrm{d}(p)$ ist periodisch mit der Periode $\Delta t p = \mathrm{j} k 2\pi$ oder $p = \mathrm{j} k 2\pi/\Delta t$ (k: ganze Zahl) und hat einen Pol bei $p = -a + \mathrm{j} k 2\pi/\Delta t$. Der Pol bei $p = -a$ wiederholt sich also in der p-Ebene im periodischen Abstand $\mathrm{j} k 2\pi/\Delta t$. Demgegenüber hat $S(p)$ nur einen einzigen Pol bei $p = -a$, der mit dem der Grundperiode von $S_\mathrm{d}(p)$ zusammenfällt. Die periodische Eigenschaft von $S_\mathrm{d}(p)$ folgt auch aus (7.5), die mit der Substitution $p = \mathrm{j} 2\pi f$ lautet

$$S_\mathrm{d}(p) = \frac{1}{\Delta t} \sum_{n=-\infty}^{+\infty} S\left(p - \mathrm{j}n\frac{2\pi}{\Delta t}\right) = \frac{1}{\Delta t} \sum_{n=-\infty}^{+\infty} \frac{1}{p - \mathrm{j}n\dfrac{2\pi}{\Delta t} + a}.$$

Diese unendliche Summe wurde mit Hilfe der z-Transformation in den algebraischen Ausdruck von (7.9) übergeführt.

7.2 Abbildungseigenschaften und Konvergenz der z-Transformation

Eine Zeitfunktion $u(t)$ wird also bei der z-Transformation gemäß (7.6) durch die Folge $\{u(k\Delta t)\}$ dargestellt. Die z-Transformierte von $\{u(k\Delta t)\}$ ist nach (7.8)

$$\underset{\sim}{U}(z) = \sum_{k=-\infty}^{+\infty} u(k\Delta t)z^{-k}, \qquad k \text{ ganzzahlig}.$$

Um die Konvergenz dieser Laurent-Reihe besser untersuchen zu können, spalten wir (7.8) in zwei Terme auf, nämlich

$$\underset{\sim}{U}(z) = \underset{\sim}{U}_+(z) + \underset{\sim}{U}_-(z) \tag{7.10}$$

mit

$$\underset{\sim}{U}_+(z) = \sum_{k=0}^{+\infty} u(k\Delta t)z^{-k}, \tag{7.11}$$

$$\underset{\sim}{U}_-(z) = \sum_{k=-\infty}^{-1} u(k\Delta t)z^{-k}. \tag{7.12}$$

Wir erkennen, daß hierbei $\underset{\sim}{U}_+(z)$ mit dem positiven Zeitbereich und $\underset{\sim}{U}_-(z)$ mit dem negativen Zeitbereich von $\{u(k\Delta t)\}$ korrespondiert. Den Zeitnullpunkt haben wir hierbei willkürlich dem Teilspektrum $\underset{\sim}{U}_+(z)$ zugeordnet. Wir können daher auch im Sinne der Allgemeinen Spektraltransformation schreiben

$$\underset{\sim}{U}(z_p, z_q) = \underset{\sim}{U}_+(z_p) + \underset{\sim}{U}_-(z_q) \tag{7.13}$$

mit

$$z_p = \mathrm{e}^{\Delta t p}, \qquad z_q = \mathrm{e}^{\Delta t q}. \tag{7.14}$$

Damit erhalten wir für die zeitliche Dirac-Impulsreihe

$$u_\mathrm{d}(t) = \sum_{k=-\infty}^{+\infty} u(k\Delta t)\delta(t - k\Delta t)$$

$$U_\mathrm{d}(p, q) = \left(\sum_{k=0}^{+\infty} u(k\Delta t)z_p^{-k} + \sum_{k=-\infty}^{-1} u(k\Delta t)z_q^{-k}\right) = \underset{\sim}{U}(z_p, z_q). \tag{7.15}$$

Ihr Allgemeines Spektrum $U_{\mathrm{d}}(p, q)$ ist der Allgemeinen z-Transformierten $\underline{U}(z_p, z_q)$ gleichzusetzen.

Für kausale Signale ($u(t) = 0$ für $t < 0$) entfällt $\underline{U}_-(z_q)$, und wir erhalten die einseitige z-Transformation $\underline{U}_+(z)$ nach (7.11). Sie ist dem Laplace-Spektrum $U_{\mathrm{d}+}(p)$ zugeordnet. In der Regel findet man nur Tabellen für $\underline{U}_+(z)$ in der Literatur; aus ihnen können wir jedoch auch $\underline{U}_-(z)$ bestimmen, indem wir in (7.11) z durch $1/z$ und den Index k durch $-k$ ersetzen. Wir erhalten

$$\underline{U}_-\left(\frac{1}{z}\right) = \sum_{k=1}^{+\infty} u(-k\Delta t) z^{-k}, \tag{7.16}$$

bestimmen also das Teilspektrum $\underline{U}_-(z)$ dadurch, daß wir aus der gespiegelten Zeitfunktion $\{u(-k\Delta t)\}$ die z-Transformierte bilden und anschließend z durch $1/z$ ersetzen. (Hierbei ist der Abtastwert im Zeitnullpunkt null zu setzen, da er dem Teilspektrum $\underline{U}_+(z)$ zugeordnet wurde.)

Beispiel

Setzen wir in (7.15) speziell $u(t) = 1$, so erhalten wir den Dirac-Puls gemäß (7.2a)

$$p_{\Delta t}(t) = \sum_{k=-\infty}^{+\infty} \delta(t - k\Delta t) \, .$$

Sein Allgemeines Spektrum ist daher

$$P_{\Delta t}(z_p, z_q) = \sum_{k=0}^{\infty} z_p^{-k} + \sum_{k=-\infty}^{-1} z_q^{-k} \, .$$

Die Summation läßt sich mit Hilfe der Summenformel der geometrischen Reihe ausführen, und wir erhalten für das Allgemeine Spektrum des Dirac-Pulses den algebraischen Ausdruck

$$P_{\Delta t}(z_p, z_q) = \frac{z_p}{z_p - 1} - \frac{z_q}{z_q - 1} = \frac{\mathrm{e}^{\Delta t p}}{\mathrm{e}^{\Delta t p} - 1} - \frac{\mathrm{e}^{\Delta t q}}{\mathrm{e}^{\Delta t q} - 1}$$

mit den Konvergenzgebieten $|z_p| > 1$ bzw. $\mathrm{Re}\, p > 0$ sowie $|z_q| < 1$ bzw. $\mathrm{Re}\, q < 0$.
Diese Funktion ist für $z_p = z_q = z$ bzw. für $p = q = \lambda$ überall 0 mit Ausnahme der einfachen Pole, die bei $z = 1$ bzw. bei $\lambda = nj2\pi/\Delta t$ auftreten. Da es zusammenfallende p- und q-Pole sind, führen sie beim Fourier-Spektrum nach (7.2b) zu Dirac-Impulsen.

Das Spektrum des zeitdiskreten Signals erhalten wir entsprechend (7.5) durch periodische Fortsetzung des Spektrums der kontinuierlichen Zeitfunktion:

$$U_{\mathrm{d}}(p, q) = \frac{1}{\Delta t} \sum_{n=-\infty}^{+\infty} U\left(p - n\frac{\mathrm{j}2\pi}{\Delta t}, q - n\frac{\mathrm{j}2\pi}{\Delta t}\right) . \tag{7.17}$$

Damit lassen sich Abbildungseigenschaft und Konvergenz der z-Transformation aus dem Spektrum $U(p, q)$ herleiten. Wir betrachten hierzu Bild 7.3. Links ist das Allgemeine Spektrum des kontinuierlichen Signals in der λ-Ebene dargestellt, wobei λ für p oder q gesetzt sei. Es ist aber der Einfachheit halber angenommen, daß nur drei p-Pole vorhanden sind, die sämtlich in der linken Frequenzhalbebene liegen. Sie repräsentieren ein kausales und energiebegrenztes Signal. Im mittleren Teil von Bild 7.3 ist das Spektrum des zeitdiskreten Signals $U_{\mathrm{d}}(p, q)$ in der λ-Ebene dargestellt.

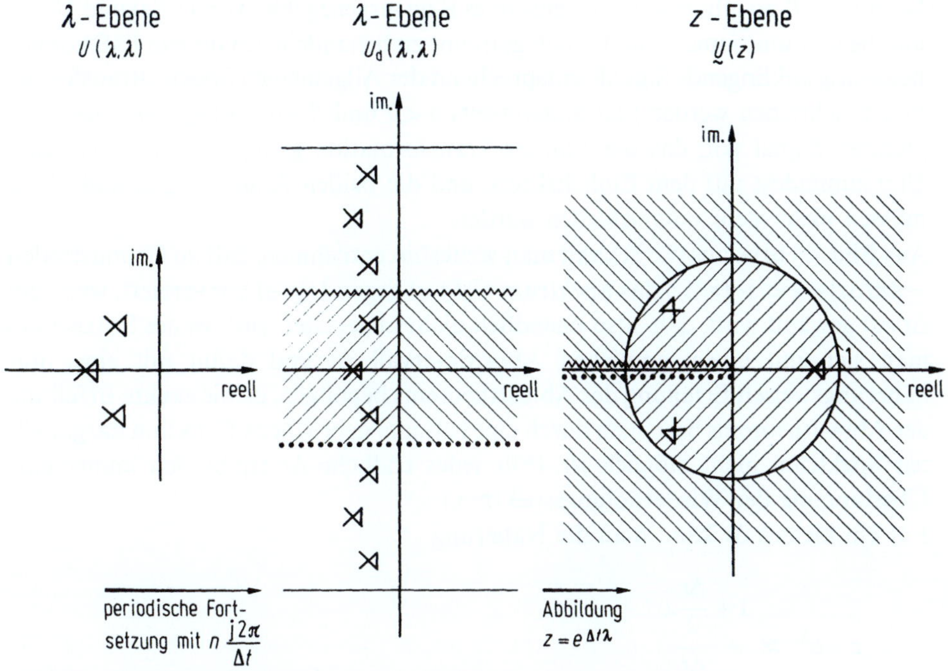

Bild 7.3. Abbildung der λ-Ebene auf die z-Ebene bei der z-Transformation

Nach (7.17) entsteht es als periodische Fortsetzung von $U(p, q)$, wodurch periodische Streifen in der λ-Ebene entstehen. Durch die Abbildung $z = \mathrm{e}^{\Delta t \lambda}$ nach (7.14) wird der Grundstreifen der λ-Ebene mit den Begrenzungen $\lambda = \pm \mathrm{j}(\pi/\Delta t)$ auf die gesamte z-Ebene abgebildet. Der Abschnitt $-\mathrm{j}(\pi/\Delta t) < \lambda < +\mathrm{j}(\pi/\Delta t)$ der imaginären Achse der λ-Ebene geht dabei in den Einheitskreis der z-Ebene über. Der Bereich $\mathrm{Re}\,\lambda < 0$ des Grundstreifens wird also auf das Innere, der Bereich $\mathrm{Re}\,\lambda > 0$ auf das Äußere dieses Einheitskreises abgebildet. Da die vorgenommene konforme Abbildung $z = \mathrm{e}^{\Delta t \lambda}$ periodisch ist, werden die periodischen Streifen der λ-Ebene in der z-Ebene einander überlagert. Dabei werden die Punkte $\lambda = -\infty \pm \mathrm{j}(\pi n/\Delta t)$, $n = 1$, 2, 3, ... der λ-Ebene in den Nullpunkt der z-Ebene projiziert, während die Punkte $\lambda = +\infty \pm \mathrm{j}(\pi n/\Delta t)$ auf $z = -\infty$ abgebildet werden. Die gesamte imaginäre Achse der λ-Ebene geht in den Einheitskreis der z-Ebene über und insbesondere der Punkt $\lambda = 0$ in $z = 1$. Alle Parallelen zur imaginären Achse $\mathrm{Re}\,\lambda = \mathrm{const}$ gehen in Kreise der z-Ebene über mit dem Radius $R = \mathrm{e}^{\Delta t \mathrm{Re}\,\lambda}$.
Daher gilt folgender Satz:

> Liegen alle p-Pole von $U(p, q)$ links einer Parallelen zur imaginären Achse mit $\mathrm{Re}\,\lambda < \alpha$ und alle q-Pole von $U(p, q)$ rechts einer Parallelen zur imaginären Achse mit $\mathrm{Re}\,\lambda > \beta$, so ist $U_+(z)$ außerhalb eines Kreises mit dem Radius $R_\alpha = \mathrm{e}^{\Delta t \alpha}$ und $U_-(z)$ innerhalb eines Kreises mit dem Radius $R_\beta = \mathrm{e}^{\Delta t \beta}$ regulär. Im Regularitätsbereich müssen die Potenzreihen der z-Transformation nach (7.11) und (7.12) konvergieren.

Ist nun $\alpha > \beta$, so gibt es kein gemeinsames Konvergenzgebiet von $\underset{\sim}{U}_+(z)$ und $\underset{\sim}{U}_-(z)$, und beide Funktionen sind deshalb getrennt zu behandeln. (In diesem Fall können beidseitig anklingende Signale entsprechend der Allgemeinen Spektraltransformation beschrieben werden.) Ist andererseits $\alpha < 0$ und $\beta > 0$, so liegt ein energiebegrenztes Signal vor, das der Fourier-Transformation genügt. Dann konvergiert $\underset{\sim}{U}(z)$ zumindest auf dem Einheitskreis, und die beiden Anteile $\underset{\sim}{U}_+(z)$ und $\underset{\sim}{U}_-(z)$ müssen nicht mehr unterschieden werden.

Aus Bild 7.3 bzw. aus (7.17) kann man weiterhin entnehmen, daß im Grundstreifen $-\mathrm{j}(\pi/\Delta t) < \lambda < +\mathrm{j}(\pi/\Delta t)$ das Spektrum $U_\mathrm{d}(p, q)$ gegen $U(p, q)$ konvergiert, wenn ein $\Delta t \to 0$ gewählt wird, d. h. also unendlich dicht abgetastet wird. In der Praxis muß man sich mit einem endlichen Abtastintervall Δt und damit mit einer nur näherungsweisen Erfüllung des Abtasttheorems begnügen, da die exakte Erfüllung des Abtasttheorems bei einem durch eine rational gebrochene Funktion dargestellten Spektrum nicht möglich ist. (Für jedes endliche Δt ergibt sich immer eine Überlappung der Wiederholungsspektren.)

Für ein kleines Δt kann man die Näherung

$$z = \mathrm{e}^{\Delta t \lambda} \approx \frac{1 + \dfrac{\Delta t}{2}\lambda}{1 - \dfrac{\Delta t}{2}\lambda}$$

benutzen. Die dadurch definierte *bilineare Transformation*

$$z = \frac{1 + \dfrac{\Delta t}{2}\lambda}{1 - \dfrac{\Delta t}{2}\lambda} \tag{7.18}$$

bildet die linke λ-Halbebene in das Innere und die rechte λ-Halbebene in das Äußere des Einheitskreises der z-Ebene ab. Sie entspricht daher bei kleinem Δt näherungsweise der Abbildung von Bild 7.3. Mit ihrer Umkehrung

$$\lambda = \frac{2}{\Delta t}\frac{z-1}{z+1}$$

gilt daher

$$\underset{\sim}{U}(z_p, z_q) \approx \frac{1}{\Delta t} U\left(\frac{2}{\Delta t}\frac{z_p - 1}{z_p + 1}, \frac{2}{\Delta t}\frac{z_q - 1}{z_q + 1}\right) \tag{7.19}$$

oder, wenn z_p und z_q im Falle des kausalen oder energiebegrenzten Signals nicht unterschieden werden müssen,

$$\underset{\sim}{U}(z) \approx \frac{1}{\Delta t} U\left(\frac{2}{\Delta t}\frac{z-1}{z+1}\right).$$

Diese bilineare Transformation wird oft bei der Realisierung von Laufzeitfiltern benutzt, wenn Vorschriften im Frequenzbereich vorgegeben sind.

7.3 z-Rücktransformation

Die Berechnung der Spektralfunktion $\underset{\sim}{U}(z)$ für die abgetastete Zeitfunktion $\{u(k\Delta t)\}$ durch die z-Transformation erfolgt durch Aufsummieren der Glieder einer Laurent-Reihe (vgl. Beispiel in Abschnitt 7.1), wobei die Koeffizienten $u(k\Delta t)$ durch die Zeitfunktion gegeben sind. Als Ergebnis erhält man einen analytischen Ausdruck für $\underset{\sim}{U}(z)$. Die Rücktransformation, d. h. die Berechnung der Koeffizienten $u(k\Delta t)$ aus $\underset{\sim}{U}(z)$ besteht daher in der Entwicklung von $\underset{\sim}{U}(z)$ in eine Laurent-Reihe:

$$\underset{\sim}{U}(z) = \sum_{k=-\infty}^{+\infty} u(k\Delta t)z^{-k}.$$

Diese Reihenentwicklung gilt aber nur im Konvergenzgebiet von $\underset{\sim}{U}(z)$. Ist $u(t)$ energiebegrenzt, so konvergiert $\underset{\sim}{U}(z)$ am Einheitskreis der z-Ebene, wie wir im letzten Abschnitt sahen. Dann erhält man die Koeffizienten $u(k\Delta t)$ der Laurent-Reihe durch die Cauchysche Integralformel

$$u(k\Delta t) = \frac{1}{2\pi j} \oint \underset{\sim}{U}(z)z^{k-1}dz, \tag{7.20}$$

wobei das Ringintegral über den Einheitskreis zu erstrecken ist.

Ist andererseits $u(t)$ kausal, so verschwinden die Koeffizienten für negative k. $\underset{\sim}{U}(z)$ konvergiert in diesem Fall für $|z| \geq R_\alpha = e^{\Delta t \alpha}$ (vgl. Abschnitt 7.2). Dann ist das Integral von (7.20) über einen Kreis mit dem Radius R_α zu erstrecken. Man kann aber die Koeffizienten $u(k\Delta t)$ in diesem Fall auch durch Differenzieren erhalten, wenn man mit $\varrho = 1/z$ eine Potenzreihe mit steigenden Koeffizienten (Taylor-Reihe) bildet:

$$\underset{\sim}{U}\left(\frac{1}{\varrho}\right) = \sum_{k=0}^{+\infty} u(k\Delta t)\varrho^k. \tag{7.21}$$

Diese konvergiert für $|\varrho| \leq R_\alpha$, und man erhält für die Koeffizienten $u(k\Delta t)$

$$u(k\Delta t) = \frac{1}{k!}\left[\frac{d^k}{d\varrho^k}\underset{\sim}{U}\left(\frac{1}{\varrho}\right)\right]_{\varrho=0}. \tag{7.22}$$

Bei der Allgemeinen z-Transformation $\underset{\sim}{U}(z_p, z_q)$ für beliebige Signale $u(t)$ muß das Ringintegral nach (7.20) so geführt werden, daß die Pole von z_p innen und die Pole von z_q außen liegen. Dies entspricht dann dem Integrationsweg der Allgemeinen Spektraltransformation in der λ-Ebene. Mit diesem Integrationsweg gilt wieder

$$u(k\Delta t) = \frac{1}{2\pi j} \oint \underset{\sim}{U}(z,z)z^{k-1}dz.$$

Liegt aber $\underset{\sim}{U}(z_p, z_q)$ aufgespalten vor, d. h.

$$\underset{\sim}{U}(z_p, z_q) = \underset{\sim}{U}_+(z_p) + \underset{\sim}{U}_-(z_q)$$

mit

$$\underset{\sim}{U}_+(z) = \sum_{k=0}^{+\infty} u(k\Delta t)z^{-k}, \qquad \underset{\sim}{U}_-(z) = \sum_{k=-\infty}^{-1} u(k\Delta t)z^{-k} = \sum_{l=1}^{+\infty} u(-l\Delta t)z^l,$$

so erhält man die Koeffizienten $u(k\Delta t)$ durch Differentiation, und zwar

$$u(k\Delta t) = \frac{1}{k!}\left[\frac{\mathrm{d}^k}{\mathrm{d}\varrho^k}\,\underset{\sim}{U}_+\left(\frac{1}{\varrho}\right)\right]_{\varrho=0} \quad \text{für} \quad k \geqq 0,$$

$$u(-l\Delta t) = \frac{1}{l!}\left[\frac{\mathrm{d}^l}{\mathrm{d}z^l}\,\underset{\sim}{U}_-(z)\right]_{z=0} \quad \text{für} \quad k < 0 \ (\text{bzw.} \ l > 0).$$

Die Rücktransformation ist danach stets durchführbar, wobei man zwischen einem Ringintegral oder einer Differentiation wählen kann. Für die Rücktransformation kann man natürlich auch die Korrespondenz-Tabellen der z-Transformation verwenden (vgl. Abschnitt 10.9). So kann man beispielsweise — falls $\underset{\sim}{U}(z)$ durch eine rational gebrochene Funktion darstellbar ist — $\underset{\sim}{U}(z)$ in eine Partialbruchreihe entwickeln und die entsprechenden Korrespondenzen der Tabelle entnehmen.

7.4 Korrespondenzen und Gesetze der z-Transformation

Einige wichtige Korrespondenzen der einseitigen z-Transformation sind in Tabelle 7.1 zusammengestellt. Sie ergeben sich zum großen Teil aufgrund der Summenformeln für geometrische Reihen. Für ihre Berechnung kann insbesondere die

Tabelle 7.1. Einige Korrespondenzen der einseitigen z-Transformation

$u(t)$ $\left(u(t)=0 \text{ für } t<0\right)$	$U(p)$	$\{u(k\Delta t)\}$	$\underset{\sim}{U}(z)$
$\begin{array}{l}1,\ t=0\\0,\ t=k\Delta t,\ k\neq 0\end{array}$	$\left(U_{\mathrm{d}}(p)=1\right)$	$\begin{array}{l}1,\ k=0\\0,\ k\neq 0\end{array}$	1
$\begin{array}{l}1,\ t=n\Delta t\\0,\ t=k\Delta t,\ k\neq n\end{array}$	$\left(U_{\mathrm{d}}(p)=e^{-n\Delta t p}\right)$	$\begin{array}{l}1,\ k=n\\0,\ k\neq n\end{array}$	z^{-n}
$\gamma(t)$	$1/p$	$\gamma(k\Delta t)$	$\dfrac{z}{z-1}$
$\gamma(t-\Delta t)$	$\dfrac{e^{-n\Delta t p}}{p}$	$\gamma(k\Delta t-n\Delta t)$	$\dfrac{z^{1-n}}{z-1}$
t	$1/p^2$	$k\Delta t$	$\Delta t\,\dfrac{z}{(z-1)^2}$
t^2	$2/p^3$	$(k\Delta t)^2$	$\Delta t^2\,\dfrac{z(z+1)}{(z-1)^3}$
a^t	$-$	$a^{k\Delta t}$	$\dfrac{z}{z-a^{\Delta t}}$
$-$	$-$	$\dbinom{k}{n}\Delta t$	$\Delta t\,\dfrac{z}{(z-1)^{k+1}}$
$\sin\omega_1 t$	$\dfrac{\omega_1}{p^2+\omega_1^2}$	$\sin\omega_1 k\Delta t$	$\dfrac{z\sin\omega_1\Delta t}{z^2-2z\cos\omega_1\Delta t+1}$
$\cos\omega_1 t$	$\dfrac{p}{p^2+\omega_1^2}$	$\cos\omega_1 k\Delta t$	$\dfrac{z(z-\cos\omega_1\Delta t)}{z^2-2z\cos\omega_1\Delta t+1}$

Formel

$$\sum_{k=k_1}^{k_2} a^k = \begin{cases} \dfrac{a^{k_1} - a^{k_2+1}}{1-a} & \text{für} \quad a \neq 1 \\[2mm] k_2 - k_1 + 1 & \text{für} \quad a = 1, \end{cases}$$

herangezogen werden. Für $k_2 \to \infty$ folgt daraus

$$\sum_{k=k_1}^{+\infty} a^k = \frac{a^{k_1}}{1-a}, \quad |a| < 1.$$

Weitere Korrespondenzen der einseitigen z-Transformation und das zugehörige Spektrum der Laplace-Transformation finden sich im Abschnitt 10.9.
Die Gesetze der z-Transformation sind unmittelbar aus denen der Spektraltransformation ableitbar. Im Abschnitt 10.6 sind sieben der wichtigsten Gesetze zusammengestellt. Sie gelten einerseits für die zweiseitige z-Transformation unter der Voraussetzung eines energiebegrenzten Signals und damit der Konvergenz der z-Transformierten $\underline{U}(z)$ auf dem Einheitskreis. Andererseits gelten sie auch für die einseitige z-Transformation, wobei $\underline{U}(z)$ im Gebiet $|z| \geqq R_\alpha$ konvergiert. Besonders sei auf das letzte Gesetz, die zeitliche Faltung hingewiesen. Das kontinuierliche Faltungsintegral geht hier in eine Faltungssumme der Abtastwerte über. Dies entspricht einer Multiplikation der z-Transformierten entsprechend einer Multiplikation der Spektren im kontinuierlichen Fall.

7.5 Diskrete Impulsantwort, z-Systemfunktion und ihre Realisierung durch rekursive oder nicht rekursive Laufzeitfilter

Zur Bestimmung der diskreten Impulsantwort eines Abtastsystems betrachten wir Bild 7.4a. Das System mit der Systemfunktion $S(p)$ hat die Impulsantwort $s(t)$, die für ein realisierbares System kausal sein muß. Diese wird abgetastet mit der Abtastperiode Δt. In der Ersatzschaltung von Bild 7.4a entspricht die Abtastung einer Multiplikation mit dem Dirac-Puls $p_{\Delta t}(t)$. Am Ausgang entsteht somit die

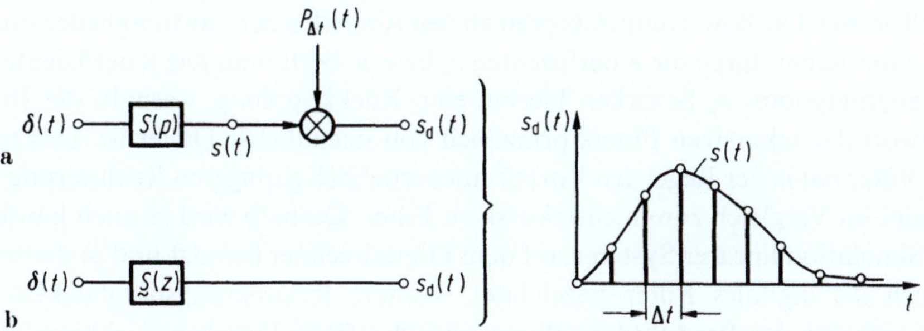

Bild 7.4a u. b. Äquivalenz eines Abtastsystems (a) mit einem zeitdiskreten System (Laufzeitfilter) (b)

zeitdiskrete Impulsantwort

$$s_{\mathrm{d}}(t) = \sum_{k=0}^{+\infty} s(k\Delta t)\delta(t - k\Delta t).$$

Ihr Laplace-Spektrum $S_{\mathrm{d}}(p)$ ist gemäß (7.8) der z-Transformierten $\underset{\sim}{S}(z)$ der Folge $\{s(k\Delta t)\}$ gleichzusetzen:

$$S_{\mathrm{d}}(p) = \underset{\sim}{S}(z).$$

$\underset{\sim}{S}(z)$ bezeichnen wir als z-Systemfunktion. Sie charakterisiert das System $S(p)$ mit nachgeschaltetem Abtaster hinsichtlich der zeitdiskreten Übertragung.

$\underset{\sim}{S}(z)$ kann andererseits auch durch ein lineares zeitkonstantes Laufzeitfilter mit der Impulsantwort $s_{\mathrm{d}}(t)$ und der Systemfunktion $S_{\mathrm{d}}(p)$ dargestellt werden. Hierbei müssen wir prinzipiell zwei Versionen, nämlich ein nichtrekursives und ein rekursives Laufzeitfilter unterscheiden. Das nichtrekursive Laufzeitfilter wird nach Bild 6.4 realisiert, wobei aber nun der interpolierende Küpfmüller-Tiefpaß fortzulassen ist, da am Ausgang in diesem Fall das zeitdiskrete Signal erscheinen soll. Sein Aufwand ist beträchtlich. Die Anzahl der benötigten Laufzeitglieder ist nämlich gleich der Anzahl der Abtastwerte der Impulsantwort. Da die Zahl der Laufzeitglieder bei einer Realisierung endlich sein muß, spricht man auch von einem Filter mit endlicher Impulsantwort. Ansonsten ist das nichtrekursive Filter für beliebige kausale und energiebegrenzte Impulsantworten $s(t)$ prinzipiell realisierbar.

Zu einem rekursiven Laufzeitfilter kommt man, wenn $s(t)$ so beschaffen ist, daß $\underset{\sim}{S}(z)$ auf eine rational gebrochene Funktion zurückgeführt werden kann. Dies ist dann der Fall, wenn auch $S(p)$ durch eine rational gebrochene Funktion dargestellt wird. Hierbei ist der Grad von $\underset{\sim}{S}(z)$ gleich dem Grad von $S(p)$. In Analogie zu (3.19) kann man also schreiben

$$\underset{\sim}{S}(z) = \frac{\displaystyle\sum_{r=0}^{m} b_r z^r}{\displaystyle\sum_{r=0}^{n} a_r z^r}.$$

Für kausale Signale muß $\underset{\sim}{S}(z)$ für $|z| \to \infty$ regulär sein, daher ist $m \leq n$.

Das rekursive Laufzeitfilter ist in einer der kanonischen Formen von Bild 9.9 und 9.10 realisierbar. Die Bewertungsfaktoren an den Abgriffen der Laufzeitglieder sind hierbei unmittelbar durch die Koeffizienten a_r bzw. b_r bestimmt. Die Koeffizienten des Nennerpolynoms a_r bewirken hierbei eine Rückkopplung, weshalb die Impulsantwort des rekursiven Filters prinzipiell von unendlicher Dauer ist. Das rekursive Filter hat in der Regel den Vorteil eines erheblich geringeren Realisierungsaufwandes im Vergleich zum nichtrekursiven Filter. Deshalb wird es auch häufig für die Simulation linearer Systeme auf dem Digitalrechner benutzt und in diesem Fall auch als digitales Filter bezeichnet. Weitere Realisierungsmöglichkeiten ergeben sich aus der Produktdarstellung oder der Partialbruchentwicklung von $\underset{\sim}{S}(z)$ (vgl. Abschnitt 9.2).

$$a \quad \begin{array}{c} \{u_1(k\Delta t)\} \\ \underline{U}_1(z) \end{array} \quad \boxed{\begin{array}{c} \{s(k\Delta t)\} \\ \underline{S}(z) \end{array}} \quad \begin{array}{l} \{u_2(k\Delta t)\} = \{s(k\Delta t)\} * \{u_1(k\Delta t)\} \\ \underline{U}_2(z) = \underline{S}(z)\,\underline{U}_1(z) \end{array}$$

$$b \quad \begin{array}{c} \{u_1(k\Delta t)\} \\ \underline{U}_1(z) \end{array} \quad \otimes \quad \begin{array}{l} \{u_2(k\Delta t)\} = \{m(k\Delta t)\}\,\{u_1(k\Delta t)\} \\ \underline{U}_2(z) = \underline{M}(z) * \underline{U}_1(z) \end{array}$$

$$\begin{array}{c} \{m(k\Delta t)\} \\ \underline{M}(z) \end{array}$$

Bild 7.5a u. b. Rechenregeln für Abtastsysteme bei zeitdiskreten Signalen. (a) Lineares zeitinvariantes System; (b) idealer Modulator. (Die gleichen Rechenregeln gelten auch für die Grundfolgen finiter Signale und deren z-Transformierten für $z = z_i = \mathrm{e}^{\mathrm{j}\,2\pi i/N}$)

Das Laufzeitfilter von Bild 7.4b ist nicht nur hinsichtlich der diskreten Impulsantwort, sondern auch hinsichtlich aller zeitdiskreten Eingangssignale dem Abtastsystem von Bild 7.4a äquivalent. Dies folgt aus der Gültigkeit des Überlagerungsprinzips. Beide Systemtypen lassen sich in Serie schalten, wobei ihre z-Systemfunktionen miteinander zu multiplizieren sind. Für zeitdiskrete Systeme ergeben sich damit die in Bild 7.5 dargestellten Rechenregeln für die Übertragung von Impulsfolgen. Sie gelten einerseits für lineare Systeme nach Bild 7.4a oder b und andererseits für den idealen Modulator, der das Produkt der Abtastwerte seiner Eingangsfolgen bildet.

Die hier vorkommenden Faltungsoperationen sind in der Tabelle des Abschnittes 10.6 definiert. So gilt z. B. für die Faltung der Folgen in Bild 7.5

$$\{u_2(k\Delta t)\} = \{s(k\Delta t)\} * \{u_1(k\Delta t)\} = \left\{ \sum_{r=-\infty}^{+\infty} s(r\Delta t)u_1((k-r)\Delta t) \right\}$$

$$= \left\{ \sum_{r=-\infty}^{+\infty} u_1(r\Delta t)s((k-r)\Delta t) \right\}.$$

Diese diskrete Faltung entspricht der Anwendung des Faltungssatzes im kontinuierlichen Fall. Ist $s(t)$ kausal, so ist die untere Grenze der ersten Summe $r=0$ und die obere Grenze der zweiten Summe $r=k$ zu setzen. Sind beide Folgen kausal, so daß die einseitige z-Transformation zutrifft, so ist in beiden Faltungssummen die untere Grenze $r=0$ und die obere Grenze $r=k$ zu setzen.

Beispiel

Als Beispiel für die Anwendung der z-Transformation betrachten wir nach Bild 7.6 einen RC-Tiefpaß, an dessen Eingang im Zeitpunkt $t=0$ eine Impulsfolge anliegt. Es ist somit

$$u_1(t) = \sum_{k=0}^{\infty} \delta(t - k\Delta t).$$

Hierzu gehört die Folge

$$\{u_1(k\Delta t)\} = 1 \quad \text{für} \quad k = 0, 1, \ldots \infty,$$

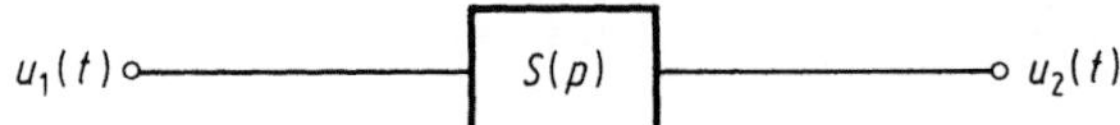

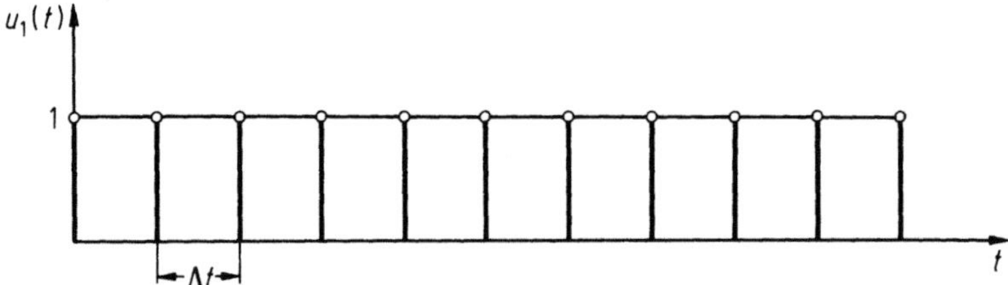

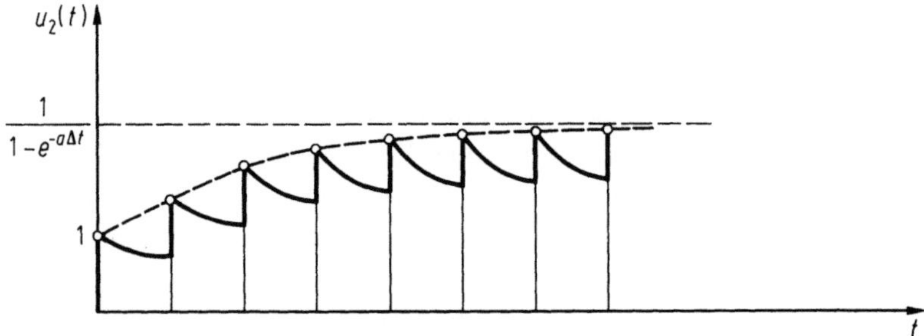

Bild 7.6. Zur Anwendung der z-Transformation. Anschalten einer im Zeitpunkt $t=0$ einsetzenden Impulsfolge (abgetasteter Einheitssprung) auf einen RC-Tiefpaß

die dem abgetasteten Einheitssprung entspricht. Ihre z-Transformierte ist

$$U_1(z) = \frac{z}{z-1}$$

mit dem Konvergenzgebiet $|z| > 1$. Die Systemfunktion $S(p) = 1/(p+a)$ des RC-Tiefpasses mit der kontinuierlichen Impulsantwort $s(t) = e^{-at}$ hat die z-Transformierte

$$S(z) = \frac{z}{z - e^{-a\Delta t}}.$$

Wir erhalten somit für die z-Transformierte am Ausgang

$$U_2(z) = U_1(z)S(z) = \frac{z}{z-1}\,\frac{z}{z - e^{-a\Delta t}}.$$

Die Folge $\{u_2(k\Delta t)\}$ des Ausgangs erhält man durch Rücktransformation. Im vorliegenden Fall entwickeln wir mit der Substitution $\varrho = 1/z$ und $\alpha = e^{-a\Delta t}$ die Funktion $U_2(z)$ in eine Potenzreihe von ϱ, die für $|\varrho| < 1$ konvergiert.

$$U_2 = \frac{1}{1-\varrho}\,\frac{1}{1-\alpha\varrho} = (1 + \varrho + \varrho^2 + \varrho^3 + \ldots)(1 + \alpha\varrho + \alpha^2\varrho^2 + \alpha^3\varrho^3 + \ldots)$$

$$= 1 + (1+\alpha)\varrho + (1+\alpha+\alpha^2)\varrho^2 + (1+\alpha+\alpha^2+\alpha^3)\varrho^3 + \ldots$$

$$= 1 + (1+\alpha)z^{-1} + (1+\alpha+\alpha^2)z^{-2} + \ldots\,.$$

Mit der Summenformel der endlichen geometrischen Reihe

$$1 + \alpha + \alpha^2 + \ldots + \alpha^k = \frac{1 - \alpha^{k+1}}{1 - \alpha}$$

wird die Ausgangsfolge

$$\{u_2(k\Delta t)\} = \left\{ \frac{1 - e^{-a\Delta t(k+1)}}{1 - e^{-a\Delta t}} \right\} \quad \text{für} \quad k = 0, 1, 2, \ldots \, .$$

Sie ist in Bild 7.6 für $a\Delta t = 1/2$ dargestellt.
Das gleiche Ergebnis erhält man auch aufgrund des Faltungssatzes, wobei hier der Faltungssatz der einseitigen z-Transformation gilt.
Mit

$$\{u_1(k\Delta t)\} = 1 \quad \text{und} \quad \{s(k\Delta t)\} = \{e^{-ak\Delta t}\}$$

gilt für $k = 0, 1 \ldots \infty$

$$\{u_2(k\Delta t)\} = \{u_1(k\Delta t)\} * \{s(k\Delta t)\} = \left\{ \sum_{r=0}^{k} e^{-ra\Delta t} \right\} = \left\{ \frac{1 - e^{-a\Delta t(k+1)}}{1 - e^{-a\Delta t}} \right\}.$$

8 Finite Signale

8.1 Diskrete Darstellung von Zeitfunktion und Spektrum

Zur finiten Signaldarstellung kommt man, wenn sowohl die Zeitfunktion wie auch das Spektrum durch diskrete Abtastwerte gegeben sind. Eine solche Signaldarstellung ist für eine Behandlung mit dem Digitalrechner in der Regel erforderlich und wird daher in zunehmendem Maße angewendet. Bei der finiten Signaldarstellung kann man die Signale als Vektoren auffassen und alle Operationen (insbesondere Fourier-Transformation und Faltung) als Matrizenmultiplikationen verstehen. Man erhält so ein einheitliches für die Programmierung besonders geeignetes Rechenverfahren.

Man geht gemäß Bild 7.1 von einem kontinuierlichen aber energiebegrenzten Signal $u(t) \circ\!\!-\!\!-\!\!\bullet U(f)$ aus. Eine zeitliche Abtastung führt auf das zeitdiskrete Signal $u_\mathrm{d}(t) \circ\!\!-\!\!-\!\!\bullet U_\mathrm{d}(f)$, das ein periodisches Spektrum besitzt. Dieser Fall wurde im vorigen Abschnitt behandelt. Entsprechend führt eine Abtastung des Spektrums auf das zeitperiodische Signal $u_\mathrm{p}(t) \circ\!\!-\!\!-\!\!\bullet U_\mathrm{p}(f)$. Die für das zeitdiskrete wie auch für das zeitperiodische Signal geltenden Formeln (jeweils für Zeitfunktion und Spektrum) sind in Bild 7.1 angegeben. Wie im letzten Abschnitt besprochen worden ist, hat man jeweils zwei Darstellungsmöglichkeiten.

In Bild 7.1 ist auch erkennbar, daß spektrale Überlappungen für $U_\mathrm{d}(f)$ auftreten, wenn das Abtasttheorem im Zeitbereich nicht erfüllt ist, und daß zeitliche Überlappungen bei $u_\mathrm{p}(t)$ auftreten, wenn das Abtasttheorem im Spektralbereich nicht erfüllt ist. Wenn jedoch Δt und Δf genügend klein gewählt werden, können diese Überlappungen beliebig klein gehalten werden, womit das Abtasttheorem beliebig genau erfüllbar wird. (In fast allen praktischen Fällen wird dies angestrebt, wenngleich diese Bedingung keine Voraussetzung für die folgenden Betrachtungen ist.)

Das finite Signal $u_\mathrm{f}(t) \circ\!\!-\!\!-\!\!\bullet U_\mathrm{f}(f)$ kann man einerseits durch eine zeitliche Abtastung von $u_\mathrm{p}(t)$ erzeugen, wobei das diskrete Spektrum $U_\mathrm{p}(f)$ periodisch fortzusetzen ist. Andererseits kann man es auch durch eine Abtastung des Spektrums $U_\mathrm{d}(f)$ gewinnen, wobei die diskrete Zeitfunktion $u_\mathrm{d}(t)$ periodisch fortzusetzen ist. Man erkennt sofort aus Bild 7.1, daß beide Prozeduren zum gleichen Ergebnis führen müssen, wenn man $N\Delta f\Delta t = 1$ wählt, so daß die Dirac-Impulse bei der periodischen Fortsetzung stets ins gleiche Raster fallen. N ist hierbei die Anzahl der Abtastwerte je Periode sowohl der Zeitfunktion wie auch des Spektrums. Die Koeffizienten u_k der zeitlichen Dirac-Impulsreihe des finiten Signals $u_\mathrm{f}(t)$ erhält man aus den beiden Darstellungen für $u_\mathrm{p}(t)$. Ganz entsprechend folgen die Koeffizienten U_i des abgetasteten Spektrums aus den beiden Darstellungen von $U_p(f)$. Diese beiden Formeln für die Koeffizienten u_k bzw. U_i sind ebenfalls in Bild 7.1 angegeben. Sie sind durch unendliche Reihen der ursprünglichen Zeitfunktion bzw. des ursprünglichen Spektrums zu berechnen, womit die Überlappung berücksichtigt wird. Wir zeigen aber im folgenden, daß ihr gegenseitiger Zusammenhang durch eine endliche Summe gegeben ist.

Zunächst gilt gemäß den Formeln von Bild 7.1 für die diskreten Abtastwerte von Zeitfunktion und Spektrum

$$u_k = \Delta f \sum_{i=-\infty}^{+\infty} U(i\Delta f)\mathrm{e}^{\mathrm{j}\frac{2\pi}{N}ik} = \sum_{n=-\infty}^{+\infty} u((k-nN)\Delta t), \tag{8.1}$$

$$U_i = \sum_{k=-\infty}^{+\infty} u(k\Delta t)\mathrm{e}^{-\mathrm{j}\frac{2\pi}{N}ki} = \frac{1}{\Delta t} \sum_{n=-\infty}^{+\infty} U((i-nN)\Delta f). \tag{8.2}$$

Ersetzen wir in (8.1) i durch $(i-nN)$ (n ganze Zahl), so geht die Summe in die folgende Doppelsumme über:

$$u_k = \Delta f \sum_{i=0}^{N-1} \sum_{n=-\infty}^{+\infty} U((i-nN)\Delta f)\mathrm{e}^{\mathrm{j}\frac{2\pi}{N}(i-nN)k}. \tag{8.3}$$

Für den Exponentialfaktor dieser Doppelsumme gilt aufgrund der periodischen Eigenschaften der komplexen Drehzeigerschwingung

$$\mathrm{e}^{\mathrm{j}\frac{2\pi}{N}(i-nN)k} = \mathrm{e}^{\mathrm{j}\frac{2\pi}{N}ik}\mathrm{e}^{\mathrm{j}2\pi nk} = \mathrm{e}^{\mathrm{j}\frac{2\pi}{N}ik}, \tag{8.4}$$

da n und k ganze Zahlen sind. Wir können deshalb diesen Faktor vor die Summe über n ziehen und dann (8.2) in (8.3) einsetzen. Somit erhalten wir

$$u_k = \Delta f \Delta t \sum_{i=0}^{N-1} U_i \mathrm{e}^{\mathrm{j}\frac{2\pi}{N}ik}. \tag{8.5}$$

In ähnlicher Weise kann man (8.2) in eine endliche Summe umformen. Wir erhalten auf diese Weise die diskrete Fourier-Transformation

$$U_i = \sum_{k=0}^{N-1} u_k \mathrm{e}^{-\mathrm{j}\frac{2\pi}{N}ik}, \tag{8.6}$$

$$u_k = \frac{1}{N} \sum_{i=0}^{N-1} U_i \mathrm{e}^{+\mathrm{j}\frac{2\pi}{N}ik}. \tag{8.7}$$

Hierbei ist die Anzahl N der Abtastwerte einer Periode von Zeitfunktion und Spektrum durch

$$N\Delta t\Delta f = 1 \tag{8.8}$$

gegeben. Die diskrete Fourier-Transformation verknüpft somit eine endliche Zahl von $N = 1/(\Delta t\Delta f)$ zeitlichen Abtastwerten mit ebenfalls N spektralen Abtastwerten. Das Signal ist also durch endlich viele Stützstellen bestimmt (finites Signal). Diese sind sowohl für die Zeitfunktion als auch für das Spektrum periodisch mit der

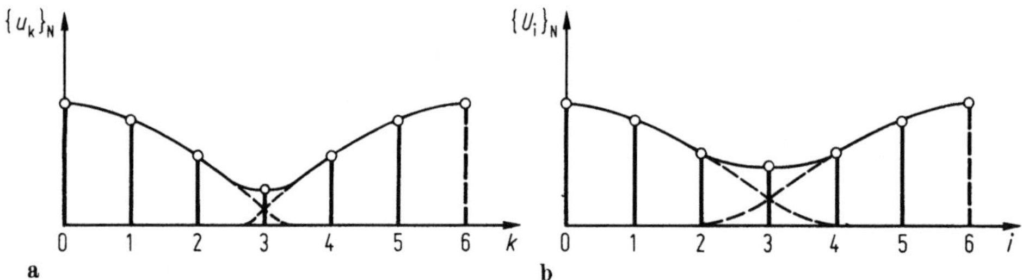

Bild 8.1. Grundfolgen des finiten Signals und seines Spektrums

Periode N. Wir definieren deshalb die Grundfolgen mit jeweils N Werten,

$$\{u_k\}_N = \left\{ \sum_{n=-\infty}^{+\infty} u((k-nN)\Delta t) \right\}_N, \qquad k=0,1,\dots,N-1. \tag{8.9}$$

$$\{U_i\}_N = \frac{1}{\Delta t} \left\{ \sum_{n=-\infty}^{+\infty} U((i-nN)\Delta f) \right\}_N, \qquad i=0,1,\dots,N-1. \tag{8.10}$$

Sie entstehen durch periodische Fortsetzung der ursprünglichen Signale bzw. Spektren und deren Abtastung im Abstand Δt bzw. Δf. Die Grundfolgen sind der Grundperiode zugeordnet. Sie treten in Bild 7.1 bei der Zeitfunktion im durch $1/\Delta f$ gekennzeichneten Zeitbereich sowie beim Spektrum im durch $1/\Delta t$ gekennzeichneten Frequenzbereich auf. Durch Verkleinerung von Δt kann man die spektrale Überlappung (zeitliches Abtasttheorem) und durch Verkleinerung von Δf die zeitliche Überlappung (spektrales Abtasttheorem) beseitigen bzw. vermindern. Wegen $N\Delta f\Delta t=1$ führt beides auf eine Vergrößerung von N. Bei exakter Erfüllung der Abtasttheoreme gilt

$$\{u_k\}_N = \{u(k\Delta t)\}, \qquad k=0,1,\dots,N-1, \tag{8.11}$$

$$\{U_i\}_N = \frac{1}{\Delta t}\{U(i\Delta f)\}, \qquad i=0,1,\dots,N-1. \tag{8.12}$$

Die Grundfolgen $\{u_k\}_6$ und $\{U_i\}_6$ gemäß Bild 7.1 sind in Bild 8.1 nochmals angegeben. (Hierbei können die Werte U_i komplex sein, so daß die Zeichnung nur symbolisch zu verstehen ist.)

Die Grundfolgen (8.11) bzw. (8.12) enthalten im unteren Indexbereich $0<k<N/2$ die Abtastwerte für den positiven Zeitbereich $0<t<N\Delta t/2$ bzw. Frequenzbereich $0<f<N\Delta f/2$ und im oberen Indexbereich $N/2<k<N-1$ die Abtastwerte für den negativen Zeitbereich $-N\Delta t/2<t<0$ bzw. Frequenzbereich $-N\Delta f/2<f<0$ des jeweiligen kontinuierlichen Signals. Dies erkennt man unmittelbar aus Bild 7.1. Sind die Abtasttheoreme gut erfüllt, so kommen in der Nähe von $N/2$ nur kleine Werte vor.

Allgemein gilt: Bei komplexen Zeitfunktionen gibt es N komplexe Werte u_k und N komplexe Werte U_i, also $2N$ Bestimmungsgrößen des Signals.

Bei reellen Zeitfunktionen gibt es N Bestimmungsgrößen im Zeitbereich und auch im Spektralbereich, da dann $U_{N-i}=U_i^*$ gilt.

Kausale reelle Signale haben bei exakter Erfüllung des zeitlichen Abtasttheorems $N/2$ Bestimmungsgrößen. Die spektrale Folge hat zwar N komplexe Werte, die sich aber wegen $U_{N-i} = U_i^*$ zunächst auf $N/2$ komplexe Werte reduzieren. Da außerdem der Imaginärteil durch die Hilbert-Transformation aus dem Realteil hervorgeht, sind ebenfalls nur $N/2$ Bestimmungsgrößen maßgebend. Man erkennt leicht die folgende Eigenschaft der Grundfolgen: Bei geraden Funktionen $u(t)$ bzw. $U(f)$ sind die Grundfolgen bezüglich $N/2$ gerade. Bei ungeraden Funktionen sind die Grundfolgen bezüglich $N/2$ ungerade, wobei N gerade angenommen wird.

8.2 *z*-Transformation des finiten Signals

Als nächstes betrachten wir die z-Transformierte $\underset{\sim}{U}_N(z)$ der Grundfolge des finiten Signals im Vergleich zur z-Transformierten $\underset{\sim}{U}(z)$ des ursprünglichen kontinuierlichen Signals. Es gilt

$$\underset{\sim}{U}(z) = \sum_{k=-\infty}^{+\infty} u(k\Delta t)z^{-k}, \tag{8.13}$$

$$\underset{\sim}{U}_N(z) = \sum_{k=0}^{N-1} u_k z^{-k} = \sum_{k=0}^{N-1} z^{-k} \sum_{n=-\infty}^{+\infty} u((k-nN)\Delta t). \tag{8.14}$$

Die z-Transformierte $\underset{\sim}{U}(z)$ des kontinuierlichen Signals ist im allgemeinen zweiseitig (positive und negative Potenzen von z) und infinit. Dagegen ist die z-Transformierte $\underset{\sim}{U}_N(z)$ des finiten Signals einseitig im Sinne eines kausalen Signals (nur negative Potenzen von z) und finit. Da das Signal als energiebegrenzt angenommen war, gilt bezüglich der Konvergenz: $\underset{\sim}{U}(z)$ kann Pole im Inneren und außerhalb des Einheitskreises haben. (Pole außerhalb des Einheitskreises treten auf, wenn die Folge $\{u(k\Delta t)\}$ nicht kausal ist.) $\underset{\sim}{U}_N(z)$ hat nur Pole im Inneren des Einheitskreises

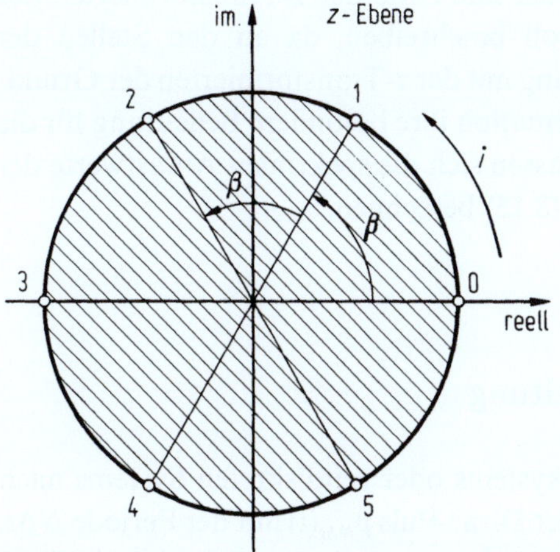

Bild 8.2. Lage der spektralen Abtastwerte z_i des finiten Signals in der z-Ebene. Die z_i-Werte liegen im Winkelabstand $\beta = 2\pi/N$ auf dem Einheitskreis (gezeichnet für $N = 6$)

(da die Grundfolge kausal ist) und ist außerhalb regulär. Auf dem Einheitskreis selbst konvergieren beide z-Transformierte.

Es gilt nun folgender wichtiger Zusammenhang zwischen der z-Transformierten des kontinuierlichen Signals nach (8.13), der z-Transformierten der Grundfolge des finiten Signals nach (8.14) und den spektralen Abtastwerten U_i:

$$\underset{\sim}{U}_N(z_i) = \underset{\sim}{U}(z_i) = U_d(i\Delta f) = U_i. \tag{8.15}$$

Hierbei bedeuten z_i die Abtastpunkte in der z-Ebene. Sie liegen auf dem Einheitskreis der z-Ebene, da sich mit $z = e^{j2\pi\Delta t f}$ und $f = i\Delta f$

$$z_i = e^{j2\pi\Delta t \Delta f i} = e^{j\frac{2\pi}{N}i} \tag{8.16}$$

ergibt. Ihre Lage veranschaulicht Bild 8.2 für $N = 6$. Der Beweis der Gleichheit von (8.13) und (8.14) ist leicht zu führen, wenn wir (8.16) in (8.13) und (8.14) einsetzen. Es gilt dann

$$\underset{\sim}{U}(z_i) = \sum_{k=-\infty}^{+\infty} u(k\Delta t)e^{j\frac{2\pi}{N}ik}, \tag{8.17}$$

$$\underset{\sim}{U}_N(z_i) = \sum_{k=0}^{N-1} \sum_{n=-\infty}^{+\infty} u((k-nN)\Delta t)e^{j\frac{2\pi}{N}ik}. \tag{8.18}$$

Wenn wir hier in der ersten Summe k durch $(k-nN)$ ersetzen [vgl. (8.1) bis (8.5)], so erhalten wir für (8.17) die Doppelsumme

$$\underset{\sim}{U}(z_i) = \sum_{k=0}^{N-1} \sum_{n=-\infty}^{+\infty} u((k-nN)\Delta t)e^{j\frac{2\pi}{N}i(k-nN)}.$$

Nun ist aber

$$e^{j\frac{2\pi}{N}i(k-nN)} = e^{j\frac{2\pi}{N}ik},$$

womit (8.15) bewiesen ist.

Dies bedeutet: Ein finites System läßt sich mit Hilfe der z-Transformierten des zugehörigen kontinuierlichen Signals voll beschreiben, da an den Stellen der spektralen Abtastwerte z_i Übereinstimmung mit der z-Transformierten der Grundfolge besteht. Damit erhält die z-Transformation ihre besondere Bedeutung für die finite Signaldarstellung. Mit ihrer Hilfe lassen sich die spektralen Abtastwerte der Grundfolge U_i in einfacher Weise nach (8.15) berechnen.

8.3 Pulsantwort und zyklische Faltung

Wirkt am Eingang eines linearen Abtastsystems oder zeitdiskreten Systems nach Bild 7.4 anstelle des Dirac-Impulses $\delta(t)$ der Dirac-Puls $p_{N\Delta t}(t)$ mit der Periode $N\Delta t$, so entsteht am Ausgang die Pulsantwort $s_f(t)$. Sie ist zeitdiskret und zeitperiodisch, also ein finites Signal. $s_f(t)$ entsteht in Bild 7.4a aus der Überlagerung der

Impulsantworten $s(t)$ im Abstand $N\Delta t$ und Abtastung des entstandenen kontinuierlichen periodischen Signals $s_\mathrm{p}(t)$ im Zeitabstand Δt. Es gilt

$$p_{N\Delta t}(t) = \sum_{n=-\infty}^{+\infty} \delta(t - nN\Delta t),$$

$$s_\mathrm{p}(t) = \sum_{n=-\infty}^{+\infty} s(t - nN\Delta t),$$

$$s_\mathrm{f}(t) = s_k \delta(t - k\Delta t) \tag{8.19}$$

mit

$$s_k = s_\mathrm{p}(k\Delta t) = \sum_{n=-\infty}^{+\infty} s((k - nN)\Delta t).$$

Das diskrete Spektrum der Pulsantwort (also die finite Systemfunktion) berechnet sich aus der Systemfunktion $S(f)$ in Analogie zu Bild 7.1 wie folgt:

$$S_i = \frac{1}{\Delta t} \sum_{n=-\infty}^{+\infty} S((i - nN)\Delta f).$$

Sowohl s_k wie auch S_i ist periodisch mit N, so daß $s_k = s_{k+mN}$ und $S_i = S_{i+mN}$ ist. Dieser Vorgang läßt sich auch mit Hilfe der Grundfolgen beschreiben. Wählt man z.B. $N = 6$, so ist die Grundfolge des Dirac-Pulses am Eingang sowie der Pulsantwort am Ausgang

$$\{p_k\}_N = \{1, 0, 0, 0, 0, 0\},$$

$$\{s_k\}_N = \{s_0, s_1, s_2, s_3, s_4, s_5\}.$$

Ist jedoch die Grundfolge am Eingang um z.B. $i = 2$ Takte zeitlich verschoben, so gilt entsprechend

$$\{p_{k-i}\}_N = \{0, 0, 1, 0, 0, 0\},$$

$$\{s_{k-i}\}_N = \{s_4, s_5, s_0, s_1, s_2, s_3\}.$$

Die zyklische Vertauschung der Abtastwerte der Pulsantwort ergibt sich aufgrund der Periodizität des finiten Signals. Wirkt nun am Eingang ein beliebiges finites Signal mit der Grundfolge

$$\{x_k\}_N = \{x_0, x_1, x_2, x_3, x_4, x_5\},$$

so läßt sich diese wie folgt zerlegen:

$$\{x_k\}_N = \left\{ \sum_{i=0}^{N-1} x_i p_{k-i} \right\} = x_0\{1, 0, 0, 0, 0, 0\}$$

$$+ x_1\{0, 1, 0, 0, 0, 0\}$$

$$+ x_2\{0, 0, 1, 0, 0, 0\}$$

$$\vdots$$

$$+ x_5\{0, 0, 0, 0, 0, 1\}.$$

Für die Ausgangsgrundfolge erhält man daher aufgrund der Überlagerung der verschobenen Pulsantworten

$$\{y_k\}_N = \left\{\sum_{i=0}^{N-1} x_i s_{k-i}\right\} = x_0\{s_0, s_1, s_2, s_3, s_4, s_5\}$$

$$+ x_1\{s_5, s_0, s_1, s_2, s_3, s_4\}$$

$$\vdots$$

$$+ x_5\{s_1, s_2, s_3, s_4, s_5, s_0\}\,.$$

Das Element y_k der Ausgangsgrundfolge erhält man somit aufgrund der zyklischen Faltungsoperation

$$y_k = \sum_{i=0}^{N-1} x_i s_{k-i} = \sum_{i=0}^{N-1} s_i x_{k-i}\,. \tag{8.20}$$

Im Gegensatz zur normalen Faltung ist die zyklische Faltung durch eine *endliche* Summe gegeben. Die Faltungsfaktoren sind vertauschbar. Wir erhalten damit

$$\{y_k\}_N = \{x_k\}_N * \{s_k\}_N = \{s_k\}_N * \{x_k\}_N\,. \tag{8.21}$$

Im Spektralbereich gilt zunächst für ein beliebiges zeitdiskretes Signal nach den Regeln von Bild 7.5 für die z-Transformierten

$$\underset{\sim}{Y}(z) = \underset{\sim}{X}(z)\underset{\sim}{S}(z)\,.$$

Für finite Signale kann diese Gleichung wegen (8.15) auch für die z-Transformierten der entsprechenden Grundfolgen an den Abtaststellen, d. h. für $z = z_i = e^{j2\pi i/N}$, angewendet werden. Damit ergibt sich

$$Y_i = X_i S_i \tag{8.22}$$

mit

$$Y_i = \underset{\sim}{Y}(z_i) = \underset{\sim}{Y}_N(z_i)\,, \tag{8.23}$$

$$X_i = \underset{\sim}{X}(z_i) = \underset{\sim}{X}_N(z_i)\,, \tag{8.24}$$

$$S_i = \underset{\sim}{S}(z_i) = \underset{\sim}{S}_N(z_i)\,. \tag{8.25}$$

(8.23) bis (8.25) zeigen, daß man die spektralen Abtastwerte Y_i wahlweise aus den z-Transformierten des ursprünglichen Eingangssignals und der Impulsantwort oder aus den z-Transformierten der Grundfolge des Eingangssignals und der Pulsantwort erhalten kann. Es ergibt sich daraus, daß die Rechenregeln von Bild 7.5 auch für finite Signale gelten, wobei $z = z_i$ zu setzen ist und die Faltung als zyklische Faltung aufzufassen ist.

Beispiel

Wir berechnen im folgenden die Grundfolge der Pulsantwort eines RC-Tiefpasses. Seine Impulsantwort sei

$$s(t) = e^{-at} \quad \text{für} \quad t > 0\,.$$

Daraus ergibt sich die Pulsantwort als Überlagerung der Impulsantworten im Abstand $N\Delta t$. Für die Abtastwerte gilt nach (8.19)

$$s_k = \sum_{n=-\infty}^{+\infty} s((k-nN)\Delta t) = \sum_{n=-\infty}^{+\infty} e^{-a(k-nN)\Delta t}\gamma((k-nN)\Delta t)$$

$$= e^{-ak\Delta t} \sum_{n=-\infty}^{0} e^{+anN\Delta t} = \frac{e^{-ak\Delta t}}{1-e^{-aN\Delta t}},$$

wobei für die Grundfolge $\{s_k\}_N$ $k=0,1,2,...,N-1$ zu nehmen ist.
Zur Impulsantwort $s(t)$ gehört die z-Systemfunktion

$$\underset{\sim}{S}(z) = \sum_{k=0}^{+\infty} e^{-ak\Delta t}z^{-k} = \frac{z}{z-e^{-a\Delta t}}.$$

Daraus erhält man die spektralen Werte der finiten Systemfunktion mit $z_i = e^{j2\pi i/N}$

$$S_i = \underset{\sim}{S}(z_i) = \underset{\sim}{S}_N(z_i) = \frac{e^{j\frac{2\pi}{N}i}}{e^{j\frac{2\pi}{N}i} - e^{-a\Delta t}}$$

mit der Grundfolge $\{S_i\}_N$ für $i=0,1,2,...,N-1$. Hierbei ist die z-Transformierte der Pulsantwort (Grundfolge) $\underset{\sim}{S}_N(z)$ durch die endliche Reihe in z

$$\underset{\sim}{S}_N(z) = \sum_{k=0}^{N-1} s_k z^{-k}$$

gegeben, während die z-Transformierte der Impulsantwort $\underset{\sim}{S}(z)$ eine unendliche Reihe in z darstellt.

8.4 Vektordarstellung

Da das finite Signal durch eine endliche Zahl von N (reellen oder komplexen) diskreten Werten beschrieben wird, bietet sich die Vektordarstellung und die Anwendung der Matrizenrechnung geradezu an. Wir definieren den N Elemente enthaltenden Spaltenvektor $\boldsymbol{u}$ des Zeitsignals bzw. $\boldsymbol{U}$ des Spektrums folgendermaßen:

$$\boldsymbol{u} = \{u_k\}_N^T = \begin{bmatrix} u_0 \\ u_1 \\ \vdots \\ u_{N-1} \end{bmatrix}, \tag{8.26}$$

$$\boldsymbol{U} = \{U_i\}_N^T = \begin{bmatrix} U_0 \\ U_1 \\ \vdots \\ U_{N-1} \end{bmatrix}. \tag{8.27}$$

T bedeutet hierbei die „Transposition", d. h. die Umwandlung eines Zeilenvektors (Folge) in einen Spaltenvektor. Die diskrete Fourier-Transformation nach (8.6) und (8.7) läßt sich nun in Matrizenschreibweise wie folgt formulieren:

$$\boldsymbol{U} = \boldsymbol{F}\boldsymbol{u}, \tag{8.28}$$

$$\boldsymbol{u} = \boldsymbol{F}^{-1}\boldsymbol{U}. \tag{8.29}$$

Hierbei ist die Fourier-Matrix F gegeben durch

$$F = [\varepsilon^{-ik}] = \begin{bmatrix} 1 & 1 & 1 & 1 & \ldots & 1 \\ 1 & \varepsilon^{-1} & \varepsilon^{-2} & \varepsilon^{-3} & \ldots & \varepsilon^{-(N-1)} \\ 1 & \varepsilon^{-2} & \varepsilon^{-4} & \varepsilon^{-6} & \ldots & \varepsilon^{-2(N-1)} \\ \vdots & \vdots & \vdots & \vdots & \vdots & \vdots \\ 1 & \varepsilon^{-(N-1)} & \varepsilon^{-2(N-1)} & \varepsilon^{-3(N-1)} & \ldots & \varepsilon^{-(N-1)^2} \end{bmatrix}, \quad (8.30)$$

wobei $\varepsilon = e^{j2\pi/N}$ gesetzt ist.

Ebenso ist die inverse Fourier-Matrix F^{-1} gegeben durch

$$F^{-1} = \frac{1}{N}[\varepsilon^{+ik}] = \frac{1}{N}\begin{bmatrix} 1 & 1 & 1 & \ldots & 1 \\ 1 & \varepsilon^{+1} & \varepsilon^{+2} & \ldots & \varepsilon^{+(N-1)} \\ 1 & \varepsilon^{+2} & \varepsilon^{+4} & \ldots & \varepsilon^{+2(N-1)} \\ \vdots & \vdots & \vdots & \vdots & \vdots \\ 1 & \varepsilon^{+(N-1)} & \varepsilon^{+2(N-1)} & \ldots & \varepsilon^{+(N-1)^2} \end{bmatrix}. \quad (8.31)$$

Die Multiplikation nach den Regeln der Matrizenrechnung führt auf (8.6) bzw. auf (8.7). Es gilt außerdem

$$FF^{-1} = E, \quad (8.32)$$

wenn E die Einheitsmatrix ist.

Die Fourier-Matrix und die inverse Fourier-Matrix sind symmetrisch. Zur Berechnung von u aus U bzw. U aus u gemäß (8.29) bzw. (8.28) sind N^2 Einzelmultiplikationen durchzuführen. Cooley und Tukey haben aufgrund der besonderen Struktur der Fourier-Matrix einen Algorithmus gefunden, der mit nur $(2N \operatorname{ld} N)$ Einzelmultiplikationen auskommt. Dieser Algorithmus ist als „Schnelle Fourier-Transformation" (oder FFT = Fast-Fourier-Transformation) bekannt; seine Anwendung auf dem Digitalrechner bringt ab etwa $N > 200$ erhebliche Vorteile bezüglich der zu einer Transformation benötigten Rechenzeit.

Die Matrizenrechnung ist aber nicht nur bei der Fourier-Transformation, sondern insbesondere auch bei der zyklischen Faltung finiter Signale anwendbar. (8.20) schreibt sich nämlich mit

$$x = \{x_k\}_N^T, \; y = \{y_k\}_N^T, \; s = \{s_k\}_N^T$$

in der Matrizendarstellung

$$y = (\operatorname{Zykl} x)s = (\operatorname{Zykl} s)x. \quad (8.33)$$

(Die Reihenfolge der Faktoren ist hier nicht vertauschbar!) Hierbei wird die zyklische Matrix $\operatorname{Zykl} x$ wie folgt definiert:

$$\operatorname{Zykl} x = \begin{bmatrix} x_0 & x_{N-1} & x_{N-2} & \ldots & x_1 \\ x_1 & x_0 & x_{N-1} & \ldots & x_2 \\ x_2 & x_1 & x_0 & \ldots & x_3 \\ \vdots & & & & \vdots \\ x_{N-2} & x_{N-3} & x_{N-4} & & x_{N-1} \\ x_{N-1} & x_{N-2} & x_{N-3} & \ldots & x_0 \end{bmatrix}. \quad (8.34)$$

$$a \quad \begin{array}{c} x \\ X \end{array} \;\; \boxed{\begin{array}{c} s \\ S \end{array}} \;\; \begin{array}{l} y = \left(\text{Zykl } s\right) x = \left(\text{Zykl } x\right) s \\ Y = \left(\text{Diag } S\right) X = \left(\text{Diag } X\right) S \end{array}$$

$$b \quad \begin{array}{c} x \\ X \end{array} \;\; \otimes \;\; \begin{array}{l} y = \left(\text{Diag } m\right) x = \left(\text{Diag } x\right) m \\ Y = \left(\text{Zykl } M\right) X = \left(\text{Zykl } X\right) M \end{array}$$

$$\begin{array}{c} m \\ M \end{array}$$

Bild 8.3a u. b. Rechenregeln für finite Systeme in Matrizendarstellung. (a) Lineares zeitinvariantes System; (b) idealer Modulator

Bei dieser Operation steht der Spaltenvektor x in der ersten Spalte der zyklischen Matrix und wird dann zyklisch nach unten um je ein Element verschoben. Dabei wird die Hauptdiagonale durch x_0 gebildet. Man überzeugt sich leicht, daß nach den Regeln der Matrizenmultiplikation (8.33) auf (8.20) führt. Man sieht weiterhin aus (8.34), daß eine gerade Grundfolge, für die $x_k = x_{N-k}$ gilt, zu einer symmetrischen zyklischen Matrix führt.

Der Faltung im Zeitbereich entspricht die Multiplikation im Spektralbereich. Diese kann, wenn $X = \{X_i\}_N^T$ den spektralen Eingangsvektor, $Y = \{Y_i\}_N^T$ den spektralen Ausgangsvektor und $S = \{S_i\}_N^T$ den Systemvektor des finiten Systems darstellen, in der Matrizenschreibweise

$$Y = (\text{Diag} X) S = (\text{Diag} S) X = [S_i X_i] \tag{8.35}$$

als Skalarprodukt der Vektoren X und Y angegeben werden. Die Diagonalmatrix $\text{Diag} X$ ist dabei wie folgt definiert:

$$\text{Diag} X = \begin{bmatrix} X_0 & 0 & 0 & \dots & 0 \\ 0 & X_1 & 0 & \dots & 0 \\ 0 & 0 & X_2 & \dots & 0 \\ \vdots & & & & \vdots \\ 0 & 0 & 0 & \dots & X_{N-1} \end{bmatrix}. \tag{8.36}$$

Diese Regeln für die Anwendung der Matrizenrechnung sind in Bild 8.3 für das lineare zeitinvariante finite System sowie auch für den (zeitvarianten) idealen finiten Modulator zusammenfassend dargestellt. Damit sind diese Operationen in eine einheitliche und für den Elektronenrechner besonders geeignete Form gebracht. In der Praxis ist in der Regel darauf zu achten, daß die Überlappungen der Zeitfunktion und des Spektrums möglichst gering bleiben, was durch ein entsprechend großes N erreichbar ist. Insbesondere bei der Faltung verbreitert sich das Faltungsprodukt in der Regel, weshalb die Vektoren der zu faltenden Folgen im Mittelbereich kleine Werte (möglichst Nullen) enthalten sollen.

Beispiel

Wir betrachten nach Bild 8.4 eine Rechteckfolge (Amplitude 1, Rasterverhältnis 1:2), die als finites Eingangssignal $x_f(t)$ dargestellt ist. (Die Folgen sind linear interpoliert, und die Grundfolgen mit nicht unterbrochenen Linien gezeichnet.) Wir wählen $N = 6$. Das Ausgangssignal $y_f(t)$ eines RC-Tiefpasses mit der (kausalen) Pulsantwort $s_f(t)$ ist zu berechnen. Der RC-Tiefpaß entspricht dem letzten Beispiel (s. S. 158), wobei wir die Zeitkonstante zu $a\Delta t = 0,5$ wählen. Wir führen die Rechnung im Zeitbereich und im Spektralbereich durch.

Zeitbereich

Mit der Eingangsfolge

$$\{x_k\}_N = \{1, 1, 0, 0, 0, 0\}$$

und der Pulsantwortsfolge

$$\{s_k\}_N = \frac{1}{1-e^{-3}} \{1, e^{-0,5}, e^{-1}, e^{-1,5}, e^{-2}, e^{-2,5}\}$$

gilt

$$x = \begin{bmatrix} 1 \\ 1 \\ 0 \\ 0 \\ 0 \\ 0 \end{bmatrix}, \quad s = \frac{1}{1-e^{-3}} \begin{bmatrix} 1 \\ e^{-0,5} \\ e^{-1} \\ e^{-1,5} \\ e^{-2} \\ e^{-2,5} \end{bmatrix} = \begin{bmatrix} 1,05 \\ 0,64 \\ 0,39 \\ 0,23 \\ 0,14 \\ 0,09 \end{bmatrix},$$

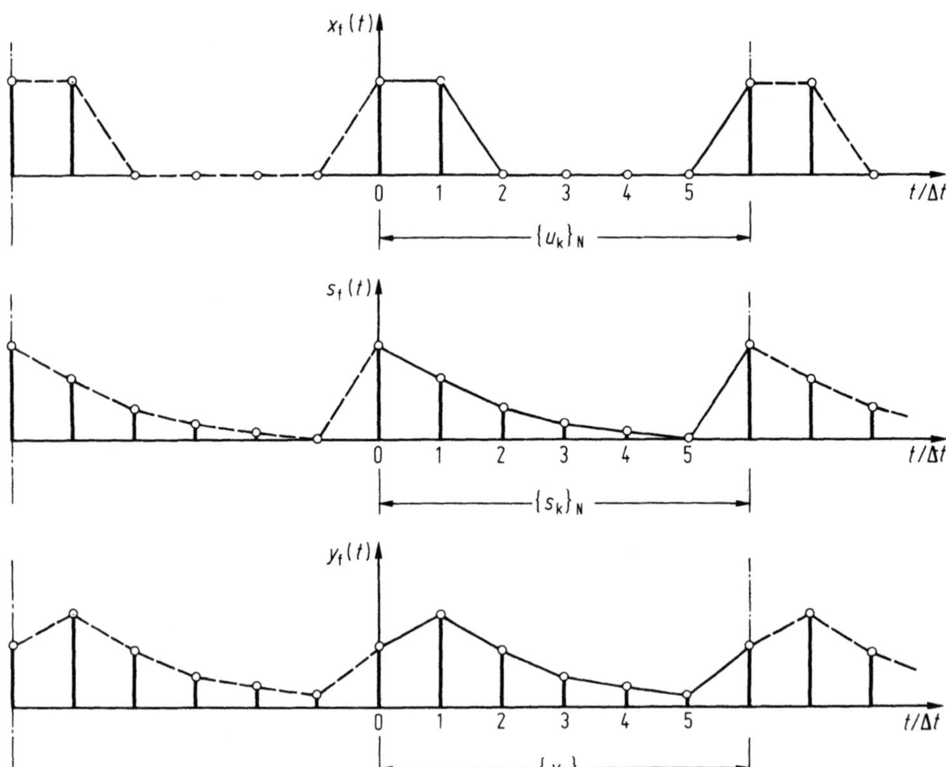

Bild 8.4. Beispiel für die Berechnung finiter Signale mittels Matrizenrechnung [Antwort eines RC-Tiefpasses auf eine Rechteckfolge (Trapezfolge)]

und

$$\text{Zykl}\,x = \begin{bmatrix} 1 & 0 & 0 & 0 & 0 & 1 \\ 1 & 1 & 0 & 0 & 0 & 0 \\ 0 & 1 & 1 & 0 & 0 & 0 \\ 0 & 0 & 1 & 1 & 0 & 0 \\ 0 & 0 & 0 & 1 & 1 & 0 \\ 0 & 0 & 0 & 0 & 1 & 1 \end{bmatrix}.$$

Die zyklische Faltung ergibt

$$y = (\text{Zykl}\,x)s = \frac{1}{1-e^{-3}} \begin{bmatrix} 1 & +e^{-2,5} \\ 1 & +e^{-0,5} \\ e^{-0,5} & +e^{-1} \\ e^{-1} & +e^{-1,5} \\ e^{-1,5} & +e^{-2} \\ e^{-2} & +e^{-2,5} \end{bmatrix} = \frac{1}{1-e^{-3}} \begin{bmatrix} 1,08 \\ 1,60 \\ 0,97 \\ 0,59 \\ 0,36 \\ 0,22 \end{bmatrix} = \begin{bmatrix} 1,14 \\ 1,69 \\ 1,03 \\ 0,62 \\ 0,38 \\ 0,23 \end{bmatrix}.$$

Der entsprechende Zeitverlauf ist (ebenfalls linear interpoliert) in Bild 8.4 dargestellt.

Spektralbereich

Aus der Angabe $N=6$ folgt

$$\varepsilon = e^{j\frac{\pi}{3}} = e^{j\beta} \quad (\text{mit } \beta = \pi/3),$$

womit wir die folgende Fourier-Matrix erhalten:

$$F = [e^{-j\beta ik}] = \begin{bmatrix} 1 & 1 & 1 & 1 & 1 & 1 \\ 1 & e^{-j\beta} & e^{-j2\beta} & e^{-j3\beta} & e^{-j4\beta} & e^{-j5\beta} \\ 1 & e^{-j2\beta} & e^{-j4\beta} & 1 & e^{-j2\beta} & e^{-j4\beta} \\ 1 & e^{-j3\beta} & 1 & e^{-j3\beta} & 1 & e^{-j3\beta} \\ 1 & e^{-j4\beta} & e^{-j2\beta} & 1 & e^{-j4\beta} & e^{-j2\beta} \\ 1 & e^{-j5\beta} & e^{-j4\beta} & e^{-j3\beta} & e^{-j2\beta} & e^{-j\beta} \end{bmatrix}.$$

Man erkennt, daß die Fourier-Matrix symmetrisch ist. Wegen der Periodizität wiederholen sich die Elemente. Diese Eigenschaft wird bei der FFT ausgenutzt. Damit folgt für den Vektor des Eingangsspektrums

$$X = Fx = \begin{bmatrix} 1+1 \\ 1+e^{-j\beta} \\ 1+e^{-j2\beta} \\ 1+e^{-j3\beta} \\ 1+e^{-j4\beta} \\ 1+e^{-j5\beta} \end{bmatrix} = \frac{1}{2}\begin{bmatrix} 4 \\ 3 \\ 1 \\ 0 \\ 1 \\ 3 \end{bmatrix} + j\frac{1}{2}\begin{bmatrix} 0 \\ -\sqrt{3} \\ -\sqrt{3} \\ 0 \\ +\sqrt{3} \\ +\sqrt{3} \end{bmatrix}.$$

Das Eingangsspektrum ist jetzt getrennt nach Real- und Imaginärteil dargestellt. Entsprechend kann man beim Vektor der Systemfunktion S verfahren. Für S gilt die Fourier-Transformation ganz entsprechend

$$S = Fs.$$

Anstelle der Durchführung dieser Matrizenmultiplikation erhält man die Elemente S_i von S einfacher über die z-Transformation. Nach dem letzten Beispiel gilt (mit $\beta = 2\pi/N = \pi/3$ und $a\Delta t = 0,5$)

$$S_i = \frac{e^{j\beta i}}{e^{j\beta i} - e^{-0,5}}.$$

Die Elemente Y_i von Y ergeben sich einfach durch die Multiplikation

$$Y_i = S_i X_i.$$

Um die Werte der zeitlichen Ausgangsfolge zu erhalten, ist die Fourier-Rücktransformation

$$y = F^{-1}Y$$

durchzuführen. Diese Rücktransformation bereitet einige Rechenarbeit, weswegen wir sie uns sparen, da das Ergebnis bereits bekannt ist.

9 Systembeschreibung durch Differential- und Differenzengleichungen

9.1 Lösung linearer Differentialgleichungen mit konstanten Koeffizienten

Lineare Differentialgleichungen mit konstanten Koeffizienten lassen sich mit Hilfe der Spektraltransformation sehr einfach lösen, indem man die gesamte Differentialgleichung gliedweise in den Spektralbereich transformiert und die damit erhaltene Gleichung n-ten Grades auflöst. Wir betrachten hierbei zunächst die Methode der Allgemeinen Spektraltransformation bzw. der Fourier-Transformation und danach die der Laplace-Transformation. Dabei wird für die genannten Fälle die Möglichkeit der Berücksichtigung von Anfangswerten aufgezeigt. Die Differentialgleichung sei gegeben durch

$$\sum_{v=0}^{n} a_v u_2^{(v)}(t) = \sum_{v=0}^{m} b_v u_1^{(v)}(t) \tag{9.1}$$

mit

$$u^{(v)}(t) = \frac{\mathrm{d}^v u(t)}{\mathrm{d}t^v}.$$

Sie soll das zeitliche Verhalten eines physikalisch realisierbaren Systems beschreiben. Da die Kausalitätsbedingung hierbei prinzipiell erfüllt sein muß, ist die Differentialoperation kausal aufzufassen (vgl. Abschnitt 4.8).[1] Der Grad des Systems ist n, und wir lassen zu, daß $m \lesseqgtr n$ sei. $u_2(t)$ stellt die Zeitfunktion der Wirkung und $u_1(t)$ die auf das System einwirkende Zwangskraft, also die Ursache, dar.

9.1.1 Methode der Allgemeinen Spektraltransformation (oder der Fourier-Transformation)

Zur Transformation in den Spektralbereich setzen wir

$$U_1(p,q) \bullet\!\!-\!\!-\!\!\circ u_1(t), \qquad U_2(p,q) \bullet\!\!-\!\!-\!\!\circ u_2(t).$$

Da die Differentiation kausal ist, bedeutet eine v-fache Ableitung im Zeitbereich eine Multiplikation der korrespondierenden Spektralfunktion mit p^v. Damit ergibt sich für die transformierte Differentialgleichung

$$\sum_{v=0}^{n} a_v p^v U_2(p,q) = \sum_{v=0}^{m} b_v p^v U_1(p,q). \tag{9.2}$$

---

[1] Demgegenüber könnte z. B. eine Differentiation nach dem Ort kausal, akausal oder auch gemischt erfolgen.

Mit den beiden Polynomen

$$A_n(p) = \sum_{v=0}^{n} a_v p^v, \qquad B_m(p) = \sum_{v=0}^{m} b_v p^v$$

erhalten wir aus (9.2) für das Spektrum der Wirkungsfunktion

$$U_2(p, q) = \frac{B_m(p)}{A_n(p)} U_1(p, q) = S(p) U_1(p, q). \tag{9.3}$$

Die Systemfunktion

$$S(p) = \frac{B_m(p)}{A_n(p)} = \frac{\displaystyle\sum_{v=0}^{m} b_v p^v}{\displaystyle\sum_{v=0}^{n} a_v p^v}$$

ist also unmittelbar durch die Koeffizienten a_v sowie b_v der Differentialgleichung bestimmt (vgl. Abschnitt 3.5). Da $S(p)$ die Übertragungseigenschaften eines realisierbaren und daher kausalen Systems beschreibt, verschwindet die korrespondierende Impulsantwort $s(t)\circ\!\!-\!\!-\!\!-\!\!\bullet S(p)$ für $t<0$. Wenn das System stabil ist, müssen sämtliche Pole von $S(p)$ in der linken Frequenzhalbebene oder auf der imaginären Achse liegen. Dies ist gewährleistet, wenn die Nullstellen des Polynoms $A_n(p)$ in der linken Frequenzhalbebene [dann ist $A_n(p)$ ein „Hurwitz-Polynom"] oder auf der imaginären Achse liegen. Während die Pole in der linken p-Halbebene beliebigen Grades sein dürfen, müssen die Pole auf der imaginären Achse einfach sein [2]. Ist die Stabilitätsbedingung für die gegebene Differentialgleichung erfüllt, so kann (9.3) auch im Sinne der Fourier-Transformation geschrieben werden, wobei die im Abschnitt 2.3 angegebenen Umrechnungen verwendet werden müssen. Die Lösung der Differentialgleichung erhalten wir dann durch die Rücktransformation der Spektralfunktion (9.3) in den Zeitbereich, die den Abschnitten 1.4 bzw. 2.2 gemäß durchzuführen ist.

Die Methode der Allgemeinen Spektraltransformation bzw. der Fourier-Transformation betrachtet den gesamten Zeitbereich $-\infty < t < +\infty$. Man kann aber auch Anfangswertprobleme damit behandeln. Hierbei interessiert man sich nur für den Zeitbereich $t>0$, wobei das System zum Zeitpunkt $t=0$ „aufgeladen" ist und deshalb einen Ausschwingvorgang (auch ohne äußere Zwangskraft) liefert. Bild 9.1 veranschaulicht das Problem. Sowohl für die Wirkungsfunktion $u_2(t)$ sowie für die Zwangskraft $u_1(t)$ sei bei $t=0$ eine Unstetigkeit zugelassen. Die „Aufladung" des Systems erfolgt durch den vergangenen Zeitverlauf der Zwangskraft $u_1(t)$, nämlich $u_{1-}(t)$ für $t<0$. Dies ist gestrichelt in Bild 9.1 eingetragen. Davon rührt im Zeitbereich $t>0$ der Ausschwingvorgang $u_{2H}(t)$ her. Zu diesem addiert sich der durch die Zwangskraft $u_{1+}(t)$ für $t>0$ herrührende Anteil $u_{2Z}(t)$, der in Bild 9.1 ausgezogen gezeichnet ist.

Mit Hilfe der Allgemeinen Spektraltransformation lassen sich beide Anteile getrennt berechnen. Zerlegt man das Spektrum der Zwangskraft entsprechend den

---

[2] Die hier formulierte Stabilitätsbedingung bezüglich der Pole auf der imaginären Achse entspricht einer Leistungsbegrenzung der Impulsantwort $s(t)$ [vgl. (3.13b)]. Diese Bedingung umfaßt alle passiven verlustbehafteten und verlustfreien Systeme.

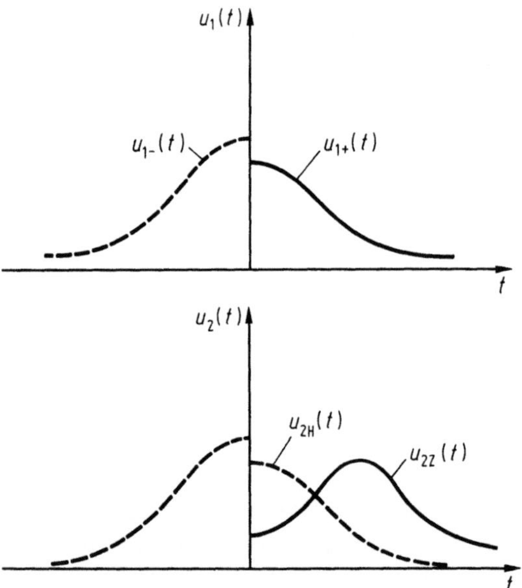

Bild 9.1. Zeitverläufe der Zwangskraft $u_1(t)$ und der Wirkung $u_2(t)$. Unterbrochene Linien: Aufladung des Systems durch $u_{1-}(t)$ und homogene Lösung u_{2H} für $t>0$; ausgezogene Linien: Zwangskraft $u_{1+}(t)$ und deren Wirkung $u_{2Z}(t)$ für $t>0$

beiden Zeitbereichen in

$$U_1(p,q) = U_{1+}(p) + U_{1-}(q),$$

so folgt für das Spektrum der Wirkungsfunktion

$$U_2(p,q) = S(p)U_{1+}(p) + S(p)U_{1-}(q).$$

Für den positiven Zeitbereich $t>0$ erhält man mit dem Zerlegungssatz den Anteil

$$U_{2+}(p) = S(p)U_{1+}(p) + H(p), \tag{9.4}$$

wobei

$$H(p) = (S(p)U_{1-}(q)) * \frac{1}{p}. \tag{9.5}$$

Der erste Term in (9.4) korrespondiert mit dem Anteil $u_{2Z}(t)$ der Wirkungsfunktion, der zweite mit dem Ausschwingvorgang $u_{2H}(t)$. Letzterer entspricht für $t>0$ der homogenen Lösung der Differentialgleichung (9.1), wobei für diesen Zeitbereich die rechte Seite von (9.1) gleich 0 gesetzt wird.

In Bild 9.2 ist die entsprechende Ersatzschaltung angegeben. Hierbei wird der Ausschwingvorgang $u_{2H}(t)$ durch einen Dirac-Impuls $\delta(t)$, der am Eingang des Blockes mit der Systemfunktion $H(p)$ anliegt, erzeugt. Durch Transformation von (9.5) in den Zeitbereich erhält man auch direkt

$$u_{2H}(t) = (u_{1-}(t) * s(t))\gamma(t).$$

Mit der Methode der Laplace-Transformation wird die Systemaufladung aus den Anfangswerten der Zeitfunktionen $u_1(t)$ und $u_2(t)$ für $t=+0$ berechnet. Das entsprechende Verfahren wird im folgenden Abschnitt beschrieben.

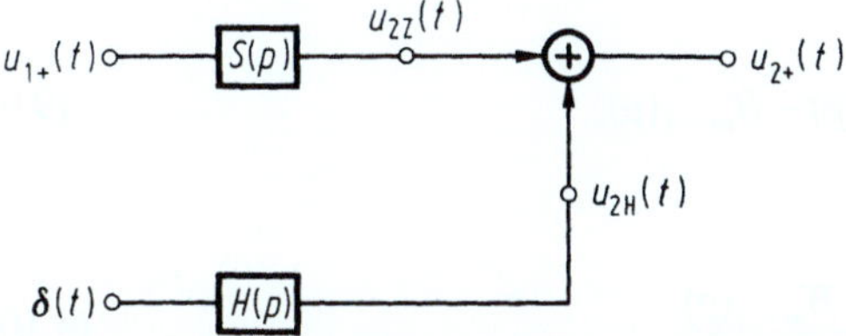

Bild 9.2. Ersatzschaltbild zur Berücksichtigung der Systemaufladung gemäß Bild 9.1

9.1.2 Methode der Laplace-Transformation

Die Differentialgleichung

$$\sum_{v=0}^{n} a_v u_2^{(v)}(t) = \sum_{v=0}^{m} b_v u_1^{(v)}(t)$$

wird nun für den Zeitbereich $t>0$ mittels Laplace-Transformation in den Spektralbereich transformiert. Wiederum sollen die Korrespondenzen

$$u_1(t)\circ\!\!-\!\!-\!\!\bullet U_1(p), \qquad u_2(t)\circ\!\!-\!\!-\!\!\bullet U_2(p)$$

existieren, wobei jetzt $u_1(t)$ und $u_2(t)$ nur für $t>0$ definiert sind. Unter Anwendung des Differentiationssatzes der Laplace-Transformation erhält man dann

$$U_2(p) \sum_{v=0}^{n} a_v p^v - \sum_{v=0}^{n-1} \alpha_v p^v = U_1(p) \sum_{v=0}^{m} b_v p^v - \sum_{v=0}^{m-1} \beta_v p^v. \tag{9.6}$$

Hierbei berechnen sich die Koeffizienten α_v und β_v der zusätzlich auftretenden Polynome vom Grad $(n-1)$ bzw. $(m-1)$ aus den Anfangswerten für $t=+0$

$$\alpha_v = \sum_{\varrho=0}^{n-1-v} a_{1+v+\varrho} u_2^{(\varrho)}(+0), \tag{9.7}$$

$$\beta_v = \sum_{\varrho=0}^{m-1-v} b_{1+v+\varrho} u_1^{(\varrho)}(+0). \tag{9.8}$$

Diese Formeln ergeben sich aus dem Differentiationssatz der Laplace-Transformation. Beispielsweise erhält man für $n=3$

$$\alpha_0 = a_1 u_2(+0) + a_2 u_2^{(1)}(+0) + a_3 u_2^{(2)}(+0),$$
$$\alpha_1 = a_2 u_2(+0) + a_3 u_2^{(1)}(+0),$$
$$\alpha_2 = a_3 u_2(+0).$$

Mit den Polynomen von (9.6)

$$A_n(p) = \sum_{v=0}^{n} a_v p^v,$$

$$A'_{n-1}(p) = \sum_{v=0}^{n-1} \alpha_v p^v,$$

$$B_m(p) = \sum_{v=0}^{m} b_v p^v,$$

$$B'_{m-1}(p) = \sum_{v=0}^{m-1} \beta_v p^v$$

gilt für (9.6)

$$U_2(p)A_n(p) - A'_{n-1}(p) = U_1(p)B_m(p) - B'_{m-1}(p). \tag{9.9}$$

Daraus berechnet sich $U_2(p)$ zu

$$U_2(p) = \frac{B_m(p)}{A_n(p)} U_1(p) + \frac{A'_{n-1}(p) - B'_{m-1}(p)}{A_n(p)}. \tag{9.10}$$

Der erste Term ist die Spektralfunktion der Wirkung aufgrund der Zwangskraft $u_1(t)$ für $t>0$. Der zweite Term korrespondiert mit dem Ausschwingvorgang durch die Aufladung des Systems. Er ist funktional der Funktion $H(p)$ nach (9.5) gleichzusetzen:

$$H(p) = \frac{A'_{n-1}(p) - B'_{m-1}(p)}{A_n(p)}. \tag{9.11}$$

Der Vergleich von (9.5) und (9.11) zeigt, daß mit der Methode der Allgemeinen Spektraltransformation $H(p)$ aus dem vergangenen Zeitverlauf der Zwangskraft $u_{-1}(t)\circ\!\!-\!\!-\!\!\bullet U_{-1}(q)$ berechnet werden kann. Nach der Methode der Laplace-Transformation kann man $H(p)$ aus den Anfangswerten von $u_1(t)$ und $u_2(t)$ für $t = +0$ berechnen.

Im folgenden soll eine Realisierung des durch die Differentialgleichung beschriebenen Systems mit der üblichen Schaltung der Analogrechentechnik mittels Integrierverstärkern angegeben werden. Wir definieren zunächst das Anfangswertpolynom $C(p)$ vom Grad $n-1$ bzw. $m-1$ (je nachdem, welche Zahl größer ist)[1]

$$C(p) = A'_{n-1}(p) - B'_{m-1}(p) = \sum_{\nu=0}^{\text{oder } m-1}^{n-1} c_\nu p^\nu, \tag{9.12}$$

$$c_\nu = \sum_{\varrho=0}^{n-1-\nu} a_{1+\nu+\varrho} u_2^{(\varrho)}(+0) - \sum_{\varrho=0}^{m-1-\nu} b_{1+\nu+\varrho} u_1^{(\varrho)}(+0)$$

und formen damit (9.10) um zu

$$U_2(p) = \frac{1}{A_n(p)}(B_m(p)U_1(p) + C(p)). \tag{9.13}$$

Das Polynom $C(p)$ bzw. seine Koeffizienten c_ν bestimmen den Anfangszustand des Systems.

Der Faktor $1/A_n(p)$ läßt sich nun als rekursives Netzwerk mit Integratoren realisieren. Hierzu führen wir die Substitution

$$U_0(p) = B_m(p)U_1(p) + C(p) \tag{9.14}$$

ein und erhalten aus (9.13)

$$U_2(p)A_n(p) = U_0(p). \tag{9.15}$$

---

[1] Wie weiter unten gezeigt wird, hängt $C(p)$ wegen der Abhängigkeiten von $u_2^{(\varrho)}(+0)$ und $u_1^{(\varrho)}(+0)$ lediglich von den Anfangswerten der homogenen Lösung (Ausschwingvorgang) und den Koeffizienten a_ν ab, da dieser Ausschwingvorgang nur durch die integrierenden (speichernden) Eigenschaften des Systems ermöglicht wird. Somit existieren nur die Koeffizienten c_0 bis c_{n-1}.

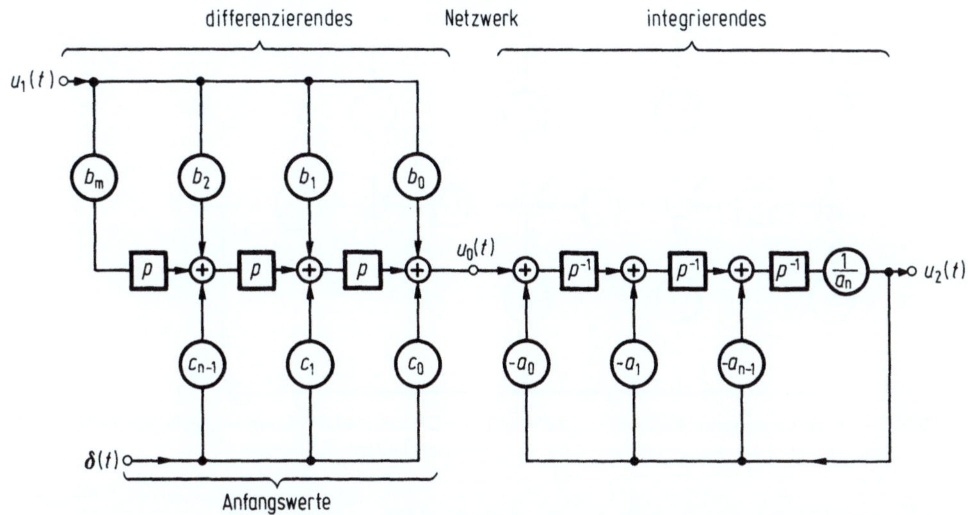

Bild 9.3. Darstellung der kausalen Differentialgleichung als Serienschaltung eines nicht rekursiven Netzwerks mit Differenziergliedern und eines rekursiven Netzwerks mit Integriergliedern

Das Glied mit der höchsten Potenz von p des Polynoms $A_n(p)$ in (9.15) wird nun vorgezogen

$$U_2(p)p^n(a_n + a_{n-1}p^{-1} + a_{n-2}p^{-2} + ... + a_0 p^{-n}) = U_0(p)$$

und die damit gewonnene Gleichung durch Division mit p^n umgeformt zu

$$a_n U_2(p) = U_0(p)p^{-n} - U_2(p)(a_{n-1}p^{-1} + a_{n-2}p^{-2} + ... + a_0 p^{-n}). \tag{9.16}$$

Diese Gleichung beschreibt das rekursive Netzwerk im rechten Teil von Bild 9.3, wobei $u_0(t)$○———●$U_0(p)$ die Zwangskraft und $u_2(t)$○———●$U_2(p)$ die Wirkung darstellt. Es enthält nur Integrationen mit der Systemfunktion $1/p$. $u_2(t)$ entsteht danach in Übereinstimmung mit (9.16) als Summe von rückgekoppelten und integrierten Werten von $u_2(t)$ und dem n-fach integrierten Wert von $u_0(t)$.
Die Koeffizienten a_ν des Nennerpolynoms der Systemfunktion $S(p)$ bestimmen die Bewertungsfaktoren des rekursiven Netzwerkes. Die Substitution (9.14) wird in Bild 9.3 durch das vorgeschaltete differenzierende Netzwerk geleistet. Ist nun $m \leq n$, so läßt sich das differenzierende Netzwerk völlig vermeiden. Die Koeffizienten b_ν und c_ν können in diesem Fall nämlich in das rekursive Netzwerk eingerechnet werden, da sich Differentiation und nachfolgende Integration wieder aufheben. Dies zeigt Bild 9.4. Die Koeffizienten c_ν wurden hierbei noch um eine weitere Integration bis zum Additionspunkt $\nu + 1$ verschoben, so daß sie dort als Konstante (Integration des Dirac-Impulses) auftreten und auf diese Weise die Anfangswerte darstellen. Die Schaltung von Bild 9.4 nennt man eine kanonische Realisierung der durch die Differentialgleichung angegebenen Systemfunktion. Sie kann aus den Elementen eines Analogrechners leicht aufgebaut werden.

Bezüglich der Koeffizienten c_ν, die sich aus den Anfangswerten bestimmen lassen und den Ladezustand (Anfangszustand) des Systems beschreiben, sei noch folgendes bemerkt: Sie müssen für alle möglichen Funktionsverläufe $u_1(t)$ der im Zeitpunkt $t = 0$ einsetzenden Zwangskraft gleich sein. Speziell für die

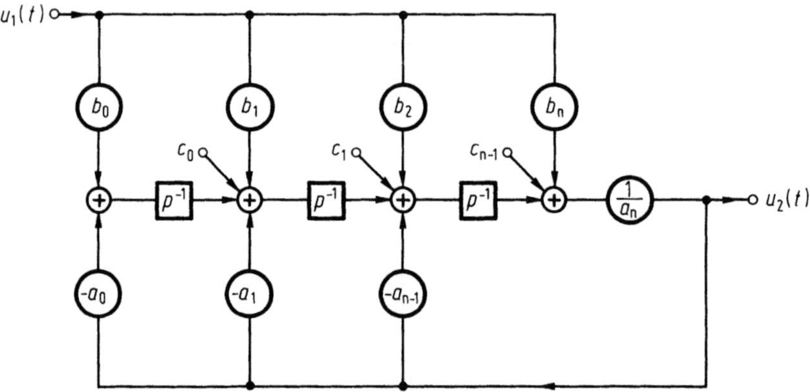

Bild 9.4. Erste kanonische Realisierung der durch die Differentialgleichung angegebenen Systemfunktion des Grades n als rekursives Netzwerk mit Integriergliedern (für $m \leq n$)

homogene Lösung $u_1(t)=0$ gilt die Beziehung gemäß (9.12)

$$c_\nu = \sum_{\varrho=0}^{n-1-\nu} a_{1+\nu+\varrho} u_{2\mathrm{H}}^{(\varrho)}(+0).$$

Die Koeffizienten c_ν sind also allein durch den Ausschwingvorgang $u_{2\mathrm{H}}(t)$ gemäß Bild 9.1 bei verschwindender Zwangskraft $u_{1+}(t)$ bestimmt. Daher sind die Anfangswerte $u_2^{(\varrho)}(+0)$ und $u_1^{(\varrho)}(+0)$ in (9.7) und (9.8) nicht unabhängig voneinander wählbar. Setzt man (in Übereinstimmung mit Bild 9.1)

$$u_2(t)=u_{2\mathrm{H}}(t)+u_{2\mathrm{Z}}(t),$$

so erhält man mit (9.12) die Beziehung

$$\sum_{\varrho=0}^{n-1-\nu} a_{1+\nu+\varrho} u_{2\mathrm{Z}}^{(\varrho)}(+0) = \sum_{\varrho=0}^{m-1-\nu} b_{1+\nu+\varrho} u_1^{(\varrho)}(+0).$$

Bei Variation des Parameters ν ergibt dies (n bzw. m Beziehungen, je nachdem welche dieser Zahlen größer ist. Diese Beziehungen haben auch für den ungeladenen Zustand Gültigkeit, wenn nämlich alle Koeffizienten $c_\nu=0$ sind und daher $u_2(t)=u_{2\mathrm{Z}}(t)$ ist. Dann kann man aufgrund von (9.12) die Anfangswerte der Wirkung $u_2^{(\varrho)}(+0)$ aus denen der Zwangskraft $u_1^{(\varrho)}(+0)$ berechnen. Man erhält dann n bzw. m Gleichungen der Form

$$\sum_{\varrho=0}^{n-1-\nu} a_{1+\nu+\varrho} u_2^{(\varrho)}(+0) = \sum_{\varrho=0}^{m-1-\nu} b_{1+\nu+\varrho} u_1^{(\varrho)}(+0).$$

Ist $n \neq m$, so sind in den restlichen $|n-m|$ Gleichungen die entsprechenden Koeffizienten b bzw. a gleich null. Dies bedeutet, daß die zugehörigen Anfangswerte unendlich angenommen werden, d.h. Distributionen in u_1 bzw. u_2 oder deren Ableitungen bei $t=0$ auftreten.

Für die Darstellung der Differentialgleichung mittels eines Netzwerks aus Integriergliedern gibt es noch weitere Varianten. Wir nehmen jetzt an, daß $m \leq n$ sei, und betrachten den ungeladenen Zustand, für den die Koeffizienten $c_\nu = 0$ sind. Dann ist die Schaltung gemäß Bild 9.4 umkehrbar (d.h. reziprok im Sinne der Vierpoltheorie). Durch Vertauschen von Eingang und Ausgang entsteht Bild 9.5. Stellt man die Systemfunktion $S(p)$ als Produkt

$$S(p) = S_1(p)S_2(p)S_3(p)\dots S_n(p) = \prod_{\mu=1}^{n} S_\mu(p)$$

dar, wobei $S_\mu(p)$ vom ersten oder zweiten Grad ist, so läßt sich das System durch eine Serienschaltung von kanonischen Netzwerken ersten und zweiten Grades realisieren. In der Partialbruchform

$$S(p) = \sum S_\mu(p),$$

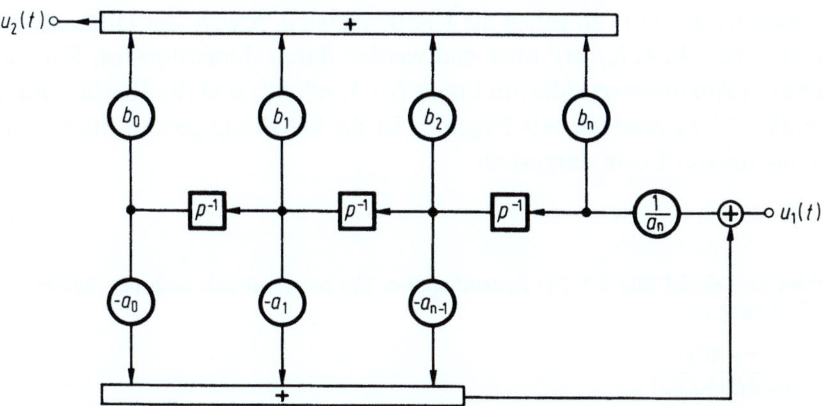

Bild 9.5. Zweite kanonische Realisierung einer Systemfunktion im Fall verschwindender Anfangswerte als rekursives Netzwerk mit Integriergliedern

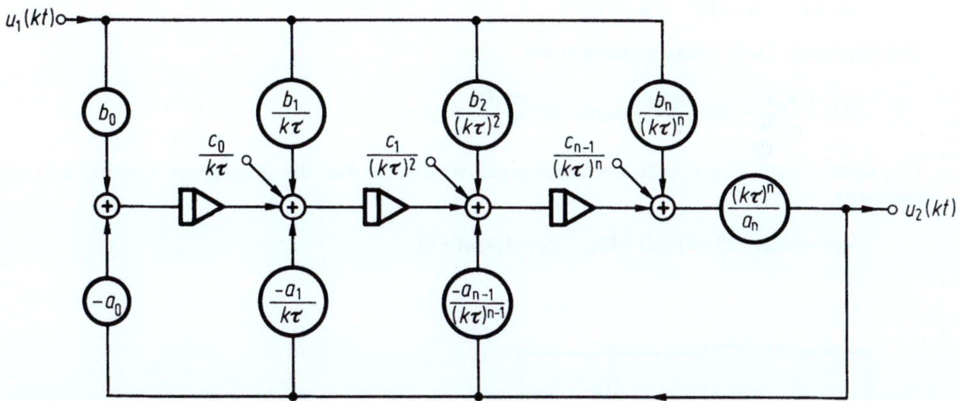

Bild 9.6. Normierte Darstellung der ersten kanonischen Realisierung von Bild 9.4 in Analogrechentechnik mit Integrierverstärkern der Systemfunktion $1/(p\tau)$ und einem Zeitmaßstabfaktor k

wobei $S_\mu(p)$ ebenfalls vom ersten oder zweiten Grad sei, läßt sich $S(p)$ als Summe der entsprechenden kanonischen Schaltungen darstellen. So gibt es eine große Fülle möglicher Realisierungen eines linearen Systems, dessen Ein-Ausgangsbeziehung durch eine lineare Differentialgleichung mit konstanten Koeffizienten beschreibbar ist.

Für die praktische Realisierung auf dem Analogrechner ist allerdings noch eine Normierung notwendig. Zunächst haben die Integrierverstärker nicht die Systemfunktion $1/p$, sondern $1/(p\tau)$, wobei die Zeitkonstante τ durch die Gleichung des Integrierverstärkers

$$u_2(t) = \frac{1}{\tau} \int u_1(t)\mathrm{d}t$$

bestimmt ist. Weiterhin ist es in der Regel notwendig, den Zeitmaßstab bei der Realisierung zu verändern. Ersetzt man hierzu sämtliche Zeitfunktionen $u(t)$ durch $u(kt)$, wobei k den Abbildungsmaßstab darstellt, so ist bei der neuen Systemfunktion nach dem Ähnlichkeitssatz p durch p/k zu ersetzen. Berücksichtigt man beide

Faktoren (nämlich k und τ), so gehen die Koeffizienten a_ν bzw. b_ν der Differentialgleichung in $a_\nu/(k\tau)^\nu$ bzw. $b_\nu/(k\tau)^\nu$ über und werden damit dimensionslos. Für die Einspeisung der Anfangswerte (die am Punkt $(\nu+1)$ erfolgt) sind die Koeffizienten c_ν durch $c_\nu/(k\tau)^{\nu+1}$ zu ersetzen. Als Ergebnis ist die Schaltung gemäß Bild 9.4 in Bild 9.6 in normierter Form dargestellt.

Beispiel

Wir betrachten als Beispiel Bild 9.7. Die Systemfunktion $S(p)$ berechnet sich nach den Regeln der komplexen Rechnung zu

$$S(p) = \frac{1 + RCp}{1 + RCp + LCp^2}.$$

Die Koeffizienten des Zählerpolynoms $B_1(p)$ und des Nennerpolynoms $A_2(p)$ berechnen sich zu

$$b_0 = 1, \quad b_1 = RC,$$

$$a_0 = 1, \quad a_1 = RC, \quad a_2 = LC.$$

Die zugehörige Differentialgleichung lautet

$$LC\frac{d^2 u_2(t)}{dt^2} + RC\frac{du_2(t)}{dt} + u_2(t) = RC\frac{du_1(t)}{dt} + u_1(t).$$

Die Koeffizienten c_ν des Anfangswertpolynoms werden im Fall der homogenen Lösung, $u_1(t)=0$, bestimmt.

$$c_0 = a_1 u_{2H}(+0) + a_2 u_{2H}^{(1)}(+0), \quad c_1 = a_2 u_{2H}(+0).$$

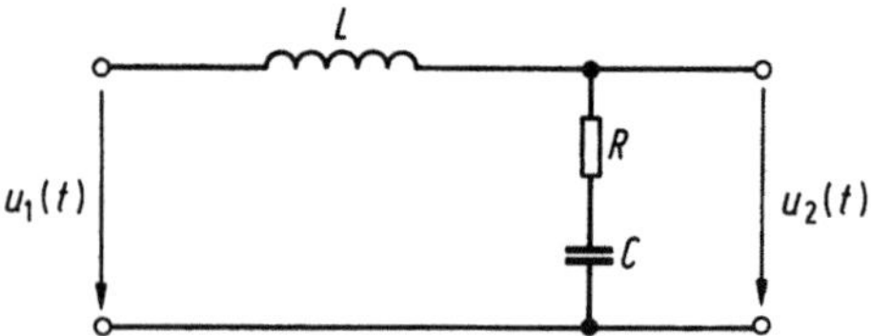

Bild 9.7. Beispiel eines Systems zweiten Grades

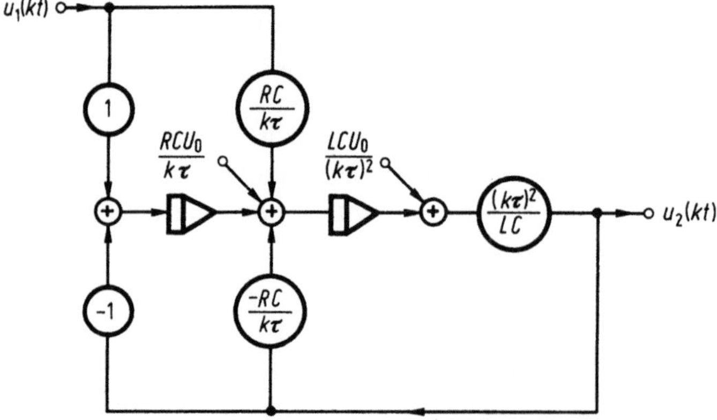

Bild 9.8. Realisierung des Systems von Bild 9.7 in Analogrechentechnik (U_0: Anfangsladung des Kondensators)

Für den Fall, daß im Anfangszustand die Kapazität C auf U_0 aufgeladen ist, ergeben sich die Anfangswerte zu

$$u_{2H}(+0) = U_0, \qquad u_{2H}^{(1)}(+0) = 0.$$

Damit erhält man für die Koeffizienten

$$c_0 = RCU_0, \qquad c_1 = LCU_0.$$

Die Realisierung dieser Schaltung in Analogrechentechnik zeigt Bild 9.8.

9.2 Lösung linearer Differenzengleichungen

Lineare Differenzengleichungen zur Beschreibung diskreter Systeme sind durch einen linearen Zusammenhang der Abtastwerte von Ursachen- und Wirkungsfunktion gegeben. Sie treten beispielsweise bei der Simulation linearer Systeme auf dem Digitalrechner auf. Ihre allgemeine Form ist

$$\sum_{v=0}^{n} a_v u_2(t + v\Delta t) = \sum_{v=0}^{n} b_v u_1(t + v\Delta t). \tag{9.17}$$

Hierbei werden jeweils n Abtastwerte der Ursachen- und Wirkungsfunktion an den Stellen $(t + v\Delta t)$ linear miteinander verknüpft. a_v und b_v sind reelle (und dimensionslose) Konstanten. Diese Gleichung läßt sich unter Anwendung der z-Transformation umformen. Für $t = k\Delta t$ und $k \geq 0$ wird die einseitige z-Transformierte eingeführt:

$$\{u_1(k\Delta t)\} \leftrightarrow U_1(z), \qquad \{u_2(k\Delta t)\} \leftrightarrow U_2(z).$$

Mit dem Verschiebungssatz der einseitigen z-Transformation ($v > 0$, ganzzahlig)

$$\{u((v+k)\Delta t)\} \leftrightarrow z^v U(z) - \sum_{\varrho=0}^{v-1} u(\varrho\Delta t) z^{v-\varrho} \tag{9.18}$$

läßt sich (9.17) gliedweise in den z-Bereich transformieren. Damit erhält man

$$U_2(z) A_n(z) = U_1(z) B_n(z) + C_n(z). \tag{9.19}$$

Die zur Abkürzung eingeführten Polynome sind folgendermaßen definiert:

$$A_n(z) = \sum_{v=0}^{n} a_v z^v, \tag{9.20}$$

$$B_n(z) = \sum_{v=0}^{n} b_v z^v, \tag{9.21}$$

$$C_n(z) = \sum_{v=1}^{n} c_v z^v. \tag{9.22}$$

Die Koeffizienten c_v, die den Anfangszustand des Systems berücksichtigen, berechnen sich aufgrund des Verschiebungssatzes der einseitigen z-Transformation gemäß

$$c_v = \sum_{\varrho=0}^{n-v} a_{v+\varrho} u_2(\varrho\Delta t) - b_{v+\varrho} u_1(\varrho\Delta t). \tag{9.23}$$

Für eine Differenzengleichung zweiter Ordnung ergeben sich beispielsweise die Koeffizienten c_ν gemäß (9.23) zu

$$c_1 = a_1 u_2(0) + a_2 u_2(\Delta t) - b_1 u_1(0) - b_2 u_1(\Delta t),$$

$$c_2 = a_2 u_2(0) - b_2 u_1(0).$$

Der Koeffizient c_0 tritt nach (9.22) nicht auf. Für die Lösung der „homogenen" Differenzengleichung mit $\{u_1(k\Delta t)\} = 0$ und $\{u_2(k\Delta t)\} = \{u_{2H}(k\Delta t)\}$ für $t > 0$ berechnen sich die Koeffizienten c_ν vereinfacht zu

$$c_\nu = \sum_{\varrho=0}^{n-\nu} a_{\nu+\varrho} u_{2H}(\varrho \Delta t). \tag{9.24}$$

Die obigen mathematischen Zusammenhänge sind formal ganz analog zu den im Abschnitt 9.1 abgeleiteten Zusammenhängen, wobei die Variable p durch z zu ersetzen ist.

Für die z-Transformierte der Wirkung $\underline{U}_2(z)$ gilt daher auch entsprechend (9.4) bzw. (9.10)

$$\underline{U}_2(z) = \underline{S}(z)\underline{U}_1(z) + \underline{H}(z). \tag{9.25}$$

Hierbei ist die z-Systemfunktion

$$\underline{S}(z) = \frac{\underline{B}_n(z)}{\underline{A}_n(z)} = \frac{\displaystyle\sum_{\nu=0}^{n} b_\nu z^\nu}{\displaystyle\sum_{\nu=0}^{n} a_\nu z^\nu} \tag{9.26}$$

und die Anfangswertfunktion

$$\underline{H}(z) = \frac{\underline{C}_n(z)}{\underline{A}_n(z)}. \tag{9.27}$$

Für die Stabilität des Systems ist zu fordern, daß alle Pole von $\underline{S}(z)$, d. h. alle Nullstellen von $\underline{A}_n(z)$ im Innern des bzw. auf dem Einheitskreis liegen. Auf dem Einheitskreis dürfen sie nur von einfacher Ordnung sein.

Die kanonische Realisierung dieser Zusammenhänge kann mit einem rekursiven Laufzeitfilter erfolgen, wobei $z^{-1} = e^{-p\Delta t}$ zu setzen ist. Dies ist in Bild 9.9 dargestellt. Es entspricht Bild 9.4 bis auf den rein formalen Unterschied, daß hier die Anfangswerte c_ν am ν-ten Knoten und nicht am $(\nu+1)$-ten Knoten eingespeist werden. In Bild 9.10 ist die zweite kanonische Realisierung für den Fall $c_\nu = 0$ angegeben (d. h. zum Zeitpunkt $t = 0$ liegt ein ungeladenes System vor). Sie ergibt sich durch Umkehrung der Schaltung von Bild 9.9. Auch zur Darstellung von Differenzengleichungen kann man weitere Realisierungen durch Reihenschaltung (Produktform) oder durch Parallelschaltung (Partialbruchform) von Laufzeitfiltern ersten und zweiten Grades erhalten. Bei der digitalen Simulation analoger Systeme macht man in der Regel Gebrauch von der hier aufgezeigten Möglichkeit, das lineare System wegen des minimalen Aufwandes durch ein kanonisches rekursives Laufzeitfilter darzustellen.

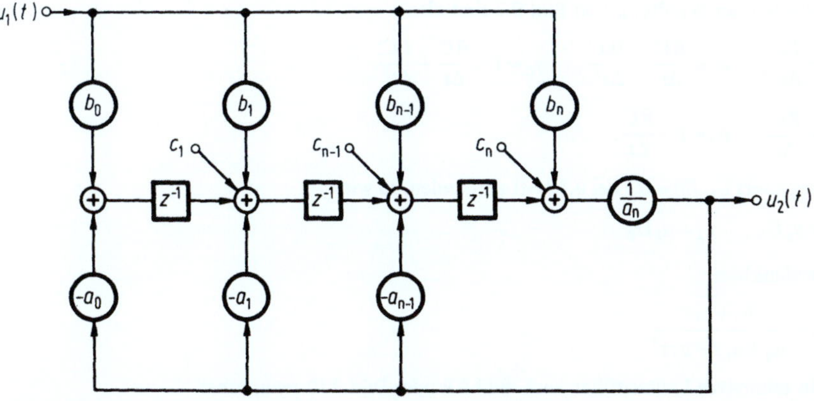

Bild 9.9. Erste kanonische Realisierung des durch eine Differenzengleichung n-ter Ordnung angegebenen Systems mit einem rekursiven Laufzeitfilter

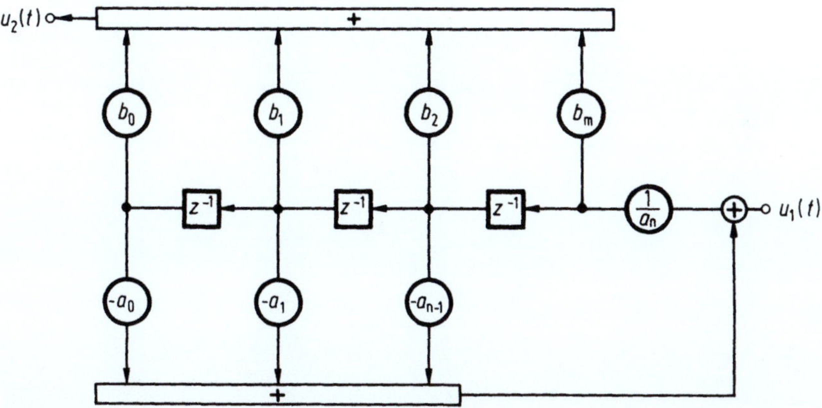

Bild 9.10. Zweite kanonische Realisierung der z-Systemfunktion n-ter Ordnung mit einem rekursiven Laufzeitfilter bei verschwindenden Anfangswerten

Beispiel

Die Differentialgleichung zweiten Grades eines realisierbaren Systems nach Bild 9.7 sei zu Simulationszwecken durch eine Differenzengleichung approximiert. Hierzu wird der kausal aufzufassende Differentialquotient durch einen Differenzenquotienten ersetzt. Es gilt danach

$$u^{(1)}(t+\Delta t)=\frac{u(t+\Delta t)-u(t)}{\Delta t},$$

$$u^{(2)}(t+2\Delta t)=\frac{u(t+2\Delta t)-2u(t+\Delta t)+u(t)}{\Delta t^2}.$$

Die Approximation ist um so genauer, je kleiner Δt gewählt wird. Setzt man die Differenzenquotienten anstelle der Differentialquotienten in die das Netzwerk beschreibende Differentialgleichung ein (vgl. Beispiel S. 172), so folgt die Differenzengleichung

$$\frac{LC}{\Delta t^2}u_2(t+2\Delta t)+\left(-\frac{2LC}{\Delta t^2}+\frac{RC}{\Delta t}\right)u_2(t+\Delta t)+\left(\frac{LC}{\Delta t^2}-\frac{RC}{\Delta t}+1\right)u_2(t)$$

$$=\frac{RC}{\Delta t}u_1(t+\Delta t)+\left(-\frac{RC}{\Delta t}+1\right)u_1(t).$$

Die Koeffizienten der Schaltung von Bild 9.7 sind also

$$a_2 = \frac{LC}{\Delta t^2}, \quad a_1 = \frac{RC}{\Delta t} - \frac{2LC}{\Delta t^2}, \quad a_0 = 1 - \frac{RC}{\Delta t} + \frac{LC}{\Delta t^2},$$

$$b_1 = \frac{RC}{\Delta t}, \quad b_0 = 1 - \frac{RC}{\Delta t}.$$

Ist ein Anfangswert $u_{2H}(0) = U_0$ bei $u_1(t) = 0$ vorhanden, so wird

$$c_1 = a_1 U_0, \quad c_2 = a_2 U_0.$$

Die z-Systemfunktion

$$\underline{S}(z) = \frac{b_0 + b_1 z}{a_0 + a_1 z + a_2 z^2}$$

ist durch ein rekursives Lautzeitfilter nach Bild 9.9 oder Bild 9.10 realisierbar.

10 Anhang

10.1 Der Dirac-Impuls und seine Ableitungen als Distributionen

Nach der von L. Schwartz entwickelten Theorie der Distributionen ist eine Distribution eine besondere Funktion, die nicht durch ihre Form, sondern durch eine Eigenschaft definiert ist. Die hier in Frage kommende Eigenschaft ist die Zuordnung eines Zahlenwertes zu einem bestimmten Integral. So gilt allgemein für die Distribution $D(x)$

$$\int_{-\infty}^{+\infty} D(x)F(x)\mathrm{d}x = Z_{D,F}, \tag{10.1}$$

wobei $F(x)$ eine beliebige Funktion (sog. Testfunktion) der Klasse K ist, die alle stetigen und außerhalb eines endlichen Intervalls konvergierenden Funktionen umfaßt. $Z_{D,F}$ ist eine Zahl, die von der Distribution $D(x)$ und der Funktion $F(x)$ abhängt. Danach hat $D(x)$ keine bestimmte Form; alle möglichen Formen von $D(x)$, die obiger Gleichung genügen, sind mögliche Realisierungen einer Distribution.
Für den Dirac-Impuls gilt speziell

$$\int_{-\infty}^{+\infty} \delta(x)F(x)\mathrm{d}x = F(0), \tag{10.2}$$

wobei die Klasse K alle im Nullpunkt stetigen Funktionen $F(x)$ umfaßt. Da für diese Funktionen für $x \neq 0$ ein beliebiger Funktionsverlauf zugelassen ist, muß gelten

$$\delta(x) = 0 \quad \text{für} \quad x \neq 0. \tag{10.3}$$

Insbesondere ergibt sich für $F = 1$

$$\int_{-\infty}^{+\infty} \delta(x)\mathrm{d}x = 1. \tag{10.4}$$

(10.3) und (10.4) sind für eine allgemeine Definition des Dirac-Impulses jedoch nicht ausreichend. Man kann nämlich Realisierungen für $\delta(x)$ angeben, die (10.3) und (10.4) erfüllen, jedoch der Definitionsgleichung (10.2) nicht gerecht werden. [Eine solche Realisierung wäre z.B. $D(x) = \delta(x) + \mathrm{d}\delta(x)/\mathrm{d}x$ mit (10.12).]

Bild 10.1 zeigt drei mögliche Realisierungen eines Dirac-Impulses. Hierbei gilt: $\delta(x) = \lim_{\varepsilon \to 0} f_\varepsilon(x)$.

Für Distributionen gelten die folgenden drei wichtigen Gesetze:

1. Verschiebungssatz:

$$\int_{-\infty}^{+\infty} D(x - x_0)F(x)\mathrm{d}x = \int_{-\infty}^{+\infty} D(x)F(x + x_0)\mathrm{d}x\,; \tag{10.5}$$

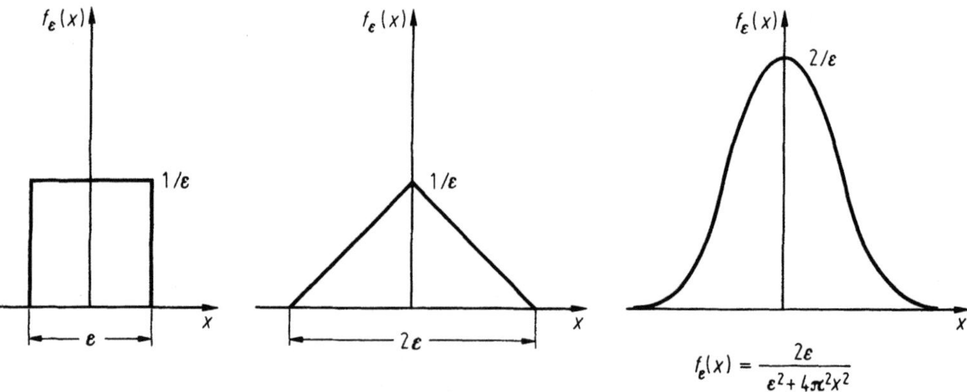

Bild 10.1. Drei spezielle Realisierungen des Dirac-Impulses für $\varepsilon \to 0$

2. Ähnlichkeitssatz (a: reelle Konstante, $\neq 0$)

$$\int\limits_{-\infty}^{+\infty} D(ax)F(x)\mathrm{d}x = \frac{1}{|a|} \int\limits_{-\infty}^{+\infty} D(x)F\left(\frac{x}{a}\right)\mathrm{d}x \; ; \tag{10.6}$$

3. Differentiationssatz

$$\int\limits_{-\infty}^{+\infty} \frac{\mathrm{d}^n D(x)}{\mathrm{d}x^n} F(x)\mathrm{d}x = (-1)^n \int\limits_{-\infty}^{+\infty} D(x)\frac{\mathrm{d}^n F(x)}{\mathrm{d}x^n}\mathrm{d}x \,. \tag{10.7}$$

Die ersten beiden Sätze ergeben sich einfach durch eine Koordinatentransformation, wobei beim Ähnlichkeitssatz beachtet werden muß, daß sich für negative Werte von a die Grenzen des Integrals umkehren. Deshalb tritt der Faktor $1/|a|$ auf. Den Differentiationssatz erhält man durch partielle Integration, d. h.

$$\int\limits_{-\infty}^{+\infty} \frac{\mathrm{d}D(x)}{\mathrm{d}x} F(x)\mathrm{d}x = D(x)F(x)\bigg|_{-\infty}^{+\infty} - \int\limits_{-\infty}^{+\infty} D(x)\frac{\mathrm{d}F(x)}{\mathrm{d}x}\mathrm{d}x \,. \tag{10.8}$$

Der erste Term der rechten Seite verschwindet, denn für die Klasse der Testfunktionen wird im allgemeinen verlangt, daß $F(x) \to 0$ strebt für $x \to +\infty$ und $x \to -\infty$.

Bei Anwendung dieser drei Gesetze auf den Dirac-Impuls erhält man:

1. Verschiebungssatz:

$$\int\limits_{-\infty}^{+\infty} \delta(x-x_0)F(x)\mathrm{d}x = F(x_0) \; ; \tag{10.9}$$

2. Ähnlichkeitssatz

$$\int\limits_{-\infty}^{+\infty} \delta(ax)F(x)\mathrm{d}x = \frac{1}{|a|} F(0) \,. \tag{10.10}$$

Daraus folgt weiterhin durch Vergleich mit (10.2):

$$|a|\delta(ax) = \delta(x) \,. \tag{10.11}$$

3. Differentiationssatz:

$$\int_{-\infty}^{+\infty} \delta^{(n)}(x)F(x)\mathrm{d}x = (-1)^n F^{(n)}(0), \tag{10.12}$$

wobei

$$\delta^{(n)}(x) = \frac{\mathrm{d}^n \delta(x)}{\mathrm{d}x^n}$$

und

$$F^{(n)}(x) = \frac{\mathrm{d}^n F(x)}{\mathrm{d}x^n}$$

zur Abkürzung gesetzt wurde.

Durch (10.12) werden die Distributionen der differenzierten Dirac-Impulse $\delta^{(n)}(x)$ definiert, die wir als Dirac-Impulse n-ter Ordnung bezeichnen wollen. Analog zu (10.3) muß auch für den Dirac-Impuls n-ter Ordnung gelten

$$\delta^{(n)}(x) = 0 \quad \text{für} \quad x \neq 0.$$

Die Integration des Produktes aus der Testfunktion $F(x)$ mit einem Dirac-Impuls n-ter Ordnung führt nach (10.12) auf die n-te Ableitung der Testfunktion im Nullpunkt. Die Klasse K der Testfunktionen muß hierzu zusätzlich die Eigenschaft der n-fachen Differenzierbarkeit im Nullpunkt besitzen. Insbesondere gilt für $F(x) = x^m$

$$\int_{-\infty}^{+\infty} x^m \delta^{(n)}(x)\mathrm{d}x = \begin{cases} (-1)^n n! & \text{für} \quad m = n, \\ 0 & \text{für} \quad m \neq n. \end{cases} \tag{10.13}$$

Auch für den Dirac-Impuls n-ter Ordnung ist der Verschiebungssatz und der Ähnlichkeitssatz anwendbar. Man erhält bei Anwendung des Verschiebungssatzes

$$\int_{-\infty}^{+\infty} \delta^{(n)}(x - x_0)F(x)\mathrm{d}x = (-1)^n F^{(n)}(x_0). \tag{10.14}$$

Hieraus ergibt sich wiederum für den Spezialfall $F(x) = 1$

$$\int_{-\infty}^{+\infty} \delta^{(n)}(x - x_0)\mathrm{d}x = \begin{cases} 0 & \text{für} \quad n \neq 0, \\ 1 & \text{für} \quad n = 0. \end{cases}$$

Bei Anwendung des Ähnlichkeitssatzes und Vergleich mit (10.12) erhält man weiterhin

$$a^n |a| \delta^{(n)}(ax) = \delta^{(n)}(x). \tag{10.15}$$

Daraus folgt insbesondere

$$\delta^{(n)}(-x) = (-1)^n \delta^{(n)}(x). \tag{10.16}$$

Das bedeutet, daß der Dirac-Impuls n-ter Ordnung für gerade n eine gerade Funktion und für ungerade n eine ungerade Funktion ist. [Dies ergibt sich auch aufgrund der Definition von (10.12).]

Setzt man (10.16) in (10.14) ein, so folgt

$$\int\limits_{-\infty}^{+\infty} \delta^{(n)}(x_0 - x)F(x)\mathrm{d}x = F^{(n)}(x_0). \tag{10.17}$$

Mit der Substitution $x_0 \to x$ und $x \to \xi$ erhält man das Faltungsintegral

$$\int\limits_{-\infty}^{+\infty} \delta^{(n)}(x - \xi)F(\xi)\mathrm{d}\xi = F^{(n)}(x) \tag{10.18}$$

oder, symbolisch geschrieben,

$$\delta^{(n)}(x) * F(x) = F^{(n)}(x). \tag{10.19}$$

Durch die Faltung mit einem Dirac-Impuls n-ter Ordnung wird also die Funktion n-fach differenziert.

Wenn $F(x)$ in (10.19) selbst ein Dirac-Impuls m-ter Ordnung ist, gilt

$$\delta^{(n)}(x) * \delta^{(m)}(x) = \delta^{(n+m)}(x). \tag{10.20}$$

Danach ist die Faltung von Dirac-Impulsen höherer Ordnung zulässig und ergibt ebenfalls Dirac-Impulse höherer Ordnung. Dagegen ist die Multiplikation von Dirac-Impulsen nullter und höherer Ordnung unbestimmt und daher unzulässig.

Für die Multiplikation eines Dirac-Impulses n-ter Ordnung mit einer Funktion $F(x)$ gilt die Reihenentwicklung

$$F(x)\delta^{(n)}(x) = \sum_{v=0}^{n} (-1)^v \frac{n!}{v!(n-v)!} F^{(v)}(0)\delta^{(n-v)}(x). \tag{10.21}$$

Danach bestimmt die v-fache Ableitung der Funktion $F(x)$ bei $x = 0$ das Auftreten eines Dirac-Impulses $(n-v)$-ter Ordnung.

Auf (10.19) sowie auf (10.21) kann man noch den Verschiebungssatz anwenden und erhält

$$\delta^{(n)}(x - x_0) * F(x) = F^{(n)}(x - x_0) \tag{10.22}$$

sowie

$$F(x)\delta^{(n)}(x - x_0) = \sum_{v=0}^{n} (-1)^v \frac{n!}{v!(n-v)!} F^{(v)}(x_0)\delta^{(n-v)}(x - x_0). \tag{10.23}$$

(10.22) und (10.23) sowie (10.14) sind die wichtigsten Gleichungen für das Rechnen mit Dirac-Impulsen höherer Ordnung.

Eine spezielle, aber sehr nützliche Realisierung eines Dirac-Impulses n-ter Ordnung erhält man durch Gleichsetzung von (2.25) mit (2.26b) [hierzu muß $\lambda = jx$, $a = 0$ und $(\mu - 1) = n$ gesetzt werden]:

$$\delta^{(n)}(x) = \lim_{\varepsilon \to 0} \frac{(-1)^n n!}{2\pi j} \left(\frac{1}{(x - j\varepsilon)^{n+1}} - \frac{1}{(x + j\varepsilon)^{n+1}} \right). \tag{10.24}$$

Dieser Zusammenhang läßt sich anhand der Definition

$$\delta^{(n)}(x) = \frac{\mathrm{d}^n \delta(x)}{\mathrm{d}x^n}$$

leicht überprüfen.

Für einen symmetrischen Pol im Nullpunkt gilt:

$$\frac{1}{x^\mu} = \lim_{\varepsilon \to 0} \frac{1}{2} \left(\frac{1}{(x - j\varepsilon)^\mu} + \frac{1}{(x + j\varepsilon)^\mu} \right).$$

Die Durchführung dieses Grenzüberganges führt auf die Formel (vgl. auch 2.2d):

$$\frac{1}{x^\mu} = \frac{1}{x^\mu} \bigg|_{|x| \geq \alpha} + \sum_\nu \frac{2(-1)^{\nu+1}}{\nu! (\mu - \nu - 1)} \frac{1}{\alpha^{\mu - \nu - 1}} \delta^{(\nu)}(x). \tag{10.25}$$

Die Formel gilt für $\mu \geq 2$. Dabei ist über folgende Werte von ν zu summieren: $\nu = 0, 2, 4, \ldots, \mu - 2$ für μ gerade und $\nu = 1, 3, 5, \ldots, \mu - 2$ für μ ungerade.

Hiernach ist die x-Achse in einen Bereich $|x| \geq \alpha$ aufgespalten, in dem die Funktion $1/x^\mu$ gilt, und in einen inneren Bereich $|x| < \alpha$, in dem „α-Distributionen" gelten, wobei α eine kleine positive Zahl im Sinne der weiteren Operationen mit diesem Ausdruck ist.

Wird das Integral über $F(x)/x^\mu$ gebildet, wobei $F(x)$ eine in Null stetige und differenzierbare Funktion ist, so gilt unter Verwendung von (10.12):

$$\int_A^B \frac{F(x)}{x^\mu} \, dx = \int_A^{-\alpha} \frac{F(x)}{x^\mu} \, dx + \int_\alpha^B \frac{F(x)}{x^\mu} \, dx - \sum_{\nu = \nu_0}^{\mu - 2} \frac{2}{\nu! (\mu - \nu - 1)} \frac{F^{(\nu)}(0)}{\alpha^{\mu - \nu - 1}} \tag{10.26}$$

mit $A < -\alpha$, $B > \alpha$ und ν_0 wie bei (10.25).

10.2 Das Jordansche Lemma

Unter der Voraussetzung

$$F(z)\to 0 \quad \text{für} \quad z\to\infty$$

erhält man nach dem Jordanschen Lemma für die Bogenintegrale

$$\int_{\mathcal{C}} F(z)e^{zt}dz=0 \quad \text{für} \quad t>0, \tag{10.27a}$$

$$\int_{\mathcal{Y}} F(z)e^{zt}dz=0 \quad \text{für} \quad t<0. \tag{10.27b}$$

Hierbei ist der Integrationsweg jeweils über einen „großen" Bogen mit $R\to\infty$ entsprechend Bild 10.2a zu führen.

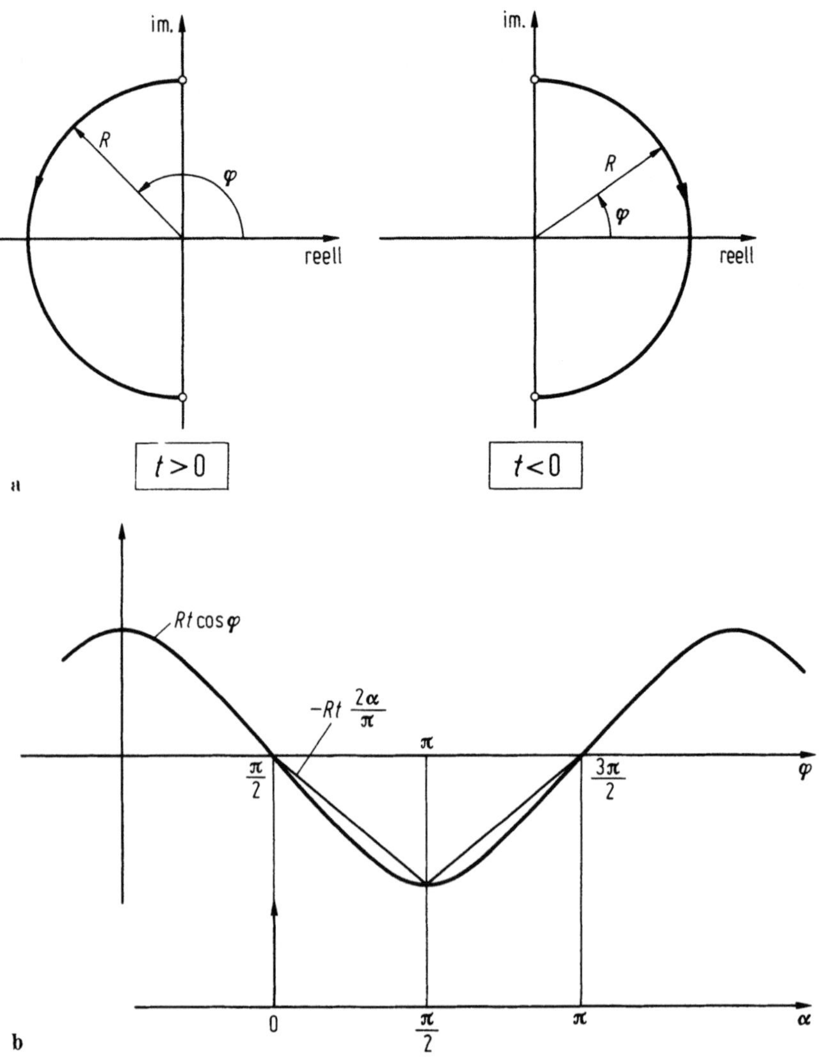

Bild 10.2a u. b. Zum Jordanschen Lemma. (a) Integrationswege in der z-Ebene für $t>0$ und $t<0$; (b) Ersatz der cos-Funktion durch eine Dreieckfunktion zur Abschätzung des Integrals (10.29)

Wir beweisen die erste Version für $t > 0$. Zunächst gilt

$$|F(z)| \leqq \varepsilon \quad \text{für} \quad |z| \geqq R. \tag{10.28}$$

Weiterhin substituieren wir

$$z = Re^{j\varphi} = R\cos\varphi + jR\sin\varphi,$$

$$dz = jRe^{j\varphi}d\varphi$$

und erhalten als Abschätzung für das Integral (10.27a)

$$I = \int_{\mathfrak{C}} F(z)e^{zt}dz \leqq \varepsilon \int_{\pi/2}^{3\pi/2} Re^{Rt\cos\varphi}d\varphi. \tag{10.29}$$

Hierbei wurde nur der Betrag des Integranden verwendet. Den Exponenten $(Rt\cos\varphi)$ kann man nach Bild 10.2 durch eine Dreiecksfunktion ersetzen und erhält dann unter Verwendung der Substitution $\varphi = \pi/2 + \alpha$ für (10.29) die Ungleichung

$$I \leqq 2\varepsilon \int_{0}^{\pi/2} Re^{-Rt\frac{2\alpha}{\pi}}d\alpha = -\frac{2\varepsilon\pi}{2t}e^{-Rt\frac{2\alpha}{\pi}}\Big|_{0}^{\pi/2}$$

$$= -\frac{\pi\varepsilon}{t}(e^{-Rt} - 1).$$

Für $R \to \infty$ und $\varepsilon \to 0$ sowie $t > 0$ strebt auch das Integral I gegen null, was ja zu beweisen war. In ganz analoger Weise läßt sich auch die zweite Version für $t < 0$ beweisen.

10.3 Der Residuensatz

Der Residuensatz der Funktionentheorie lautet

$$\oint_{(I)} F(z)\mathrm{d}z = \mathrm{j}2\pi \sum_{(\nu)} \operatorname{Res} F(z). \tag{10.30}$$

Hierbei soll der Integrationsweg I des Ringintegrals nach Bild 10.3a im Regularitätsbereich der Funktion $F(z)$ so geführt sein, daß sich in dem umschlossenen Gebiet die Pole z_ν befinden. Weitere Singularitäten sind in diesem Gebiet nicht vorhanden.

Nach dem Hauptsatz der Funktionentheorie darf der Integrationsweg I in einem regulären Teilbereich der Funktion $F(z)$ beliebig verschoben werden, sofern dabei keine Singularitäten (d. h. in diesem Fall Pole) überschritten werden. Deshalb können wir ihn auch gemäß Bild 10.3b führen, ohne den Integralwert zu verändern. Da auf den infinitesimal schmalen Streifen des Bildes 10.3b vor und zurück integriert wird und sich dabei die jeweiligen Beiträge gegenseitig aufheben, kann das Ringintegral auch durch eine Summe von Kreisintegralen I_ν um die Pole z_ν ersetzt werden, was Bild 10.3c darstellt. Es gilt dann

$$\oint_{(I)} F(z)\mathrm{d}z = \sum_{(\nu)} \oint_{I_\nu} F(z)\mathrm{d}z. \tag{10.31}$$

Die Werte der Integrale sind nach (10.30) durch die Residuen $\operatorname{Res} F(z)$ gegeben, wobei unter $\operatorname{Res} F(z)$ der Koeffizient des Gliedes mit $1/(z-z_\nu)$ der Laurent-Entwicklung (Potenzreihe nach steigenden und fallenden Potenzen) von $F(z)$ an der Polstelle $z = z_\nu$ verstanden wird.

Zum Nachweis sei die Funktion $F(z)$ an einer Polstelle z_ν in eine Laurent-Reihe entwickelt. Hierbei sei angenommen, daß an der Polstelle z_ν ein n-facher Pol vorliegt. Somit ergibt sich

$$F(z) = \sum_{\mu=-n}^{\infty} a_{\nu\mu}(z-z_\nu)^\mu. \tag{10.32}$$

Es sind dann die Kreisintegrale über Ausdrücke der Form

$$a_{\nu\mu} \oint_{(I_\nu)} (z-z_\nu)^\mu \mathrm{d}z \tag{10.33}$$

zu bilden. Mit der Substitution

$$z - z_\nu = r\mathrm{e}^{\mathrm{j}\varphi},$$

$$\mathrm{d}z = \mathrm{j}r\mathrm{e}^{\mathrm{j}\varphi}\mathrm{d}\varphi \tag{10.34}$$

(letztere ist erlaubt, da bei Kreisintegralen r konstant ist) erhält man

$$a_{\nu\mu} \oint_{(I_\nu)} (z-z_\nu)^\mu \mathrm{d}z = a_{\nu\mu} \int_0^{2\pi} \mathrm{j}r^{\mu+1}\mathrm{e}^{\mathrm{j}\varphi(\mu+1)}\mathrm{d}\varphi. \tag{10.35}$$

Da über eine Periode integriert wird, gilt für (10.35)

$$a_{\nu\mu} \oint_{(I_\nu)} (z-z_\nu)^\mu \mathrm{d}z = \begin{cases} \mathrm{j}2\pi a_{\nu\mu} & \text{für} \quad \mu = -1, \\ 0 & \text{für} \quad \mu \neq -1. \end{cases} \tag{10.36}$$

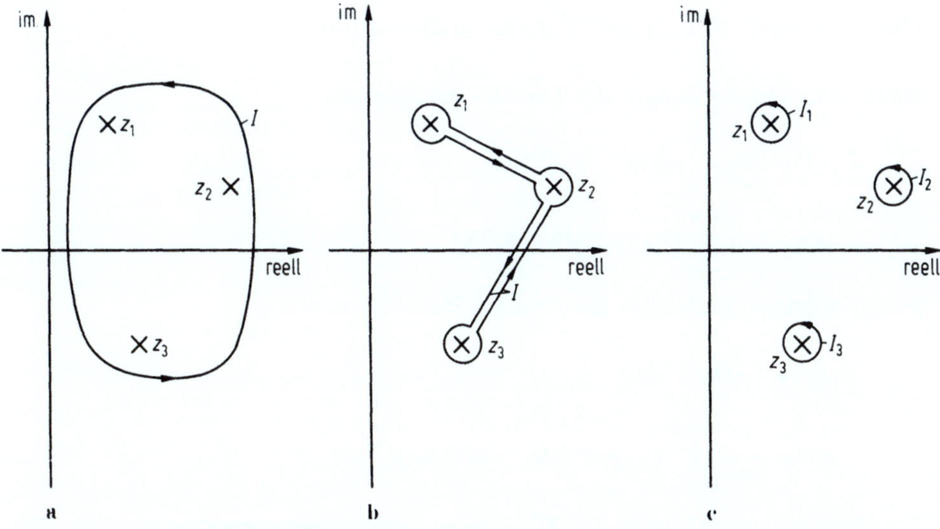

Bild 10.3. Zum Residuensatz. Mögliche Integrationswege in der z-Ebene für ein Ringintegral

Daraus folgt der Residuensatz in der Form

$$\oint\limits_{(I)} F(z)\mathrm{d}z = \mathrm{j}2\pi \sum_{(\nu)} a_{\nu\mu} \quad \text{mit} \quad \mu = -1 \,. \tag{10.37}$$

10.4 Formeln der Spektraltransformationen

Transformationsgleichungen der Fourier-Transformation

$$U_F(f) = \lim_{\varepsilon \to 0} \int_{-\infty}^{+\infty} u(t)e^{-\varepsilon|t|}e^{-j2\pi ft}dt$$

$$u(t) = \lim_{\varepsilon \to 0} \int_{-\infty}^{+\infty} U_F(f)e^{-\varepsilon|f|}e^{+j2\pi ft}df$$

Transformationsgleichungen der Laplace-Transformation

$$U_L(p) = \int_0^\infty u(t)e^{-pt}dt$$

$$u(t) = \frac{1}{2\pi j} \int_{\alpha-j\infty}^{\alpha+j\infty} U_L(p)e^{+pt}dp \qquad (\alpha > \operatorname{Re}p_v)$$

Transformationsgleichungen der Allgemeinen Spektraltransformation

$$U(p,q) = \int_0^\infty u(t)e^{-pt}dt + \int_{-\infty}^0 u(t)e^{-qt}dt$$

$$= U_+(p) + U_-(q)$$

$$u(t) = \frac{1}{2\pi j} \int_{(I)} U(\lambda,\lambda)e^{\lambda t}d\lambda \qquad \begin{array}{l} p\text{-Pole links von } I \\ q\text{-Pole rechts von } I \end{array}$$

Umrechnung der Spektren

$$U_L(p) = U_+(p)$$

$$U_F(f) = \lim_{\varepsilon \to 0} U(j\omega + \varepsilon, j\omega - \varepsilon) \quad (\omega = 2\pi f)$$

$$U_+(p) = U_F(f) * \frac{1}{p} = \int_{-\infty}^{+\infty} \frac{U_F(f)}{p - j2\pi f}df \qquad (\operatorname{Re}p > 0)$$

$$U_-(q) = U_F(f) * \left(-\frac{1}{q}\right) = -\int_{-\infty}^{+\infty} \frac{U_F(f)}{q - j2\pi f}df \quad (\operatorname{Re}q < 0)$$

Umrechnung der Pole und Distributionen der Eigenfunktionen auf der jω-Achse

Einfacher Pol bei $j\omega_v$:

$$e^1_{j\omega_v} = e^{j\omega_v t}$$

$$E^1_{j\omega_v} = \frac{1}{p - j\omega_v} - \frac{1}{q - j\omega_v} = \delta(f - f_v) = 2\pi\delta(\omega - \omega_v)$$

μ-facher Pol bei $j\omega_v$:

$$e^\mu_{j\omega_v} = \frac{1}{(\mu-1)!}t^{\mu-1}e^{j\omega_v t}$$

$$E^\mu_{j\omega_v} = \frac{1}{(p - j\omega_v)^\mu} - \frac{1}{(q - j\omega_v)^\mu} = 2\pi\frac{j^{\mu-1}}{(\mu-1)!}\delta^{(\mu-1)}(\omega - \omega_v)$$

Parsevalsche Gleichung

$$\int_{-\infty}^{+\infty} u_1(t)u_2^*(t)\,\mathrm{d}t = \int_{-\infty}^{+\infty} U_{1\mathrm{F}}(f)U_{2\mathrm{F}}^*(f)\,\mathrm{d}f$$

$$\int_{-\infty}^{+\infty} |u(t)|^2\,\mathrm{d}t = \int_{-\infty}^{+\infty} |U_{\mathrm{F}}(f)|^2\,\mathrm{d}f$$

Grenzwertsätze (bei $t=0$ keine Distributionen)

$$u(+0) = \lim_{\mathrm{Re}\,p \to \infty} (pU_+(p))$$

$$u(-0) = \lim_{\mathrm{Re}\,q \to -\infty} (-qU_-(q))$$

$$u(+\infty) = \lim_{p \to 0} (pU_+(p))$$

$$u(-\infty) = \lim_{q \to 0} (-qU_-(q))$$

Momentensätze

$$\int_{-\infty}^{+\infty} t^n u(t)\,\mathrm{d}t = \left(\frac{-1}{\mathrm{j}2\pi}\right)^n \left[\frac{\mathrm{d}^n U_F(f)}{\mathrm{d}f^n}\right]_{f=0}$$

$$\int_{-\infty}^{+\infty} f^n U_{\mathrm{F}}(f)\,\mathrm{d}f = \left(\frac{1}{\mathrm{j}2\pi}\right)^n \left[\frac{\mathrm{d}^n u(t)}{\mathrm{d}t^n}\right]_{t=0}$$

Operationen

	$u(t)$	$U_F(f)$	$U_L(p)$	$U(p,q)$
Superposition	$a_1 u_1(t) + a_2 u_2(t)$	$a_1 U_{1F}(f) + a_2 U_{2F}(f)$	$a_1 U_{1L}(p) + a_2 U_{2L}(p)$	$a_1 U_1(p,q) + a_2 U_2(p,q)$
Ähnlichkeitssatz	$u(at)$ (a reell)	$\dfrac{1}{\|a\|} U_F\left(\dfrac{f}{a}\right)$	$\dfrac{1}{a} U_L\left(\dfrac{p}{a}\right)$ ($a>0$)	$\dfrac{1}{a} U\left(\dfrac{p}{a},\dfrac{q}{a}\right), \quad a>0$ $\dfrac{(-1)}{a} U\left(\dfrac{q}{a},\dfrac{p}{a}\right), \quad a<0$
Verschiebung der Zeitfunktion	$u(t-t_0)$ (t_0 reell)	$U_F(f)\,e^{-j2\pi t_0 f}$	$U_L(p)\,e^{-pt_0}$ ($t_0>0$)	$U(p,q)\,e^{-pt_0}, \quad t_0>0$ $U(p,q)\,e^{-qt_0}, \quad t_0<0$
Verschiebung der Spektralfunktion	$u(t)\,e^{at}$	$U_F(f-f_0)$ ($a=j2\pi f_0;\ f_0$ reell)	$U_L(p-a)$	$U(p-a,q-a)$
Dämpfungssatz	$u(t)\,e^{-a\|t\|}$ (a reell)	—	$U_L(p+a)$	$U(p+a,q-a)$
Satz der konjugiert-komplexen Funktionen	$u^*(t)$	$U^*(-f)$	—	—
Vertauschungssatz	$U^*(t)$	$u^*(f)$	—	—
Differentiation der Zeitfunktion	$\dfrac{du}{dt}$	$U_F(f)\,j2\pi f$	$pU_L(p) - u(+0)$	$U(p,q)p$ kausal $U(p,q)q$ akausal $U_+(p)p + U_-(q)q$ separat

	$u(t)$	$U_\mathrm{F}(f)$	$U_\mathrm{L}(p)$	$U(p,q)$	
Differentiation der Spektralfunktion	$-tu(t)$	$\dfrac{1}{\mathrm{j}2\pi}\dfrac{\mathrm{d}U_\mathrm{F}(f)}{\mathrm{d}f}$	$\dfrac{\mathrm{d}U_\mathrm{L}(p)}{\mathrm{d}p}$	$\dfrac{\mathrm{d}U_+(p)}{\mathrm{d}p}+\dfrac{\mathrm{d}U_-(q)}{\mathrm{d}q}$	
Integration der Zeitfunktion	$\displaystyle\int_{-\infty}^{t} u(t)\,\mathrm{d}t$	$U_\mathrm{F}(f)\left(\dfrac{1}{\mathrm{j}2\pi f}+\dfrac{1}{2}\delta(f)\right)$	$\dfrac{U_\mathrm{L}(p)}{p}$	$\dfrac{U(p,q)}{p}$	kausal
	$\displaystyle\int_{+\infty}^{t} u(t)\,\mathrm{d}t$	$U_\mathrm{F}(f)\left(\dfrac{1}{\mathrm{j}2\pi f}-\dfrac{1}{2}\delta(f)\right)$	$\dfrac{U_\mathrm{L}(p)-U_\mathrm{L}(0)}{p}$	$\dfrac{U(p,q)}{q}$	akausal
	$\displaystyle\int_{0}^{t} u(t)\,\mathrm{d}t$	$U_F(f)\cdot\dfrac{1}{\mathrm{j}2\pi f}+\dfrac{1}{2}\Big(U_+(0)-U_-(0)\Big)\delta(f)$	$\dfrac{U_\mathrm{L}(p)}{p}$	$\dfrac{U_+(p)}{p}+\dfrac{U_-(q)}{q}$	separat
		$U_+(0)=\displaystyle\int_{0}^{\infty} u(t)\mathrm{d}t,$ $U_-(0)=\displaystyle\int_{-\infty}^{0} u(t)\mathrm{d}t$	$U_\mathrm{L}(0)=\displaystyle\int_{0}^{\infty} u(t)\mathrm{d}t$		
Integration der Spektralfunktion	$\dfrac{u(t)}{(-t)}$	$\mathrm{j}2\pi\left(\displaystyle\int_{-\infty}^{f} U_\mathrm{F}(f)\,\mathrm{d}f-\dfrac{1}{2}u(0)\right)$	$\displaystyle\int_{+\infty}^{p} U_\mathrm{L}(p)\,\mathrm{d}p$	$\displaystyle\int_{+\infty}^{p} U_+(p)\,\mathrm{d}p+\displaystyle\int_{-\infty}^{q} U_-(q)\,\mathrm{d}q$	
spektrale Faltung	$u_1(t)\,u_2(t)$	$U_{1\mathrm{F}}(f)*U_{2\mathrm{F}}(f)$	$U_{1\mathrm{L}}(p)*U_{2\mathrm{L}}(p)$	$U_1(p,q)*U_2(p,q)=U_{+1}(p)*U_{+2}(p)+U_{-1}(q)*U_{-2}(q)$	

	$u(t)$	$U_F(f)$	$U_L(p)$	$U(p,q)$
zeitliche Faltung	$u_1(t)*u_2(t)$	$U_{1F}(f)\,U_{2F}(f)$	$U_{1L}(p)\,U_{2L}(p)$	$U_1(p,q)\,U_2(p,q)$ $\begin{pmatrix}\mathrm{Re}\,p_{1v}<\mathrm{Re}\,q_{2v}\\ \mathrm{Re}\,p_{2v}<\mathrm{Re}\,q_{1v}\end{pmatrix}$
An-, Ab- und Umschalten einer Zeitfunktion bei $t=0$	$\gamma(t)\,u(t)$	$\dfrac{1}{2}(U_F(f)-j\hat{U}_F(f))$	$U_L(p)$	$U_+(p)=U(p,q)*\dfrac{1}{p}$
	$\gamma(-t)\,u(t)$	$\dfrac{1}{2}(U_F(f)+j\hat{U}_F(f))$	0	$U_-(q)=U(p,q)*\dfrac{1}{(-q)}$
	$\mathrm{sgn}(t)\,u(t)$	$-j\hat{U}_F(f)$	$U_L(p)$	$U_+(p)-U_-(q)$
Hilbert-Transformation der Zeitfunktion	$\hat{u}(t)$	$-j\,\mathrm{sgn}(f)\,U_F(f)$	—	—

10.5 Formeln der Hilbert-Transformation

Transformationsgleichungen

$$\hat{g}(x) = \frac{1}{\pi} g(x) * \frac{1}{x} = \frac{1}{\pi} \int_{-\infty}^{+\infty} \frac{g(y)}{x-y}\,\mathrm{d}y$$

$$g(x) = -\frac{1}{\pi} \hat{g}(x) * \frac{1}{x} = -\frac{1}{\pi} \int_{-\infty}^{+\infty} \frac{\hat{g}(y)}{x-y}\,\mathrm{d}y$$

Allgemeiner Zuordnungssatz

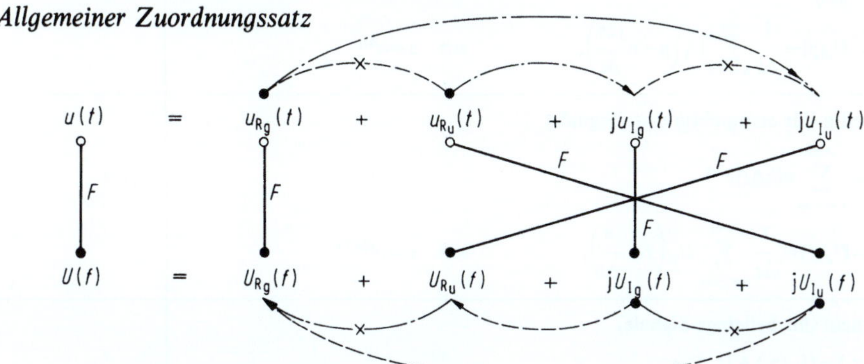

$\circ\!\!-\!\!\overset{\mathbf{F}}{}\!\!-\!\!\bullet$ Fourier-Transformation (mit j)

$\bullet\!\!-\!\!\!\longrightarrow$ Hilbert-Transformation (ohne j)

$\times$ Multiplikation mit sgn-Funktion (Umpolung)

$-\,-\,-\,-$ kausales Signal ($u(t) = 0$ für $t < 0$)

$-\cdot-$ analytisches Signal ($U(f) = 0$ für $f < 0$)

Hilbert-Transformation und Allgemeines Spektrum

$$U(p, q) = U_+(p) + U_-(q),$$

$$U_F(f) = \lim_{\alpha \to 0} [U_+(j\omega + \alpha) + U_-(j\omega - \alpha)]$$

$$\hat{U}_F(f) = \lim_{\alpha \to 0} j[U_+(j\omega + \alpha) - U_-(j\omega - \alpha)]$$

Operationen

Art	$g(x)$	$\hat{g}(x)$
Superposition	$a_1 g_1(x) + a_2 g_2(x)$	$a_1 \hat{g}_1(x) + a_2 \hat{g}_2(x)$
gerade Funktion	$g(x) = g(-x)$	$\hat{g}(x) = -\hat{g}(-x)$
ungerade Funktion	$g(x) = -g(-x)$	$\hat{g}(x) = \hat{g}(-x)$
Verschiebung	$g(x - x_0)$	$\hat{g}(x - x_0)$
Ähnlichkeit	$g(kx) \quad (k > 0)$	$\hat{g}(kx)$
	$g(kx) \quad (k < 0)$	$-\hat{g}(kx)$
Vertauschung	$\hat{g}(x)$	$-g(x)$
Multiplikation	$g_1(x)g_2(x) - \hat{g}_1(x)\hat{g}_2(x)$	$g_1(x)\hat{g}_2(x) + g_2(x)\hat{g}_1(x)$
Faltung	$g_1(x) * g_2(x)$	$\hat{g}_1(x) * g_2(x) = g_1(x) * \hat{g}_2(x)$

10.6 Formeln der z-Transformation

Transformation der Folge $\{u(k\Delta t)\}$

	Konvergenzgebiet

einseitig (für kausale Signale)

$$\underset{\sim}{U}(z)= \sum_{k=0}^{\infty} u(k\Delta t)z^{-k} \qquad\qquad |z|>R_{\alpha}=e^{\Delta t\alpha}$$

$$\underset{\sim}{U}(z)=U_d(p)= \frac{1}{\Delta t} \sum_{n=-\infty}^{+\infty} U_L\left(p-n\frac{j2\pi}{\Delta t}\right), \qquad \text{mit} \quad z=e^{\Delta t p}$$

zweiseitig (für energiebegrenzte Signale)

$$\underset{\sim}{U}(z)= \sum_{k=-\infty}^{+\infty} u(k\Delta t)z^{-k} \qquad\qquad |z|=1$$

$$\underset{\sim}{U}(z)=U_d(f)= \frac{1}{\Delta t} \sum_{n=-\infty}^{+\infty} U_F\left(f-\frac{n}{\Delta t}\right), \qquad \text{mit} \quad z=e^{j2\pi f\Delta t}$$

allgemein (für beliebige Signale)

$$\underset{\sim}{U}(z_p,z_q)=\underset{\sim}{U}_+(z_p)+\underset{\sim}{U}_-(z_q)$$

$$\underset{\sim}{U}_+(z_p)= \sum_{k=0}^{\infty} u(k\Delta t)z_p^{-k} \qquad\qquad |z_p|>R_{\alpha}=e^{\Delta t\alpha}$$

$$\underset{\sim}{U}_-(z_q)= \sum_{k=-\infty}^{-1} u(k\Delta t)z_q^{-k} \qquad\qquad |z_q|<R_{\beta}=e^{\Delta t\beta}$$

$$\underset{\sim}{U}(z_p,z_q)=U_d(p,q)= \frac{1}{\Delta t} \sum_{n=-\infty}^{+\infty} U\left(p-n\frac{j2\pi}{\Delta t},q-n\frac{j2\pi}{\Delta t}\right), \quad \text{mit} \quad z_p=e^{\Delta t p}, z_q=e^{\Delta t q}$$

Mit $u(t)\circ\!\!\!-\!\!\!-\!\!\!\bullet U_+(p)+U_-(q)$ ist hierbei $U_+(p)$ konvergent für $\operatorname{Re}p>\alpha$ und $U_-(q)$ konvergent für $\operatorname{Re}q<\beta$.

Rücktransformation

Integralformel

$$u(k\Delta t)=\frac{1}{2\pi j} \oint \underset{\sim}{U}(z)z^{k-1}\mathrm{d}z$$

oder

$$u(k\Delta t)=\frac{1}{2\pi j} \oint \underset{\sim}{U}(z,z)z^{k-1}\mathrm{d}z$$

(Ringintegral im Konvergenzgebiet von $\underset{\sim}{U}(z)$ bzw. $\underset{\sim}{U}(z_p,z_q)$).

Differentialformel

$$k\geqq 0: \qquad u(k\Delta t)=\frac{1}{k!}\left[\frac{\mathrm{d}^k}{\mathrm{d}\varrho^k}\,U_+\left(\frac{1}{\varrho}\right)\right]_{\varrho=0}$$

$$k<0: \qquad u(-l\Delta t)=\frac{1}{l!}\left[\frac{\mathrm{d}^l}{\mathrm{d}z^l}\,U_-(z)\right]_{z=0} \qquad (l=-k)$$

Operationen

Art	$\{u(k\Delta t)\}$	$\underset{\sim}{U}(z)$	Bemerkung für zweiseitige z-Transformation (Konvergenz am Einheitskreis vorausgesetzt)	Bemerkung für einseitige z-Transformation ($k \geqq 0$)
Superposition	$a_1\{u(k\Delta t)\} + a_2\{v(k\Delta t)\}$	$a_1\underset{\sim}{U}(z) + a_2\underset{\sim}{V}(z)$	—	
Verschiebung	$\{u((k-n)\Delta t)\}$	$z^{-n}\underset{\sim}{U}(z)$	n ganze Zahl $n \gtreqless 0$	$z^{-n}\underset{\sim}{U}(z)$ $(n>0)$ $z^{-n}\underset{\sim}{U}(z) - \sum_{\varrho=0}^{-n-1} u(\varrho\Delta t)z^{-n-\varrho}$ $(n<0)$
Modulation	$a^k\{u(k\Delta t)\}$	$\underset{\sim}{U}\left(\dfrac{z}{a}\right)$	$a = e^{j\omega_0\Delta t}$	a beliebig
Ähnlichkeit	$\{u(n\cdot k\Delta t)\}$	$\underset{\sim}{U}(z^n)$	n ganze Zahl	n ganze Zahl
·Multiplikation mit k	$k\{u(k\Delta t)\}$	$-z\dfrac{dU(z)}{dz}$	—	—
Multiplikation allgemein	$\{u(k\Delta t)\cdot v(k\Delta t)\}$	$\underset{\sim}{U}(z) * \underset{\sim}{V}(z)$ $= \dfrac{1}{2\pi j}\oint \dfrac{\underset{\sim}{U}(w)\,\underset{\sim}{V}\left(\dfrac{z}{w}\right)}{w}\,dw$	Integrationsweg: Einheitskreis mit $|z| = 1$	Integrationsweg: Kreis im Konvergenzbereich von $\underset{\sim}{U}(w)$ und von $\underset{\sim}{V}(z/w)$, deshalb $|z|$ genügend groß
Faltung	$\{u(k\Delta t)\} * \{v(k\Delta t)\}$ $= \left\{\sum_{r=-\infty}^{+\infty} u(r\Delta t)\cdot v((k-r)\Delta t)\right\}$	$\underset{\sim}{U}(z)\underset{\sim}{V}(z)$	—	Untere Grenze der Faltungssumme $r=0$, obere Grenze $r=k$

10.7 Formeln für finite Signale

Definitionen

$$u_f(t) = \sum_{k=-\infty}^{+\infty} u_k \delta(t - k\Delta t) \qquad (u_k = u_{k+nN})$$

$$U_f(f) = \sum_{i=-\infty}^{+\infty} \Delta f\, U_i \delta(f - i\Delta f) \qquad (U_i = U_{i+nN})$$

$$N\Delta t\Delta f = 1$$

$$F = \left[e^{-j\frac{2\pi}{N}ki} \right] \quad i,k = 0,1,\dots,N-1$$

$$F^{-1} = \frac{1}{N}\left[e^{+j\frac{2\pi}{N}ik} \right] \quad i,k = 0,1,\dots,N-1$$

$$\text{Zykl}\,\boldsymbol{x} = \begin{bmatrix} x_0 & x_{N-1} & x_{N-2} & \dots & x_1 \\ x_1 & x_0 & x_{N-1} & \dots & x_2 \\ \vdots & \vdots & \vdots & & \vdots \\ x_{N-1} & x_{N-2} & x_{N-3} & \dots & x_0 \end{bmatrix} \qquad \text{Diag}\,\boldsymbol{x} = \begin{bmatrix} x_0 & 0 & 0 & \dots & 0 \\ 0 & x_1 & 0 & \dots & 0 \\ \vdots & \vdots & \vdots & & \vdots \\ 0 & 0 & 0 & \dots & x_{N-1} \end{bmatrix}$$

Operationen

Art	Matrizenoperation	Elementformel
Vektordarstellung	$\boldsymbol{u} = \{u_k\}_N^T$ $\boldsymbol{U} = \{U_i\}_N^T$ $k = 0,1,2,\dots N-1$ $i = 0,1,2,\dots N-1$	$u_k = \sum\limits_{n=-\infty}^{+\infty} u((k-nN)\Delta t)$ $U_i = \dfrac{1}{\Delta t}\sum\limits_{n=-\infty}^{+\infty} U((i-nN)\Delta f)$ $= U(z_i) \quad \text{mit} \quad z_i = e^{j\frac{2\pi}{N}i}$
Diskrete Fourier-Transformation	$\boldsymbol{U} = \boldsymbol{F}\boldsymbol{u}$ $\boldsymbol{u} = \boldsymbol{F}^{-1}\boldsymbol{U}$	$U_i = \sum\limits_{k=0}^{N-1} u_k e^{-j2\pi\frac{ik}{N}}$ $u_k = \dfrac{1}{N}\sum\limits_{i=0}^{N-1} U_i e^{j2\pi\frac{ik}{N}}$
Faltung zweier Zeitfunktionen (Multiplikation der Spektren)	$\boldsymbol{y} = (\text{Zykl}\,\boldsymbol{s})\boldsymbol{x} = (\text{Zykl}\,\boldsymbol{x})\boldsymbol{s}$ $\boldsymbol{Y} = (\text{Diag}\,\boldsymbol{S})\boldsymbol{X} = (\text{Diag}\,\boldsymbol{X})\boldsymbol{S}$	$y_k = \sum\limits_{i=0}^{N-1} x_i s_{k-i}$ $= \sum\limits_{i=0}^{N-1} s_i x_{k-i}$ $Y_i = X_i S_i$
Multiplikation zweier Zeitfunktionen (Faltung der Spektren)	$\boldsymbol{y} = (\text{Diag}\,\boldsymbol{m})\boldsymbol{x} = (\text{Diag}\,\boldsymbol{x})\boldsymbol{m}$ $\boldsymbol{Y} = (\text{Zykl}\,\boldsymbol{M})\boldsymbol{X} = (\text{Zykl}\,\boldsymbol{X})\boldsymbol{M}$	$y_k = x_k m_k$ $Y_i = \sum\limits_{k=0}^{N-1} X_k M_{i-k}$ $= \sum\limits_{k=0}^{N-1} M_k X_{i-k}$

10.8 Tabelle der Fourier-Reihe

Definition

$$u_\text{R}(t) = A_0 + \sum_{n=1}^{\infty} A_n \cos 2\pi n f_0 t + \sum_{n=1}^{\infty} B_n \sin 2\pi n f_0 t = \sum_{-\infty}^{+\infty} A_n e^{j2\pi n f_0 t}$$

$$A_0 = A_0$$
$$\left.\begin{aligned} A_n &= \tfrac{1}{2}(A_n - jB_n) \\ A_{-n} &= \tfrac{1}{2}(A_n + jB_n) \end{aligned}\right\} \quad \text{für} \quad n > 0$$

Koeffizientenformeln $\left(f_0 = \dfrac{1}{T} \right)$

$$A_0 = \frac{1}{T} \int_{-T/2}^{+T/2} u(t)\, dt$$

$$A_n = \frac{2}{T} \int_{-T/2}^{+T/2} u(t) \cos 2\pi n f_0 t\, dt \quad (n>0) \qquad B_n = \frac{2}{T} \int_{-T/2}^{+T/2} u(t) \sin 2\pi n f_0 t\, dt \quad (n>0)$$

$$A_n = \frac{1}{T} \int_{-T/2}^{+T/2} u(t)\, e^{-j2\pi n f_0 t}\, dt$$

Zusammenhang mit Fourier-Spektrum der Grundperiode

$$A_n = \frac{1}{T} U_\text{F}\left(\frac{n}{T} \right) \quad \text{mit} \quad U_\text{F}(f) = \int_{-T/2}^{+T/2} u(t) e^{-j2\pi f t}\, dt$$

$$u(t) = \begin{cases} k & t_1 < t < t_2 \\ 0 & t_2 < t < t_1 + T \end{cases}$$

$$A_0 = k\, \frac{t_2 - t_1}{T}$$

$$A_n = \frac{k}{\pi n}(\sin n\omega_0 t_2 - \sin n\omega_0 t_1) \qquad B_n = \frac{k}{\pi n}(\cos n\omega_0 t_1 - \cos n\omega_0 t_2)$$

Spezialfall $t_2 = -t_1 = \dfrac{T}{4}$ \quad (s. Skizze)

$$A_0 = \frac{k}{2}$$

$$A_n = \begin{cases} \dfrac{2k}{\pi n} & \text{für} \quad n = 1, 5, 9, \ldots \\[2ex] \dfrac{-2k}{\pi n} & \text{für} \quad n = 3, 7, 11, \ldots \\[2ex] 0 & \text{für} \quad n = 2, 4, 6, \ldots \end{cases}$$

$$B_n = 0$$

$$u(t) = \begin{cases} a\left(e^{-\frac{t}{\tau}} - \frac{1}{2}e^{-\frac{T}{2\tau}}\right) & 0 < t < T/2 \\ a\left(\frac{1}{2}e^{-\frac{T}{2\tau}} - e^{-\frac{2t-T}{2\tau}}\right) & T/2 < t < T \end{cases}$$

$$A_0 = 0$$

$$A_n = \begin{cases} \dfrac{a \cdot T}{\tau\left(\pi^2 n^2 + \left(\frac{T}{2\tau}\right)^2\right)}\left(1 + e^{-\frac{T}{2\tau}}\right) & \text{für} \quad n = 1, 3, 5, \ldots \\ \\ 0 & \text{für} \quad n = 2, 4, 6, \ldots \end{cases}$$

$$B_n = \begin{cases} \dfrac{2a}{\pi n}\left(\dfrac{1}{1 + \left(\frac{T}{2\pi n\tau}\right)^2}\left(1 + e^{-\frac{T}{2\tau}}\right) - e^{-\frac{T}{2\tau}}\right) & \text{für} \quad n = 1, 3, 5, \ldots \\ \\ 0 & \text{für} \quad n = 2, 4, 6, \ldots \end{cases}$$

(RC-Hochpaß)

$$u(t) = \begin{cases} a\left(1 - e^{-\frac{t}{\tau}} + \frac{1}{2}e^{-\frac{T}{2\tau}}\right) & 0 \leq t \leq T/2 \\ a\left(\left(1 - \frac{1}{2}e^{-\frac{T}{2\tau}}\right) - \left(1 - e^{-\frac{2t-T}{2\tau}}\right)\right) & T/2 \leq t \leq T \end{cases}$$

$$A_0 = \frac{a}{2}$$

$$A_n = \begin{cases} \dfrac{-4aT}{\tau((T/\tau)^2 + (2\pi n)^2)}\left(1 + e^{-\frac{T}{\tau}}\right) & \text{für} \quad n = 1, 3, 5, \ldots \\ \\ 0 & \text{für} \quad n = 2, 4, 6, \ldots \end{cases}$$

$$B_n = \begin{cases} -4a\left(1 + e^{-\frac{T}{\tau}}\right)\left(\dfrac{2\pi n}{(T/\tau)^2 + (2\pi n)^2} - \dfrac{1}{2\pi n}\right) & \text{für} \quad n = 1, 3, 5, \ldots \\ \\ 0 & \text{für} \quad n = 2, 4, 6, \ldots \end{cases}$$

(RC-Tiefpaß)

$$u(t) = \begin{cases} 0 & 0 \leq t \leq t_1 \\ \dfrac{k}{t_2 - t_1}(t - t_1) & t_1 \leq t \leq t_2 \\ \dfrac{k}{t_2 - t_3}(t - t_3) & t_2 \leq t \leq t_3 \\ 0 & t_3 \leq t \leq T \end{cases}$$

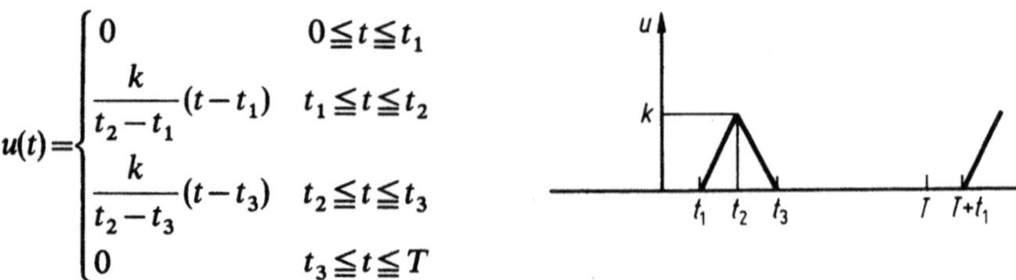

$$A_0 = \frac{k}{2T}(t_3 - t_1)$$

$$A_n = \frac{2k}{T(n\omega_0)^2}\left(\frac{1}{t_2 - t_1}(\cos n\omega_0 t_2 - \cos n\omega_0 t_1)\right.$$

$$\left. + \frac{1}{t_2 - t_3}(\cos n\omega_0 t_3 - \cos n\omega_0 t_2)\right)$$

$$B_n = \frac{2k}{T(n\omega_0)^2}\left(\frac{1}{t_2 - t_1}(\sin n\omega_0 t_2 - \sin n\omega_0 t_1) + \frac{1}{t_2 - t_3}(\sin n\omega_0 t_3 - \sin n\omega_0 t_2)\right)$$

$$u(t) = \begin{cases} \dfrac{k}{t_1}t & 0 \leq t \leq t_1 \\[2ex] \dfrac{k}{t_1 - T}(t - T) & t_1 \leq t \leq T \end{cases}$$

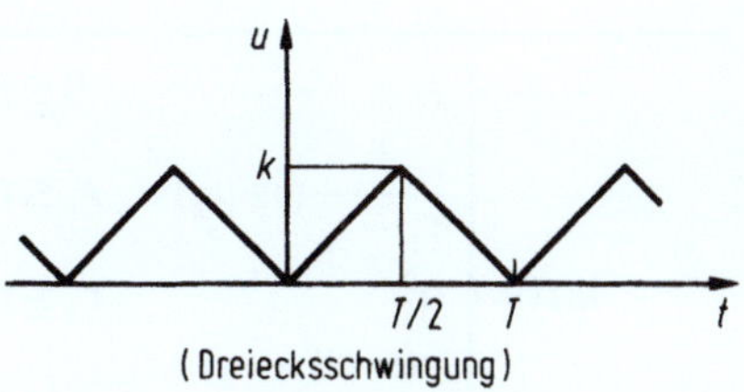

$$A_0 = \frac{k}{2}$$

$$A_n = -\frac{4k}{T(n\omega_0)^2}\left(\frac{1}{t_1} + \frac{1}{T - t_1}\right)\sin^2\left(\frac{n\omega_0 t_1}{2}\right)$$

$$B_n = \frac{2k}{T(n\omega_0)^2}\left(\frac{1}{t_1} + \frac{1}{T - t_1}\right)\sin(n\omega_0 t_1)$$

Spezialfälle:

$$t_1 = \frac{T}{2}$$

$$A_0 = \frac{k}{2}$$

$$A_n = -k\left(\frac{2}{\pi n}\right)^2, \quad n \text{ ungerade}$$

$$B_n = 0$$

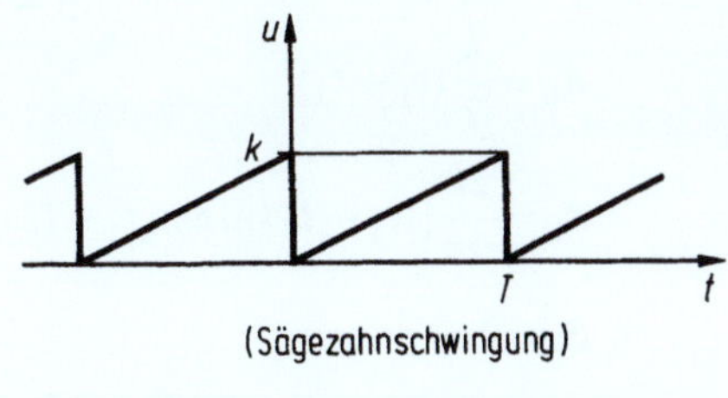
(Dreiecksschwingung)

$$t_1 = T$$

$$A_0 = \frac{k}{2}$$

$$A_n = 0$$

$$B_n = -\frac{k}{\pi n}$$

(Sägezahnschwingung)

$$t_1 = 0$$

$$A_0 = \frac{k}{2}$$

$$A_n = 0$$

$$B_n = \frac{k}{\pi n}$$

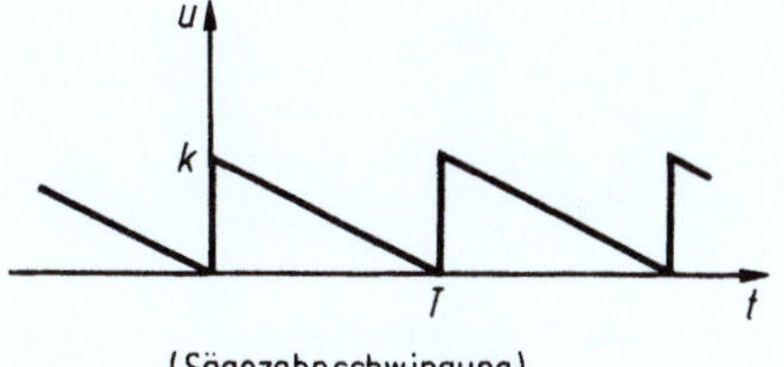
(Sägezahnschwingung)

$$u(t)=\begin{cases} 0 & 0\leqq t\leqq t_1 \\[2mm] \dfrac{k}{t_2-t_1}(t-t_1) & t_1\leqq t\leqq t_2 \\[2mm] k & t_2\leqq t\leqq t_3 \\[2mm] \dfrac{k}{t_3-t_4}(t-t_4) & t_3\leqq t\leqq t_4 \\[2mm] 0 & t_4\leqq t\leqq T \end{cases}$$

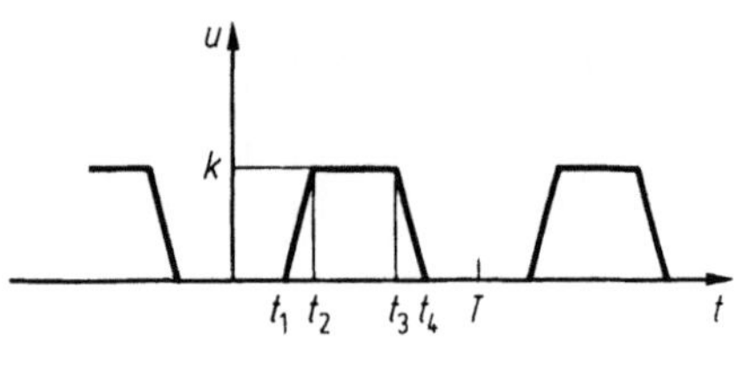

$$A_0=\frac{k}{2T}(-t_1-t_2+t_3+t_4)$$

$$A_n=\frac{Tk}{2(\pi n)^2}\left(\frac{1}{t_2-t_1}(\cos n\omega_0 t_2-\cos n\omega_0 t_1+n\omega_0 t_2\sin n\omega_0 t_2\right.$$

$$-n\omega_0 t_1\sin n\omega_0 t_1)+n\omega_0(\sin n\omega_0 t_3-\sin n\omega_0 t_2)$$

$$\left.-\frac{1}{t_4-t_3}(\cos n\omega_0 t_4-\cos n\omega_0 t_3+n\omega_0 t_4\sin n\omega_0 t_4-n\omega_0 t_3\sin n\omega_0 t_3)\right)$$

$$B_n=\frac{Tk}{2(\pi n)^2}\left(\frac{1}{t_2-t_1}(\sin n\omega_0 t_2-\sin n\omega_0 t_1-n\omega_0 t_2\cos n\omega_0 t_2+n\omega_0 t_1\cos n\omega_0 t_1)\right.$$

$$-n\omega_0(\cos n\omega_0 t_3-\cos n\omega_0 t_2)-\frac{1}{t_4-t_3}(\sin n\omega_0 t_4-\sin n\omega_0 t_3$$

$$\left.-n\omega_0 t_4\cos n\omega_0 t_4+n\omega_0 t_3\cos n\omega_0 t_3)\right)$$

$$u(t)=\begin{cases} k & 0\leqq t\leqq t_1 \\[2mm] \dfrac{k}{t_1-t_2}(t-t_2) & t_1\leqq t\leqq t_2 \\[2mm] 0 & t_2\leqq t\leqq T-t_2 \\[2mm] \dfrac{k(t-T+t_2)}{t_2-t_1} & T-t_2\leqq t\leqq T-t_1 \\[2mm] k & T-t_1\leqq t\leqq T \end{cases}$$

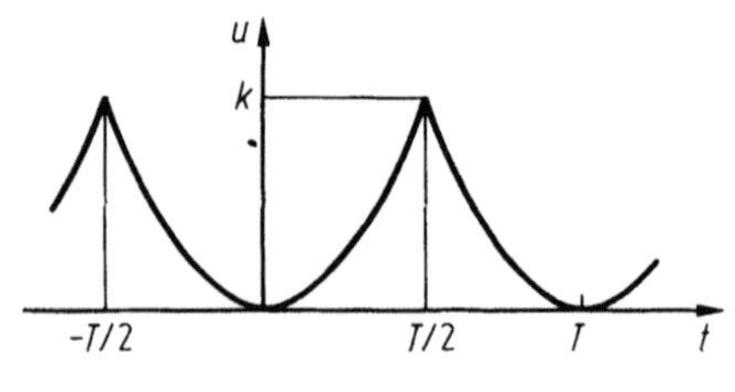

$$A_0=\frac{k}{T}(t_1+t_2)$$

$$A_n=\frac{2k}{\pi n}\left((t_1-1)\sin n\omega_0 t_1+(2-t_2)\sin n\omega_0 t_2-\frac{1}{n\omega_0}(\cos n\omega_0 t_2-\cos n\omega_0 t_1)\right)$$

$$B_n=0$$

$$u(t)=\frac{4k}{T^2}t^2 \qquad -T/2\leqq t\leqq T/2$$

$$A_0=\frac{k}{3}$$

$$A_n=\frac{4k}{n^2\pi^2}(-1)^n$$

$$B_n=0$$

$$u(t) = \begin{cases} k \sin \omega_0 t & 0 \leqq t \leqq T/2 \\ 0 & T/2 \leqq t \leqq T \end{cases}$$

$$A_0 = \frac{k}{\pi}$$

$$A_n = \begin{cases} 0 & \text{für} \quad n = 1, 3, 5, \dots \\ \dfrac{2k}{\pi(1 - n^2)} & \text{für} \quad n = 2, 4, 6, \dots \end{cases}$$

$$B_n = \begin{cases} \dfrac{k}{2} & \text{für} \quad n = 1 \\ 0 & \text{für} \quad n \neq 1 \end{cases}$$

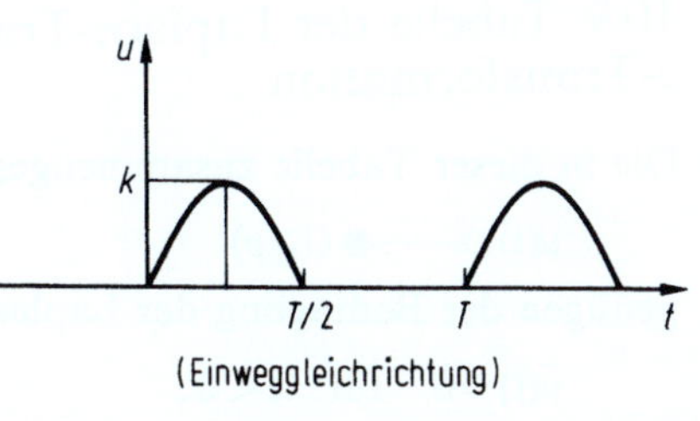

$$u(t) = k|\sin \omega_0 t| \qquad 0 \leqq t \leqq T$$

$$A_0 = \frac{2k}{\pi}$$

$$A_n = \begin{cases} 0 & \text{für} \quad n = 1, 3, 5, \dots \\ \dfrac{4k}{\pi(1 - n^2)} & \text{für} \quad n = 2, 4, 6, \dots \end{cases}$$

$$B_n = 0$$

$$u(t) = \begin{cases} \sin \omega_0 t & 0 \leqq t \leqq t_1 \\ \sin \omega_0 t_1 & t_1 \leqq t \leqq (T/2) - t_1 \\ \sin \omega_0 t & (T/2) - t_1 \leqq t \leqq (T/2) + t_1 \\ -\sin \omega_0 t_1 & (T/2) + t_1 \leqq t \leqq T - t_1 \\ \sin \omega_0 t & T - t_1 \leqq t \leqq T \end{cases}$$

$$A_0 = 0$$

$$A_n = 0$$

$$B_n = \begin{cases} \dfrac{2}{\pi n(1 - n)} \sin \omega_0 t_1 (1 - n) + \dfrac{2}{\pi n(1 + n)} \sin \omega_0 t_1 (1 + n) & n \text{ ungerade} \\ 0 & n \text{ gerade} \end{cases}$$

10.9 Tabelle der Laplace-Transformation und der einseitigen z-Transformation

Die in dieser Tabelle zusammengestellten Korrespondenzen

$$u(t)\circ\!\!-\!\!\!-\!\!\!-\!\!\bullet\, U_{\mathrm{L}}(p)$$

genügen der Bedingung der Laplace-Transformation, d. h.

$$u(t)=0 \quad \text{für} \quad t<0.$$

Das Konvergenzgebiet von $U(p)$ ist mit $\operatorname{Re}p>\alpha$ gegeben.

Die zugehörige Korrespondenz der rechtsseitigen z-Transformation $\underline{U}(z)$ der Folge $\{u(k\Delta t)\}$ für $k=0, 1, 2, ..., +\infty$ ist für einen Teil der rational gebrochenen Spektralfunktionen in der Tabelle ebenfalls angegeben. $\underline{U}(z)$ konvergiert für $|z|>\mathrm{e}^{\alpha\Delta t}$. Nach dem folgenden Schema lassen sich aus den Korrespondenzen der Tabelle weitere Korrespondenzen der Allgemeinen Spektraltransformation und der zugehörigen zweiseitigen z-Transformation ableiten. Sie entstehen durch gerade oder ungerade Fortsetzung der Zeitfunktion $u(t)$. Hierbei ist anzumerken, daß bei der geraden Fortsetzung bei der z-Transformierten der Wert im Zeitnullpunkt $u(0)$ abgezogen werden muß, damit er nicht doppelt berücksichtigt wird.

Schema für weitere Korrespondenzen

Transformation	Konvergenzgebiet
rechtsseitige Laplace-transformation $u(t)\circ\!\!-\!\!\!-\!\!\bullet\, U_{\mathrm{L}}(p)$	$\operatorname{Re}p>\alpha$
linksseitige Laplace-Transformation $u(-t)\circ\!\!-\!\!\!-\!\!\bullet\, U_{\mathrm{L}}(-q)$	$\operatorname{Re}q<-\alpha$
rechtsseitige z-Transformation $\{u(k\Delta t)\}\leftrightarrow\underline{U}(z) \quad k=0, 1, 2, ..., +\infty$	$|z|>\mathrm{e}^{\alpha\Delta t}$
linksseitige z-Transformation $\{u(k\Delta t)\}\leftrightarrow\underline{U}\left(\dfrac{1}{z}\right) \quad k=-\infty, ... -2, -1, 0$	$|z|<\mathrm{e}^{-\alpha\Delta t}$

Allgemeine Spektraltransformation der geraden und ungeraden Fortsetzung von $u(t)$

$$\begin{aligned} &\circ\quad u_{\mathrm{g}}(t)=u(t)+u(-t) \\ &\bullet\quad U_{\mathrm{g}}(p,q)=U_{\mathrm{L}}(p)+U_{\mathrm{L}}(-q) \\ &\circ\quad u_{\mathrm{u}}(t)=u(t)-u(-t) \\ &\bullet\quad U_{\mathrm{u}}(p,q)=U_{\mathrm{L}}(p)-U_{\mathrm{L}}(-q) \end{aligned}$$

$\left.\begin{array}{l}p\text{-Pole links} \\ q\text{-Pole rechts}\end{array}\right\}$ des Integrationsweges

zweiseitige z-Transformation der geraden und ungeraden Fortsetzung von $u(t)$

$$\{u_{\mathrm{g}}(k\Delta t)\}\leftrightarrow\underline{U}_{\mathrm{g}}(z_p,z_q)=\underline{U}(z_p)+\underline{U}\left(\frac{1}{z_q}\right)-u(0)$$

Pole von $\underline{U}(z_p)$ innerhalb des Konvergenzringes

$$\{u_{\mathrm{u}}(k\Delta t)\}\leftrightarrow\underline{U}_{\mathrm{u}}(z_p,z_q)=\underline{U}(z_p)-\underline{U}\left(\frac{1}{z_q}\right)$$

Pole von $\underline{U}\left(\dfrac{1}{z_q}\right)$ außerhalb des Konvergenzringes

$$k=-\infty, ..., -1, 0, 1, 2, ..., +\infty$$

In der nachstehenden Tabelle werden folgende Bezeichnungen benutzt:

$$\phi(x) = \frac{2}{\sqrt{\pi}} \int_0^x e^{-y^2} dy \qquad \text{Gaußsches Fehlerintegral}$$

$$J_0(t) = \sum_{\mu=0}^{\infty} (-1)^\mu \frac{\left(\frac{t}{2}\right)^{2\mu}}{(\mu!)^2} \qquad \text{Besselfunktion nullter Ordnung}$$

$$J_\nu(t) = \sum_{\mu=0}^{\infty} (-1)^\mu \frac{\left(\frac{t}{2}\right)^{2\mu+\nu}}{\mu!\,\Gamma(\nu+\mu+1)} \qquad \text{Besselfunktion}$$

$$\Gamma(x) = \int_0^\infty e^{-y} y^{x-1} dy \qquad \text{Gammafunktion}$$

$$C = 0{,}577\ldots \qquad \text{Eulersche Konstante}$$

1. *Rationale Spektralfunktionen*

$u(t),\ t>0$	$U_L(p)$	$\underset{\sim}{U}(z)$
$\delta(t)$	1	1
$1 = \gamma(t)$	$\dfrac{1}{p}$	$\dfrac{z}{z-1}$
t	$\dfrac{1}{p^2}$	$\Delta t\,\dfrac{z}{(z-1)^2}$
$\dfrac{1}{2}t^2$	$\dfrac{1}{p^3}$	$\Delta t^2\,\dfrac{z(z+1)}{2(z-1)^3}$
$\dfrac{1}{n!}t^n$	$\dfrac{1}{p^{n+1}}$	$\Delta t^n\,\dfrac{z}{n!}\,\dfrac{d^n}{dz^n}(z-1)^{-1}$
e^{-at}	$\dfrac{1}{p+a}$	$\dfrac{z}{z-e^{-a\Delta t}}$
$t\,e^{-at}$	$\dfrac{1}{(p+a)^2}$	$\Delta t\,\dfrac{z\,e^{-a\Delta t}}{(z-e^{-a\Delta t})^2}$
$\dfrac{t^2}{2}e^{-at}$	$\dfrac{1}{(p+a)^3}$	$\Delta t^2\left(\dfrac{z\,e^{-a\Delta t}}{2(z-e^{-a\Delta t})^2} + \dfrac{z\,e^{-2a\Delta t}}{(z-e^{-a\Delta t})^3}\right)$
$\dfrac{1}{n!}t^n e^{-at}$	$\dfrac{1}{(p+a)^{n+1}}$	$\dfrac{(-1)^n}{n!}\,\dfrac{\partial^n}{\partial a^n}\left(\dfrac{z}{z-e^{-a\Delta t}}\right)$
$1 - e^{-at}$	$\dfrac{a}{p(p+a)}$	$\dfrac{z(1-e^{-a\Delta t})}{(z-1)(z-e^{-a\Delta t})}$
$\cos at$	$\dfrac{p}{p^2+a^2}$	$\dfrac{z(z-\cos a\Delta t)}{z^2 - 2z\cos a\Delta t + 1}$

$u(t),\ t>0$	$U_{\mathrm{L}}(p)$	$\underset{\sim}{U}(z)$
$\sin at$	$\dfrac{a}{p^2+a^2}$	$\dfrac{z\sin a\Delta t}{z^2-2z\cos a\Delta t+1}$
$t\cos at$	$\dfrac{p^2-a^2}{(p^2+a^2)^2}$	$\Delta t\,\dfrac{z((z^2+1)\cos a\Delta t-2z)}{(z^2-2z\cos a\Delta t+1)^2}$
$t\sin at$	$\dfrac{2ap}{(p^2+a^2)^2}$	$\Delta t\,\dfrac{z(z^2-1)\sin a\Delta t}{(z^2-2z\cos a\Delta t+1)^2}$
$1-\cos at$	$\dfrac{a^2}{p(p^2+a^2)}$	$\dfrac{z}{z-1}-\dfrac{z(z-\cos a\Delta t)}{z^2-2z\cos a\Delta t+1}$
$\cosh at$	$\dfrac{p}{p^2-a^2}$	$\dfrac{z(z-\cosh a\Delta t)}{z^2-2z\cosh a\Delta t+1}$
$\sinh at$	$\dfrac{a}{p^2-a^2}$	$\dfrac{z\sinh a\Delta t}{z^2-2z\cosh a\Delta t+1}$
$\mathrm{e}^{-at}\cos bt$	$\dfrac{p+a}{(p+a)^2+b^2}$	$\dfrac{z^2-z\,\mathrm{e}^{-a\Delta t}\cos b\Delta t}{z^2-2z\,\mathrm{e}^{-a\Delta t}\cos b\Delta t+\mathrm{e}^{-2a\Delta t}}$
$\mathrm{e}^{-at}\sin bt$	$\dfrac{b}{(p+a)^2+b^2}$	$\dfrac{z\,\mathrm{e}^{-a\Delta t}\sin b\Delta t}{z^2-2z\,\mathrm{e}^{-a\Delta t}\cos b\Delta t+\mathrm{e}^{-2a\Delta t}}$
$\mathrm{e}^{-at}-\mathrm{e}^{-bt}$	$\dfrac{b-a}{(p+a)(p+b)}$	$\dfrac{z}{z-\mathrm{e}^{-a\Delta t}}-\dfrac{z}{z-\mathrm{e}^{-b\Delta t}}$
$\dfrac{\mathrm{e}^{-at}}{(b-a)(c-a)}+\dfrac{\mathrm{e}^{-bt}}{(a-b)(c-b)}+\dfrac{\mathrm{e}^{-ct}}{(a-c)(b-c)}$	$\dfrac{1}{(p+a)(p+b)(p+c)}$	$\dfrac{z}{(b-a)(c-a)(z-\mathrm{e}^{-a\Delta t})}$ $+\dfrac{z}{(a-b)(c-b)(z-\mathrm{e}^{-b\Delta t})}$ $+\dfrac{z}{(a-c)(b-c)(z-\mathrm{e}^{-c\Delta t})}$
$\sin(at+b)$	$\dfrac{p\sin b+a\cos b}{p^2+a^2}$	$\dfrac{z(\cos b\sin a\Delta t+\sin b\,(z-\cos a\Delta t))}{z^2-2z\cos a\Delta t+1}$
$\cos(at+b)$	$\dfrac{p\cos b-a\sin b}{p^2+a^2}$	$\dfrac{z(\cos b\,(z-\cos a\Delta t)-\sin b\sin a\Delta t)}{z^2-2z\cos a\Delta t+1}$

$u(t),\ t>0$	$U_{\mathrm{L}}(p)$
$\cos^2 at$	$\dfrac{p^2+2a^2}{p(p^2+4a^2)}$
$\sin^2 at$	$\dfrac{2a^2}{p(p^2+4a^2)}$
$\cosh^2 at$	$\dfrac{p^2-2a^2}{p(p^2-4a^2)}$
$\sinh^2 at$	$\dfrac{2a^2}{p(p^2-4a^2)}$
$\sin at \sinh at$	$\dfrac{2a^2 p}{p^4-4a^4}$
$\cos at \cosh at$	$\dfrac{p^3}{p^4+4a^4}$
$\sin at \cosh at$	$\dfrac{a(p^2+2a^2)}{p^4+4a^4}$
$\cos at \sinh at$	$\dfrac{a(p^2-2a^2)}{p^4-4a^4}$
$\dfrac{1}{n!}\left(1-\mathrm{e}^{-\frac{t}{a}}\right)^n$	$\dfrac{1}{p(ap+1)(ap+2)\ldots(ap+n)}$
$\mathrm{e}^{-at}\dfrac{n-ma}{b-a}-\mathrm{e}^{-bt}\dfrac{n-mb}{b-a}$	$\dfrac{mp+n}{(p+a)(p+b)}\qquad a\neq b$
$t\,\mathrm{e}^{-at}(n-ma)+m\,\mathrm{e}^{-at}$	$\dfrac{mp+n}{(p+a)^2}$
$\mathrm{e}^{-at}\dfrac{la^2-ma+n}{(b-a)(c-a)}+\mathrm{e}^{-bt}\dfrac{lb^2-mb+n}{(a-b)(c-b)}+\mathrm{e}^{-ct}\dfrac{lc^2-mc+n}{(a-c)(b-c)}$	$\dfrac{lp^2+mp+n}{(p+a)(p+b)(p+c)}$ $a\neq b\neq c$
$t\,\mathrm{e}^{-at}\dfrac{-la^2+ma-n}{a-b}+\mathrm{e}^{-at}\dfrac{-2lab+la^2+mb-n}{(a-b)^2}+\mathrm{e}^{-bt}\dfrac{lb^2-mb+n}{(a-b)^2}$	$\dfrac{lp^2+mp+n}{(p+a)^2(p+b)}\qquad a\neq b$
$\mathrm{e}^{-at}\left(\dfrac{1}{2}t^2(la^2-ma+n)+t(m-2la)+l\right)$	$\dfrac{lp^2+mp+n}{(p+a)^3}$

$u(t),\ t>0$	$U_{\mathrm{L}}(p)$
$\mathrm{e}^{-at}\dfrac{ka^3-la^2+ma-n}{(a-b)(a-c)(a-d)}$ $+\mathrm{e}^{-bt}\dfrac{kb^3-lb^2+mb-n}{(b-a)(b-c)(b-d)}$ $+\mathrm{e}^{-ct}\dfrac{kc^3-lc^2+mc-n}{(c-a)(c-b)(c-d)}$ $+\mathrm{e}^{-dt}\dfrac{kd^3-ld^2+md-n}{(d-a)(d-b)(d-c)}$	$\dfrac{kp^3+lp^2+mp+n}{(p+a)(p+b)(p+c)(p+d)}$ $a\neq b\neq c\neq d$
$t\,\mathrm{e}^{-at}\dfrac{-ka^3+la^2-ma+n}{(b-a)\,(c-a)}$ $+\mathrm{e}^{-at}\dfrac{(3ka^2-2la+m)\,(b-a)\,(c-a)+(2a-b-c)\,(-ka^3+la^2-ma+n)}{(b-a)^2\,(c-a)^2}$ $+\mathrm{e}^{-bt}\dfrac{-b^3k+b^2l-bm+n}{(a-b)^2\,(c-b)}$ $+\mathrm{e}^{-ct}\dfrac{-c^3k+c^2l-cm+n}{(a-c)^2\,(b-c)}$	$\dfrac{kp^3+lp^2+mp+n}{(p+a)^2\,(p+b)(p+c)}$ $a\neq b\neq c$
$t\,\mathrm{e}^{-at}\dfrac{-ka^3+la^2-ma+n}{(a-b)^2}$ $+\mathrm{e}^{-at}\dfrac{(3ka^2-2la+m)\,(a-b)+2(-ka^3+la^2-ma+n)}{(a-b)^3}$ $+t\,\mathrm{e}^{-bt}\dfrac{-kb^3+lb^2-mb+n}{(a-b)^2}$ $+\mathrm{e}^{-bt}\dfrac{(3kb^2-2lb+m)\,(a-b)-2(-kb^3+lb^2-mb+n)}{(a-b)^3}$	$\dfrac{kp^3+lp^2+mp+n}{(p+a)^2\,(p+b)^2}$ $a\neq b$
$t^2\,\mathrm{e}^{-at}\dfrac{-ka^3+la^2-ma+n}{2(b-a)}$ $+t\,\mathrm{e}^{-at}\dfrac{(3ka^2-2la+m)\,(b-a)-(-ka^3+la^2-ma+n)}{(b-a)^2}$ $+\mathrm{e}^{-at}\dfrac{(l-3ka)\,(b-a)^2-(3ka^2-2la+m)\,(b-a)+(-ka^3+la^2-ma+n)}{(b-a)^3}$ $+\mathrm{e}^{-bt}\dfrac{-ka^3+la^2-ma+n}{(b-a)^3}$	$\dfrac{kp^3+lp^2+mp+n}{(p+a)^3\,(p+b)}$ $a\neq b$
$t^3\,\mathrm{e}^{-at}(-ka^3+la^2-ma+n)\cdot\dfrac{1}{6}$ $+t^2\,\mathrm{e}^{-at}\left(\dfrac{3}{2}ka^2-la+\dfrac{1}{2}m\right)$ $+t\,\mathrm{e}^{-at}(-3ka+l)$ $+k\,\mathrm{e}^{-at}$	$\dfrac{kp^3+lp^2+mp+n}{(p+a)^4}$

2. Irrationale Spektralfunktionen

$u(t),\, t>0$	$U_L(p)$
$\dfrac{1}{\sqrt{\pi t}}$	$\dfrac{1}{\sqrt{p}}$
$2\sqrt{\dfrac{t}{\pi}}$	$\dfrac{1}{p\sqrt{p}}$
$\dfrac{1+2at}{\sqrt{\pi t}}$	$\dfrac{p+a}{p\sqrt{p}}$
$\dfrac{1}{\sqrt{\pi t}}+ae^{a^2 t}\,\phi(a\sqrt{t})$	$\dfrac{\sqrt{p}}{p-a^2}$
$\dfrac{1}{a}e^{a^2 t}\,\phi(a\sqrt{t})$	$\dfrac{1}{\sqrt{p}(p-a^2)}$
$\dfrac{e^{-at}}{\sqrt{\pi t}}$	$\dfrac{1}{\sqrt{p+a}}$
$\dfrac{1}{2\sqrt{\pi t^3}}(e^{-bt}-e^{-at})$	$\sqrt{p+a}-\sqrt{p+b}$
$\dfrac{\sin at}{2\sqrt{\pi t^3}}$	$\sqrt{\sqrt{p^2+a^2}-p}$
$\sqrt{\dfrac{2}{\pi t}}\sin at$	$\sqrt{\dfrac{\sqrt{p^2+a^2}-p}{p^2+a^2}}$
$\sqrt{\dfrac{2}{\pi t}}\cos at$	$\sqrt{\dfrac{\sqrt{p^2+a^2}+p}{p^2+a^2}}$
$\sqrt{\dfrac{2}{\pi t}}\sinh at$	$\sqrt{\dfrac{p-\sqrt{p^2-a^2}}{p^2-a^2}}$
$\sqrt{\dfrac{2}{\pi t}}\cosh at$	$\sqrt{\dfrac{\sqrt{p^2-a^2}+p}{p^2-a^2}}$
$J_0(t)$	$\dfrac{1}{\sqrt{p^2+1}}$
$J_\nu(t)\quad(\nu>-1)$	$\dfrac{(\sqrt{p^2+1}-p)^\nu}{\sqrt{p^2+1}}$
$t^\nu J_\nu(at)\quad(\nu>-\tfrac{1}{2})$	$\dfrac{(2a)^\nu\Gamma(\nu+\tfrac{1}{2})}{\sqrt{\pi}(p^2+a^2)^{\nu+1/2}}$
$\dfrac{4^n n!}{(2n)!\,\sqrt{\pi}}\,t^{n-\frac{1}{2}}$	$\dfrac{1}{p^n\sqrt{p}}$
$\dfrac{t^{\nu-1}}{\Gamma(\nu)}e^{-at}$	$\dfrac{1}{(p+a)^\nu}$

3. *Transzendente Spektralfunktionen*

$u(t),\; t>0$	$U_L(p)$
$\ln t - C$	$\dfrac{\ln p}{p}$
$\dfrac{\ln t}{\sqrt{t}}$	$-\sqrt{\dfrac{\pi}{p}}\,(\ln 4p + C)$
$(\ln t + C)^2 - \dfrac{\pi^2}{6}$	$\dfrac{(\ln p)^2}{p}$
$\displaystyle\int\limits_0^\infty \dfrac{t^{x-1}}{\Gamma(x)}\,dx$	$\dfrac{1}{\ln p}$
$\dfrac{1 - e^{-at}}{t}$	$\ln\dfrac{p+a}{p}$
$\dfrac{e^{-bt} - e^{-at}}{t}$	$\ln\dfrac{p+a}{p+b}$
$\dfrac{2}{t}(\cos bt - \cos at)$	$\ln\dfrac{p^2+a^2}{p^2+b^2}$
$J_0(a\sqrt{t})$	$\dfrac{e^{-\frac{a^2}{4p}}}{p}$
$t^{v/2} J_v(a\sqrt{t}) \quad (v>-1)$	$\dfrac{a^v}{2^v p^{v+1}}\, e^{-\frac{a^2}{4p}}$
$\dfrac{\cosh 2\sqrt{t}}{\sqrt{\pi t}}$	$\dfrac{e^{\frac{1}{p}}}{\sqrt{p}}$
$\dfrac{\sinh 2\sqrt{t}}{\sqrt{\pi}}$	$\dfrac{e^{\frac{1}{p}}}{p\sqrt{p}}$
$\psi(a,t) = \dfrac{a}{2\sqrt{\pi t^3}}\, e^{-\frac{a^2}{4t}}$	$e^{-a\sqrt{p}}$
$1 - \phi\!\left(\dfrac{a}{2\sqrt{t}}\right)$	$\dfrac{e^{-a\sqrt{p}}}{p}$
$\dfrac{1}{\sqrt{\pi t}}\, e^{-\frac{a^2}{4t}}$	$\dfrac{e^{-a\sqrt{p}}}{\sqrt{p}}$
$\dfrac{\sinh\sqrt{2at}\,\sin\sqrt{2at}}{\sqrt{\pi t}}$	$\dfrac{1}{\sqrt{p}}\sin\dfrac{a}{p}$
$\dfrac{\cosh\sqrt{2at}\,\sin\sqrt{2at}}{\sqrt{a\pi}}$	$\dfrac{1}{\sqrt{2p^3}}\left(\cos\dfrac{a}{p} + \sin\dfrac{a}{p}\right)$

$u(t),\ t>0$	$U_{\mathrm L}(p)$
$\dfrac{\cosh\sqrt{2at}\cos\sqrt{2at}}{\sqrt{\pi t}}$	$\dfrac{1}{\sqrt{p}}\cos\dfrac{a}{p}$
$\dfrac{\sinh\sqrt{2at}\cos\sqrt{2at}}{\sqrt{a\pi}}$	$\dfrac{1}{\sqrt{2p^3}}\left(\cos\dfrac{a}{p}-\sin\dfrac{a}{p}\right)$
$\dfrac{\sin at}{t}$	$\arctan\dfrac{a}{p}$
$\dfrac{2}{t}\sin at\cos bt$	$\arctan\left(\dfrac{2ap}{p^2-a^2+b^2}\right)$
$\dfrac{e^{at}-1}{t}\sin bt$	$\arctan\dfrac{ab}{p^2-ap+b^2}$
e^{-t^2}	$\dfrac{\sqrt{\pi}}{2}e^{\left(\frac{p}{2}\right)^2}\left(1-\Phi\left(\dfrac{p}{2}\right)\right)$

10.10 Tabelle der Laplace-, Fourier- und Hilbert-Transformation mit Skizzen der Funktionsverläufe

Die in dieser Tabelle zusammengestellten Korrespondenzen genügen sowohl der Laplace-Transformation wie auch der Fourier-Transformation und haben folgende Eigenschaften:

1. $u(t)$ ist reell;

2. $u(t)$ ist kausal, d. h. $u(t)=0$ für $t<0$;

3. $u(t)$ ist exponentiell begrenzt, d. h. $\int\limits_{0}^{\infty} e^{-\varepsilon t} u(t)\,dt < \infty$ für beliebige positiv reelle ε.

Es existieren somit die Spektren $U_L(p)$ sowie $U_F(\omega)$ mit $\omega = 2\pi f$. Das Fourier-Spektrum $U_F(\omega)$ erhält man aus dem Laplace-Spektrum $U_L(p)$ durch den Grenzübergang

$$U_F(\omega) = \lim_{\varepsilon \to 0} U_L(j\omega + \varepsilon).$$

Für die Fourier-Korrespondenz gilt der Zuordnungssatz

$$u(t) \;=\; u_{R_g}(t) \;+\; u_{R_u}(t)$$

$$U_F(\omega) = U_{R_g}(\omega) + j U_{I_u}(\omega).$$

Hierbei ist $u_{R_g}(t) = \tfrac{1}{2}(u(t) + u(-t))$ der gerade Anteil und $u_{R_u}(t) = \tfrac{1}{2}(u(t) - u(-t))$ der ungerade Anteil der reellen und kausalen Zeitfunktion $u(t)$. $U_{R_g}(\omega)$ ist der gerade Realteil und $U_{I_u}(\omega)$ der ungerade Imaginärteil des Fourier-Spektrums $U_F(\omega)$. Zwischen $U_{R_g}(\omega)$ und $U_{I_u}(\omega)$ gilt die Hilbert-Transformation.

Durch Vertauschung von f mit t bzw. von ω mit $2\pi t$ und Bildung der konjugiert komplexen Funktion $U_F^*(2\pi t)$ erhält man

$$U_F^*(2\pi t) = U_{R_g}(2\pi t) - j U_{I_u}(2\pi t)$$

$$u(f) \;=\; u_{R_g}(f) \;+\; u_{R_u}(f)$$

Hierbei ist die neu entstandene komplexe Zeitfunktion $U_F^*(2\pi t)$ ein analytisches Signal, zwischen dessen Real- und Imaginärteil die Hilbert-Transformation gilt.

Sämtliche Korrespondenzen sind in normierter Form dargestellt. Sie können durch Anwendung des Ähnlichkeitssatzes

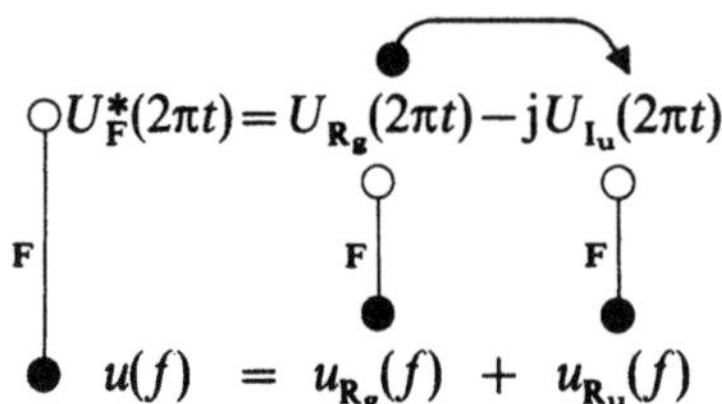

denormiert werden. Für die Skizzen wurde immer $a=1$ und $b=2$ bzw. 10 gesetzt.

Für die Korrespondenzen von Zeitfunktionen mit t^{-1} und t^{-2} mußten Darstellungen verwendet werden, die den Grenzübergang $\alpha \to 0$ enthalten, entsprechend der am Ende von 10.1 besprochenen Integralaufspaltung. Allerdings treten in dieser Tabelle statt der „α-Distributionen" im t-Bereich ihre Fourierkorrespondenzen im Frequenzbereich auf: Konstante bzw. konstanter Frequenzanstieg mit α abhängigen Werten. Sie liefern dadurch eine Vorstellung der Spektren, die nach Durchführung des Grenzübergangs nicht darstellbar wären. Vom Frequenzbereich ausgehend, können diese von α abhängigen Teilspektren natürlich auch in den Zeitbereich transformiert werden, wo sie dann als „α-Distributionen" einzusetzen sind.

Beispiel

Aus der Korrespondenz für $-t^2$ folgt dadurch u.a.

$$\pi|\omega| \quad \bullet\!\!-\!\!\circ \quad \begin{cases} -t^{-2} & \text{für} \quad |t| > \alpha \to 0 \\[2mm] \dfrac{2}{\alpha}\delta(t) & \text{für} \quad |t| < \alpha \to 0, \end{cases}$$

wobei $\alpha \to 0$ nur bedeutet, daß α vernachlässigbar klein für die Zeitauflösung der nachfolgenden Systeme ist.

Für die im Zusammenhang mit α auftretenden Konstanten c und c_1 gilt:

$$\text{Ci}(c) = 0 \quad \text{und damit} \quad c \approx 0.616,$$

$$c_1 = e\,c \approx 1.674; \quad e: \text{Basis des natürlichen Logarithmus}.$$

Definitionen von in den Formeln verwendeten Funktionsabkürzungen:

$$\text{Si}(\omega) = \int\limits_0^\omega \frac{\sin x}{x}\,dx \quad \text{Integralsinus,}$$

$$\text{Ci}(\omega) = -\int\limits_\omega^\infty \frac{\cos x}{x}\,dx \quad \text{Integralcosinus,}$$

$$\text{Ei}(p) = \int\limits_{-\infty}^p \frac{e^z}{z}\,dz \quad \text{Integralexponentialfunktion,}$$

$$\Phi(\omega) = \frac{2}{\sqrt{\pi}} \int\limits_0^\omega e^{-x^2}\,dx \quad \text{Fehlerfunktion.}$$

Zeitfunktion $u(t)$, $t>0$	Spektrum
$u(t) = k\delta(t)$ 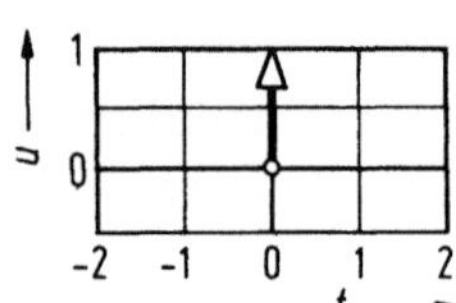	$U_L(p) = k$ $U_F(\omega) = k$ 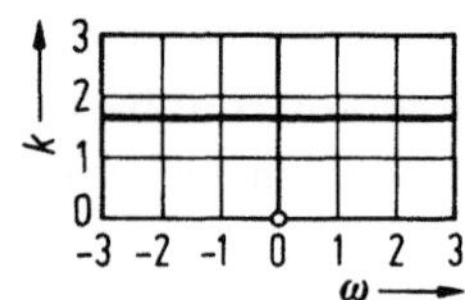 0
$u(t) = \gamma(t)$ 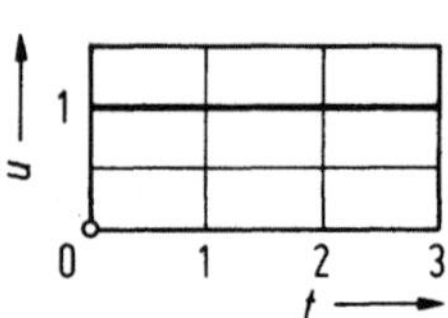	$U_L(p) = \dfrac{1}{p}$ $U_F(\omega) = \pi\delta(\omega) \quad + \quad j\left(-\dfrac{1}{\omega}\right)$ 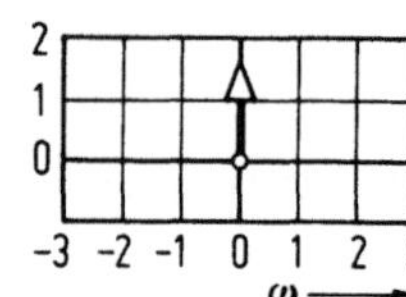 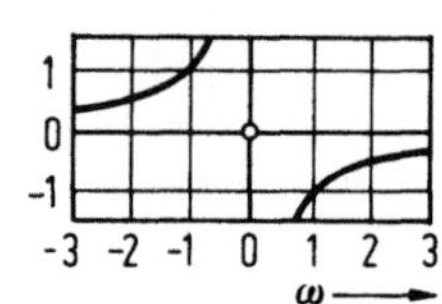
$u(t) = t$ 	$U_L(p) = \dfrac{1}{p^2}$ $U_F(\omega) = -\dfrac{1}{\omega^2}\Big|_{|\omega|\ge\alpha} + \dfrac{2}{\alpha}\delta(\omega) \quad + \quad j\,2\pi\,\delta'(\omega)$ 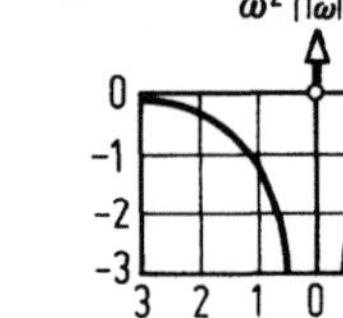 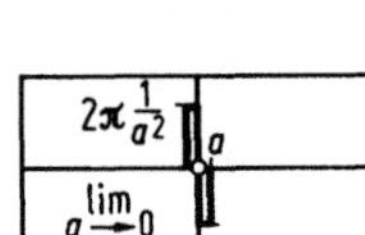
$u(t) = \begin{cases} 0 & \text{für } t>1 \\ 1 & \text{für } 0<t<1 \end{cases}$ 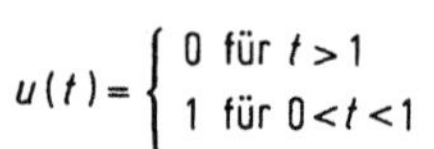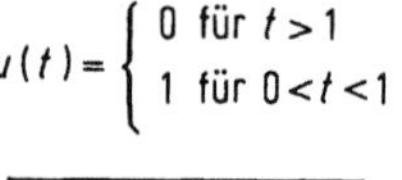	$U_L(p) = \dfrac{1-e^{-p}}{p}$ $U_F(\omega) = \dfrac{\sin\omega}{\omega} \quad + \quad j\,\dfrac{\cos\omega-1}{\omega}$ 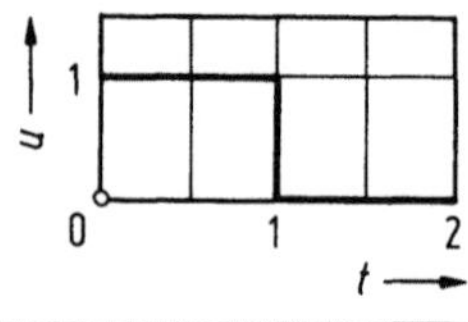 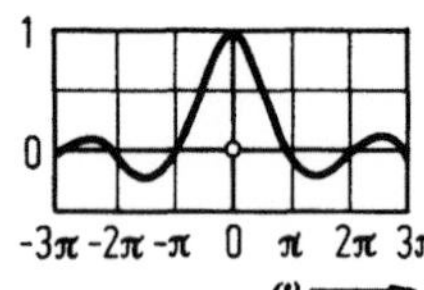 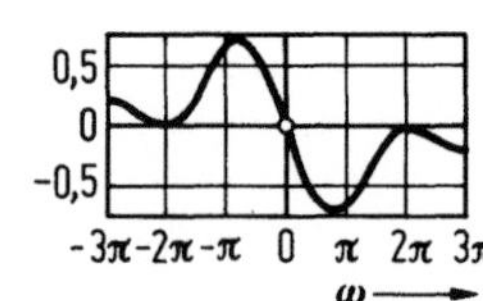
$u(t) = \begin{cases} 1-t & \text{für } t<1 \\ 0 & \text{für } t>1 \end{cases}$ 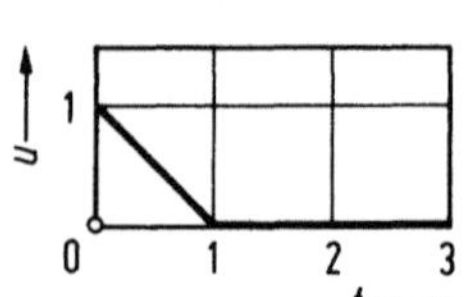	$U_L(p) = \dfrac{e^{-p}+p-1}{p^2}$ $U_F(\omega) = \dfrac{1}{2}\left(\dfrac{\sin\omega/2}{\omega/2}\right)^2 \quad + \quad j\,\dfrac{\sin\omega-\omega}{\omega^2}$ 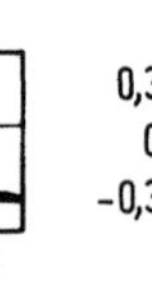 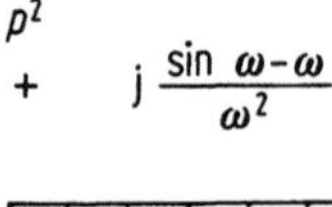 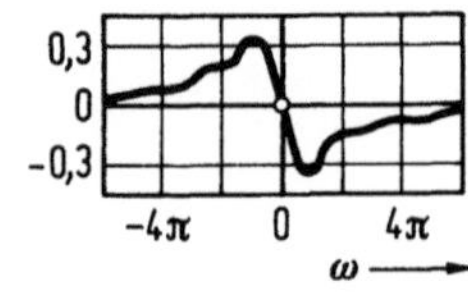

Zeitfunktion $u(t)$, $t > 0$	Spektrum

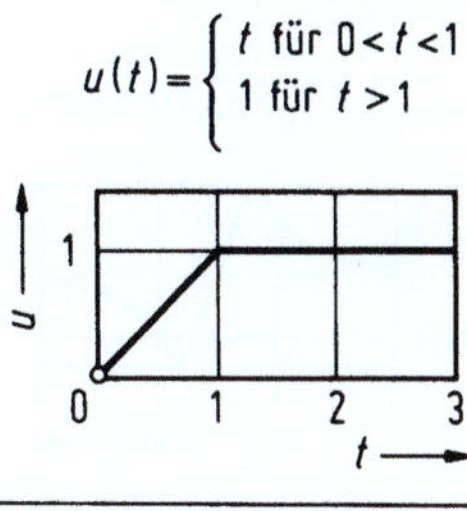

$$u(t) = \begin{cases} t & \text{für } 0 < t < 1 \\ 1 & \text{für } t > 1 \end{cases}$$

$$U_L(p) = \frac{1 - e^{-p}}{p^2}$$

$$U_F(\omega) = \frac{\cos\omega - 1}{\omega^2} + \pi\,\delta(\omega) + j\left(-\frac{\sin\omega}{\omega^2}\right)$$

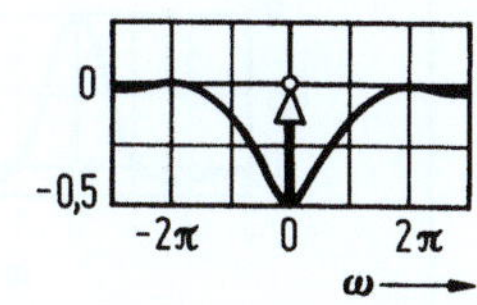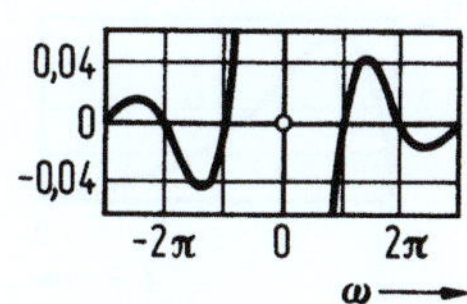

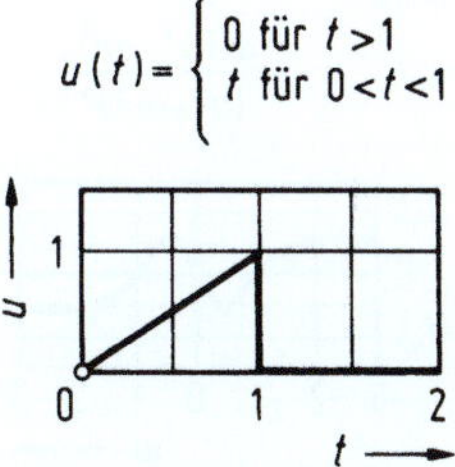

$$u(t) = \begin{cases} 0 & \text{für } t > 1 \\ t & \text{für } 0 < t < 1 \end{cases}$$

$$U_L(p) = -\frac{p e^{-p} + e^{-p} - 1}{p^2}$$

$$U_F(\omega) = \frac{\cos\omega + \omega\sin\omega - 1}{\omega^2} + j\,\frac{\omega\cos\omega - \sin\omega}{\omega^2}$$

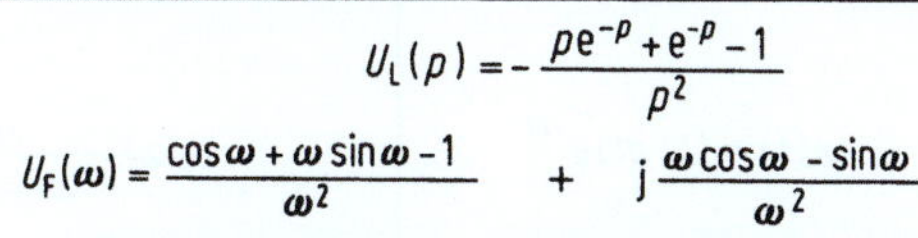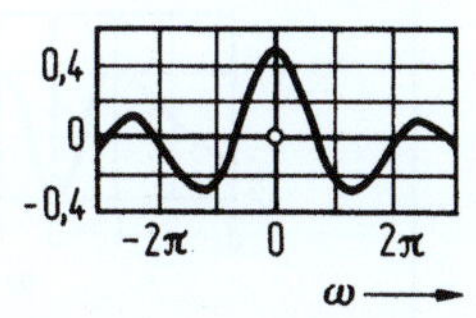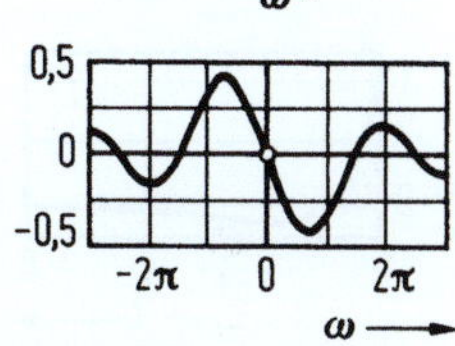

$$u(t) = \cos t$$

$$U_L(p) = \frac{p}{1 + p^2}$$

$$U_F(\omega) = \frac{\pi}{2}\Big(\delta(\omega - 1) + \delta(\omega + 1)\Big) + j\,\frac{\omega}{1 - \omega^2}$$

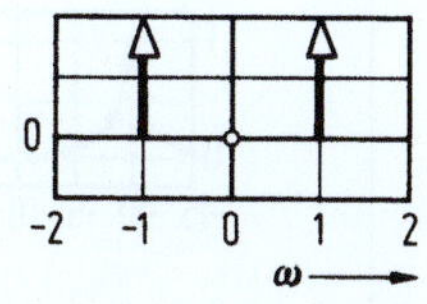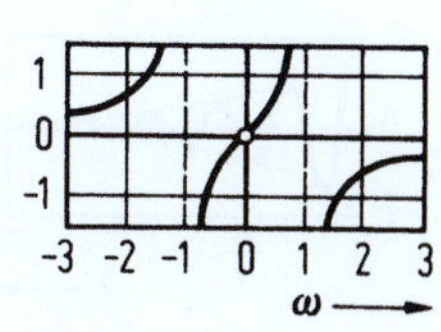

$$u(t) = \sin t$$

$$U_L(p) = \frac{1}{1 + p^2}$$

$$U_F(\omega) = \frac{1}{1 - \omega^2} + j\left(-\frac{\pi}{2}[\delta(\omega - 1) - \delta(\omega + 1)]\right)$$

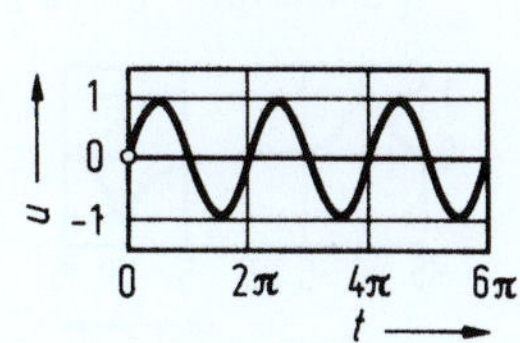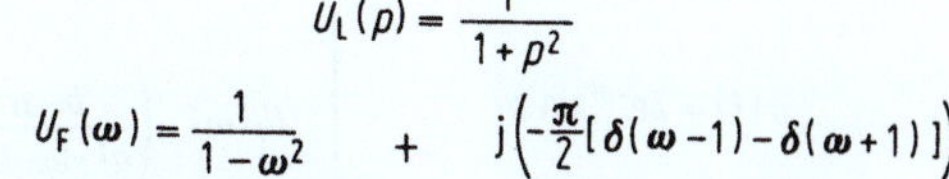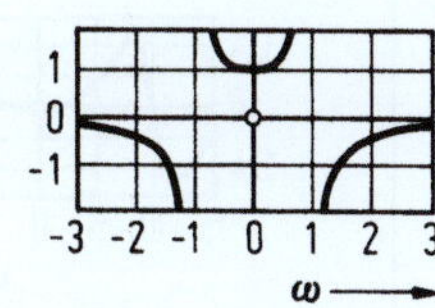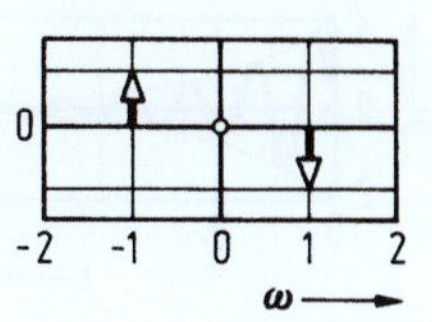

$$u(t) = e^{-at}$$

$$U_L(p) = \frac{1}{p + a}$$

$$U_F(\omega) = \frac{a}{a^2 + \omega^2} + j\,\frac{-\omega}{a^2 + \omega^2}$$

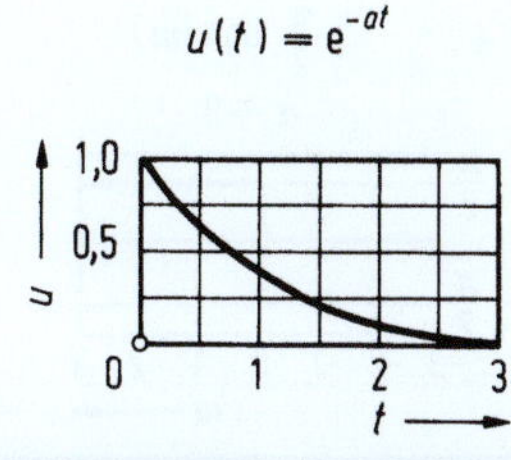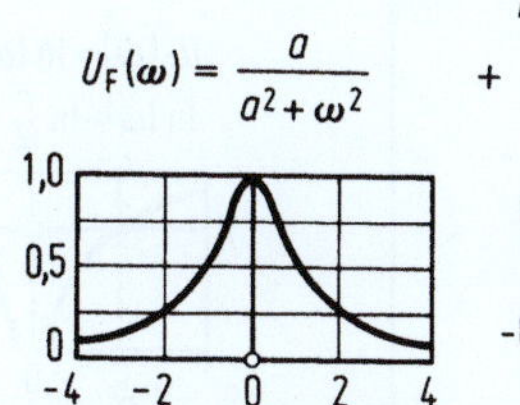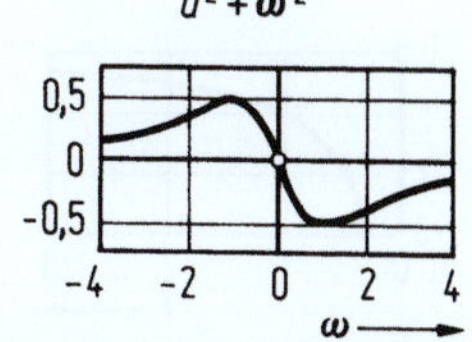

In den Skizzen wurde $a = 1$, $b = 2$ bzw. $b = 10$ gesetzt

Zeitfunktion $u(t)$, $t>0$	Spektrum
$$u(t) = t\,e^{-at}$$ 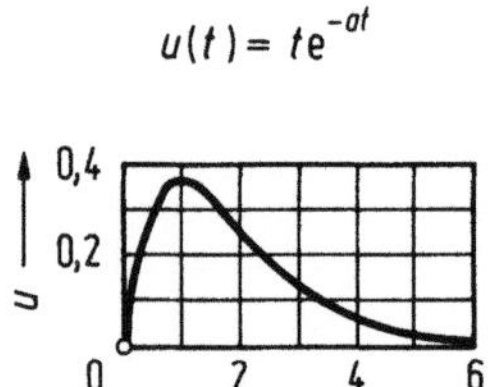	$$U_L(p) = \frac{1}{(p+a)^2}$$ $$U_F(\omega) = \frac{a^2-\omega^2}{(a^2+\omega^2)^2} \;+\; j\,\frac{-2a\omega}{(a^2+\omega^2)^2}$$ 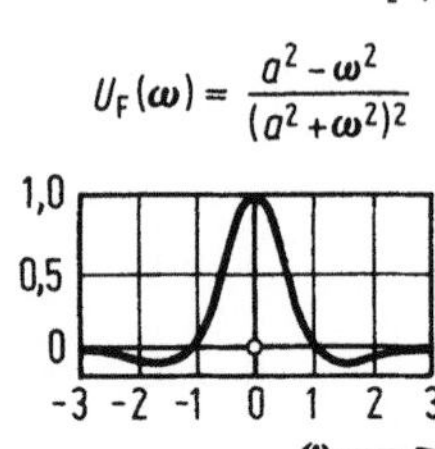 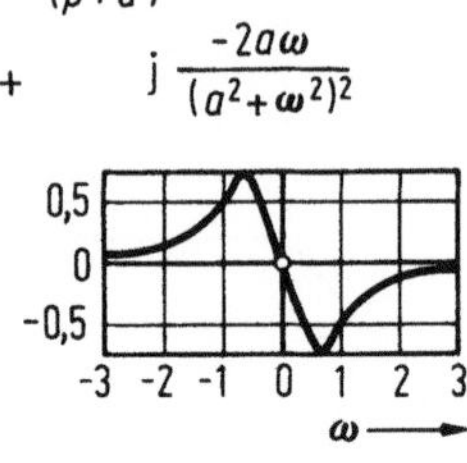
$$u(t) = (1-at)\,e^{-at}$$ 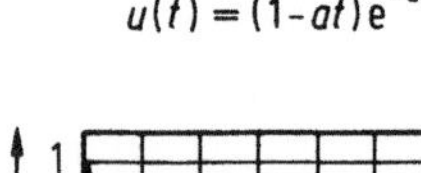 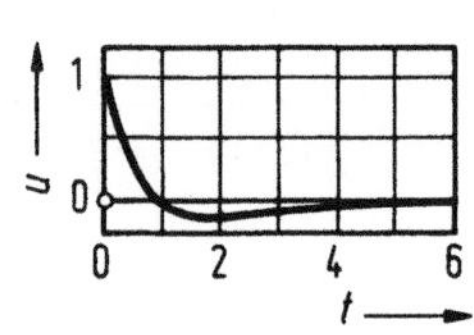	$$U_L(p) = \frac{p}{(p+a)^2}$$ $$U_F(\omega) = \frac{2a\omega^2}{(a^2+\omega^2)^2} \;+\; j\,\frac{\omega(a^2-\omega^2)}{(a^2+\omega^2)^2}$$ 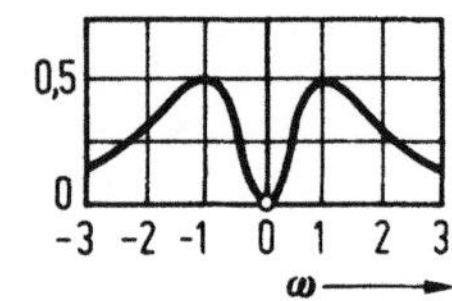 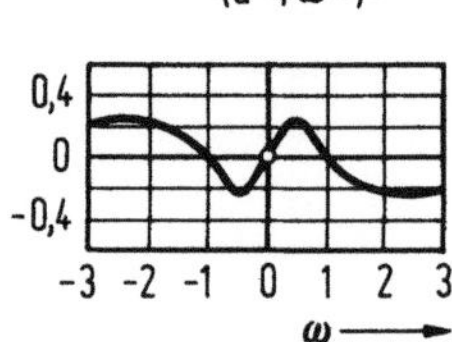
$$u(t) = 2e^{-at}\cos bt$$ 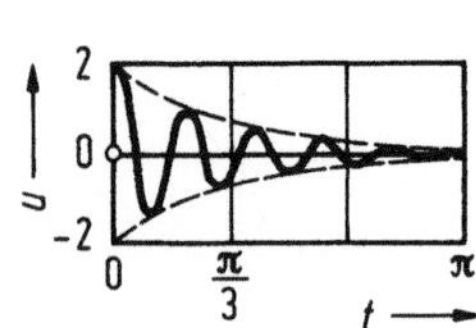	$$U_L(p) = \frac{2(p+a)}{(p+a)^2+b^2}$$ $$U_F(\omega) = \frac{a}{a^2+(\omega-b)^2} + \frac{a}{a^2+(\omega+b)^2} \;+\; j\left(\frac{b-\omega}{a^2+(\omega-b)^2} - \frac{b+\omega}{a^2+(\omega+b)^2}\right)$$ 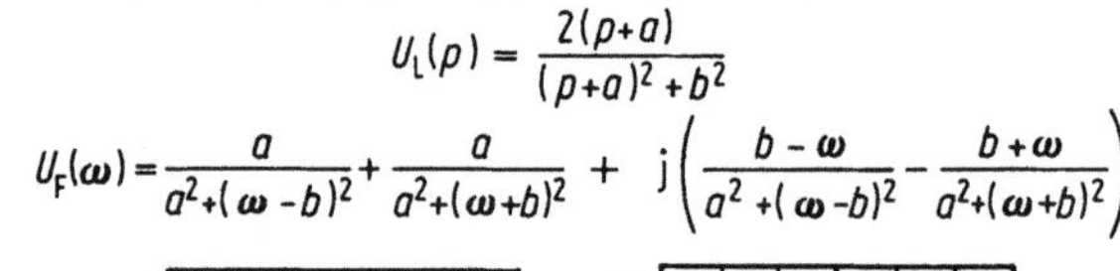 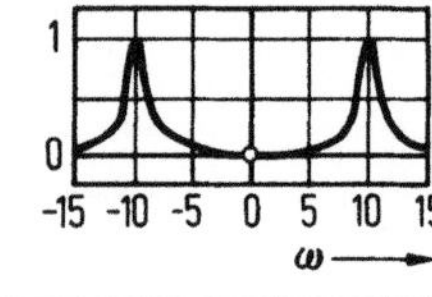 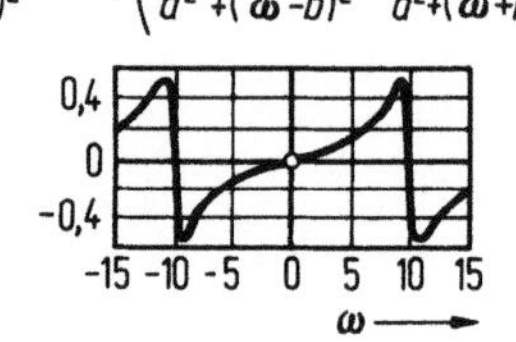
$$u(t) = 2e^{-at}\sin bt$$ 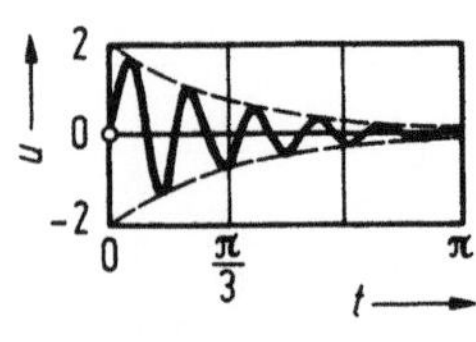	$$U_L(p) = \frac{2b}{(p+a)^2+b^2}$$ $$U_F(\omega) = \left(\frac{b-\omega}{a^2+(\omega-b)^2} + \frac{b+\omega}{a^2+(\omega+b)^2}\right) + j\left(\frac{a}{a^2+(\omega+b)^2} - \frac{a}{a^2+(\omega-b)^2}\right)$$ 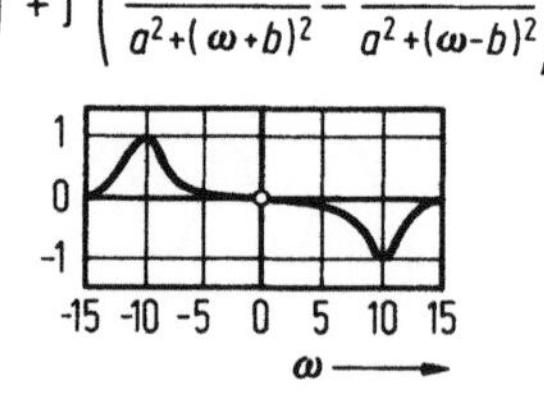
$$u(t) = \begin{cases} 0 & \text{für } t < \alpha \to 0 \\ -\dfrac{1}{t} & \text{für } t > \alpha \to 0 \end{cases}$$ 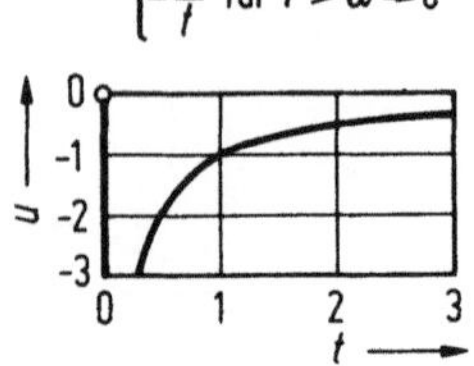	$$U_L(p) = Ei(-\alpha p)$$ $$U_F(\omega) = \ln|\omega| - \ln\frac{C}{\alpha} \;+\; j\,\frac{\pi}{2}\,\mathrm{sgn}(\omega)$$ $$\ln|\omega| - \ln\frac{C}{\alpha} = Ci(\alpha\omega)$$ $$\alpha \to 0$$ 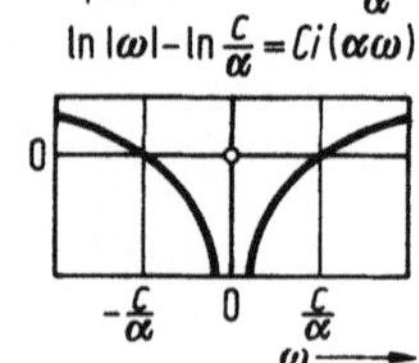 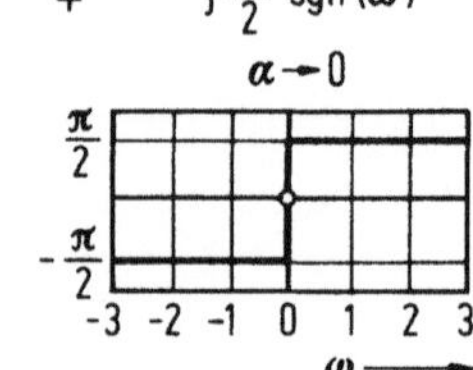

In den Skizzen wurde $a=1$, $b=2$ bzw. $b=10$ gesetzt

Zeitfunktion $u(t)$, $t > 0$	Spektrum
$u(t) = \begin{cases} 0 & \text{für } 1 < t < \alpha \to 0 \\ -\dfrac{1}{t} & \text{für } 1 > t > \alpha \to 0 \end{cases}$ 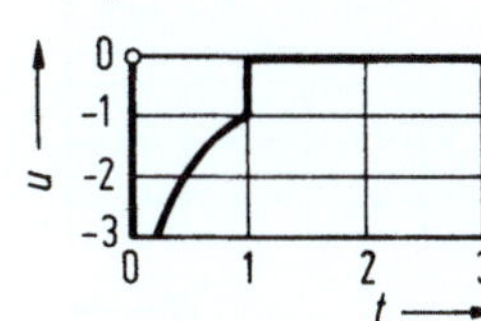	$U_L(p) = Ei(-\alpha p) - Ei(p)$ $U_F(\omega) = \ln|\omega| - Ci(\omega) - \ln\dfrac{c}{\alpha} \quad + \quad j\, Si(\omega)$ 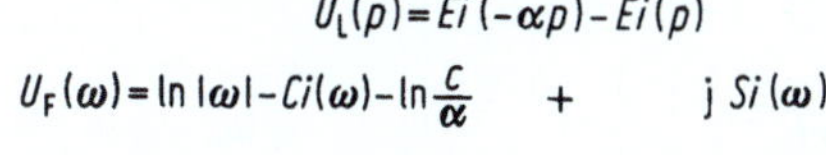 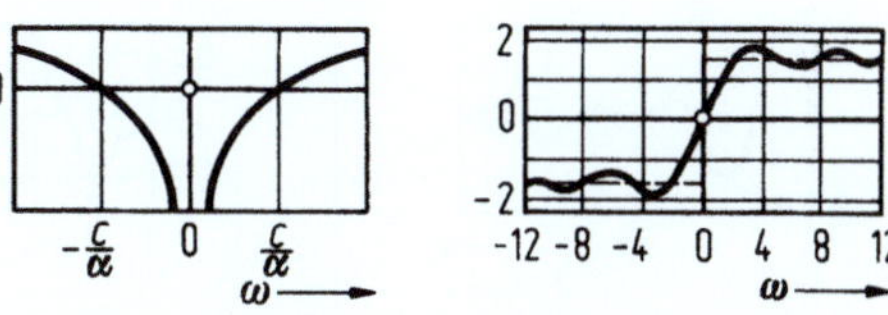
$u(t) = \begin{cases} 0 & \text{für } t < \alpha \to 0 \\ -\dfrac{2}{\pi}\dfrac{\cos t}{t} & \text{für } t > \alpha \to 0 \end{cases}$ 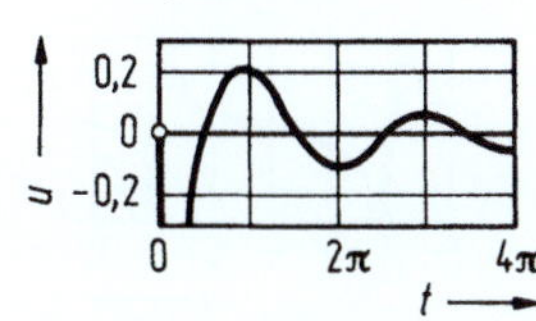	$U_L(p) = \dfrac{1}{\pi}\left[Ei\big(-\alpha(p-1)\big) + Ei\big(-\alpha(p+1)\big)\right]$ $U_F(\omega) = 4\ln\left(\dfrac{\alpha^2}{c^2}|\omega+1||\omega-1|\right) + j\begin{cases} -1 & \text{für } \omega < -1 \\ 0 & \text{für } -1 < \omega < 1 \\ +1 & \text{für } \omega > 1 \end{cases}$ 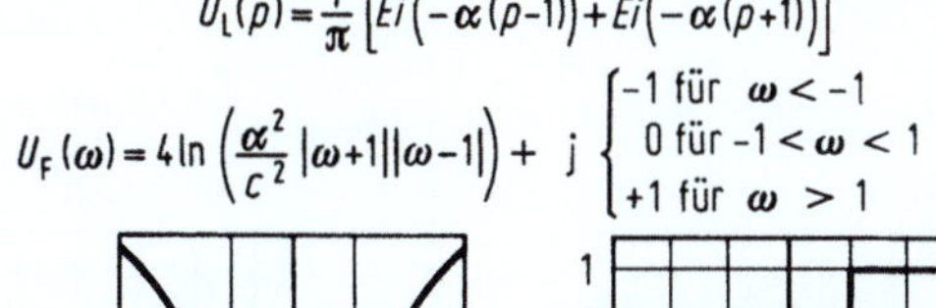 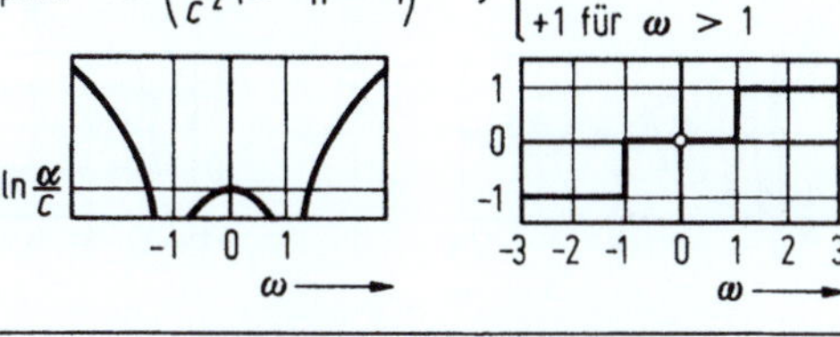
$u(t) = \dfrac{2}{\pi}\dfrac{\sin t}{t}$ 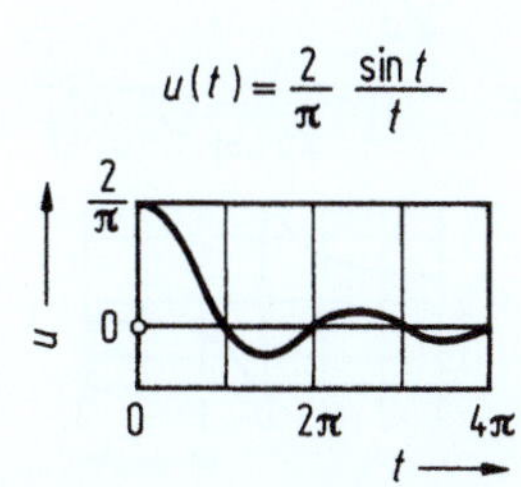	$U_L(p) = \dfrac{2}{\pi}\arctan\dfrac{1}{p}$ $U_F(\omega) = \begin{cases} 1 & \text{für } |\omega| < 1 \\ 0 & \text{für } |\omega| > 1 \end{cases} + j\dfrac{1}{\pi}\ln\left|\dfrac{\omega-1}{\omega+1}\right|$ 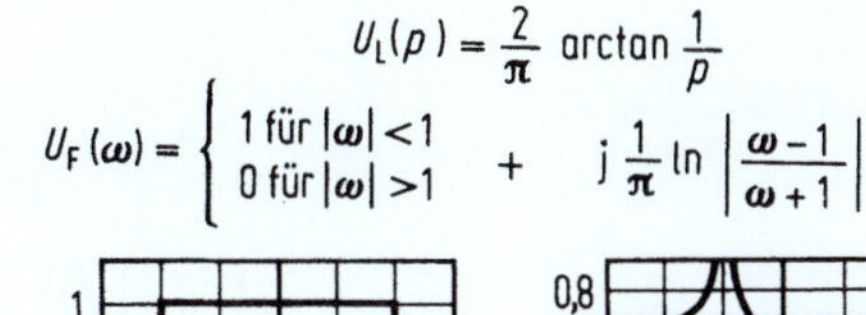 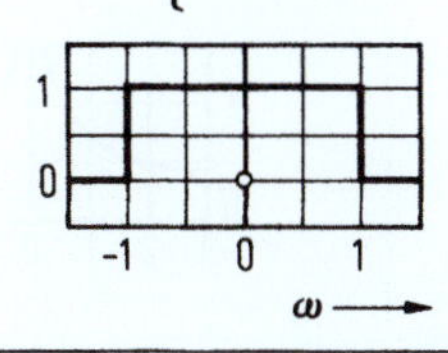 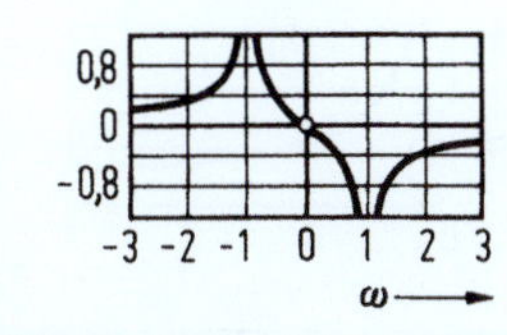
$u(t) = \begin{cases} 0 & \text{für } t < \alpha \to 0 \\ -\dfrac{1}{t^2} & \text{für } t > \alpha \to 0 \end{cases}$ 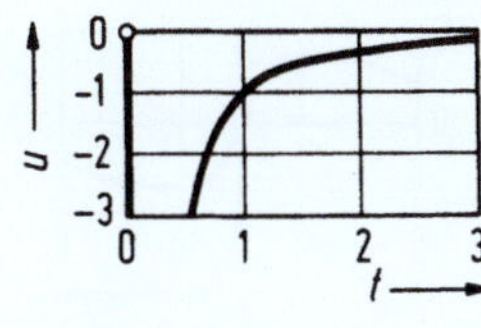	$U_L(p) = \dfrac{e^{-\alpha p}}{\alpha} + p\, Ei(-\alpha p)$ $U_F(\omega) = \dfrac{\pi}{2}|\omega| - \dfrac{1}{\alpha} \quad + \quad j\left[-\omega\ln|\omega| + \omega(1+\ln\dfrac{c}{\alpha})\right]$ 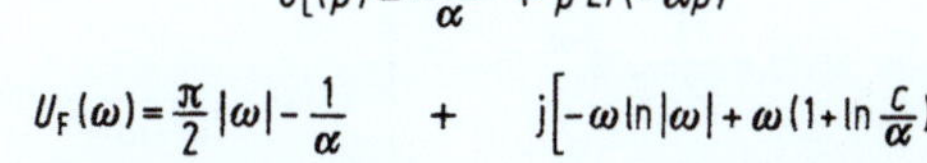 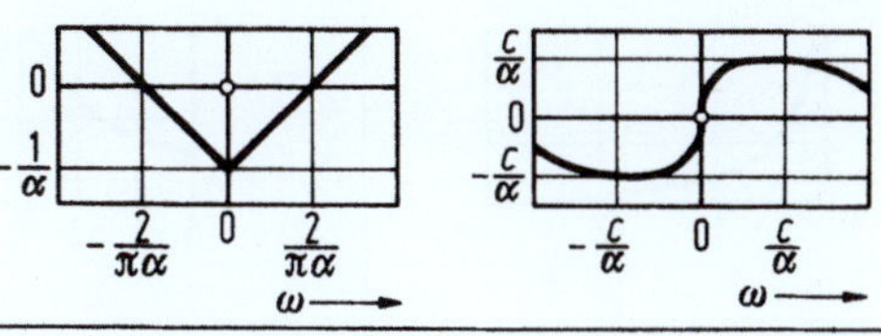
$u(t) = \begin{cases} 0 & \text{für } t < \alpha \to 0 \\ -\dfrac{2}{a\pi}\dfrac{\sin at}{t^2} & \text{für } t > \alpha \to 0 \end{cases}$ 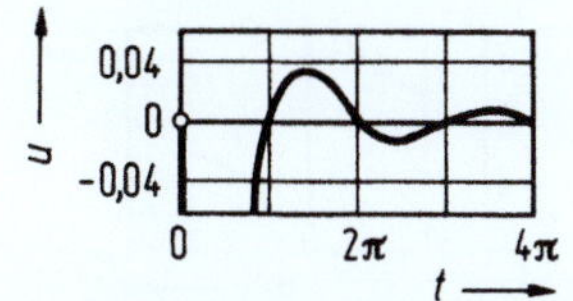	$U_F(\omega) = (\omega-1)\left(\ln\dfrac{c_1}{\alpha} - \ln|\omega-1|\right) - (\omega+1)\left(\ln\dfrac{c_1}{\alpha} - \ln|\omega+1|\right) + j\begin{cases} -1 & \text{für } \omega < -a \\ \dfrac{\omega}{a} & \text{für } -a < \omega < a \\ +1 & \text{für } \omega < a \end{cases}$ 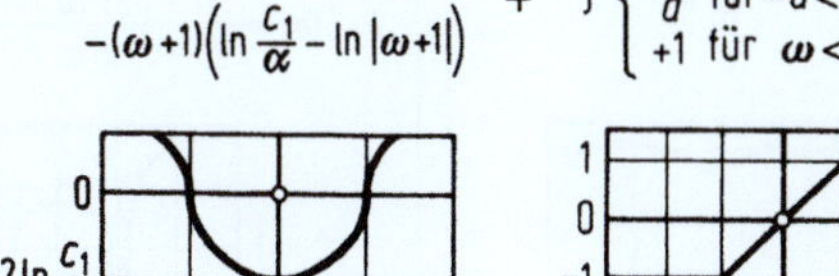 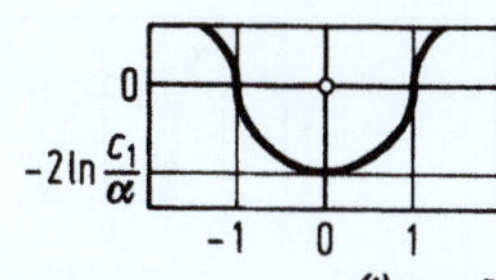

In den Skizzen wurde $a=1$, $b=2$ bzw. $b=10$ gesetzt

Zeitfunktion $u(t)$, $t > 0$	Spektrum
$u(t) = \dfrac{4}{\pi t}\sin\!\left(\dfrac{a+b}{2}t\right)\sin\!\left(\dfrac{b-a}{a}t\right)$ 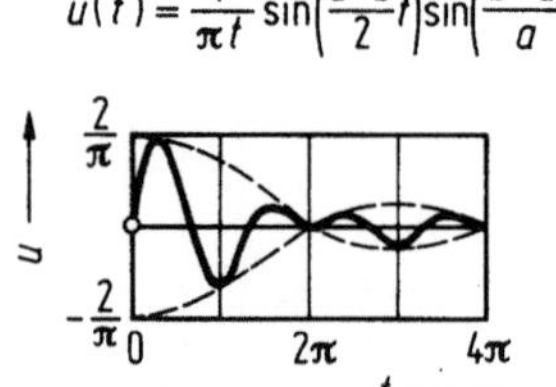	$U_L(p) = \dfrac{1}{\pi}\ln\dfrac{p^2+b^2}{p^2+a^2}$ $U_F(\omega) = \dfrac{1}{\pi}\ln\left|\dfrac{\omega^2-b^2}{\omega^2-a^2}\right| \;+\; j\begin{cases} 0 & \text{für } \lvert\omega\rvert > b,\,-a<\omega<a \\ 1 & \text{für } -b<\omega<a \\ -1 & \text{für } a<\omega<b \end{cases}$ 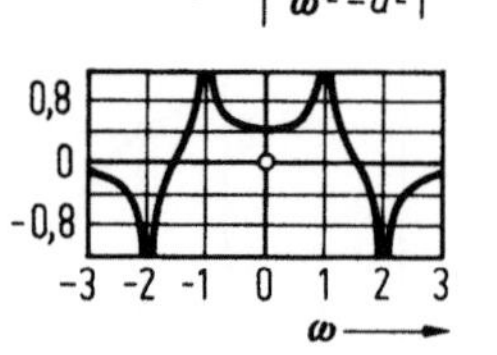 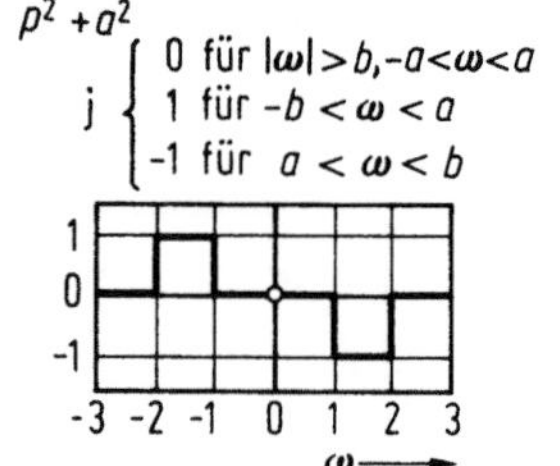
$u(t) = \dfrac{4}{\pi t}\cos\!\left(\dfrac{a+b}{2}t\right)\sin\!\left(\dfrac{b-a}{2}t\right)$ 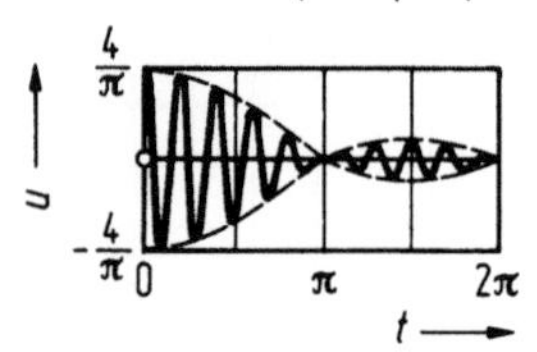	$U_L(p) = \dfrac{2}{\pi}\arctan\dfrac{p(b-a)}{p^2+ab}$ $U_F(\omega) = \begin{cases} 0 & \text{für } \lvert\omega\rvert>b,\,\lvert\omega\rvert<a \\ 1 & \text{für } b>\lvert\omega\rvert>a \end{cases} + j\dfrac{1}{\pi}\left(\ln\left|\dfrac{\omega-b}{\omega+b}\right|+\ln\left|\dfrac{\omega+a}{\omega-a}\right|\right)$ 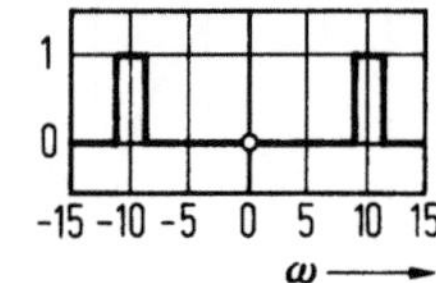 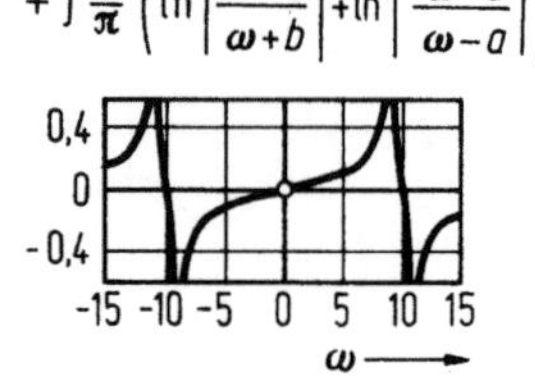
$u(t) = \dfrac{1}{\sqrt{\pi t}}$ 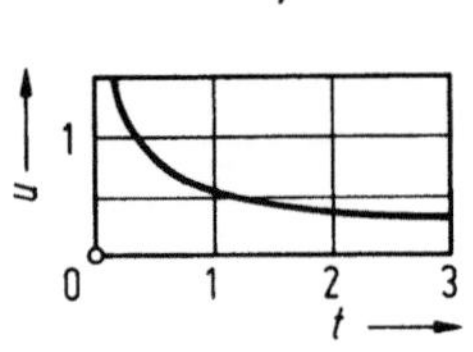	$U_L(p) = \dfrac{1}{\sqrt{p}}$ $U_F(\omega) = \dfrac{1}{\sqrt{2\lvert\omega\rvert}} \;+\; j\left(-\dfrac{1}{\sqrt{2\lvert\omega\rvert}}\,\operatorname{sgn}(\omega)\right)$ 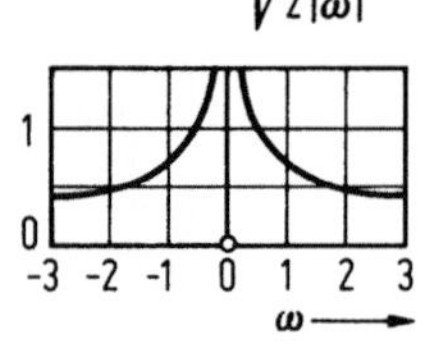 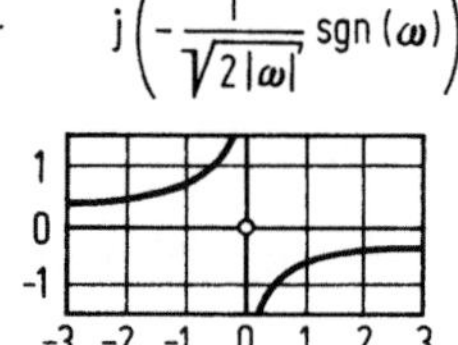
$u(t) = \dfrac{1}{\sqrt{\pi t}}\,e^{-at}$ 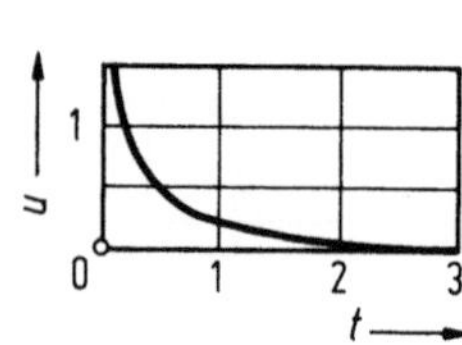	$U_L(p) = \dfrac{1}{\sqrt{p+a}}$ $U_F(\omega) = \dfrac{1}{(a^2+\omega^2)^{1/4}}\cos\!\left(\tfrac{1}{2}\arctan\dfrac{\omega}{a}\right) + j\,\dfrac{1}{(a^2+\omega^2)^{1/4}}\sin\!\left(\tfrac{1}{2}\arctan\dfrac{\omega}{a}\right)$ 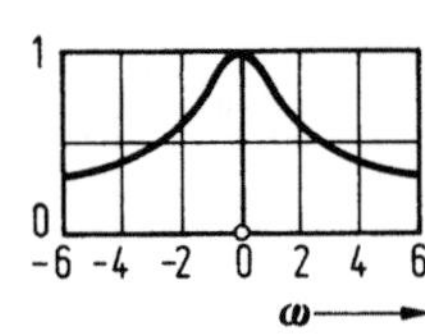 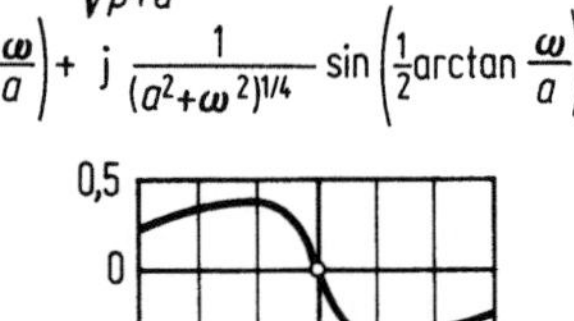
$u(t) = \dfrac{2}{\pi}\,Si(at)$ 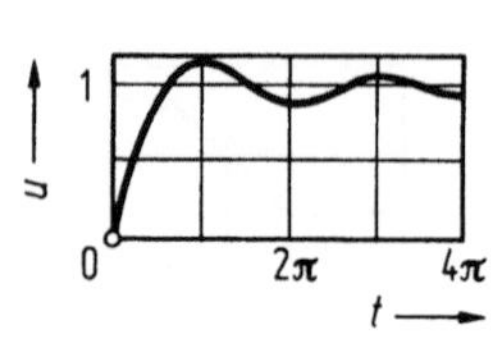	$U_L(p) = \dfrac{2}{\pi}\dfrac{\arctan(a/p)}{p}$ $U_F(\omega) = \dfrac{a}{\pi\omega}\ln\left|\dfrac{\omega-a}{\omega+a}\right|+\pi\,\delta(\omega) \;+\; j\begin{cases} -\dfrac{a}{\omega} & \text{für } -a<\omega<a \\ 0 & \text{für } \lvert\omega\rvert>a \end{cases}$ 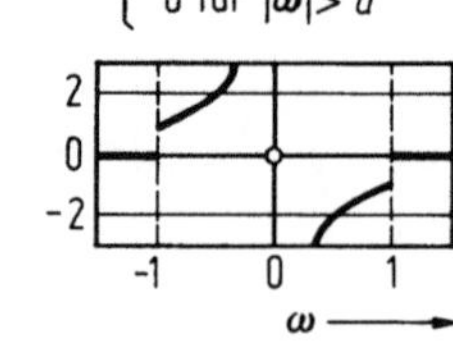

In den Skizzen wurde $a=1$, $b=2$ bzw. $b=10$ gesetzt

Zeitfunktion $u(t)$, $t > 0$	Spektrum
$u(t) = \dfrac{2}{\sqrt{\pi}}\, e^{-t^2}$ 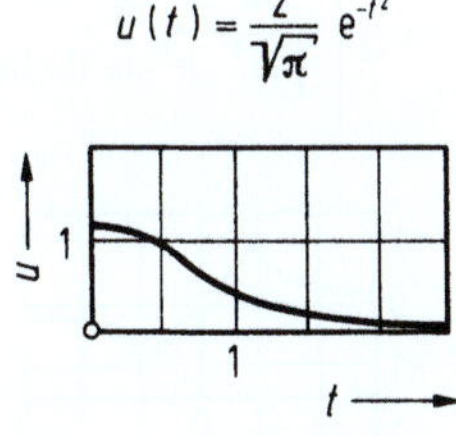	$U_\text{l}(p) = e^{(p/2)^2} \cdot \left(1 - \Phi\, p/2 \right)$ $U_\text{F}(\omega) = e^{-\frac{\omega^2}{4}} \quad + \quad j\left(-e^{-\frac{\omega^2}{4}} \cdot \Phi(\omega/2) \right)$ 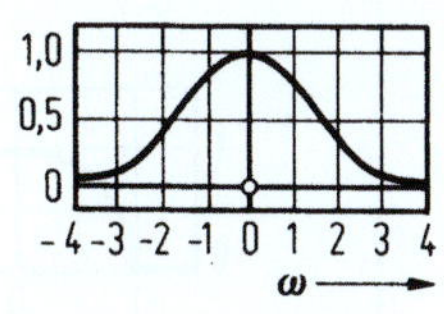 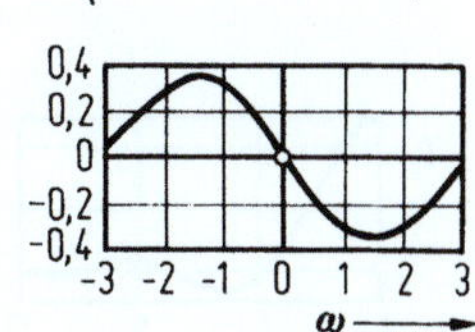
$u(t) = \dfrac{1}{\sqrt{\pi}}\, t\, e^{-\frac{t^2}{4}}$	$U_\text{L}(p) = \dfrac{2}{\sqrt{\pi}}\, e^{2p^2} + 2p\, e^{p^2}\left(\Phi(p) - 1 \right)$ $U_\text{F}(\omega) = \dfrac{2}{\sqrt{\pi}}\, e^{-2\omega^2} - 2\omega e^{-\omega^2}\Phi(\omega) \quad + \quad j\, 2\omega e^{-\omega^2}$ 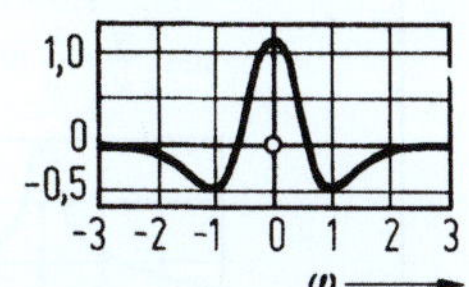 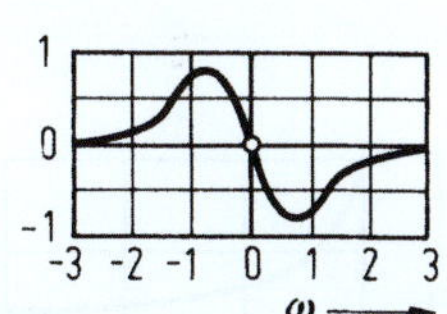
$u(t) = \dfrac{ax}{2t\sqrt{\pi t}}\, e^{-\frac{x^2 a^2}{4t}}$	$U_\text{L}(p) = e^{-ax\sqrt{p}}$ $U_\text{F}(\omega) = e^{-ax\sqrt{\frac{|\omega|}{2}}}\cos ax\sqrt{\frac{|\omega|}{2}} \quad + \quad j\left(-e^{ax\sqrt{\frac{|\omega|}{2}}}\sin ax\sqrt{\frac{|\omega|}{2}} \right)$ 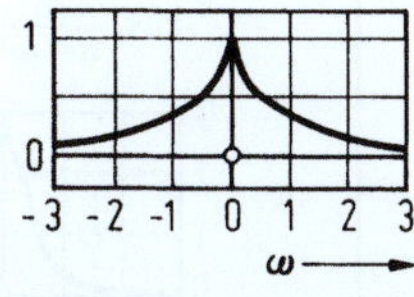 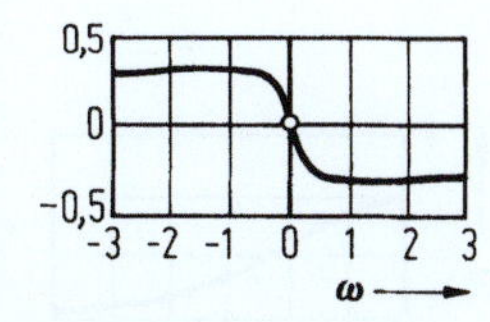
$u(t) = J_0(at)$ 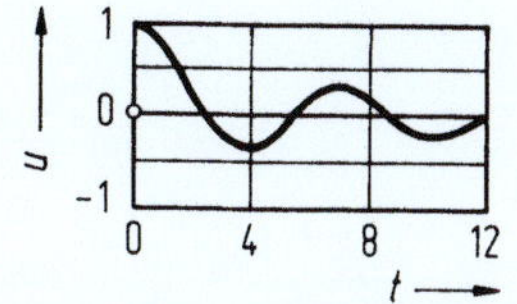	$U_\text{L}(p) = \dfrac{1}{\sqrt{a^2 + p^2}}$ $U_\text{F}(\omega) = \begin{cases} \dfrac{1}{\sqrt{a^2 - \omega^2}} & \text{für } -a < \omega < a \\ 0 & \text{für } |\omega| > a \end{cases} \quad + \quad j\begin{cases} \dfrac{1}{\sqrt{\omega^2 - a^2}} & \text{für } |\omega| > a \\ 0 & \text{für } |\omega| < a \end{cases}$ 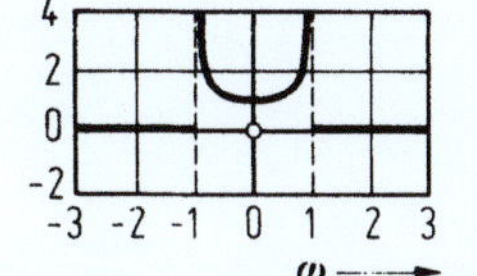 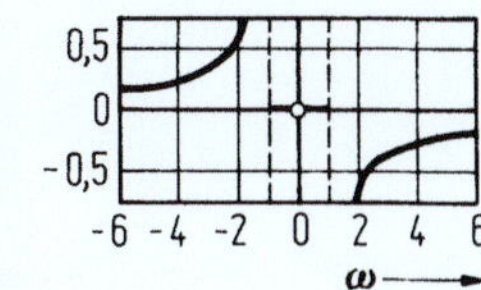

In den Skizzen wurde $a = 1$, $b = 2$ bzw. $b = 10$ gesetzt

Zeitfunktion $u(t)$, $t > 0$	Spektrum

$$u(t) = \frac{a}{t} J_1(at)$$

$$U_L(p) = \sqrt{a^2 + p^2} - p$$

$$U_F(\omega) = \begin{cases} \sqrt{a^2 - \omega^2} & \text{für } |\omega| < a \\ 0 & \text{für } |\omega| > a \end{cases} + j \begin{cases} -\omega & \text{für } |\omega| < a \\ \sqrt{\omega^2 - a^2} - \omega & \text{für } |\omega| > a \end{cases}$$

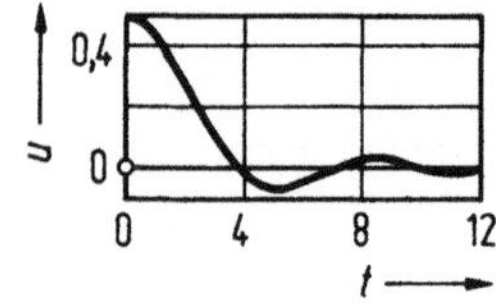

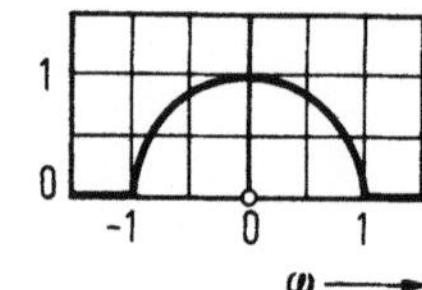

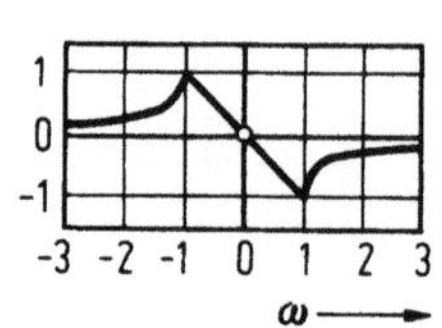

$$u(t) = e^{-\frac{at}{2}} J_0\left(\frac{at}{2}\right)$$

$$U_L(p) = \frac{1}{\sqrt{p(p+a)}}$$

$$U_F(\omega) = \frac{1}{\sqrt{|\omega|(\omega^2 + a^2)^{1/2}}} \cdot \cos\left(\frac{\pi}{4} + \frac{1}{2}\arctan\frac{\omega}{a}\right) + j\frac{-1}{\sqrt{|\omega|(\omega^2 + a^2)^{1/2}}} \cdot \sin\left(\frac{\pi}{4} + \frac{1}{2}\arctan\frac{\omega}{a}\right)$$

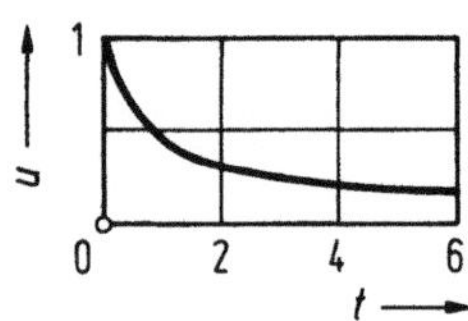

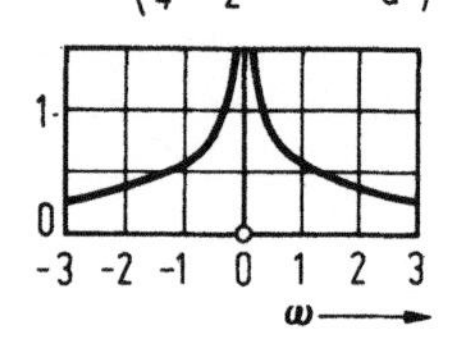

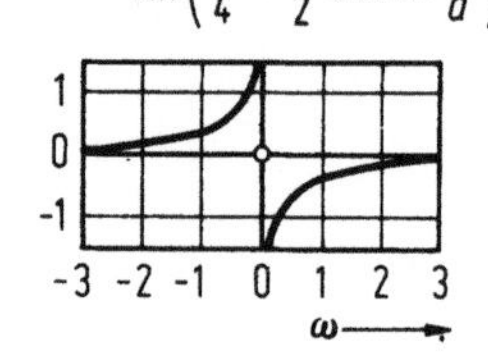

$$u(t) = e^{-at} J_0(2\sqrt{t})$$

$$U_L(p) = \frac{1}{a+p}\, e^{\frac{1}{a+p}}$$

$$U_F(\omega) = \frac{e^{\frac{a}{a^2 + \omega^2}}}{\sqrt{a^2 + \omega^2}} \cdot \cos\left(\frac{\omega}{a^2 + \omega^2} + \arctan\frac{\omega}{a}\right) + j\frac{-e^{\frac{a}{a^2 - \omega^2}}}{\sqrt{a^2 + \omega^2}} \cdot \sin\left(\frac{\omega}{a^2 + \omega^2} + \arctan\frac{\omega}{a}\right)$$

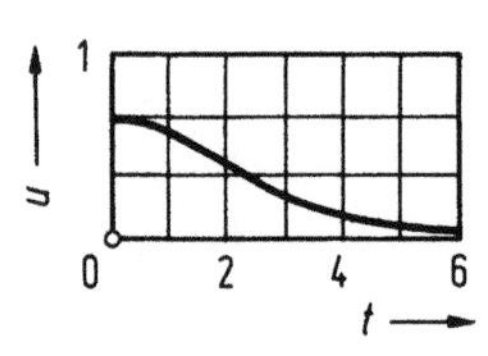

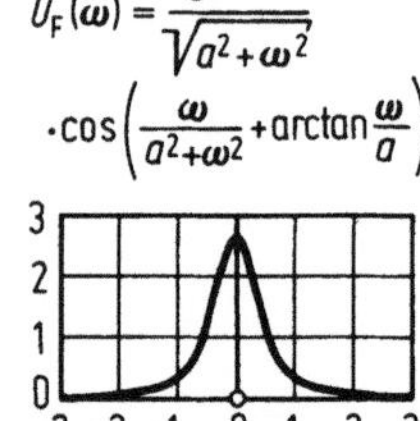

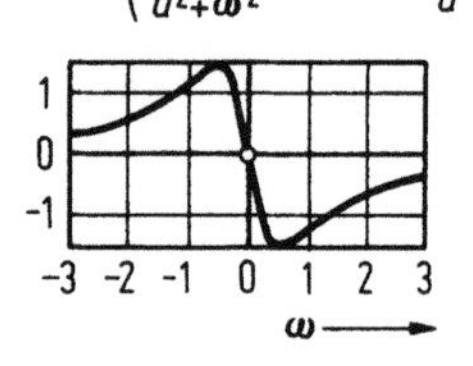

In den Skizzen wurde $a = 1$, $b = 2$ bzw. $b = 10$ gesetzt

Teil 2

Mehrdimensionale Systeme

1 Mehrdimensionale Fouriertransformation

1.1 Definitionen

Von einem n-dimensionalen Signal $u(x_1, x_2, x_3 \ldots x_n)$ läßt sich nach den Regeln der Fouriertransformation ein n-dimensionales Spektrum $U(f_1, f_2, \ldots f_n)$ berechnen.

$$U(f_1, f_2, f_3 \ldots f_n)$$
$$= \int\limits_{-\infty}^{+\infty} \int \ldots \int u(x_1, x_2 \ldots x_n) \, e^{-j2\pi(f_1 x_1 + f_2 x_2 + \ldots f_n x_n)} dx_1 \, dx_2 \ldots dx_n \, . \qquad (1.1)$$

Da

$$e^{j2\pi(f_1 x_1 + f_2 x_2 + \ldots + f_n x_n)} = e^{j2\pi f_1 x_1} \cdot e^{j2\pi f_2 x_2} \cdot e^{j2\pi f_n x_n} \qquad (1.2)$$

gilt, kann die mehrdimensionale Fouriertransformation getrennt nach den einzelnen Variablen als eine n-fach angewandte eindimensionale Fouriertransformation durchgeführt werden.

Die Schreibweise kann mit Hilfe der Vektorrechnung vereinfacht werden.

$$\text{Es sei} \quad \boldsymbol{x} = (x_1 x_2 \ldots x_n)^T$$

der Orts-Zeit-Vektor (da in der Regel $x_n = t$ ist) sowie

$$\boldsymbol{f} = (f_1 f_2 \ldots f_n)^T$$

der Frequenzvektor. Dann gelten mit dem Skalarprodukt

$$\boldsymbol{f}\boldsymbol{x} = f_1 x_1 + f_2 x_2 + \ldots f_n x_n$$

die Transformationsgleichungen

$$U(\boldsymbol{f}) = \int\limits_{-\infty}^{+\infty} \int u(\boldsymbol{x}) \, e^{-j2\pi \boldsymbol{f}\boldsymbol{x}} \, d^n \boldsymbol{x} \qquad (1.3)$$

$$u(\boldsymbol{x}) = \int\limits_{-\infty}^{+\infty} \int U(\boldsymbol{f}) \, e^{j2\pi \boldsymbol{f}\boldsymbol{x}} \, d^n \boldsymbol{f} \qquad (1.4)$$

oder symbolisch

$$u(\boldsymbol{x}) \circ\!\!-\!\!\!-\!\!\!-\!\!\bullet \, U(\boldsymbol{f}) \, .$$

Hierbei sollen exponentiell begrenzte Signale angenommen werden, so daß die Fouriertransformation mit Hilfe eines konvergierenden Faktors nach den Regeln von Teil 1, Abschnitt 1.4 durchgeführt werden kann. Distributionen in beiden mehrdimensionalen Funktionen sind danach zulässig, jedoch sind exponentiell anklingende Funktionen ausgeschlossen.

1.2 Totales Spektrum und Teilspektrum

Die Rücktransformationsgleichung (1.4) kann physikalisch bei einem vierdimensionalen Raumzeitsignal $u(x, y, z, t)$ als eine Überlagerung von ebenen Wellen interpretiert werden. Die Funktion des Integranden mit der (komplexen) Amplitude $U(f)d^n f$ und bei festgehaltenen Frequenzen (f_x, f_y, f_z, f_t) beschreibt nämlich eine im Raum fortschreitende ebene Welle. Die Wellenfronten (Punkte der Wellenphase Null) sind durch

$$f_x x + f_y y + f_z z + f_t t = \pm n$$

gegeben (n: ganze Zahl).

Diese Gleichung beschreibt für eine festgehaltene Zeit $t = t_0$ eine Ebene im x, y, z-Raum. Diese ebene Welle bewegt sich mit der Geschwindigkeit

$$v = \frac{-f_t}{\sqrt{f_x^2 + f_y^2 + f_z^2}} \tag{1.5}$$

in orthogonaler Richtung zur Wellenfront fort. Die Ausbreitungsrichtung ist durch die Winkel Ψ zu den Koordinatenachsen gegeben, mit:

$$\cos \Psi_x = \frac{f_x}{\sqrt{f_x^2 + f_y^2 + f_z^2}}, \tag{1.6a}$$

$$\cos \Psi_y = \frac{f_y}{\sqrt{f_x^2 + f_y^2 + f_z^2}}, \tag{1.6b}$$

$$\cos \Psi_z = \frac{f_z}{\sqrt{f_x^2 + f_y^2 + f_z^2}}. \tag{1.6c}$$

Wenn die Fouriertransformation gemäß (1.1) nach allen Variablen durchgeführt wird, sprechen wir von dem totalen Spektrum, wenn sie nur teilweise durchgeführt wird, von einem Teilspektrum. So gilt beispielsweise im 2-dimensionalen Fall

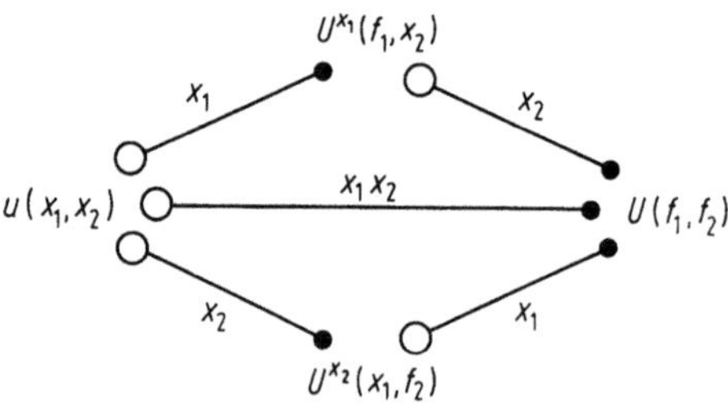

Die Teilspektren haben eine große Bedeutung, wenn die Dimensionalität reduziert werden soll. So stellt bei einem vierdimensionalen Signal $u(x, y, z, t)$ mit den 3 Raumkoordinaten x, y, z und der Zeit t das Teilspektrum $U^{xyt}(f_x, f_y, z, f_t)$ das Raum-Zeit-Spektrum in einer xy-Schnittebene bei der Raumkoordinate z dar. Es ist sowohl aus $u(x, y, z, t)$ als auch aus dem totalen Spektrum $U(f_x, f_y, f_z, f_t)$ nach folgenden Regeln berechenbar:

$$u(x, y, z, t) \; \circ\!\!-\!\!\!\xrightarrow{xyt}\!\!\bullet \; U^{xyt}(f_x, f_y, z, f_t) \; \circ\!\!-\!\!\!\xrightarrow{z}\!\!\bullet \; U(f_x, f_y, f_z, f_t) \,.$$

Will man also an einer beliebigen Stelle z das Teilspektrum in der zu z orthogonalen xy-Ebene bestimmen, so ist das totale Spektrum nach z zu transformieren.

Darauf wird in den folgenden Abschnitten noch Bezug genommen.

1.3 Rechenregeln

In der Tabelle 4.1 sind die Rechenregeln der mehrdimensionalen Fouriertransformation zusammengestellt. Sie lassen sich aus den Gesetzen der eindimensionalen Fouriertransformation (vgl. Abschnitt 10.4 von Teil 1) herleiten. Besonders erwähnt seien folgende Gesetze:

Faltungssatz

Die mehrdimensionale Faltung ist definiert durch

$$u_1(\boldsymbol{x}) * u_2(\boldsymbol{x})$$

$$= \int\int_{-\infty}^{+\infty}\!\!\ldots\int u_1(\xi_1, \xi_2, \ldots \xi_n)$$

$$\cdot u_2(x_1 - \xi_1, x_2 - \xi_2, \ldots x_n - \xi_n)\,d\xi_1\,d\xi_2 \ldots d\xi_n\,.$$

Da nach dem Faltungssatz sowohl

$$u_1(\boldsymbol{x}) * u_2(\boldsymbol{x}) \;\circ\!\!-\!\!-\!\!\bullet\; U_1(\boldsymbol{f}) \cdot U_2(\boldsymbol{f})$$

als auch

$$u_1(\boldsymbol{x}) \cdot u_2(\boldsymbol{x}) \;\circ\!\!-\!\!-\!\!\bullet\; U_1(\boldsymbol{f}) * U_2(\boldsymbol{f})$$

ganz analog zum Eindimensionalen gilt, folgt daraus, daß auch eine partielle Faltung unter Benutzung der Teilspektren möglich ist. Für ein zweidimensionales Signal gilt beispielsweise:

$$u_1(x_1, x_2) \overset{x_1}{*} u_2(x_1, x_2) \qquad U_1^{x_1}(f_1, x_2) \cdot U_2^{x_1}(f_1, x_2)\,.$$

$$U_1(f_2, f_2) \overset{f_2}{*} U_2(f_1, f_2)$$

Danach läßt sich das Teilspektrum der Frequenz f_1

$$U_1^{x_1}(f_1, x_2) \cdot U_2^{x_1}(f_1, x_2)$$

sowohl durch Faltung über x_1 aus den beiden Ortsfunktionen als auch durch Faltung über f_2 aus den beiden totalen Spektren bestimmen.

Koordinatentransformation

Diese umfaßt alle linearen Koordinatentransformationen bei denen der Ortsvektor x durch die Matrix-Vektor-Multiplikation $x' = A \cdot x$ in einen neuen Ortsvektor x' übergeht. Sie umfaßt beispielsweise eine Drehung oder Stauchung des Koordinatensystems. Sie ergibt sich aus dem Ähnlichkeitssatz der eindimensionalen Transformation. Ist beispielsweise A eine Diagonalmatrix, so handelt es sich um eine reine Stauchung längs der Koordinatenachsen.

Separierungssatz

Wenn die Ortsfunktion aus Produkten von eindimensionalen Faktoren besteht (separierbar ist), so gilt dies auch für die Spektralfunktion. Dabei ist die mehrdimensionale Fouriertransformation auf eine Anzahl unabhängiger, eindimensionaler Transformationen zurückgeführt.

Rotationssymmetrie

Beim Vorliegen einer Rotationssymmetrie ist ebenfalls eine eindimensionale Transformation, die Fourier-Bessel-Transformation durchführbar. Dabei werden die Koordinaten (beispielsweise für $n = 3$)

$$r = \sqrt{x^2 + y^2 + z^2} \quad \text{und}$$

$$f_r = \sqrt{f_x^2 + f_y^2 + f_z^2} \quad \text{verwendet}.$$

Für $n = 2$ (Kreissymmetrie) und für $n = 3$ (Kugelsymmetrie) sind einige Korrespondenzen in den Tabellen 4.2 und 4.3 zusammengestellt.

Für beliebiges n gelten bei Rotationssymmetrie folgende Korrespondenzen:

$$r^{-n/2} \circ\!\!-\!\!-\!\!\bullet\ f_r^{-n/2}$$

$$e^{-\pi r^2} \circ\!\!-\!\!-\!\!\bullet\ e^{-\pi f_r^2}$$

$$e^{j\pi r^2} \circ\!\!-\!\!-\!\!\bullet\ j^{n/2} e^{-j\pi f_r^2}.$$

Projektionssatz

Dieser Satz ist auch als Zentralschnittheorem oder "central slice theorem" bekannt. Wird die Abhängigkeit längs einer Koordinate x_i durch Integration ausgemittelt, was einer Projektion auf die übrigen Koordinaten entspricht, so ist im zugeordneten Spektrum $f_i = 0$ zu setzen.

2 Systemtheorie homogener Schichten

2.1 Vorbemerkung

Die Systemtheorie homogener Schichten behandelt zweidimensionale, also flächige Signale mit den Ortskoordinaten x, y sowie der Zeitkoordinate t, d. h. insgesamt 3-dimensionale Orts-Zeit-Systeme. Sie wurde ursprünglich 1968 vom Verfasser begründet um die Signalübertragung in neuronalen Netzen zu beschreiben. Neuronale Netze sind in der Regel schichtenartig aufgebaut. So erfolgt im visuellen System die Signalübertragung über die Schichten der Retina und einer Zwischenstation (corpus geniculatum laterale) bis zur Gehirnrinde (Cortex), die ebenfalls aus mehreren Schichten besteht. Die Orts-Zeit-Signale sind hier als neuronale Erregung gegeben; d. h. Nervenimpulse pro cm^2 und pro sec. Deshalb wurde anstelle von $u(x, y, t)$ der Buchstabe $e(x, y, t)$ benützt mit der Dimension $(cm^2\,s)^{-1}$.

Das zugehörige Spektrum $E(f_x, f_y, f_t)$ ist dementsprechend dimensionslos. Bezüglich des Systems, d. h. den Verkopplungen zwischen zwei Schichten und auch innerhalb einer Schicht sind Linearität und Homogenität sowie Zeitinvarianz angenommen. Homogenität bedeutet hierbei, daß die Kopplungen zwischen zwei beliebigen Punkten nicht vom Ort selbst, sondern nur von der Ortsdifferenz abhängen. Dabei wird aber keine örtliche Isotropie gefordert, d. h. die Kopplungen können durchaus von der Richtung der Ortsdifferenz (und nicht nur vom Betrag wie bei der Isotropie) abhängig sein.

Die erwähnten Annahmen sind im tatsächlichen Neuronensystem nur näherungsweise, jedoch oft mit guter Näherung erfüllt. Die Linearität gilt allerdings nicht im ganzen Amplitudenbereich, sondern nur für überschwellige positive Signale, da die Neuronen in der Regel eine Schwelle besitzen, bei deren Überschreitung sie erst „feuern", so daß unterschwellige Signale unterdrückt werden. Diese Schwierigkeit im schwellennahen Bereich kann man jedoch oft dadurch überwinden, daß man das System in einen linearen Teil mit einer nachgeschalteten Schwellenoperation aufteilt.

Die hier dargestellte Systemtheorie homogener Schichten ist jedoch nicht nur für die Beschreibung neuronaler Systeme geeignet. Die Signale $e(x, y, t)$ können ganz allgemein zeitabhängige Bilder darstellen mit der Dimension eines Lichtflusses, also Helligkeit je cm^2 und sec. Damit beschreibt die Theorie auch sämtliche Operationen einer linearen Bildverarbeitung wie z. B. die Filterung, die Korrelation oder Kreuzkorrelation von Bildern oder die Multiplikation (Modulation) von Bildern. Bei beiden Operationen erweist sich die (mehrdimensionale) Fouriertransformation als nützlich im Sinne einer Vereinfachung der Beschreibung. So kann eine Bildfilterung durch eine spektrale Multiplikation (anstelle einer Faltung) beschrieben werden. Gleichmäßig bewegte oder rotierte Bilder können durch einen vom Bildinhalt unabhängigen nur die Bewegung beschreibenden spektralen Faktor beschrieben werden und anderes mehr.

Die Grundlagen der Fourier-Analysis zur Beschreibung von Bildmustern wurden zu Beginn unseres Jahrhunderts durch die Arbeiten der Optiker Ernst Abbe (1840–1905) und Lord Rayleigh (1842–1919) gelegt. Mit dem Aufkommen des Fernsehens und der dadurch erforderlichen Bildabtastung wurde von Mertz und Gray bereits 1934 eine umfassende Bildanalyse mittels der Fourier-Reihe angegeben. Von Menzel (1959) wurde auf die Möglichkeit hingewiesen, den Gesichtssinn als linearen Übertragungskanal zu betrachten. Für neuronale Verschaltungen zeigten Reichardt u. a. (1962) sowie Tischner und v. Seelen (1968) die Zweckmäßigkeit der Anwendung der Fourier-Transformation für den speziellen Fall der lateralen Inhibition.

2.2 Überblick

Wir betrachten zunächst ein übliches lineares Übertragungssystem, einen Vierpol, dargestellt in Bild 2.1a. Am Eingang wirkt als Ursache eine Zeitfunktion $u_1(t)$, die Wirkung $u_2(t)$ am Ausgang ist zu errechnen. Eine direkte Berechnung von $u_2(t)$ aus $u_1(t)$ ist zwa möglich, aber umständlich. Man benutzt dazu die Impulsfunktion $s(t)$, die Antwort des Systems auf einen Dirac-Stoß im Zeitnullpunkt am Eingang und erhält mit Hilfe des Faltungssatzes $u_2(t)$ als Faltungsprodukt von $u_1(t)$ mit $s(t)$, d. h.

$$u_2(t) = u_1(t) * s(t) = \int_{-\infty}^{+\infty} u_1(x) \cdot s(t-x)\,dx\,. \tag{2.1}$$

Durch diese Operation werden alle Werte von u_1 mit allen (zeitverschobenen) Werten von s linear kombiniert. Wesentlich einfacher ist die Rechnung durch Anwendung der Fourier-Transformation

$$\begin{aligned} U(f) &= \int_{-\infty}^{+\infty} u(t)\,e^{-j2\pi f t}\,dt \\ u(t) &= \int_{-\infty}^{+\infty} U(f)\,e^{+j2\pi f t}\,df\,. \end{aligned} \tag{2.2}$$

Durch Gl. (2.2) wird das Spektrum $U(f)$ der Zeitfunktionen $u(t)$ definiert. Wir benutzen für das Spektrum den gleichen großen Buchstaben und kennzeichnen den Zusammenhang durch das Symbol

$$U(f) \; \circ\!\!-\!\!-\!\!\bullet \; u(t)\,.$$

Mit den so definierten Spektren ist die Operation des linearen Systems durch eine einfache Multiplikation der Spektren anstelle der Faltung der Zeitfunktion ausgedrückt, nämlich:

$$U_2(f) = S(f) \cdot U_1(f)\,, \tag{2.3}$$

wobei $S(f)$ der (komplexe) Übertragungsfaktor des Systems ist, und es gilt:

$$S(f) \; \circ\!\!-\!\!-\!\!\bullet \; s(t)\,.$$

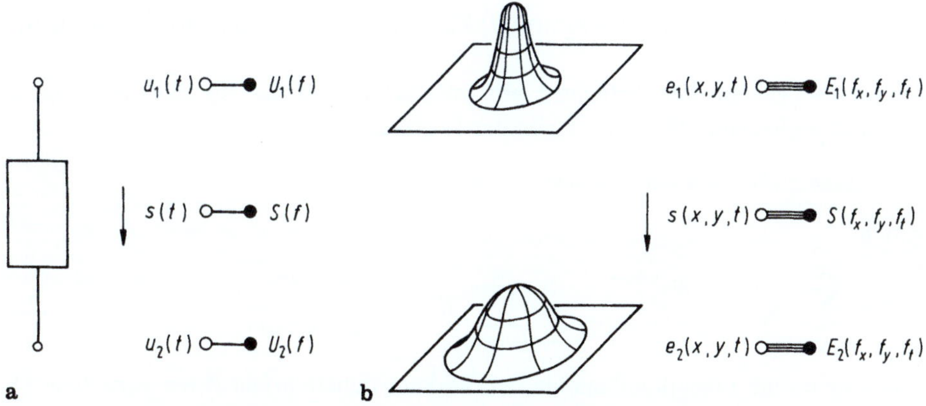

Bild 2.1. Vergleich von linearem Vierpol und linearer homogener Schichtstruktur

Die Impulsfunktion ist also mit dem Übertragungsfaktor durch die Fourier-Transformation verknüpft.

In Analogie dazu betrachten wir die Schichtstruktur bestehend aus zwei Schichten von Bild 2.1b. Auf diesen Schichten wollen wir orts- und zeitabhängige Erregungsmuster annehmen. Es ist also das Erregungsmuster des Eingangs $e_1(x, y, t)$ abhängig von den beiden Ortskoordinaten x, y und der Zeit t. Für einen festgehaltenen Zeitpunkt ist es nach Bild 2.1b als Gebirge über der Schicht veranschaulicht. Unterwerfen wir es einer dreifachen Fourier-Transformation nach den beiden Ortskoordinaten und nach der Zeit (Symbol O═══●), so erhalten wir das totale Spektrum $E_1(f_x, f_y, f_t)$. Das Spektrum ist von drei Frequenzen abhängig, die die reziproke Dimension der Ausgangskoordinaten haben, den beiden Ortsfrequenzen und der Zeitfrequenz. Da die beiden Schichten linear gekoppelt sind, dürfen wir hoffen, daß für das Spektrum des Ausgangsmusters in Analogie zu Gl. (2.3) ebenfalls ein einfaches Multiplikationsgesetz gilt, d. h.

$$E_2(f_x, f_y, f_t) = E_1(f_x, f_y, f_t) \cdot S(f_x, f_y, f_t) \,. \tag{2.4}$$

Dies trifft tatsächlich zu, wie im folgenden gezeigt wird. Der Übertragungsfaktor der Schichtstruktur läßt sich in einfacher Weise aus den Kopplungen berechnen. Durch wiederholte Anwendung des Multiplikationsgesetzes kann auch die Hintereinanderschaltung von Schichtstrukturen ähnlich einfach behandelt werden. Das Übertragungsproblem stellt sich danach wie folgt dar, wobei zu beachten ist, daß die Fourier-Transformation durch vorhandene Korrespondenztabellen erleichtert wird:

$$e_1 \; O═══● \; E_1 \qquad E_1 \cdot S = E_2 \qquad E_2 \; ●═══O \; e_2 \,.$$

    3fache Fourier-   Multiplikation   3fache Fourier-
    Transformation   Transformation

Wegen der Analogie des Vierpols mit der Schichtstruktur wird man weitgehend die bekannten Theorien der Nachrichtentechnik, wie die Systemtheorie, die Theorie der optimalen Filter und die stochastische Signaltheorie heranziehen und deren Ergebnis verwerten.

2.3 Definition des Übertragungsfaktors aus der Differentialgleichung

Stellen die gekoppelten Schichten ein lineares System dar, so muß eine lineare
Differentialgleichung für einen Punkt der Wirkung

$$e_2(x, y, t) \quad \text{und der Ursache} \quad e_1(x, y, t)$$

gelten:

$$\sum_{\mu,\nu,\eta=0}^{\infty} c_{\mu\nu\eta} \cdot \frac{\partial e_2^{\mu+\nu+\eta}}{\partial x^\mu \, \partial y^\nu \, \partial t^\eta} = \sum_{\mu,\nu,\eta=0}^{\infty} K_{\mu\nu\eta} \cdot \frac{\partial e_1^{\mu+\nu+\eta}}{\partial x^\mu \, \partial y^\nu \, \partial t^\eta} \, . \tag{2.5}$$

Links steht eine Linearkombination der Wirkungsfunktion und deren partiellen Ableitungen nach den 3 Veränderlichen, rechts ein analoger Ausdruck für die Ursachenfunktion.

Für ein zeitinvariantes und homogenes System sind die Koeffizienten konstant, also
nicht abhängig von x, y, t. Dadurch wird implizit vorausgesetzt, daß die Schichten
räumlich unendlich ausgedehnt sind und daß die ganze Zeitachse betrachtet werden
kann. Dagegen wären die Koeffizienten zeitabhängig für ein zeitvariantes und orts-
abhängig für ein inhomogenes System. Wir setzen im folgenden ein zeitinvariantes
homogenes System voraus. Außerdem nehmen wir an, daß das System stabil ist.
Als partielle Lösung der gesamten Differentialgleichung wird ein stationärer Ansatz
gemacht:

$$\text{Ursache:} \quad e_1 = E_1 \cdot e^{j2\pi(f_x \cdot x + f_y \cdot y + f_t \cdot t)} \, . \tag{2.6}$$

Es ergibt sich nach Differentiation und Zusammenfassung der Terme die Form:

$$\text{Wirkung:} \quad e_2 = E_1 \cdot S_{12} \cdot e^{j2\pi(f_x \cdot x + f_y \cdot y + f_t \cdot t)} \, . \tag{2.7}$$

Es ist damit der Übertragungsfaktor

$$S_{12}(f_x, f_y, f_t)$$

definiert, der sich als Quotient der beiden komplexen Orts-Zeitfunktionen nach obigem
Ansatz ergibt. Da der Ansatz für beliebige Orts- und Zeitfrequenzen gilt, folgt die
Gültigkeit von Gl. (2.4).

2.4 Berechnung des Übertragungsfaktors aus den Kopplungen

Im folgenden werden gemäß Bild 2.2 eine Struktur zweier Neuronenschichten
angenommen, die miteinander verkoppelt sind. Die Kopplungskoeffizienten seien als
ortsabhängige komplexe Übertragungsfaktoren im üblichen Sinne angesetzt, d. h. sie
sind Funktionen des Ortes und der Zeitfrequenz:

$$A^t(\Delta x, \Delta y, f_t) \, .$$

Wegen der Homogenität sind sie nur Funktionen von Ortsdifferenzen. Der hochge-
stellte Index t weist auf die einmalige Fourier-Transformation nach der Zeit hin.

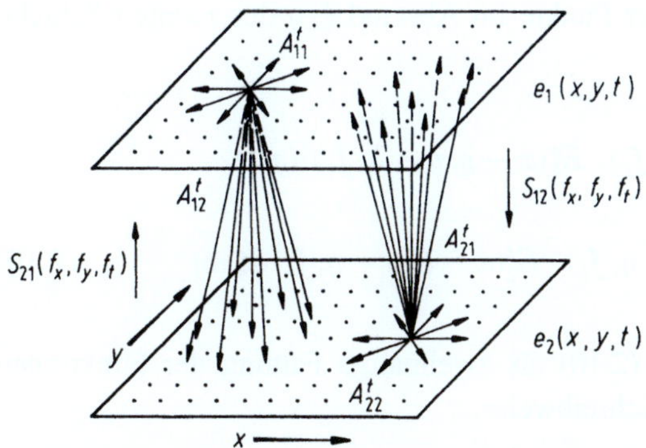

Bild 2.2. Verkopplung zweier homogener Schichten

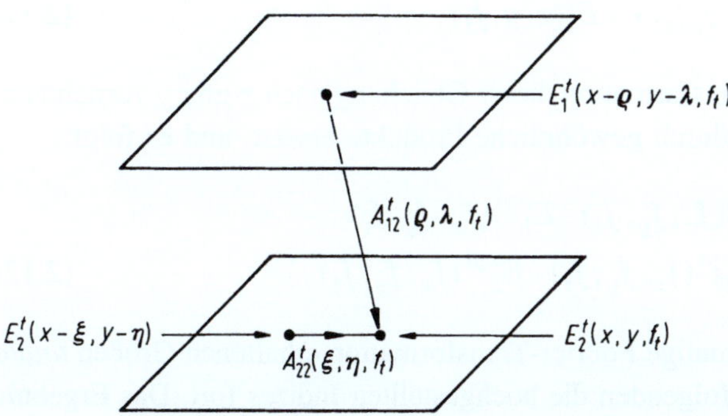

Bild 2.3. Einfluß auf einen Erregungspunkt bei zeitlich sinusförmiger ortsabhängiger Erregung

Es bedeuten:

$A_{11}^t(\Delta x, \Delta y, f_t)$ die laterale Kopplung der ersten Schicht,

$A_{22}^t(\Delta x, \Delta y, f_t)$ die laterale Kopplung der zweiten Schicht,

$A_{12}^t(\Delta x, \Delta y, f_t)$ die Vorwärtskopplung,

$A_{21}^t(\Delta x, \Delta y, f_t)$ die Rückwärtskopplung.

Der Übersicht halber sind in Bild 2.2 nur die von jeweils einem Punkt (Neuron) ausgehenden Kopplungen eingezeichnet. Das gleiche gilt wegen der Homogenität für jeden Punkt.

Zur Berechnung von S_{12}, dem Übertragungsfaktor in Vorwärtsrichtung, wird zunächst eine Zwangskraft in der ersten Schicht angesetzt. Sie wird als eine zeitlich sinusförmige, aber ortsabhängige Erregung angenommen:

$$e_1(x, y, t) = E_1^t(x, y, f_t) \cdot e^{j2\pi f_t \cdot t}, \tag{2.8}$$

und die Wirkung

$$e_2(x, y, t) = E_2^t(x, y, f_t) \cdot e^{j2\pi f_t \cdot t}, \tag{2.9}$$

wird gesucht. Für einen bestimmten Punkt der zweiten Schicht erhält man die Erregung gemäß Bild 2.3 durch Aufsummieren des Einflusses aller Punkte im Abstand ϱ, λ der ersten Schicht und aller Punkte im Abstand ξ, η der zweiten Schicht. Es muß also gelten:

$$E_2^t(x, y, f_t) = \int\limits_{-\infty}^{+\infty} \int\limits_{-\infty}^{+\infty} A_{12}^t(\varrho, \lambda f_t) \cdot E_1^t(x - \varrho, y - \lambda, f_t)\, d\varrho\, d\lambda$$

$$+ \int\limits_{-\infty}^{+\infty} \int\limits_{-\infty}^{+\infty} A_{22}^t(\xi, \eta, f_t) \cdot E_2^t(x - \xi, y - \eta, f_t)\, d\xi\, d\eta. \tag{2.10}$$

Wir erkennen die Integrale von Gl. (2.10) als zweimalige Faltung der Funktionen nach x und y, d.h. in symbolischer Schreibweise:

$$E_2^t(x, y, f_t) = A_{12}^t(x, y, f_t) \overset{x}{*}\overset{y}{*} E_1^t(x, y, f_t)$$

$$+ A_{22}^t(x, y, f_t) \overset{x}{*}\overset{y}{*} E_2^t(x, y, f_t). \tag{2.11}$$

Wenn wir nun eine Fourier-Transformation dieser Gleichung nach x und y vornehmen, werden die Faltungsprodukte durch gewöhnliche Produkte ersetzt, und es folgt:

$$E_2^{xyt}(f_x, f_y, f_t) = A_{12}^{xyt}(f_x, f_y, f_t) \cdot E_1^{xyt}(f_x, f_y, f_t)$$

$$+ A_{22}^{xyt}(f_x, f_y, f_t) \cdot E_2^{xyt}(f_x, f_y, f_t). \tag{2.12}$$

Wir nennen die durch die dreimalige Fourier-Transformation erhaltenen Größen *totale Spektren* und lassen dafür im folgenden die hochgestellten Indizes fort. Das Ergebnis ist also:

$$E_2 = \frac{A_{12}}{1 - A_{22}} \cdot E_1 \tag{2.13}$$

und damit wesentlich einfacher als die Auswertung von Gl. (2.10). Der Übertragungsfaktor in Vorwärtsrichtung ergibt sich danach als:

$$S_{12} = \frac{A_{12}}{1 - A_{22}}. \tag{2.14}$$

Nimmt man entsprechend die Erregung der zweiten Schicht als Ursache (Zwangskraft) an und berechnet die Erregung der ersten Schicht als Wirkung, so ergibt sich in analoger Weise für den Übertragungsfaktor in Rückwärtsrichtung:

$$S_{21} = \frac{A_{21}}{1 - A_{11}}. \tag{2.15}$$

Es ist nun besonders einfach, auch kompliziertere Schichtensysteme in der gleichen Weise zu behandeln. Das Beispiel von Bild 2.4a zeigt 3 Schichten, z.B. eine Bildschicht (Objekt) und 2 Verarbeitungsschichten. Die Kopplungskoeffizienten seien nun als totale Spektralfunktion der Zeitfrequenz und der Ortsfrequenzen angegeben. (Bei einer streuungsfreien Kopplung der Objektschicht auf die erste Schicht wäre beispielsweise $A_{01} = 1$ zu setzen. Dem entspricht $a_{01} = \delta(x) \cdot \delta(y) \cdot \delta(t)$, wobei δ die Dirac-Funktion ist.

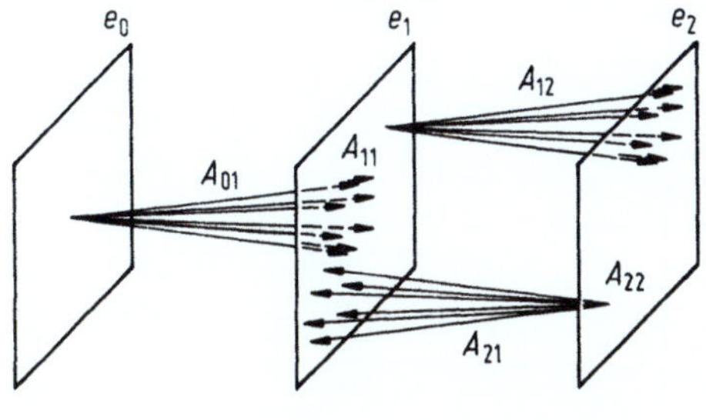

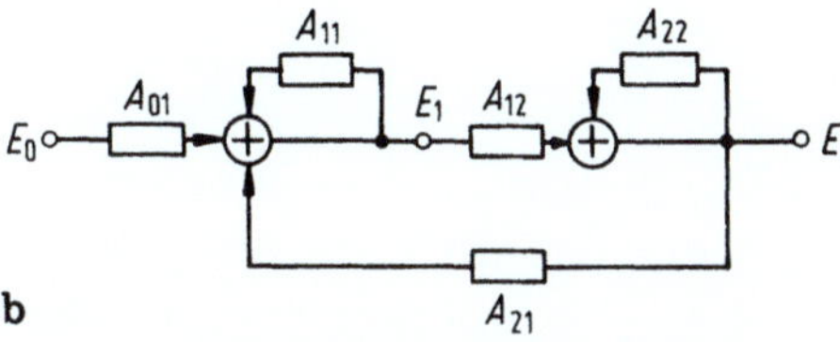

Bild 2.4. Serienschaltung dreier Schichten a mit Ersatzschaltung b

Mit dem Ersatzschaltbild von Bild 2.4b rechnet man genau wie in der Netzwerktheorie. Für die Spektren der Erregungen gelten die beiden Gleichungen für die zwei Summationspunkte:

$$E_1 = A_{21}E_2 + A_{11}E_1 + A_{01}E_0 \,, \tag{2.16}$$

$$E_2 = A_{22}^{\cdot}E_2 + A_{12}E_1 \,. \tag{2.17}$$

Daraus erhält man den Übertragungsfaktor von der Bildschicht bis zur zweiten Schicht

$$S_{02} = \frac{E_2}{E_0} = \frac{A_{01} \cdot A_{12}}{(1 - A_{11})(1 - A_{22}) - A_{12} \cdot A_{21}} \,, \tag{2.18}$$

oder den Übertragungsfaktor von der Bildschicht bis zur ersten Schicht

$$S_{01} = \frac{E_1}{E_0} = \frac{A_{01} \cdot A_{22}}{(1 - A_{11})(1 - A_{22}) - A_{12} \cdot A_{21}} \,. \tag{2.19}$$

Der Übertragungsfaktor stellt sich also durch rationale Ausdrücke der spektralen Kopplungen dar. Die entsprechende Operation wäre im Zeit-Ortsbereich hoffnungslos kompliziert. In unserem Beispiel werden die Verhältnisse besonders einfach, wenn die Rückkopplung $A_{21} = 0$ ist, was oft der Fall sein wird. Dann ist

$$S_{02} = S_{01} \cdot S_{12} \,, \tag{2.20}$$

wobei die beiden Teilübertragungsfaktoren die Form der Gl. (2.14) haben. Es ist leicht einzusehen, daß sich auch kompliziertere Verschaltungen von Schichten mit und ohne Rückkopplung in ähnlich einfacher Weise berechnen lassen. So ist z. B. der

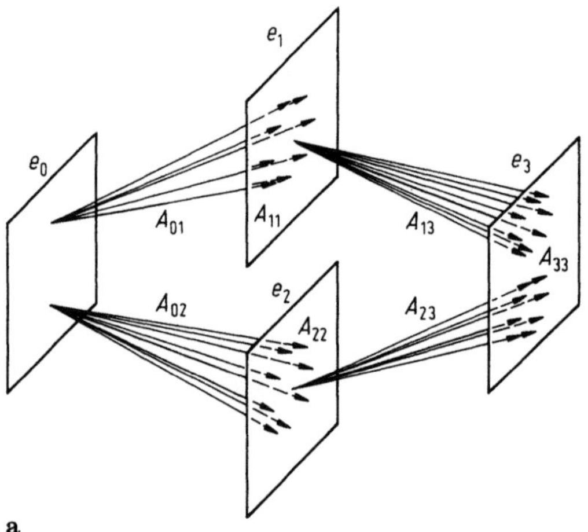

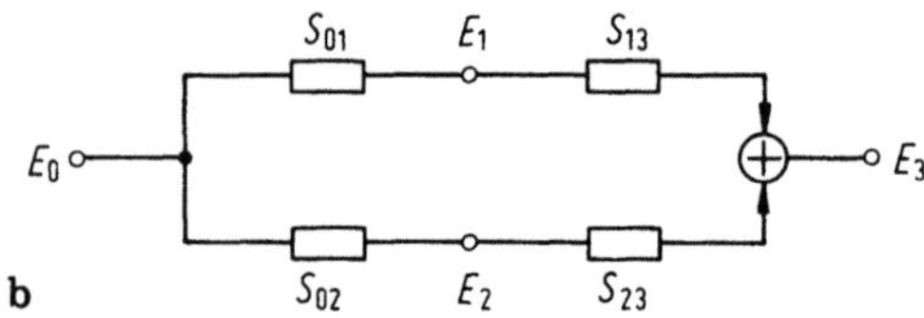

Bild 2.5. Parallelschaltung zweier Schichten a mit Ersatzschaltung b

Übertragungsfaktor der Parallelschaltung ohne Rückkopplung von Bild 2.5

$$S_{03} = \frac{E_3}{E_0} = S_{01}S_{13} + S_{02}S_{23} \tag{2.21}$$

mit den Teilübertragungsfunktionen gemäß Gl. (2.14).

2.5 Einige Gesetze der mehrfachen Fourier-Transformation

Im folgenden werden einige wichtige Gesetze der mehrfachen Fourier-Transformation zusammengestellt, die für eine Anwendung dieses Verfahrens von Nutzen sind.

Die Transformationsgleichungen

$$Q(f_x, f_y, f_t) = \int\limits_{-\infty}^{+\infty}\!\!\!\int\int q(x,y,t)\,e^{-j2\pi[f_x \cdot x + f_y \cdot y + f_t \cdot t]}\,dx\,dy\,dt\,,$$

$$q(x, y, t) = \int\limits_{-\infty}^{+\infty}\!\!\!\int\int Q(f_x, f_y, f_t)\,e^{+j2\pi[f_x \cdot x + f_y \cdot y + f_t \cdot t]}\,df_x, df_y\,df_t\,. \tag{2.22}$$

Das Bestehen dieser Korrespondenz wird durch das Zeichen

$$q(x, y, t) \; \circ\!\!=\!\!=\!\!=\!\!\bullet \; Q(f_x, f_y, f_t) \tag{2.23}$$

angegeben.

Hinweis: Sollten die Integrale nicht konvergieren, so kann in vielen Fällen die Konvergenz durch einen konvergierbaren Faktor erzwungen werden. Man ersetzt dazu beispielsweise in der ersten Gleichung $q(x, y, t)$ durch $q(x, y, t) \cdot e^{-|\alpha x| - |\beta y| - |\gamma t|}$, führt die Integration durch und bildet anschließend den Grenzwert für $\alpha, \beta, \gamma \to 0$.

Teilspektren und totales Spektrum

Bei der Durchführung der dreifachen Fourier-Transformation erhält man Zwischenprodukte, die Teilspektren, die oft auch von Interesse sind. Insbesondere werde das ortsabhängige Zeitspektrum und das zeitabhängige Ortsspektrum nach folgendem Schema betrachtet:

$$
\begin{array}{c}
t \quad Q^t(x, y, f_t) \quad x,y \\
q(x, y, t) \xrightarrow{\quad xyt \quad} Q(f_x, f_y, f_t), \\
x,y \quad Q^{xy}(f_x, f_y, t) \quad t
\end{array}
\tag{2.24}
$$

wobei für Bezeichnung und Einheit gilt:

Funktion	Bezeichnung	Einheit
$q(x, y, t)$	Ortszeitfunktion	$1/\text{cm}^2 \ \text{sec}$
$Q^t(x, y, f_t)$	ortsabhängiges Zeitspektrum	$1/\text{cm}^2$
$Q^{xy}(f_x, f_y, t)$	zeitabhängiges Zeitspektrum	$1/\text{sec}$
$Q(f_x, f_y, f_t)$	totales Spektrum	1

Beim Übertragungsfaktor und den Kopplungen ist das totale Spektrum laut Definition dimensionslos, so daß sich daraus die übrigen Einheiten ergeben. Aber auch für die neuronale Erregung empfiehlt es sich, die gleichen Einheiten zu wählen und die Ortszeitfunktion als „mittlere Impulszahl pro cm^2 und sec" anzusetzen. Dann mißt das totale Spektrum die „mittlere Impulszahl". Die Kopplungen werden normalerweise als komplexes ortsabhängiges Zeitspektrum A^t gegeben sein. Bei einer „rein Ohmschen" Kopplung ist A^t reell und zeitfrequenzunabhängig. Beim Fehlen einer Zeitabhängigkeit von q (stehendes Muster) würde Q einen Faktor $\delta(f_t)$ enthalten. Es empfiehlt sich dann, die zeitliche Fourier-Transformation fortzulassen und mit Q^{xy} als totalem Spektrum zu rechnen.

Ähnlichkeitssatz

$$
\frac{1}{abc} Q\left(\frac{f_x}{a}, \frac{f_y}{b}, \frac{f_t}{c} \right) \circ\!\!=\!\!=\!\!\bullet \ q(ax, by, ct) .
\tag{2.25}
$$

Er beschreibt die Verhältnisse bei einer proportionalen Verzerrung der Ortskoordinaten oder der Zeitachse.

Verschiebungssatz

$$Q(f_x, f_y, f_t) \cdot e^{-j2\pi[x_0 \cdot f_x + y_0 \cdot f_y + t_0 \cdot f_t]}$$
$$\bullet\!=\!\!=\!\!=\!\!\circ \; q(x - x_0, y - y_0, t - t_0),$$
$$Q(f_x - f_{x_0}, f_y - f_{y_0}, f_t - f_{t_0})$$
$$\bullet\!=\!\!=\!\!=\!\!\circ \; q(x, y, t) e^{j2\pi(f_{x_0} \cdot x + f_{y_0} \cdot y + f_{t_0} \cdot t)} .$$

$$(2.26)$$

Der erste Satz beschreibt eine Verschiebung der Ortszeitfunktion, die für das Spektrum eine frequenzproportionale Phase hinzufügt. Entsprechendes gilt für eine Verschiebung des Spektrums.

Satz der konjugiert komplexen Funktion

$$Q^*(f_x, f_y, f_t) \; \bullet\!=\!\!=\!\!=\!\!\circ \; q^*(-x, -y, -t) .$$

$$(2.27)$$

Das konjugiert komplexe Spektrum entspricht der an den Achsen gespiegelten Ortszeitfunktion. (Die Bildung der konjugiert komplexen Ortszeitfunktion ist bei reellen Funktionen ohne Bedeutung.)

Differentiationssatz

$$j2\pi f_x Q(f_x, f_y, f_t) \; \bullet\!=\!\!=\!\!=\!\!\circ \; \frac{\partial q(x, y, t)}{\partial x} ,$$
$$\frac{-1}{j2\pi} \frac{\partial Q(f_x, f_y, f_t)}{\partial f_x} \; \bullet\!=\!\!=\!\!=\!\!\circ \; q(x, y, t) \cdot x .$$

$$(2.28)$$

Der Differentiationssatz gilt natürlich für alle drei Variablen sowie auch für mehrere Differentiationen.

Unbestimmter Integrationssatz

$$\frac{1}{j2\pi f_x'} \cdot Q(f_x, f_y, f_t) \; \bullet\!=\!\!=\!\!=\!\!\circ \; \int_{-\infty}^{x} q(x, y, t)\, dx .$$

$$(2.29)$$

Hierbei wird die Größe f_x' wie folgt definiert:

$$f_x' = \lim_{\alpha \to 0} [f_x - j\alpha] .$$

$$(2.30)$$

Wenn f_x' als Faktor im Zähler steht, gilt $f_x' = f_x$. Wenn dagegen, wie hier, f_x' im Nenner steht, entsteht ein Pol der Spektralfunktion bei $f_x = j\alpha$ mit $\alpha \to 0$. Diese

Polfunktion läßt sich wie folgt schreiben:

$$\frac{1}{j2\pi f_x'} = \lim_{\alpha \to 0} \left[\frac{-j2\pi f_x}{4\pi^2\alpha^2 + 4\pi^2 f_x^2} + \frac{2\pi\alpha}{4\pi^2\alpha^2 + 4\pi^2 f_x^2} \right]$$

$$= \frac{1}{j2\pi f_x} + \frac{1}{2}\,\delta(f_x)\,. \tag{2.31}$$

Der Imaginärteil dieser Funktion ist ungerade und verschwindet bei $f_x = 0$. Der Realteil ist ein Dirac-Stoß bei $f_x = 0$. Er ist maßgebend für den bei der Integration entstehenden Gleichanteil.

Es gilt z. B.

$$\frac{j2\pi f_x}{j2\pi f_x'} = 1\,,$$

da $f_x \cdot \delta(f_x) = 0$ ist.

Damit läßt sich der unbestimmte Integrationssatz auch schreiben:

$$\frac{1}{j2\pi f_x} \cdot Q(f_x, f_y, f_t) + \frac{1}{2}\,\delta(f_x) \cdot Q(0, f_y, f_t)$$

$$\bullet\!=\!=\!\!\circ \int_{-\infty}^{x} q(x, y, t)\,dx\,, \tag{2.32}$$

oder unter Verwendung des folgenden Satzes für das bestimmte Integral:

$$\frac{1}{j2\pi f_x} Q(f_x, f_y, f_t) \bullet\!=\!=\!\!\circ \int_{-\infty}^{x} q(x, y, t)\,dx - \frac{1}{2}\int_{-\infty}^{+\infty} q(x, y, t)\,dx\,. \tag{2.33}$$

In dieser Form ist der Ausdruck gleichanteilsfrei, während er bei der ersten Form im allgemeinen einen Gleichanteil enthält. Der Integrationssatz für die Spektralfunktion lautet in der gleichanteilsfreien Form:

$$(-j2\pi) \cdot \left[\int_{-\infty}^{f_x} Q(f_x, f_y, f_t)\,df_x - \frac{1}{2}\int_{-\infty}^{+\infty} Q(f_x, f_y, f_t)\,df_x \right]$$

$$\bullet\!=\!\!\circ \frac{q(x, y, t)}{x}\,. \tag{2.34}$$

Bestimmter Integrationssatz

$$\delta(f_x) \cdot Q(f_x, f_y, f_t) \bullet\!=\!=\!\!\circ \int_{-\infty}^{+\infty} q(x, y, t)\,dx = Q^x(0, y, t)\,,$$

$$\int_{-\infty}^{+\infty} Q(f_x, f_y, f_t)\,df_x = Q^{yt}(0, f_y, f_t) \bullet\!=\!=\!\!\circ \delta(x) \cdot q(x, y, t)\,. \tag{2.35}$$

Eine Mittelung im Orts- oder Zeitbereich entspricht im Spektrum einer Unterdrückung aller Frequenzen bis auf den Gleichanteil, der durch die Multiplikation mit dem Dirac-Stoß herausgehoben wird. Der Zusammenhang mit den Teilspektren ergibt sich aus deren Definition.

Produktzerlegungssatz

$$q_1(x) \cdot q_2(y) \cdot q_3(t) \; \circ\!\!=\!\!=\!\!\bullet \; Q_1(f_x) \cdot Q_2(f_y) \cdot Q_3(f_t)\,. \tag{2.36}$$

Zerfällt eine Funktion in Produkte von Funktionen nur einer Variablen, dann gilt das gleiche für das Spektrum. Die einzelnen Faktoren sind dabei durch eine einfache Fourier-Transformation verknüpft.

Faltungssatz

$$Q_1(f_x, f_z, f_t) \cdot Q_2(f_x, f_y, f_t) \; \bullet\!\!=\!\!=\!\!\circ \; q_1(x,y,t) \overset{x\;y\;t}{*\,*\,*} q_2(x,y,t)\,,$$

$$Q_1(f_x, f_y, f_t) \overset{f_x\;f_y\;f_t}{*\,*\,*} \; \bullet\!\!=\!\!=\!\!\circ \; q_1(x,y,t) \cdot q_2(x,y,t)\,, \tag{2.37}$$

wobei die Faltung definiert ist als:

$$f_1(x) * f_2(x) = \int\limits_{-\infty}^{+\infty} f_1(\xi) \cdot f_2(x-\xi)\,d\xi\,, \tag{2.38}$$

und also im dreidimensionalen Fall gilt:

$$q_1(x,y,t) \overset{x\;y\;t}{*\,*\,*} q_2(x,y,t)$$

$$= \iiint\limits_{-\infty}^{+\infty} q_1(\xi, \eta, \lambda) \cdot q_2(x-\xi, y-\eta, t-\lambda)\,d\xi\,d\eta\,d\lambda\,. \tag{2.39}$$

Die dreifache Faltungsoperation im Orts-Zeitbereich kombiniert alle Werte der einen Funktion mit allen Werten der anderen. Sie drückt sich im Spektralbereich durch eine einfache Multiplikation aus.

Parseval's Satz

$$\iiint\limits_{-\infty}^{+\infty} |Q|^2\,df_x\,df_y\,df_t = \iiint\limits_{-\infty}^{+\infty} |q|^2\,dx\,dy\,dt\,. \tag{2.40}$$

Der Satz drückt die Gleichheit der Energie im Orts-Zeitbereich und im Spektralbereich aus.

Reziprozitätsgesetz von Orts-Zeit- und Frequenz-Ausdehnung

Es sei $q(x,y,t)$ eine gerade Funktion aller drei Variablen, dann gilt das gleiche für das zugehörige Spektrum $Q(f_x, f_y, f_t)$. Ein Maß für die Ausdehnung von q ist das Orts-Zeitvolumen ΔV, wobei

$$\iiint\limits_{-\infty}^{+\infty} q(x,y,t)\,dx\,dy\,dt = q(0,0,0) \cdot \Delta x \cdot \Delta y \cdot \Delta t$$

$$= q(0,0,0) \cdot \Delta V \quad \text{ist}\,. \tag{2.41}$$

Ebenso ist ein Maß für die Ausdehnung von Q das Frequenzvolumen ΔV_f,

$$\int\limits_{-\infty}^{+\infty}\!\!\int\!\int Q(f_x, f_y, f_t)\,df_x\,df_y\,df_t = Q(0,0,0) \cdot \Delta f_x \cdot \Delta f_y \cdot \Delta f_t$$

$$= Q(0,0,0) \cdot \Delta V_f . \tag{2.42}$$

Die links stehenden dreifachen Integrale sind aber gleich der korrespondierenden Funktion im Nullpunkt aller Koordinaten, wie aus der Fourier-Transformationsgleichung folgt.
Daher gilt:

$$\frac{Q(0,0,0)}{q(0,0,0)} = \Delta V = \frac{1}{\Delta V_f} , \tag{2.43}$$

was besagt, daß die mittlere Belegung von Orts-Zeitbereich und Frequenzbereich reziprok ist. Dies Gesetz drückt die „Unschärferelation" der mehrdimensionalen Fourier-Transformation aus.

2.6 Übertragungsfaktor, Impulsfunktion, Sprungfunktion und ihre Messung

Der Übertragungsfaktor ist aufgrund von Gl. (2.10) für eine sinusförmige Erregung in komplexer Darstellung (Drehzeiger) definiert. Natürlich läßt sich eine solche Erregungsfunktion nicht direkt realisieren. Man setzt deshalb für die Ursache:

$$e_1 = \mathrm{Re}\{e^{j2\pi(f_x \cdot x + f_y \cdot y + f_t \cdot t)}\} , \tag{2.44}$$

(wobei hier f_x, f_y und f_t konstant sind) und erhält als Wirkung

$$e_2 = \mathrm{Re}\{S \cdot e^{j2\pi(f_x \cdot x + f_y \cdot y + f_t \cdot t)}\} . \tag{2.45}$$

(Die Indizes für S werden im folgenden fortgelassen.) Setzt man:

$$S = e^{-a-jb} , \tag{2.46}$$

wobei a die Dämpfung und b die Phase des Übertragungsfaktors ist, folgt in reeller Darstellung für e_1 und e_2:

$$e_1 = \cos 2\pi(f_x \cdot x + f_y \cdot y + f_t \cdot t) , \tag{2.47}$$

$$e_2 = e^{-a} \cos 2\pi\left(f_x \cdot x + f_y \cdot y + f_t \cdot t - \frac{b}{2\pi}\right) . \tag{2.48}$$

Gl. (2.47) und (2.48) stellen über die Schicht laufende sinusförmige Wellen dar,

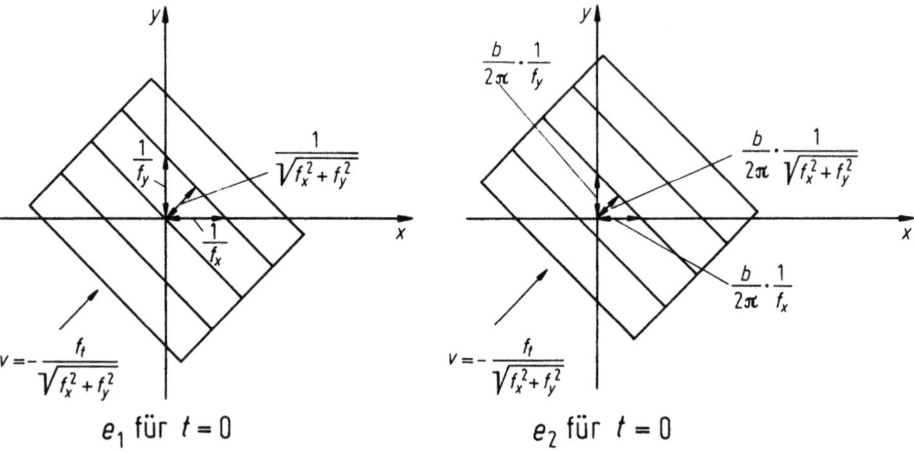

$$e_1 \text{ für } t = 0 \qquad\qquad e_2 \text{ für } t = 0$$

Bild 2.6. Sinusförmiges Erregungsmuster.

wie Bild 2.6 zeigt. Die Maxima der sinusförmigen Erregungsverteilung treten bei Gl. (2.47) auf für

$$f_x \cdot x + f_y \cdot y + f_t \cdot t = k \tag{2.49}$$

(k = ganzzahlig). Sie sind in Bild 2.6 eingezeichnet. Die Achsenabschnitte legen die Ortsfrequenzen f_x und f_y fest. Das Erregungsmuster bewegt sich mit der Geschwindigkeit

$$v = -\frac{f_t}{\sqrt{f_x^2 + f_y^2}} \tag{2.50}$$

normal zur Wellenfront fort.

Für den Winkel Ψ_x zwischen Ausbreitungsrichtung und x-Achse gilt

$$\cos \Psi_x = \frac{f_x}{\sqrt{f_x^2 + f_y^2}} \tag{2.50a}$$

und für den Winkel Ψ_y zwischen Ausbreitungsrichtung und y-Achse gilt entsprechend

$$\cos \Psi_y = \frac{f_y}{\sqrt{f_x^2 + f_y^2}} \cdot \tag{2.50b}$$

Für e_2 tritt das gleiche Erregungsmuster gedämpft und verzögert auf. Die Verzögerung der Wellen bestimmt die Phase b, wie Bild 2.6 zeigt. Der Übertragungsfaktor ist besonders einfach zu messen, wie in Bild 2.7 dargestellt ist. Beide Schichten werden mit je einem Meßfühler angekoppelt, wobei die genaue Stelle der Ankopplung belanglos ist, was natürlich besonders bequem ist. Beide Meßfühler liefern sinusförmige Schwankungen mit der Frequenz f_t. Die Anordnung arbeitet nach einer Kompensationsmethode, wobei das Eingangssignal über eine Eichleitung gedämpft wird (Dämpfung a) und über einen Phasenschieber verzögert wird (Phase b) und mit dem Ausgangssignal kompensiert wird. Die Anzeige der Differenz erfolgt über einen selektiven Verstärker (Frequenz f_t) und ein Nullinstrument. Da die Messung selektiv

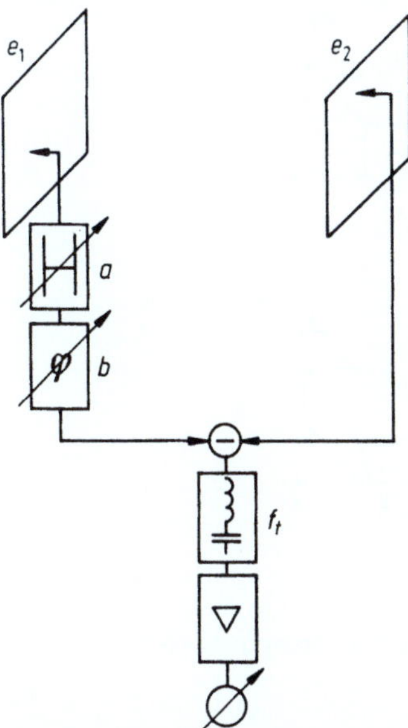

Bild 2.7. Meßanordnung für den Übertragungsfaktor

ist, kann ihre Störempfindlichkeit durch Verringerung der Empfängerbandbreite beliebig verbessert werden. Man kann daher auch kleine Amplituden verwenden, um im linearen Bereich des Systems zu bleiben. Die Frequenzen f_x, f_y und f_t sind nach allen interessierenden Werten zu variieren, d. h. es sind verschiedene Muster mit verschiedenen Geschwindigkeiten anzuwenden. a und b sind nach dieser Methode bis auf eine additive Konstante bestimmbar.

Die additive Konstante für b ist weiterhin bestimmbar, weil $b = 0$ werden muß für $f_x = 0$, $f_y = 0$, $f_t = 0$.

Mit Hilfe des Übertragungsfaktors läßt sich die Zeit-Ortsfunktion bei gegebener Ursache berechnen,

Es gilt ganz allgemein:

$$e_1(x,y,t) \; \circ\!\!=\!\!=\!\!\bullet \; E_1(f_x, f_y, f_t)\,,$$
$$e_2(x,y,t) \; \circ\!\!=\!\!=\!\!\bullet \; E_1(f_x, f_y, f_t) \cdot S(f_x, f_y, f_t)\,. \tag{2.51}$$

Die *Impulsfunktion* werde als Systemantwort auf den Einheitsimpuls im Nullpunkt von Ort und Zeit definiert. Sie kann daher auch als *Punktimpulsantwort* bezeichnet werden. Es ist also die Eingangserregung gleich dem Einheitsimpuls:

$$e_1 = \delta(x,y,t) = \delta(x) \cdot \delta(y) \cdot \delta(t)\,, \tag{2.52}$$

wobei

$$\delta(x,y,t) = 0 \quad \text{für} \quad x,y,t \neq 0$$

und

$$\int\limits_{-\infty}^{+\infty}\!\!\!\int\!\!\!\int \delta(x,y,t)\,dx\,dy\,dt = 1\,.$$

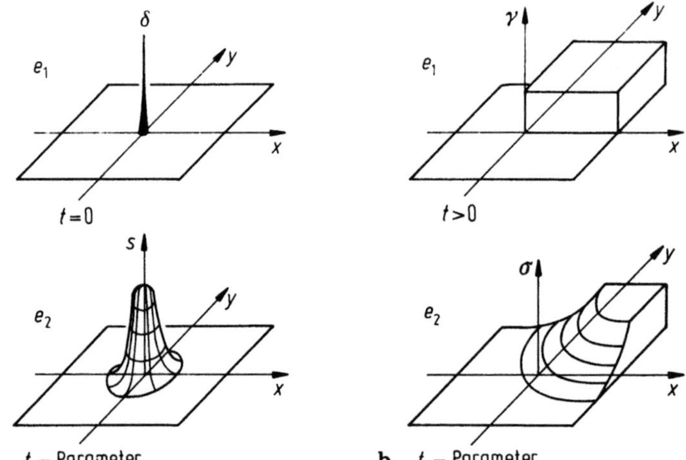

Bild 2.8. Zur Definition der totalen Impulsfunktion a und der totalen Sprungfunktion b

Der Orts-Zeit-Dirac-Impuls hat danach bereits die Einheit von $1/cm^2$ sec, so daß für die praktische Anwendung zu Gl. (2.52) noch die Größeneinheit und gegebenenfalls ein Zahlenfaktor hinzuzufügen ist.

Die Fouriertransformierte des Einheitsimpulses ist das „weiße Spektrum" also eine Konstante, d. h.

$$E_1(f_x, f_y, f_t) = 1\,. \tag{2.53}$$

Somit folgt aus Gl. (2.51), daß die Wirkung, die Fourier-Transformierte des Übertragungsfaktors ist, d. h.

$$e_2(x, y, t) = s(x, y, t)\,,$$

mit

$$s(x, y, t) \;\circ\!=\!\!=\!\!=\!\bullet\; S(f_x, f_y, f_t)\,. \tag{2.54}$$

Die Impulsfunktion s erscheint als Antwort des Systems auf den Orts-Zeit-Einheitsimpuls. Ihre Messung ist in Bild 2.8a veranschaulicht. Auf die Eingangsschicht wird im Ortsnullpunkt zur Zeit $t = 0$ ein kurzer Erregungsimpuls gegeben. Auf der Ausgangsschicht entsteht ein örtliches Erregungsmuster, das zeitabhängig ist, z. B. an- und abschwillt und dabei im allgemeinen auch seine Form ändert. Wegen der Homogenität ist natürlich die Wahl des Orts- und Zeitnullpunktes beliebig. Die Impulsfunktion entspricht danach dem sog. „rezeptiven Feld" in optisch-neuronalen Systemen, sofern diese für eine punktförmige Blitzlichterregung ausgemessen wird. Die Impulsfunktion enthält nach Gl. (2.51) alle Information über den Übertragungsfaktor des Systems, der daraus durch dreimalige Fourier-Transformation ermittelt werden kann. Sie beschreibt das System in seiner Wirkung nach außen daher vollständig.

Nr.	e_1	Bild von e_1			E_1	e_2
		$t < 0$	$t = 0$	$t > 0$		
0	1				$\delta(f_x)\,\delta(f_y)\,\delta(f_t)$	$s_0 = \int\!\!\int\!\!\int_{-\infty}^{+\infty} s(x,y,t)\,dx\,dy\,dt = S(0,0,0)$
1	$\delta(x)$				$\delta(f_y)\,\delta(f_t)$	$s_1(x) = \int\!\!\int_{-\infty}^{+\infty} s(x,y,t)\,dy\,dt = s^{yt}(x,0,0)$ $\circ\!\!-\!\!\overset{x}{-}\!\!-\!\!\bullet\ S(f_x,0,0)$
2	$\delta(y)$				$\delta(f_x)\,\delta(f_t)$	$s_2(y) = \int\!\!\int_{-\infty}^{+\infty} s(x,y,t)\,dx\,dt = s^{xt}(0,y,0)$ $\circ\!\!-\!\!\overset{y}{-}\!\!-\!\!\bullet\ S(0,f_y,0)$
3	$\delta(t)$				$\delta(f_x)\,\delta(f_y)$	$s_3(t) = \int\!\!\int_{-\infty}^{+\infty} s(x,y,t)\,dx\,dy = s^{xy}(0,0,t)$ $\circ\!\!-\!\!\overset{t}{-}\!\!-\!\!\bullet\ S(0,0,f_t)$
4	$\delta(x)\,\delta(y)$				$\delta(f_t)$	$s_4(x,y) = \int_{-\infty}^{+\infty} s(x,y,t)\,dt = s^{t}(x,y,0)$ $\circ\!\!=\!\!\overset{xy}{=}\!\!=\!\!\bullet\ S(f_x,f_y,0)$
5	$\delta(x)\,\delta(t)$				$\delta(f_y)$	$s_5(x,t) = \int_{-\infty}^{+\infty} s(x,y,t)\,dy = s^{y}(x,0,t)$ $\circ\!\!=\!\!\overset{xt}{=}\!\!=\!\!\bullet\ S(f_x,0,f_t)$
6	$\delta(y)\,\delta(t)$				$\delta(f_x)$	$s_6(y,t) = \int_{-\infty}^{+\infty} s(x,y,t)\,dx = s^{x}(0,y,t)$ $\circ\!\!=\!\!\overset{yt}{=}\!\!=\!\!\bullet\ S(0,f_y,f_t)$
7	$\delta(x)\,\delta(y)\,\delta(t)$				1	$s(x,y,t)\ \circ\!\!=\!\!\overset{xyt}{=}\!\!=\!\!\bullet\ S(f_x,f_y,f_t)$

Bild 2.9. Zusammenstellung impulsförmiger Testfunktionen (Nr. 0 Gleichfeld, Nr. 1–6 partielle Impulsfunktionen, Nr. 7 totale Impulsfunktion)

Nun sind aber noch andere impulsartige Testfunktionen möglich, die manchmal zweckmäßig sein können, auch wenn sie im allgemeinen nur eine teilweise Information über den Übertragungsfaktor liefern. Sie sind in Bild 2.9 zusammengestellt. Ihr Spektrum besteht aus Produkten von Dirac-Stößen (außer bei der schon besprochenen Nr. 7). Es kommt daher für die betreffende Frequenzvariable nur der Gleichanteil zur Wirkung. Die Multiplikation mit einem Dirac-Stoß der Frequenz bedeutet nach dem bestimmten Integrationssatz eine Integration oder Mittelung von $s(x,y,t)$ für die betreffende Variable, wie Bild 2.9 im einzelnen zeigt. Die Teilimpulsfunktionen liefern deshalb auch nur eine Teilinformation über das System. In Sonderfällen mag diese Information jedoch genügen. So wird bei einem System ohne Zeit-Frequenzabhängigkeit die Testfunktion Nr. 4 ausreichend sein. Weiterhin wird bei einem System, dessen Übertragungsfaktor sich in die Produkte einfacher Funktionen der drei Koordinaten aufspaltet, also

$$S(f_x, f_y, f_t) = S_x(f_x) \cdot S_y(f_y) \cdot S_t(f_t),$$

eine Kenntnis der Systemantwort auf die Testfunktion Nr. 1, 2 und 3 ausreichend sein, oder alternativ, z. B. Nr. 3 and 4. Es ergeben sich danach viele Möglichkeiten, den Übertragungsfaktor ganz oder teilweise zu bestimmen, die in Bild 2.9 angegeben sind. Die Abbildung enthält auch den Zusammenhang mit den Teilspektren. Im allgemeinen Fall ist jedoch die totale Impulsfunktion (Nr. 7) $s(x, y, t)$ zu messen, die alle Informationen über das System enthält.

Die Messung der Impulsfunktion bereitet manchmal Schwierigkeiten, da hohe Impulse unter Umständen das System übersteuern. Man verwendet deshalb oft Erregungssprünge (z. B. Schwarz-Weiß-Kanten) und mißt die Übergangsfunktion oder Sprungfunktion.

Die *Sprungfunktion* werde im mehrdimensionalen Fall definiert als Antwort auf den Einheitssprung nach allen Dimensionen. Der Einheitssprung $\gamma(x, y, t)$ ist das unbestimmte Integral des Einheitsstoßes, also:

$$\gamma(x, y, t) = \int\limits_{-\infty}^{x} \int\limits_{-\infty}^{y} \int\limits_{-\infty}^{t} \delta(x) \cdot \delta(y) \cdot \delta(t)\, dx\, dy\, dt\,. \tag{2.55}$$

Damit gilt:

$$\begin{aligned} e_1 = \gamma(x, y, t) = 1\,, \quad x > 0,\ y > 0,\ t > 0 \\ e_1 = 0\,, \quad \text{sonst} \end{aligned} \tag{2.56}$$

Es wird also im Zeitpunkt $t = 0$ die Einheitserregung auf den ersten Quadranten aufgebracht (vgl. Bild 2.8b).

Das Spektrum von e_1 ist nach dem unbestimmten Integrationssatz:

$$E_1 = \frac{1}{j2\pi f_x' \cdot j2\pi f_y' \cdot j2\pi f_t'}\,. \tag{2.57}$$

Für die Sprungfunktion

$$e_2 = \sigma(x, y, t)$$

gilt damit:

$$\sigma(x, y, t)\ \multimap\!\!=\!\!\bullet\ \frac{s(f_x, f_y, f_t)}{j2\pi f_x' \cdot j2\pi f_z' \cdot j2\pi f_t'}\,. \tag{2.58}$$

Aufgrund des unbestimmten Integrationssatzes gilt außerdem:

$$\sigma(x, y, t) = \int\limits_{-\infty}^{x} \int\limits_{-\infty}^{y} \int\limits_{-\infty}^{t} s(x, y, t)\, dx\, dy\, dt\,. \tag{2.59}$$

Wie der Einheitssprung das 3fache unbestimmte Integral des Einheitsimpulses ist, so ist auch die Sprungfunktion das 3fache unbestimmte Integral über die Impulsfunktion. Die Sprungfunktion enthält daher ebenfalls die gesamte Information über das System. Neben der so definierten totalen Sprungfunktion lassen sich auch partielle Sprungfunktionen definieren, die oft als Testfunktionen verwendet werden. Sie sind in Bild 2.10 zusammengestellt. Sie stellen ebenfalls Mittelwerte (bestimmte Integrale) über die Impulsfunktion $s(x, y, t)$ dar, wie die partiellen Impulsfunktionen von Bild 2.9. Zusätzlich ist das unbestimmte Integral über die Sprungkoordinate zu

Nr.	e_1	Bild von e_1		E_1	e_2
		$t < 0$	$t > 0$		
0	1			$\delta(f_x) \cdot \delta(f_y) \cdot \delta(f_t)$	$\sigma_0 = s_0 = \int\limits_{-\infty}^{+\infty} \int\limits_{-\infty}^{+\infty} \int\limits_{-\infty}^{+\infty} s(x,y,t)\,dx\,dy\,dt = S(0,0,0)$
1	$\gamma(x)$			$\dfrac{\delta(f_y) \cdot \delta(f_t)}{j2\pi f_x'}$	$\sigma_1(x) = \int\limits_{-\infty}^{x} \int\limits_{-\infty}^{+\infty} \int\limits_{-\infty}^{+\infty} s(x,y,t)\,dx\,dy\,dt = \sigma(x,\infty,\infty)\,\circ\!\!-\!\!\overset{x}{-}\!\!-\!\!\bullet\,\dfrac{S(f_x,0,0)}{j2\pi f_x'}$
2	$\gamma(y)$			$\dfrac{\delta(f_x) \cdot \delta(f_t)}{j2\pi f_y'}$	$\sigma_2(y) = \int\limits_{-\infty}^{+\infty} \int\limits_{-\infty}^{y} \int\limits_{-\infty}^{+\infty} s(x,y,t)\,dx\,dy\,dt = \sigma(\infty,y,\infty)\,\circ\!\!-\!\!\overset{y}{-}\!\!-\!\!\bullet\,\dfrac{S(0,f_y,0)}{j2\pi f_y'}$
3	$\gamma(t)$			$\dfrac{\delta(f_x) \cdot \delta(f_y)}{j2\pi f_t'}$	$\sigma_3(t) = \int\limits_{-\infty}^{+\infty} \int\limits_{-\infty}^{+\infty} \int\limits_{-\infty}^{t} s(x,y,t)\,dx\,dy\,dt = \sigma(\infty,\infty,t)\,\circ\!\!-\!\!\overset{t}{-}\!\!-\!\!\bullet\,\dfrac{S(0,0,f_t)}{j2\pi f_t'}$
4	$\gamma(x) \cdot \gamma(y)$			$\dfrac{\delta(f_t)}{j2\pi f_x' \cdot j2\pi f_y'}$	$\sigma_4(x,y) = \int\limits_{-\infty}^{x} \int\limits_{-\infty}^{y} \int\limits_{-\infty}^{+\infty} s(x,y,t)\,dx\,dy\,dt = \sigma(x,y,\infty)\,\circ\!\!=\!\!\overset{xy}{=}\!\!=\!\!\bullet\,\dfrac{S(f_x,f_y 0)}{j2\pi f_x' \cdot j2\pi f_y'}$
5	$\gamma(x) \cdot \gamma(t)$			$\dfrac{\delta(f_y)}{j2\pi f_x' \cdot j2\pi f_t'}$	$\sigma_5(x,t) = \int\limits_{-\infty}^{x} \int\limits_{-\infty}^{+\infty} \int\limits_{-\infty}^{t} s(x,y,t)\,dx\,dy\,dt = \sigma(x,\infty,t)\,\circ\!\!=\!\!\overset{xt}{=}\!\!=\!\!\bullet\,\dfrac{S(f_x,0,f_t)}{j2\pi f_x' \cdot j2\pi f_t'}$
6	$\gamma(y) \cdot \gamma(t)$			$\dfrac{\delta(f_x)}{j2\pi f_y' \cdot j2\pi f_t'}$	$\sigma_6(y,t) = \int\limits_{-\infty}^{+\infty} \int\limits_{-\infty}^{y} \int\limits_{-\infty}^{t} s(x,y,t)\,dx\,dy\,dt = \sigma(\infty,y,t)\,\circ\!\!=\!\!\overset{yt}{=}\!\!=\!\!\bullet\,\dfrac{S(0,f_y,f_t)}{j2\pi f_y' \cdot j2\pi f_t'}$
7	$\gamma(x) \cdot \gamma(y) \cdot \gamma(t)$			$\dfrac{1}{j2\pi f_x' \cdot j2\pi f_y' \cdot j2\pi f_t'}$	$\sigma(x,y,t) = \int\limits_{-\infty}^{x} \int\limits_{-\infty}^{y} \int\limits_{-\infty}^{t} s(x,y,t)\,dx\,dy\,dt\,\circ\!\!=\!\!\overset{xyt}{=}\!\!=\!\!\bullet\,\dfrac{S(f_x,f_y,f_t)}{j2\pi f_x' \cdot j2\pi f_y' \cdot j2\pi f_t'}$

Bild 2.10. Zusammenstellung sprungförmiger Testfunktionen (Nr. 0 Gleichfeld, Nr. 1–6 partielle Impulsfunktionen, Nr. 7 totale Sprungfunktion)

Nr.	e_1	Bild von e_1			E_1	e_2
		$t < 0$	$t = 0$	$t > 0$		
0	$\delta(x) \cdot \delta(y) \cdot \delta(t)$				1	$s(x,y,t) \mathrel{\circ\!\!=\!\!\bullet} S(f_x, f_y, f_t)$
1	$\gamma(x) \cdot \delta(y) \cdot \delta(t)$				$\dfrac{1}{j2\pi f_x'}$	$\kappa_1(x,y,t) = \displaystyle\int_{-\infty}^{x} s(x,y,t)\,dx \mathrel{\circ\!\!=\!\!\bullet} \dfrac{S(f_x,f_y,f_t)}{j2\pi f_x'}$
2	$\delta(x) \cdot \gamma(y) \cdot \delta(t)$				$\dfrac{1}{j2\pi f_y'}$	$\kappa_2(x,y,t) = \displaystyle\int_{-\infty}^{y} s(x,y,t)\,dy \mathrel{\circ\!\!=\!\!\bullet} \dfrac{S(f_x,f_y,f_t)}{j2\pi f_y'}$
3	$\delta(x) \cdot \delta(y) \cdot \gamma(t)$				$\dfrac{1}{j2\pi f_t'}$	$\kappa_3(x,y,t) = \displaystyle\int_{-\infty}^{t} s(x,y,t)\,dt \mathrel{\circ\!\!=\!\!\bullet} \dfrac{S(f_x,f_y,f_t)}{j2\pi f_t'}$
4	$\gamma(x) \cdot \gamma(y) \cdot \delta(t)$				$\dfrac{1}{j2\pi f_x' \cdot j2\pi f_y'}$	$\kappa_4(x,y,t) = \displaystyle\int_{-\infty}^{x}\int_{-\infty}^{y} s(x,y,t)\,dx\,dy \mathrel{\circ\!\!=\!\!\bullet} \dfrac{S(f_x,f_y,f_t)}{j2\pi f_x' \cdot j2\pi f_y'}$
5	$\gamma(x) \cdot \delta(y) \cdot \gamma(t)$				$\dfrac{1}{j2\pi f_x' \cdot j2\pi f_t'}$	$\kappa_5(x,y,t) = \displaystyle\int_{-\infty}^{x}\int_{-\infty}^{t} s(x,y,t)\,dx\,dt \mathrel{\circ\!\!=\!\!\bullet} \dfrac{S(f_x,f_y,f_t)}{j2\pi f_x' \cdot j2\pi f_t'}$
6	$\delta(x) \cdot \gamma(y) \cdot \gamma(t)$				$\dfrac{1}{j2\pi f_y' \cdot j2\pi f_t'}$	$\kappa_6(x,y,t) = \displaystyle\int_{-\infty}^{y}\int_{-\infty}^{t} s(x,y,t)\,dy\,dt \mathrel{\circ\!\!=\!\!\bullet} \dfrac{S(f_x,f_y,f_t)}{j2\pi f_y' \cdot j2\pi f_t'}$
7	$\gamma(x) \cdot \gamma(y) \cdot \gamma(t)$				$\dfrac{1}{j2\pi f_x' \cdot j2\pi f_y' \cdot j2\pi f_t'}$	$\sigma(x,y,t) = \displaystyle\int_{-\infty}^{x}\int_{-\infty}^{y}\int_{-\infty}^{t} s(x,y,t)\,dx\,dy\,dt \mathrel{\circ\!\!=\!\!\bullet} \dfrac{S(f_x,f_y,f_t)}{j2\pi f_x' \cdot j2\pi f_y' \cdot j2\pi f_t'}$

Bild 2.11. Zusammenstellung vollständiger Testfunktionen (Nr. 1 totale Impulsfunktion, Nr. 2–6 kombinierte Impuls- und Sprungfunktion, Nr. 7 totale Impulsfunktion)

bilden. Für die partiellen Sprungfunktionen gilt gas gleiche wie für die partiellen Impulsfunktionen: Sie enthalten nur in Sonderfällen die gesamte Information über das System. Nur eine Messung der totalen Sprungfunktion (Nr. 7) beschreibt das System vollständig.

Neben den erwähnten Funktionen sind *kombinierte Testfunktionen* aus den eben besprochenen denkbar. Von denen sind in Bild 2.11 diejenigen zusammengestellt, die das System vollständig beschreiben. Die Eingangsfunktionen sind 3fache Produkte aus Einheitsimpuls und Einheitssprung. Die Eingangsspektren enthalten keine Dirac-Funktionen, die zu Mittelungen der Zeitfunktion führen, sondern bestehen aus Produkten von Sprungspektren. Die Antworten dieser Testfunktionen ergeben sich daher aus unbestimmten Integrationen über die Impulsfunktion und enthalten folglich alle Information über das System.

Wie man sieht, hat man neben der direkten Messung des Übertragungsfaktors mittels bewegter Sinusmuster noch eine Fülle weiterer Möglichkeiten, um das System zu bestimmen. Welche am zweckmäßigsten zu wählen ist, hängt von der jeweiligen Aufgabe ab. Der Sicherheit und Genauigkeit wegen wird man oft auch mehrere wählen. Um das System nicht zu übersteuern, wird man möglichst kleine Amplituden der Testfunktion anstreben. Die dann stärker ins Gewicht fallende Störung durch Rauschen (Spontanaktivität sowie Schwankungen der neuronalen Impulsfrequenz) kann durch periodische Wiederholung der Messung und Überlagerung des Ergebnisses (Mittelung) beseitigt oder vermindert werden. Bei der direkten Messung des Übertragungsfaktors erfolgt eine entsprechende Mittelung durch die Selektionswirkung des Filters. Eine weitere Schwierigkeit kann sich dadurch ergeben, daß man in den unterschwelligen Bereich der beteiligten Neuronen hereinkommt und dadurch die Linearität nicht mehr gegeben ist. Um dies zu verhindern, können Zusatzsignale (z. B. Gleichstrom oder Sprungsignale geeigneter Amplitude) überlagert werden.

2.7 Besondere Musterstrukturen

Im folgenden werden spezielle Musterstrukturen besprochen und deren Eigenschaften im allgemeinen Zusammenhang

$$q(x, y, t) \; \circ\!\!=\!\!\!=\!\!\!=\!\!\bullet \; Q(f_x, f_y, f_t)$$

dargelegt. Dabei soll jedoch stets auch daran gedacht werden, daß dieser Zusammenhang speziell auch Impulsfunktion und Übertragungsfaktor

$$s(x, y, t) \; \circ\!\!=\!\!\!=\!\!\!=\!\!\bullet \; S(f_x, f_y, f_t)$$

bedeuten kann.

Zunächst kann zwischen stehenden und bewegten Mustern unterschieden werden. Bei den stehenden Mustern werden bestimmte Strukturen besprochen. Ebenso werden verschiedene Bewegungsarten behandelt.

Stehende Muster

Eine allgemeine Funktion $q(x, y, t)$ verändert zeitlich ihre Form, was im allgemeinen auch als eine Bewegung interpretiert werden kann. Demgegenüber beschreibt die Funktion

$$q = g(x, y) \cdot h(t) \tag{2.60}$$

ein stehendes Muster, das mit $h(t)$ allerdings zeitlich veränderlich sein kann, wobei seine Amplitude, nicht aber seine Form bezüglich x, y verändert wird. Nach dem Produktzerlegungssatz gilt dann ganz allgemein für das Spektrum eine analoge Struktur

$$Q = G(f_x, f_y) \cdot H(f_t), \tag{2.61}$$

wobei G ●════○ g und H ●────○ h ist.

Bezüglich $h(t)$ lassen sich folgende zwei Grenzfälle unterscheiden:

Ruhende Muster

$$h(t) = 1,$$
$$H(f_t) = \delta(f_t). \tag{2.62}$$

Diese Muster stehen während der ganzen Zeit $-\infty < t < +\infty$, weshalb ihr Spektrum nur für die Zeitfrequenz $f_t = 0$ vorhanden ist.

Als Übertragungsfaktor ist aus Kausalitätsgründen ein ruhendes Muster nicht realisierbar. Dagegen ist ein stehendes Muster für $t > 0$ denkbar, d. h.

$$h(t) = \gamma(t),$$
$$H(f_t) = \frac{1}{j2\pi f_t'}. \tag{2.63}$$

Einen solchen Übertragungsfaktor kann man als „Speichersystem" bezeichnen. Seine Impulsfunktion speichert ihre Struktur für alle positiven Zeiten.

Augenblicksmuster

$$h(t) = \delta(t),$$
$$H(f_t) = 1. \tag{2.64}$$

Diese Muster existieren nur für einen kurzen Zeitpunkt, ihr Zeitspektrum ist „weiß", d. h. es sind alle Zeitfrequenzen gleichmäßig vertreten. Für den Übertragungsfaktor bedeutet ein Augenblicksmuster das Fehlen der Zeitfrequenzabhängigkeit, was auf „rein Ohmsche Kopplungen" schließen läßt.

Bezüglich $g(x, y)$ lassen sich folgende ausgezeichnete Fälle unterscheiden:

Orthogonale Struktur

$$g(x, y) = g_x(x) \cdot g_y(y),$$
$$G(f_x, f_y) = G_x(f_x) \cdot G_y(f_y), \tag{2.65}$$

wobei G_x ●────○ $g_x(x)$ and G_y ●────○ $g_y(y)$ ist.

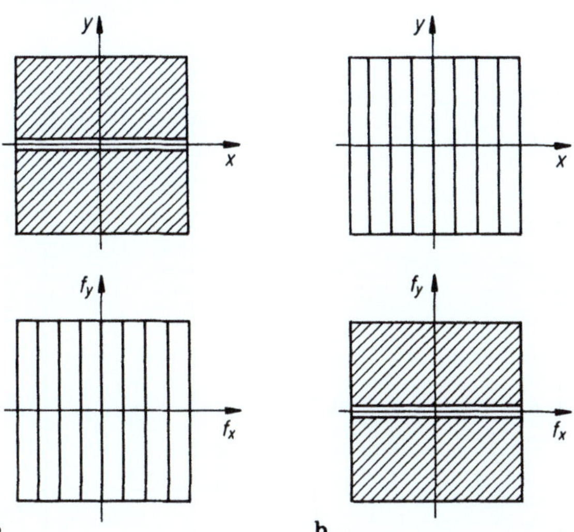

Bild 2.12. Lineare Strukturen, *a* Kettenstruktur, *b* Flächenstruktur

In diesem Fall zerfällt die Orts-Zeitfunktion voll in Produkte, die durch einfache Fourier-Transformation mit ihren entsprechenden Spektren zusammenhängen. Eine orthogonale Struktur kann man manchmal durch Drehung und Verschiebung des Koordinatensystems erreichen, denn man ist natürlich bezüglich der Wahl von Ursprung und Richtung der Koordinaten frei. Zwei Spezialfälle der Orthogonalstruktur sind (vgl. auch Bild 2.12):

Lineare Kettenstruktur

$$g(x, y) = g_x(x) \cdot \delta(y),$$
$$G(f_x, f_y) = G_x(f_x).$$

$$(2.66)$$

Die Ortsfunktion ist nur längs einer dünnen „Kette" in x-Richtung gegeben und verschwindet außerhalb davon, ihr Spektrum ist frequenzunabhängig in f_y.
Beim Übertragungsfaktor sind Kopplungen nur längs einer „Kette" in x-Richtung vorhanden.

Lineare Flächenstruktur

$$g(x, y) = g_x(x),$$
$$G(f_x, f_y) = G_x(f_x) \cdot \delta(f_y).$$

$$(2.67)$$

Die Ortsfunktion ist von y unabhängig, was beim Übertragungsfaktor eine gleichartige Kopplung für alle y-Werte bedeutet. Entsprechend ist das Spektrum nur für Werte $f_y = 0$ vorhanden.
Für orthogonale Strukturen können die Korrespondenzen der einfachen Fourier-Transformation benutzt werden, die als Produkte erscheinen. In Bild 2.13 sind einige typische Korrespondenzen gerader Funktionen zusammengestellt. Diese Korrespondenzen zeigen deutlich, daß ein Vertauschungssatz von Zeit und Frequenz für gerade reelle Funktionen gilt [7]. In Bild 2.14 sind entsprechende Korrespondenzen

Gerade Funktionen

Zeitfunktion	$g(t)$ o——• $G(f)$		Spektrum
1			$\delta(f)$
$\delta(t)$			1
$\cos(2\pi f_0 t)$			$\dfrac{1}{2}\left[\delta(f - f_0) + \delta(f + f_0)\right]$
$\dfrac{1}{2}\left[\delta(t - t_0) + \delta(t + t_0)\right]$			$\cos(2\pi t_0 f)$
1 für $\quad -\dfrac{\Delta t}{2} < t < \dfrac{\Delta t}{2}$ 0 sonst			$\Delta t \cdot \dfrac{\sin(\pi \Delta t f)}{\pi \Delta t f}$
$\Delta f \cdot \dfrac{\sin(\pi \Delta f t)}{\pi \Delta f t}$			1 für $\quad -\dfrac{\Delta f}{2} < f < \dfrac{\Delta f}{2}$ 0 sonst
$\dfrac{t}{\Delta t} + 1$ für $\quad -\Delta t \leqq t \leqq 0$ $\dfrac{-t}{\Delta t} + 1$ für $\qquad 0 \leqq t \leqq \Delta t$ $0 \qquad$ sonst			$\Delta t \left[\dfrac{\sin(\pi \Delta t f)}{\pi \Delta t f}\right]^2$
$\Delta f \cdot \left[\dfrac{\sin(\Delta \pi \Delta f t)}{\pi \Delta f t}\right]^2$			$\dfrac{f}{\Delta f} + 1$ für $\quad -\Delta f < f \leqq 0$ $\dfrac{-f}{\Delta f} + 1$ für $\qquad 0 \leqq f < \Delta f$

Zeitfunktion $g(t)$	Fourier-Transformierte $G(f)$
$e^{-\alpha|t|}$	$\dfrac{+2\alpha}{(2\pi f)^2 + \alpha^2}$
$\dfrac{2\alpha}{(2\pi t)^2 + \alpha^2}$	$e^{-\alpha|f|}$
$e^{-\pi\left(\frac{t}{\Delta t}\right)^2}$	$\Delta t\, e^{-\pi\left(\frac{f}{\Delta f}\right)^2}$, $\quad \Delta t = \dfrac{1}{\Delta f}$
$\begin{cases} 1 & \text{für } -\left(t_0 + \frac{\Delta t}{2}\right) < t < -\left(t_0 - \frac{\Delta t}{2}\right) \\ & \phantom{\text{für }} t_0 - \frac{\Delta t}{2} < t < t_0 + \frac{\Delta t}{2} \\ 0 & \text{sonst} \end{cases}$	$2\Delta t \cdot \dfrac{\sin(\pi \Delta t\, f)}{\pi \Delta t\, f}\cos(2\pi t_0 f)$
$2\Delta f\, \dfrac{\sin(\pi \Delta f\, t)}{\pi \Delta f\, t}\cos(2\pi f_0 t)$	$\begin{cases} 1 & \text{für } -\left(f_0 + \frac{\Delta f}{2}\right) < f < -\left(f_0 - \frac{\Delta f}{2}\right) \\ & \phantom{\text{für }} \left(f_0 - \frac{\Delta f}{2}\right) < f < \left(f_0 + \frac{\Delta f}{2}\right) \\ 0 & \text{sonst} \end{cases}$
$\text{sign}(t) \cdot \sin(2\pi f_0 t)$	$2 \cdot \dfrac{2\pi f_0}{(2\pi f_0)^2 - (2\pi f)^2}$
$2\dfrac{2\pi t_0}{(2\pi t_0)^2 - (2\pi t)^2}$	$\text{sign}(f) \cdot \sin(2\pi t_0 f)$

Bild 2.13. Tabelle gerader Zeitfunktionen und der zugehörigen eindimensionalen Fourier-Transformierten

Ungerade Funktionen

Zeitfunktion	$u(t) \circ\!\!-\!\!\bullet U(f)$		Spektrum
$\operatorname{sign}(t)$	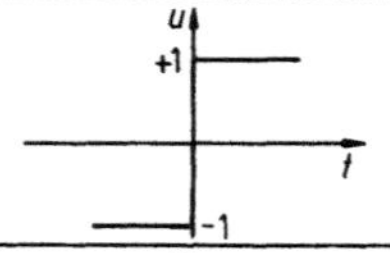	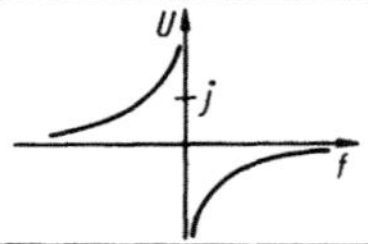	$\dfrac{1}{j\pi f}$
$-\dfrac{1}{\pi t}$	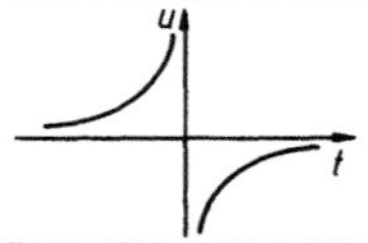	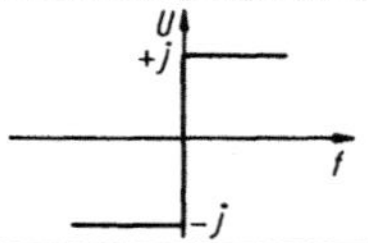	$j\operatorname{sign}(f)$
$\delta'(t)$	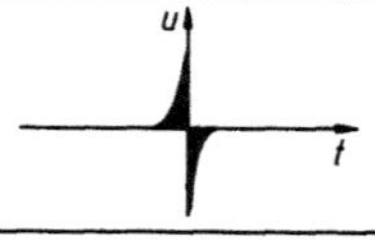	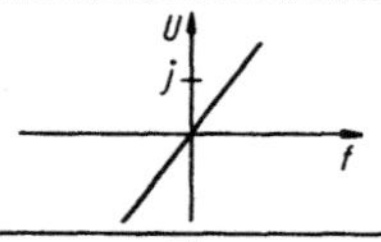	$j2\pi f$
$2\pi t$	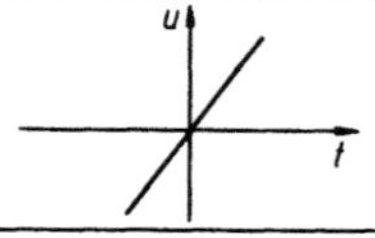		$j\delta'(f)$
$\sin(2\pi f_0 t)$		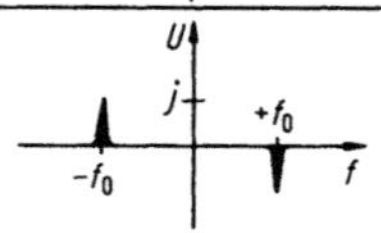	$-j\dfrac{1}{2}\,[\delta(f - f_0) - \delta(f + f_0)]$
$-\dfrac{1}{2}\,[\delta(t - t_0) - \delta(t + t_0)]$	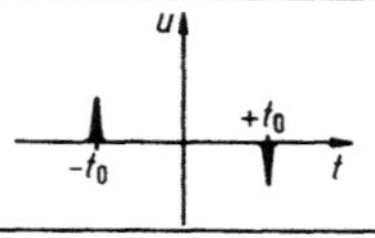	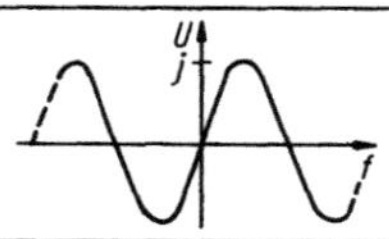	$j\sin(2\pi t_0 f)$
$\begin{array}{lll} 1 & \text{für} & 0 < t < \dfrac{\Delta t}{2} \\ -1 & \text{für} & -\dfrac{\Delta t}{2} < t < 0 \\ 0 & \text{sonst} \end{array}$	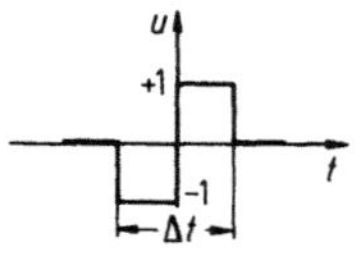	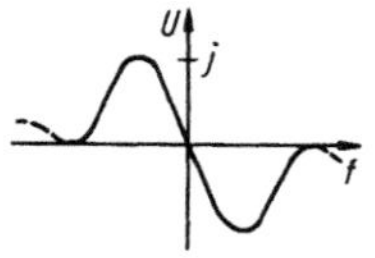	$j\,\dfrac{\cos(\pi f \Delta t) - 1}{\pi f}$

Zeitfunktion			Fourier-Transformierte
$\dfrac{\cos(\pi t\Delta f)-1}{\pi t}$	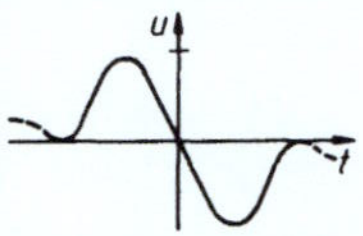	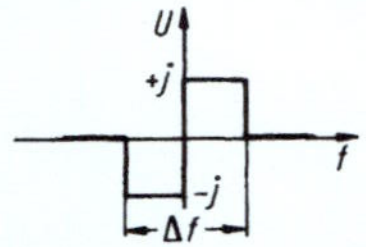	$\begin{array}{lll} j & \text{für} & 0<f<\dfrac{\Delta f}{2} \\ -j & \text{für} & -\dfrac{\Delta f}{2}<f<0 \\ 0 & \text{sonst} \end{array}$
$\mathrm{sign}(t)\,\dfrac{\sin(2\pi f_0 t)}{2\pi f_0 t}$	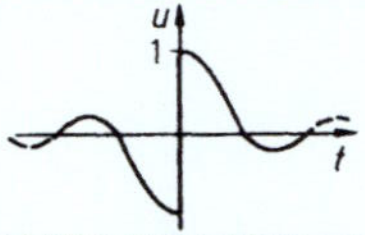	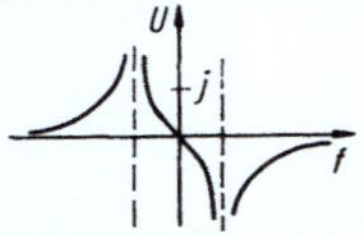	$j\,\dfrac{1}{2\pi f_0}\ln\left|\dfrac{f-f_0}{f+f_0}\right|$
$\dfrac{1}{2\pi t_0}\ln\left|\dfrac{t-t_0}{t+t_0}\right|$			$j\cdot\mathrm{sign}(f)\,\dfrac{\sin(2\pi t_0 f)}{2\pi t_0 f}$
$\begin{array}{lll} -\dfrac{2t}{\Delta t}-1 & \text{für} & -\dfrac{\Delta t}{2}<t<0 \\ -\dfrac{2t}{\Delta t}+1 & \text{für} & 0<t<\dfrac{\Delta t}{2} \\ 0 & \text{sonst} \end{array}$	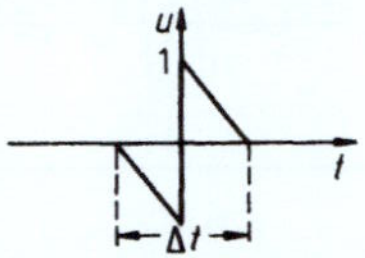	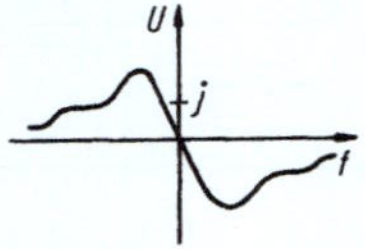	$j\Delta t\,\dfrac{\sin(\pi\Delta t f)-\pi\Delta t f}{(\pi\Delta t f)^2}$
$\Delta f\,\dfrac{\sin(\pi\Delta f t)-\pi\Delta f t}{(\pi\Delta f t)^2}$	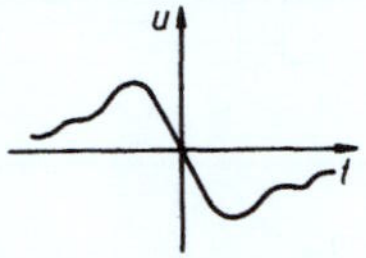	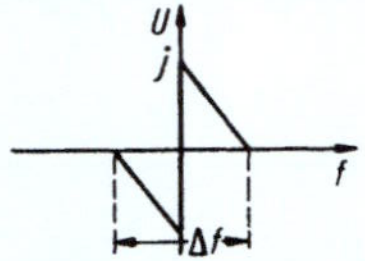	$\begin{array}{lll} -\dfrac{2f}{\Delta f}-1 & \text{für} & -\dfrac{\Delta f}{2}<f<0 \\ -\dfrac{2f}{\Delta f}+1 & \text{für} & 0<f<\dfrac{\Delta f}{2} \\ 0 & \text{sonst} \end{array}$
$\mathrm{sign}(t)\cdot\left[\dfrac{\sin(\pi\Delta f t)^2}{\pi\Delta f t}\right]$	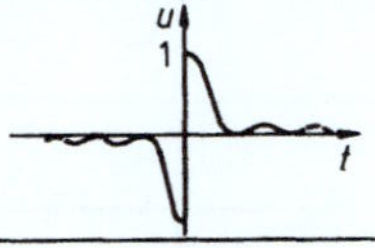	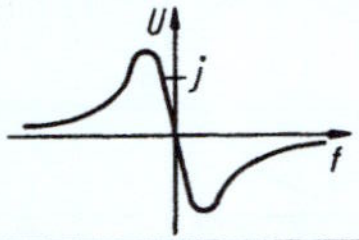	$j\,\dfrac{1}{\pi\Delta f}\left\{\ln\left|\dfrac{f-\Delta f}{f+\Delta f}\right|+\dfrac{f}{\Delta f}\ln\left|\dfrac{f^2}{f^2-\Delta f^2}\right|\right\}$
$\dfrac{1}{\pi\Delta t}\left\{\ln\left|\dfrac{t-\Delta t}{t+\Delta t}\right|+\dfrac{t}{\Delta t}\ln\left|\dfrac{t^2}{t^2-\Delta t^2}\right|\right\}$			$j\,\mathrm{sign}(f)\left[\dfrac{\sin(\pi\Delta t f)}{\pi\Delta t f}\right]^2$

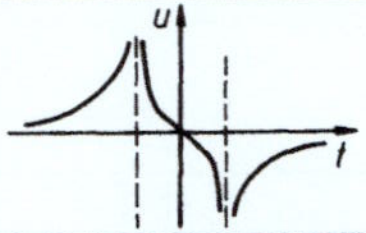

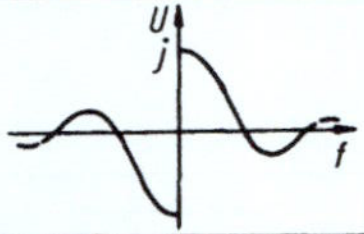

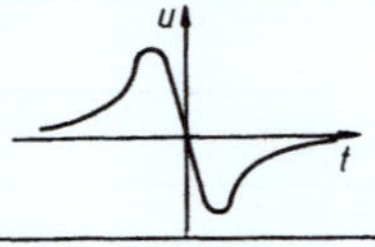

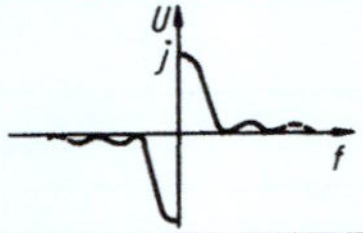

Bild 2.14. Tabelle ungerader Zeitfunktionen und der zugehörigen eindimensionalen Fourier-Transformierten

Ungerade Funktionen

Zeitfunktion	$u(t) \circ\!\!-\!\!\bullet U(f)$		Spektrum
$\operatorname{sign}(t) \cdot e^{-\alpha|t|}$			$j \cdot \dfrac{-2(2\pi f)}{\alpha^2 + (2\pi f)^2}$
$\dfrac{-2(2\pi t)}{\alpha^2 + (2\pi t)^2}$			$j \cdot \operatorname{sign}(f) \cdot e^{-\alpha|f|}$
$\begin{aligned} -1 \quad &\text{für} \quad -\left(t_0 + \tfrac{\Delta t}{2}\right) < t < -\left(t_0 - \tfrac{\Delta t}{2}\right) \\ +1 \quad &\text{für} \quad t_0 - \tfrac{\Delta t}{2} < t < t_0 + \tfrac{\Delta t}{2} \\ 0 \quad &\text{sonst} \end{aligned}$			$-j2\Delta t\, \dfrac{\sin(\pi\Delta t f)}{\pi\Delta t f}\, \sin(2\pi f t_0)$
$-2\Delta f\, \dfrac{\sin(\pi\Delta f t)}{\pi\Delta f t}\, \sin(2\pi t f_0)$			$\begin{aligned} -1 \quad &\text{für} \quad -\left(f_0 + \tfrac{\Delta f}{2}\right) < t < -\left(f_0 - \tfrac{\Delta f}{2}\right) \\ +1 \quad &\text{für} \quad f_0 - \tfrac{\Delta f}{2} < f < f_0 + \tfrac{\Delta f}{2} \end{aligned}$

Bild 2.14 (Fortsetzung)

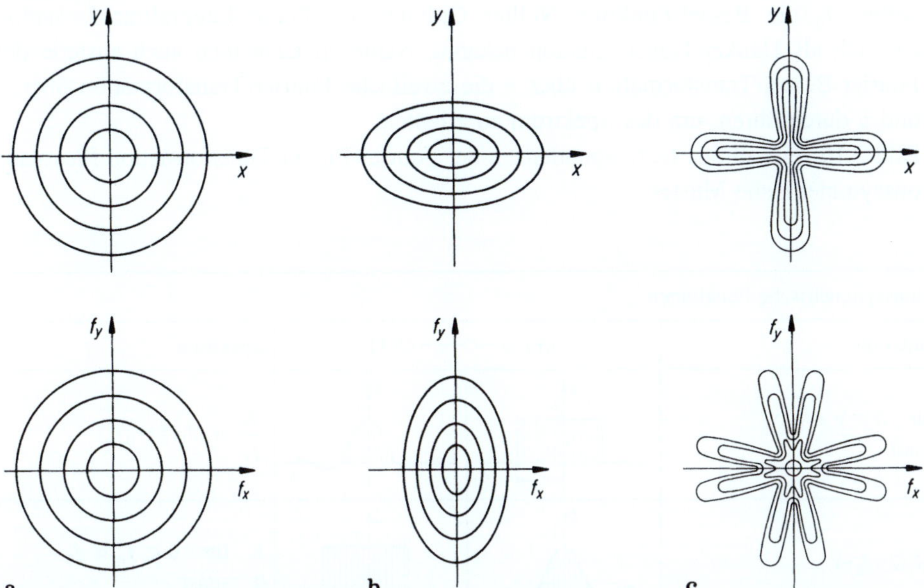

Bild 2.15. Rotationssymmetrische stehende Muster. *a* Rotationssymmetrische Struktur; *b* elliptische Struktur; *c* rotationsperiodische Struktur

ungerader Funktionen und ihre Vertauschungen zusammengestellt, wobei gilt:

$$u(t) = \text{sign}(t) \cdot g(t)\,. \tag{2.68}$$

Aus dem Faltungssatz erhält man für das Spektrum die sog. Hilbert-Transformation

$$U(f) = \int\limits_{-\infty}^{+\infty} \frac{G(\varphi)}{j\pi(f - \varphi)}\, d\varphi\,. \tag{2.69}$$

Addiert man entsprechende gerade und ungerade Funktionen, so erhält man bei $t = 0$ beginnende Funktionen. Sie bilden Korrespondenzen der Laplace-Transformation.

Rotationssymmetrische Struktur

$$g(x, y) = g_r(r) \quad \text{mit} \quad r = \sqrt{x^2 + y^2}\,,$$
$$G(f_x, f_y) = G_r(f_r) \quad \text{mit} \quad f_r = \sqrt{f_x^2 + f_y^2}\,. \tag{2.70}$$

Gemäß Bild 2.15a ist das Muster nur vom Radius r abhängig. Dann gilt das Entsprechende für das Spektrum. (In Bild 2.15 ist das Erregungsmuster durch seine Höhenlinien angedeutet.)

Zwischen den beiden Funktionen $g_r(r)$ und $G_r(f_r)$ gilt der im folgenden als Fourier-Bessel-Transformation mit dem Zeichen $g_r(r) \multimap G_r(f_r)$ bezeichnete Zusammenhang:

$$g_r(r) = 2\pi \int\limits_0^\infty f_r \cdot G_r(f_r)\, J_0(2\pi r f_r)\, df_r\,,$$
$$G_r(f_r) = 2\pi \int\limits_0^\infty r \cdot g_r(r)\, J_0(2\pi r f_r)\, dr\,, \tag{2.71}$$

wobei J_0 die Bessel-Funktion Nullter Ordnung ist. Diese Integraltransformation ist auch als Hankel-Transformation bekannt. Natürlich kann man auch anstelle der Fourier-Bessel-Transformation über r die zweifache Fourier-Transformation über x und y durchführen, um das Spektrum zu erhalten.

Bild 2.16 zeigt einige Korrespondenzen der Fourier-Bessel-Transformation für rotationssymmetrische Muster.

Rotationssymmetrische Funktionen

Ortsfunktion	$g(r) \longrightarrow\!\circ\!\longrightarrow G(f)$	Spektrum
h für $0 < r < r_0$ 0 sonst		$\dfrac{h}{f_r} \cdot r_0 J_1(2\pi r_0 f_r)$
$\dfrac{h}{r} f_0 J_1(2\pi f_0 r)$		h für $0 < f_r < f_0$ 0 sonst
h für $r_1 < r < r_2$ 0 sonst		$\dfrac{h}{f_r}[r_2 J_1(2\pi r_2 f_r) - r_1 J_1(2\pi r_1 f_r)]$
$\dfrac{h}{f_r}[f_2 J_1(2\pi f_2 r) - f_1 J_1(2\pi f_1 r)]$		h für $f_1 < f_r < f_2$ 0 sonst
$\delta(r - r_0)$		$2\pi r_0 J_0(2\pi r_0 f_r)$
$2\pi f_0 J_0(2\pi f_0 r)$		$\delta(f_r - f_0)$
$\dfrac{1}{r}$ für $0 < r < \infty$		$\dfrac{1}{f_r}$
$\dfrac{1}{\sqrt{1 - r^2}}$ für $0 < r < 1$ 0 sonst		$\dfrac{\sin(2\pi f_r)}{f_r}$
$\dfrac{\sin(2\pi r)}{r}$		$\dfrac{1}{\sqrt{1 - f_r^2}}$ für $0 < f_r < 1$ 0 sonst

Bild 2.16. Tabelle rotationssymmetrischer Muster

Rotationssymmetrische Funktionen

Ortsfunktion	$g(r) \;\longrightarrow\!\circ\!\longrightarrow\; G(f)$		Spektrum
$\dfrac{1}{\sqrt{r^2-1}}$ für $1<r<\infty$ 0 sonst			$\dfrac{\cos(2\pi f_r)}{f_r}$
$\dfrac{\cos(2\pi r)}{r}$			$\dfrac{1}{\sqrt{f_r^2-1}}$ für $1<f_r<\infty$ 0 sonst
$\dfrac{1}{r\sqrt{1-r^2}}$ für $0<r<1$ 0 sonst			$\pi^2[J_0(\pi f_r)]^2$
$\pi^2[J_0(\pi r)]^2$			$\dfrac{1}{f_r\sqrt{1-f_r^2}}$ für $0<f_r<1$ 0 sonst
$\dfrac{1}{\sqrt{r^2+a^2}}$ für $0<r<\infty$ $a>0$			$\dfrac{e^{-2\pi a f_r}}{f_r}$
$\dfrac{e^{-2\pi a r}}{r}$			$\dfrac{1}{\sqrt{f_r^2+a^2}}$ für $0<f<\infty$ $a>0$
$\dfrac{1}{\sqrt{(r^2+a^2)^3}}$ für $0<r<\infty$ $a>0$			$\dfrac{2\pi}{a}\cdot e^{-2\pi a f_r}$
$\dfrac{2\pi}{a}\cdot e^{-2\pi a r}$			$\dfrac{1}{\sqrt{(f_r^2+a^2)^3}}$ für $0<f_r<\infty$ $a>0$
$e^{-\alpha\pi r^2}$ für $0<r<\infty$ $\mathrm{Re}\{\alpha\}>0$			$\dfrac{1}{\alpha}\cdot e^{-\frac{\pi f_r^2}{\alpha}}$

Bild 2.16 (Fortsetzung)

Elliptische Struktur. Mit dem Ähnlichkeitssatz erhält man aus einer rotationssymmetrischen Struktur g eine elliptische Struktur, wenn man setzt:

$$g(ax, by) = g_e(x, y),$$

$$\frac{1}{a\cdot b}\, G\!\left(\frac{f_x}{a}, \frac{f_y}{b}\right) = G_e(f_x, f_y). \tag{2.72}$$

Die Frequenzkoordinate wird genau umgekehrt proportional der Ortskoordinate verzerrt, was zur Struktur von Bild 2.15b führt. Beim Vorliegen einer solchen Struktur wird man zweckmäßig entsprechend verzerrte Koordinaten einsetzen und damit eine rotationssymmetrische Struktur erhalten.

Rotationsperiodische Struktur

$$g(x,y) = g_r(r) \cdot \cos(n\varphi), \qquad r = \sqrt{x^2 + y^2},$$
$$G(f_x, f_y) = G_r(f_r) \cdot \cos(n\varphi), \quad f_r = \sqrt{f_x^2 + f_y^2}. \tag{2.73}$$

Zwischen den beiden Radialfunktionen gilt nun die Fourier-Bessel-Transformation n-ter Ordnung mit $g_r \relbar\relbar n \relbar\relbar G_r$, wobei J_n die Bessel-Funktion n-ter Ordnung ist:

$$g_r(r) = 2\pi \int_0^\infty f_r \cdot G_r(f_r) J_n(2\pi r f_r) df_r$$
$$G_r(f_r) = 2\pi \int_0^\infty r \cdot g_r(r) \cdot J_n(2\pi r f_r) dr. \tag{2.74}$$

n darf dabei alle Werte $n \geqq -\frac{1}{2}$ annehmen. Ein typisches Beispiel für $n = 2$ zeigt Bild 2.15c.

Diskrete Musterstruktur. Neuronale Schichtstrukturen bestehen aus in geringem Abstand nebeneinanderliegenden Neuronen, so daß ihr Erregungsmuster eigentlich keine kontinuierliche, sondern eine diskrete Funktion des Ortes ist. Mit Hilfe des Abtasttheorems läßt sich diese jedoch in eine kontinuierliche überführen, was im folgenden gezeigt wird. Gemäß Bild 2.17 nehmen wir in der (xy)-Ebene ein regelmäßiges diskretes Muster an mit Punktabständen Δx bzw. Δy.

Die diskrete Ortsfunktion ist dann durch folgenden Ausdruck darstellbar:

$$g_D(x,y) = \sum_{m=-\infty}^{+\infty} \sum_{n=-\infty}^{+\infty} g(m\Delta x, n\Delta y)$$
$$\cdot \Delta x \, \Delta y \cdot \delta(x - m\,\Delta x) \cdot \delta(y - n\,\Delta y). \tag{2.75}$$

$g(x,y)$ ist dabei eine kontinuierliche Hüllfläche der diskreten Funktion, und wir haben das Impulsintegral der Dirac-Stöße so angesetzt, daß es näherungsweise gleich dem Integral im $\Delta x \cdot \Delta y$-Bereich über die Hüllfläche ist (vgl. schraffiertes Rechteck von Bild 2.17).

Das Spektrum von g_D ergibt sich durch gliedweise örtliche Fourier-Transformation zu

$$G_D(f_x, f_y) = \sum_{m=-\infty}^{+\infty} \sum_{n=-\infty}^{+\infty} g(m\Delta x, n\Delta y) \cdot \Delta x \, \Delta y$$
$$\cdot e^{-j2\pi(m\Delta x f_x + n\Delta y f_y)}. \tag{2.76}$$

Es ist eine doppelt periodische Fourier-Reihe, mit den Perioden

$$F_x = \frac{1}{\Delta x} \quad \text{und} \quad F_y = \frac{1}{\Delta y}$$

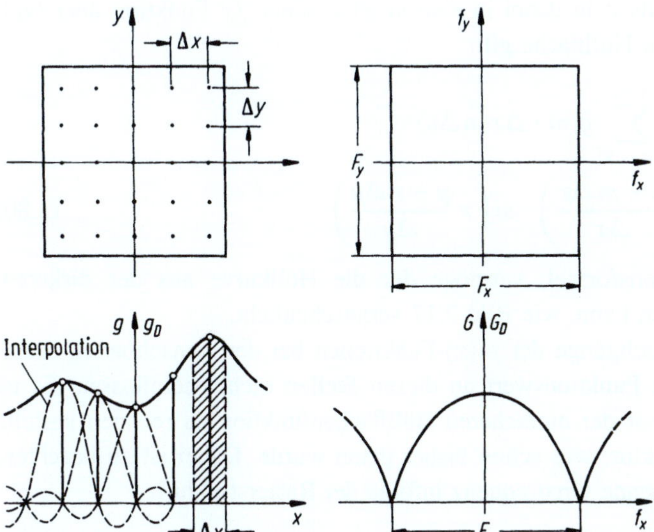

Bild 2.17. Diskrete Musterstruktur

(vgl. Bild 2.17). Die Koeffizienten dieser Fourier-Reihe berechnen sich durch Anwendung der Koeffizientenformel zu:

$$g(m\Delta x, n\Delta y) = \int\limits_{-F_x/2}^{+F_x/2} \int\limits_{-F_y/2}^{+F_y/2} G_D(f_x, f_y)$$
$$\cdot\, e^{+j2\pi(m\Delta x f_x + n\Delta y f_y)}\, df_x\, df_y\,. \tag{2.77}$$

Andererseits gilt für $g(x,y)$ ○════● $G(f_x, f_y)$ aufgrund des Zusammenhanges durch die Fourier-Transformation:

$$g(x,y) = \int\limits_{-\infty}^{+\infty} \int\limits_{-\infty}^{+\infty} G(f_x, f_y) \cdot e^{j2\pi(x f_x + y f_y)}\, df_x\, df_y\,. \tag{2.78}$$

Die beiden Gleichungen stimmen dann für $x = m \cdot \Delta x$ und $y = n \cdot \Delta y$ überein, wenn für das Spektrum der Hüllfläche gilt:

$$G(f_x, f_y) = G_D(f_x, f_y) \begin{cases} -\dfrac{F_x}{2} < f_x < +\dfrac{F_x}{2} \\[2mm] -\dfrac{F_y}{2} < f_y < +\dfrac{F_y}{2} \end{cases} \tag{2.79}$$

$$G(f_x, f_y) = 0 \quad \text{sonst.}$$

Das heißt, das Spektrum der Hüllfläche stimmt mit demjenigen der diskreten Funktion in der Grundperiodenfläche $F_x \cdot F_y$ überein und ist außerhalb Null zu setzen. Damit läßt sich die Hüllfläche bestimmen: Sie entsteht aus der diskreten Ortsfunktion durch Bandbegrenzung der Ortsfrequenzen mit einem idealen Tiefpaß der Bandbreite

$$F_x = \frac{1}{\Delta x} \quad \text{bzw.} \quad F_y = \frac{1}{\Delta y}\,.$$

Ein örtlicher Dirac-Impuls geht dabei in eine $si(x) = \sin(x)/x$ Funktion über (vgl. Bild 2.17), so daß für die Hüllfläche gilt:

$$g(x,y) = \sum_{m=-\infty}^{+\infty} \sum_{n=-\infty}^{+\infty} g(m \cdot \Delta x, n\Delta y)$$
$$\cdot si\left(\pi \frac{x - m\Delta x}{\Delta x}\right) \cdot si\left(\pi \frac{y - n\Delta y}{\Delta y}\right). \tag{2.80}$$

Dies ist die Interpolationsformel, vermöge der die Hüllkurve aus der diskreten Funktion ermittelt werden kann, wie Bild 2.17 veranschaulicht.

Dabei liegen die Nulldurchgänge der $si(x)$-Funktionen bei den benachbarten Stützpunkten, so daß sie den Funktionswert an diesen Stellen nicht beeinflussen. Es ist natürlich zweckmäßig, mit der einfacheren Hüllflächenfunktion zu rechnen anstelle der diskreten Musterstruktur, was schon bisher getan wurde. Dabei ist zu beachten, daß die größte vorkommende Ortsfrequenz infolge der Rasterstruktur

$$(f_x)_{\text{max}} = \frac{1}{2 \cdot \Delta x} \quad \text{bzw.} \quad (f_y)_{\text{max}} = \frac{1}{2 \cdot \Delta y}$$

ist. Die obigen Zusammenhänge stellen eine Erweiterung des zeitlichen Abtasttheorems für Flächenmuster dar.

Bewegte Muster

Im folgenden sollen nicht allgemein bewegte Muster besprochen werden, sondern solche, die ihre Form während der Bewegung beibehalten oder in einer ganz bestimmten Weise verändern. Es werden also die verschiedenen Typen von Bewegungen zu besprechen sein.

Translation (geradlinige Bewegung konstanter Geschwindigkeit)

$$q(x,y,t) = g_M(x - v_x \cdot t, y - v_y \cdot t), \tag{2.81}$$

wobei $g_M(x,y)$ das bewegte Muster ist, wie Bild 2.18 veranschaulicht. Es ist dann das zweifach nach dem Ort transformierte Spektrum nach dem Verschiebungssatz

$$Q^{xy}(f_x, f_y, t) = G_M(f_x, f_y) \cdot e^{-j2\pi(f_x \cdot v_x \cdot t + f_y \cdot v_y \cdot t)}. \tag{2.82}$$

Die zeitliche Fourier-Transformation gibt:

$$Q(f_x, f_y, f_t) = G_M(f_x, f_y) \cdot \delta(f_t + f_x \cdot v_x + f_y \cdot v_y)$$
$$= G_M(f_x, f_y) \cdot T. \tag{2.83}$$

Die Bewegung drückt sich also im Spektrum durch Multiplikation mit dem „Translationsfaktor"

$$T = \delta(f_t + f_x \cdot v_x + f_x \cdot v_y) \tag{2.84}$$

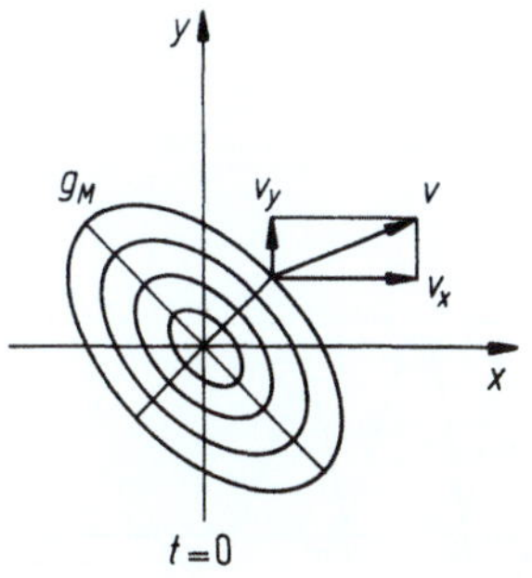

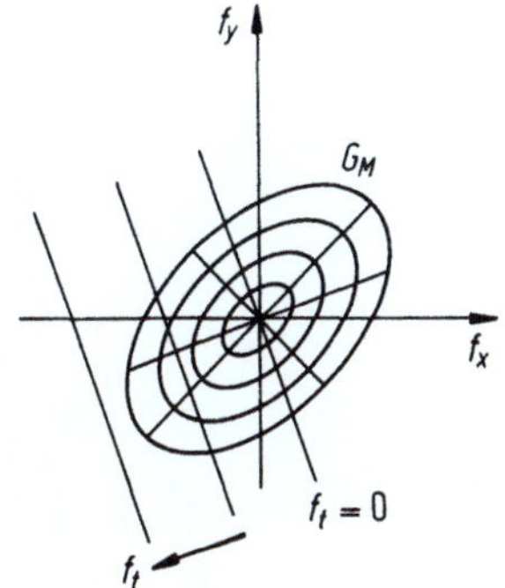

Bild 2.18. Translationsbewegung

aus, der in diesem Fall ein Dirac-Stoß ist, so daß alle Ortsfrequenzen, außer denjenigen für die

$$f_t = -f_x \cdot v_x - f_y v_y \tag{2.85}$$

ist, unterdrückt werden. Diese Gleichung in der Frequenzebene verläuft, wie Bild 2.18 zeigt, normal zur Geschwindigkeit in der x, y-Ebene. Aus dem Ortsspektrum des Musters $G_M(f_x, f_y)$ werden daher in Abhängigkeit von f_t nur bestimmte „Linien" herausgeschnitten. Das Ergebnis wird aus der Betrachtung von Bild 2.18 verständlich. Diejenigen Ortsfrequenzen von G_M für die Gl. (2.85) gültig ist, ergeben ein bewegtes Sinusmuster und bilden daher auch eine Spektrallinie des Orts-Zeitspektrums. Die hier betrachtete Bewegung verlief gleichförmig von $-\infty < t + \infty$, d. h. auch für negative Zeiten. Diese Struktur wird aus Kausalitätsgründen für den Übertragungsfaktor im allgemeinen nicht realisierbar sein. Es wird hier der Vorgang bei $t = 0$ beginnen müssen, d. h.

$$q(x, y, t) = g_M(x - v_x t, y - v_y t) \cdot \gamma(t). \tag{2.86}$$

Nun ergibt sich der „Translationsfaktor" des Spektrums zu:

$$\begin{aligned}
T_\gamma &= \frac{1}{j2\pi(f_t + f_x \cdot v_x + f_y \cdot v_y)'} \\
&= \frac{1}{2}\delta(f_t + f_x \cdot v_x + f_y \cdot v_y) + \frac{1}{j2\pi(f_t + f_x \cdot v_x + f_y \cdot v_y)}. \tag{2.87}
\end{aligned}$$

Rotation (Kreisbewegung konstanter Winkelgeschwindigkeit)

$$q(x, y, t) = g_M(x - r_0 \cos(\omega_0 t), y - r_0 \sin(\omega_0 t)). \tag{2.88}$$

Gemäß Bild 2.19 wird das Muster $g_M(x, y)$ auf eine Kreisbahn mit den Koordinaten $x_0 \cos(\omega_0 t)$ und $y_0 \sin(\omega_0 t)$ gebracht und mit konstanter Winkelgschwindigkeit verschoben. Zu beachten ist dabei, daß sich die $x - y$-Orientierung des Musters nicht ändert; es dreht sich selbst bei der Rotation also nicht mit. Die zweimalige Fourier-Transformation nach dem Ort ergibt:

$$Q^{xy}(f_x, f_y, t) = G_M(f_x, f_y) \cdot e^{-j2\pi(f_x r_0 \cos(\omega_0 t) + f_y r_0 \sin(\omega_0 t))}. \tag{2.89}$$

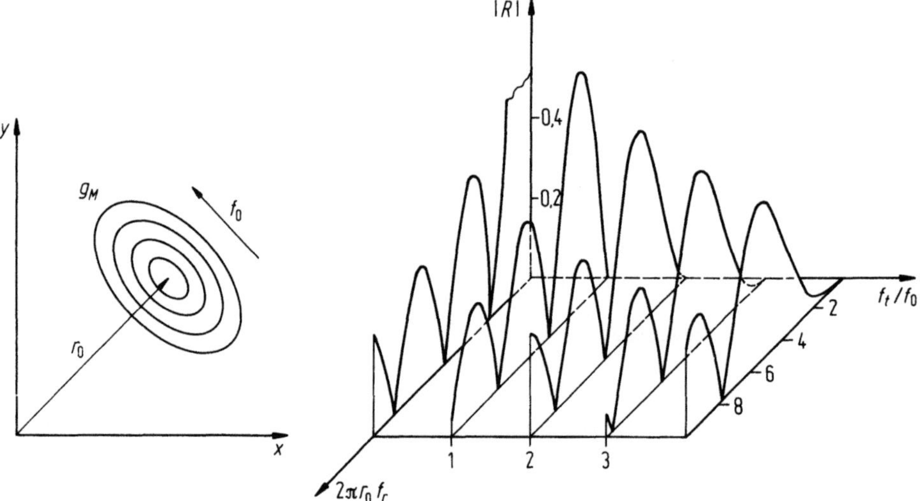

Bild 2.19. Rotationsbewegung

Die Fourier-Transformation nach der Zeit führt auf ein Linienspektrum nach Bessel-Funktionen, so daß für den spektralen Rotationsfaktor gilt:

$$R = \int\limits_{-\infty}^{+\infty} e^{j2\pi(f_x r_0 \cos(\omega_0 t) + f_y r_0 \sin(\omega_0 t))}\, e^{-j2\pi f_t t}\, dt\,, \tag{2.90}$$

was nach der Integration zu folgendem Ergebnis führt:

$$R = \sum_{n=-\infty}^{+\infty} J_n(-2\pi r_0 f_r)\, e^{jn \arcsin \frac{f_x}{f_r}} \cdot \delta(f_t - n f_0) \tag{2.91}$$

mit

$$f_r = \sqrt{f_x^2 + f_y^2}$$

(s. Bild 2.19).

Damit erhalten wir für das gesamte Spektrum:

$$Q(f_x, f_y, f_t) = G_M(f_x, f_y) \cdot R\,. \tag{2.92}$$

Beginnt die Rotation zur Zeit $t = 0$, so gilt:

$$q(x, y, t) = g_M(x - x_0 \cos(\omega_0 t), y - y_0 \sin(\omega_0 t)) \cdot \gamma(t)\,, \tag{2.93}$$

was auf ein Teilspektrum folgender Form führt:

$$Q^{xy}(f_x, f_y, t) = G_M(f_x, f_y) \cdot e^{-j2\pi(f_x x_0 \cos(\omega_0 t) + f_y y_0 \sin(\omega_0 t))} \cdot \gamma(t)\,. \tag{2.94}$$

Zu diesem Teilspektrum gehört folgender Rotationsfaktor:

$$R = \sum_{n=-\infty}^{+\infty} J_n(-2\pi A)\, e^{jn \arcsin \frac{f_x \cdot x_0}{A}}$$

$$\cdot \left[\frac{1}{j2\pi(f_t - n f_0)} + \frac{1}{2}\, \delta(f_t - n f_0) \right]\,, \tag{2.95}$$

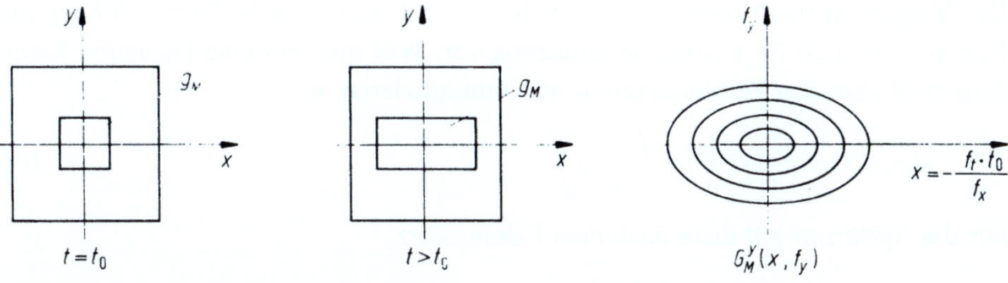

Bild 2.20. Lineare Kompression-Dilatation

mit

$$A = \sqrt{(f_x \cdot x_0)^2 + (f_y \cdot y_0)^2} \, .$$

Lineare Kompression-Dilatation. Eine Musterfunktion $g_M(x, y)$ werde in x-Richtung proportional mit der Zeit verzerrt, wobei ihr Integral gleich bleibe, d. h.

$$q(x, y, t) = \frac{1}{a} \, g_M\left(\frac{x}{a}, y\right), \tag{2.96}$$

mit

$$a = \frac{t}{t_0} \, .$$

Bild 2.20 veranschaulicht dies.

Die örtliche Fourier-Transformation gibt:

$$Q^{xy} = G_M(f_x \cdot a, f_y) = G_M\left(f_x \cdot \frac{t}{t_0}, \, f_y\right). \tag{2.97}$$

Die Fourier-Transformation nach der Zeit gibt:

$$Q = \int\limits_{-\infty}^{+\infty} G_M\left(f_x \cdot \frac{t}{t_0}, \, f_y\right) \cdot e^{-j2\pi f_t t} \, dt \tag{2.98}$$

und mit der Substitution

$$\eta = f_x \cdot \frac{t}{t_0}$$

erhält man für das totale Spektrum

$$Q = \frac{t_0}{f_x} \int\limits_{-\infty}^{+\infty} G_M(\eta, f_y) \cdot e^{-j2\pi \frac{t_0}{f_x} f_t \eta} \, d\eta \, . \tag{2.99}$$

Nun gilt für das Teilspektrum G_M^y:

$$G_M^y(x, f_y) = \int\limits_{-\infty}^{+\infty} G_M(f_x, f_y) \cdot e^{+j2\pi x f_x} \, df_x \, . \tag{2.100}$$

Beide Gleichungen stimmen für $x = -\dfrac{t_0 \cdot f_t}{f_x}$ überein, also gilt:

$$Q(f_x, f_y, f_t) = \frac{t_0}{f_x} \, G_M^y\left(-\frac{t_0 f_t}{f_z}, \, f_y\right). \tag{2.101}$$

Der Vorgang verläuft im ganzen Bereich $-\infty < t < +\infty$, d. h. für $t < 0$ liegt eine Kompression und für $t > 0$ eine Dilatation vor. Will man nur eine Dilatation haben, dann muß man den Zeitvorgang mit $\gamma(t)$ multiplizieren, d. h.

$$q(x, y, t) = \gamma(t) \cdot \frac{1}{a} \, g_M\left(\frac{x}{a}, y\right). \tag{2.102}$$

Für das Spektrum gilt dann nach dem Faltungssatz

$$Q = \frac{t_0}{f_x} \, G_M^y\left(-\frac{t_0 \cdot f_t}{f_x}, f_y\right) \overset{f_t}{*} \frac{1}{j2\pi f_t'}. \tag{2.103}$$

Nimmt man als ein Beispiel,

$$g_M = \delta(x - x_0) \cdot \delta(y), \tag{2.104}$$

so würde der Dirac-Stoß mit konstanter Geschwindigkeit $v = x_0/t_0$ in x-Richtung laufen. Mit

$$G_M^y = \delta(x - x_0)$$

gilt dann:

$$Q = \frac{t_0}{f_x} \cdot \delta\left(-\frac{t_0 f_t}{f_x} - x_0\right) = \delta(f_t + vf_x). \tag{2.105}$$

Dies ist das gleiche Ergebnis wie bei der linearen Translation.

Orthogonale Kompression-Dilatation. Hier nehmen wir der Einfachheit halber ein orthogonales Muster an, das in x- und y-Richtung mit verschiedener Geschwindigkeit dilatiert wurde:

$$q(x, y, t) = \frac{1}{a} \, g_1\left(\frac{x}{a}\right) \cdot \frac{1}{b} \, g_2\left(\frac{y}{b}\right) \tag{2.106}$$

mit

$$a = \frac{t}{t_1} \quad \text{und} \quad b = \frac{t}{t_2}. $$

Nach örtlicher Fourier-Transformation gilt:

$$Q^{xy} = G_1\left(f_x \frac{t}{t_1}\right) \cdot G_2\left(f_y \frac{t}{t_2}\right). \tag{2.107}$$

Die Fourier-Zeittransformation kann für die beiden Faktoren getrennt vorgenommen werden und ergibt, ähnlich wie vorher, das totale Spektrum

$$
\begin{aligned}
Q_1 &= \frac{t_1}{f_x} \, g_1\left(-\frac{t_1 \cdot f_t}{f_x}\right), \\
Q_2 &= \frac{t_2}{f_y} \, g_2\left(-\frac{t_2 \cdot f_t}{f_y}\right).
\end{aligned}
\tag{2.108}$$

Aufgrund des Faltungssatzes gilt dann:

$$Q(f_x, f_y, f_t) = Q_1 \overset{f_t}{*} Q_2. \tag{2.109}$$

Will man den Vorgang bei $t = 0$ beginnen lassen, also eine reine Dilatation darstellen, so muß nochmals mit $\dfrac{1}{j2\pi f'_t}$ gefaltet werden, also

$$Q = Q_1 * Q_2 * \frac{1}{j2\pi f'_t},\tag{2.110}$$

wobei alle Faltungen nach der Zeitfrequenz zu verstehen sind.

Rotationssymmetrische Dilatation. Wir benutzen ein rotationssymmetrisches Muster $g_r(r)$, das zeitproportional dilatiert werde unter Beibehaltung des Flächenintegrals

$$q(x, y, t) = \frac{1}{a^2}\, g_r\left(\frac{r}{a}\right)\tag{2.111}$$

mit

$$a = \frac{t}{t_0}.$$

Die Fourier-Transformation nach dem Ort liefert unter Benutzung der Fourier-Bessel-Transformation

$$g_r(r)\;\text{———O———}\;G_r(f_r),$$
$$Q^{xy} = G_r(af_r) = G_r\left(f_r\,\frac{t}{t_0}\right).\tag{2.112}$$

Da die Fourier-Bessel-Transformation nur für positive Variable definiert ist, kann hier nur der Dilatationsvorgang für $t > 0$ betrachtet werden. Das bedeutet, daß die Fourier-Zeittransformation im Sinne der Laplace-Transformation (für $t > 0$) durchzuführen ist, womit gilt:

$$Q(f_x, f_y, f_t) = L\left[G_r\left(f_r\,\frac{t}{t_0}\right)\right].\tag{2.113}$$

Als Beispiel werde der schmale Ring mit Radius r_0 zum Zeitpunkt t_0 betrachtet. Er dilatiert mit der Geschwindigkeit

$$v = \frac{r_0}{t_0}.$$

Es ist

$$g_r = \delta(r - r_0)$$
$$q(x, y, t) = \left(\frac{t_0}{t}\right)^2 \delta\left(r\,\frac{t_0}{t} - r_0\right) = \left(\frac{r_0}{r}\right)^2 \delta(r - vt).\tag{2.114}$$

Dies ist in Bild 2.21 dargestellt. Mit

$$G_r = r_0 \cdot J_0(r_0 f_r)$$

erhalten wir:

$$Q(f_x, f_y, f_t) = L\left[r_0 J_0\left(r_0 f_r\,\frac{t}{t_0}\right)\right],\tag{2.115}$$
$$Q(f_x, f_y, f_t) = r_0 L[J_0(v f_r t)].$$

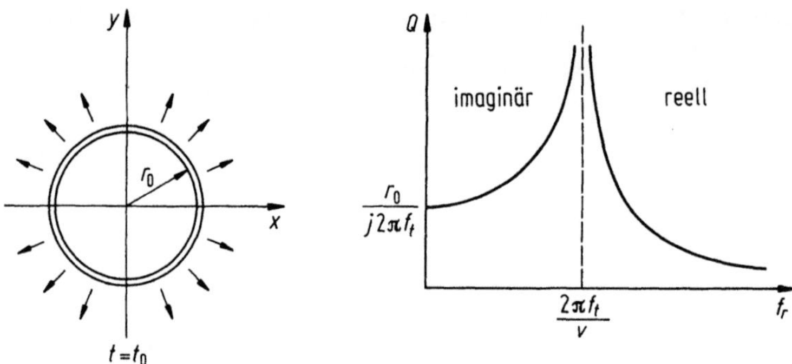

Bild 2.21. Dilatation eines schmalen Ringes

Die Laplace-Transformation ergibt:

$$Q(f_x, f_y, f_t) = \frac{r_0}{\sqrt{f_r^2 v^2 - 4\pi^2 f_t^2}} \,. \tag{2.116}$$

Dieses Spektrum hat einen Pol bei $\dot{f}_r = \dfrac{2\pi}{v} \cdot f_t$ und ist für kleinere Werte von f_r imaginär, für größere reell, wie Bild 2.21 zeigt.

3 Systemtheorie homogener Medien

3.1 Physikalische Grundlagen

Die Systemtheorie homogener Medien bezieht sich auf dreidimensionale Raumsignale mit dem Ortsvektor $r = (x, y, z)^T$ und der Zeitkoordinate t. Sie behandelt demnach 4-dimensionale Signale und stellt insofern eine Erweiterung der Systemtheorie homogener Schichten um die Ortskoordinate z dar. Mit dieser Theorie können sowohl neuronale Netze mit einer dreidimensionalen Verkopplung behandelt werden, als vor allem auch die meisten im Raum-Zeit-Kontinuum ablaufenden physikalischen Vorgänge. Solche sind beispielsweise die Diffussion, die Wärmeleitung, die Schallausbreitung, die Ausbreitung elektromagnetischer Wellen, insbesondere des Lichts. Am Rande sei hierbei vermerkt, daß Jean Baptist Joseph Fourier die nach ihm benannte Reihenentwicklung erstmalig für die Lösung von Wärmeleitproblemen benutzt hat. Wieder setzen wir Linearität sowie örtliche Homogenität (jedoch nicht unbedingt Isotropie) und zeitliche Invarianz voraus. (Die letzten beiden Forderungen entfallen allerdings – wie schon in der eindimensionalen Systemtheorie – bei der Operation der idealen Modulation). Für die Beschreibung der Signalübertragung in homogenen Medien definieren wir 3 Funktionen und ihre Spektren.

Ursachenfunktion	$u_1(r, t)$ ○——●	$U_1(f_r, f_t)$
Wirkungsfunktion	$u_2(r, t)$ ○——●	$U_2(f_r, f_t)$
Punktimpulsantwort s	$s(r, t)$ ○——●	$S(f_r, f_t)$

sowie Systemfunktion

bzw. Übertragungsfaktor S.

Die Fouriertransformation ist hierbei 4-fach durchzuführen; es handelt sich also um totale Spektren. Hierbei wurde der Ortsfrequenzvektor $f_r = (f_x, f_y, f_z)^T$ sowie die Zeitfrequenz f_t verwendet. Bei realisierbaren bzw. physikalischen Systemen muß die Impulsantwort kausal sein, d. h.

$$s(r, t) = 0 \quad \text{für} \quad t < 0.$$

Dies bedeutet, daß die zeitliche Spektraltransformation auch als Laplace-Transformation durchgeführt werden kann.

Alle Orts-Zeit-Funktionen müssen exponentiell begrenzt sein, um die Stabilität sicherzustellen. Die Systemfunktion $S(f_r, f_t)$ läßt sich aus der Differentialgleichung des Systems bestimmen. Dies erfolgt völlig analog zu Gl. (2.5) des vorigen Abschnittes, wobei noch die Koordinate z hinzuzufügen ist. Damit gilt auch entsprechend Gl. (2.4) des vorigen Abschnittes

$$U_2(f_r, f_t) = S(f_r, f_t) \cdot U_1(f_r, f_t) \tag{3.1}$$

$u_1(r,t)$ $u_2(r,t) = s(r,t) * u_1(r,t)$

$$s(r,t)$$
$$S(f_r, f_t)$$

$U_1(f_r, f_t)$ $U_2(f_r, f_t) = S(f_r, f_t) \cdot U_1(f_r, f_t)$

Bild 3.1. Rechenregeln der raum-zeitlichen Übertragung

$u_1(r,t)$ $u_2(r,t) = m(r,t) \cdot u_1(r,t)$

$U_1(f_r, f_t)$ $U_2(f_r, f_t) = M(f_r, f_t) * U_1(f_r, f_t)$

$$m(r,t)$$
$$M(f_r, f_t)$$

Bild 3.2. Rechenregeln der raum-zeitlichen Modulation

und es folgt aufgrund des Faltungssatzes

$$u_2(r,t) = s(r,t) * u_1(r,t), \tag{3.2}$$

wobei es sich um eine 4-dimensionale Faltung handelt. Hier zeigt sich der Vorteil der spektralen Rechnung besonders deutlich, da eine Multiplikation gegenüber einer 4-dimensionalen Faltung erheblich einfacher ist.

Zusammenfassend werden die raum-zeitlichen Rechenregeln für eine Übertragung in Bild 3.1 nochmals zusammengestellt.

Rein formal kann auch eine ideale Modulation, d. h. eine erzwungene Modifikation des Raum-Zeit-Signals durch eine Multiplikation mit den gleichen Rechenregeln behandelt werden. Ein solcher Vorgang kann beispielsweise beim Durchgang einer Lichtwelle durch einen Film (oder eine Linse) passieren. Die Rechenregeln sind entsprechend in Bild 3.2 dargestellt. Dies ist, wie wir schon vermerkt haben, eine lineare, jedoch im allgemeinen inhomogene sowie zeitvariante Operation.

Diskussion

Die in den Bildern 3.1 und 3.2 dargestellten Regeln gelten für den Fall, daß u_1 die Ursache (Zwangskraft) und u_2 die davon abhängige Wirkung ist. Beide Größen gelten im gesamten Raum-Zeit-Kontinuum, d. h. in einem bestimmten Raumpunkt (x, y, z) kann gleichzeitig die Ursache u_1 wie auch die Wirkung u_2 vorhanden sein. Das bedeutet, daß die beiden Größen in der Regel verschiedener Natur sind, was auch in einer verschiedenen Dimension zum Ausdruck kommen kann. So setzt man in physikalischen Kontinuen (z. B. Diffussion, Wärmeausbreitung, Wellenausbreitung) in der Regel für die Wirkungsfunktion (Feldgröße) $u_2 = u$ und für die Ursachenfunktion (Quelle) $u_1 = k \cdot q$ wobei k eine meist dimensionsbehaftete Konstante ist. Ein anschauliches Beispiel für die räumliche „Durchdringung" beider Funktionen ist eine leuchtende Wolke (z. B. Bariumwolke), wobei die (räumlich verteilten) Lichtquellen durch die Funktion u_1 und das emittierte Licht durch u_2 dargestellt ist. u_2 kann sowohl in der Wolke selbst als auch außerhalb vorhanden sein. Der Raum außerhalb der Wolke ist der sog. „quellenfreie" Raum, in dem sich das Licht ausbreitet, ohne daß dort eine Lichtquelle vorhanden ist.

In der Systemtheorie wird die Ursachenfunktion $u_1(x, y, z, t)$ im gesamten Raum-Zeit-Kontinuum definiert. Bei manchen Aufgabenstellungen ist die Ursachenfunktion jedoch nur für $t < 0$ oder für $z < 0$ vorhanden, so daß der Bereich für $t > 0$ oder für $z > 0$ quellenfrei ist. Wenn man sich nur für diesen quellenfreien Zeitbereich bzw. Raumbereich interessiert, kann man die Aufgabe noch dahingehend modifizieren, daß man das gesamte Raum-Zeit-Kontinuum als quellenlos erklärt und eine Ursachenfunktion für $t = 0$ bzw. $z = 0$ ansetzt, die stellvertretend für die Ursachen im Bereich $t < 0$ bzw. $z < 0$ steht. Man setzt also

$$u_1(x, y, z, t) = q_0(x, y, z)\, \delta(t)$$

oder

$$u_1(x, y, z, t) = q_0(x, y, z)\, \delta(z)\,.$$

Die Wirkung $u_2(x, y, z, t)$ für $t = 0$ bezeichnet man als „Anfangswert" bzw. für $z = 0$ als „Randwert". Solche Anfangswertprobleme oder Randwertprobleme können mit Hilfe der Differentialgleichung gelöst werden, wobei die homogene Lösung die Auswirkung der Randbedingungen bei $t = 0$ bzw. $z = 0$ beschreibt. Diese Aufspaltung des Problems in eine homogene und partikuläre Lösung ist jedoch in der hier dargestellten Systemtheorie nicht notwendig. Hier wird das System im Ursprungszustand als „ungeladen" bzw. „energielos" betrachtet, so daß alle Wirkungen u_2 auf die Ursachenfunktion u_1 zurückzuführen sind, was in der Gültigkeit der Rechenregeln von Bild 3.1 zum Ausdruck kommt.

Desweiteren soll bemerkt werden, daß die Punktimpulsantwort $s(x, y, z, t)$ in physikalischen Systemen eine kausale Funktion ist, d. h. $s(x, y, z, t) = 0$ für $t < 0$ und (wie alle Ort-Zeit-Funktionen) exponentiell begrenzt sein muß. Sie wird in der Regel auch energiebegrenzt sein, d. h. ihre Gesamtenergie muß aus Stabilitätsgründen endlich sein, oder

$$\int\limits_{-\infty}^{+\infty}\int\int\int s^2(x, y, z, t)\, dx, dy, dz, dt < \infty\,.$$

Ansonsten kann sie recht allgemein beschaffen sein. Insbesonders bei einer Verkopplung in Nervennetzen wäre es möglich, daß vom Ursprung entfernte Raumpunkte zuerst erregt werden und sich dann die Erregung auf den Ursprung zu bewegt, im Sinne einer „Implosion". In physikalischen Kontinuen ist dies jedoch nicht möglich. Hier muß die Impulsantwort im Sinne einer „Explosion" sich zeitlich vom Ursprungsort nach außen hin ausbreiten. Allerdings könnte das Kontinuum im allgemeinen streubehaftet sein (z. B. bei der Lichtausbreitung), jedoch muß die Streufunktion räumlich homogen sein, (Beispiel: Die Rückkopplungen A_{21} in Bild 2.4a und b des vorigen Abschnittes entsprechen einer Rückstreuung). Weiterhin kann die Punktimpulsantwort bezüglich der Raumkoordinaten x, y, z unsymmetrisch sein, was einem anisotropen Medium entspricht. Isotropie liegt in der Regel (wenn auch nicht zwingend) bei den physikalischen Kontinuen vor, was wir in den folgenden Abschnitten annehmen wollen. Beim Vorhandensein der Isotropie vereinfacht sich die mehrdimensionale Fourier-transformation zu einer eindimensionalen Operation. Es gilt dann Rotationssymmetrie; (also Kugelsymmetrie im Raum) und gemäß Tabelle 4.3 gilt die eindimensionale Fourier-Bessel-Transformation mit der radialen Raumkoordinate

$$r = \sqrt{x^2 + y^2 + z^2}$$

und der radialen Raumfrequenz

$$f_r = \sqrt{f_x^2 + f_y^2 + f_z^2}\,.$$

Entsprechende Korrespondenzen finden sich im zweidimensionalen Fall (Kreissymmetrie) in Tabelle 4.2 sowie in Bild 2.16 des vorigen Abschnittes. Eine gegebenenfalls vorliegende Anisotropie kann mit dem gleichen Formalismus ebenfalls behandelt werden, wobei der Ähnlichkeitssatz Anwendung findet (vgl. auch die Bemerkung zu Abschnitt 3.3a).

3.2 Übertragung zwischen zwei parallelen Ebenen im quellenfreien Raum

Wir nehmen gemäß Bild 3.3 zwei zur z-Achse orthogonale Ebenen im Abstand Δz an, wobei der dazwischen liegende Raum quellenfrei sei. In der Ebene bei $z = 0$ wirke eine Ursachenfunktion

$$u_0(x, y, o, t) = q_0(x, y, t) \cdot \delta(z)\,. \tag{3.3}$$

Diese hat in der gleichen Ebene bei $z = 0$ eine Wirkung $u_1(x, y, o, t)$ und in der Ebene bei $z = \Delta z$ eine weitere Wirkung $u_2(x, y, z, t)$ zur Folge. Wir berechnen zunächst u_2 und danach u_1 nach den Regeln von Bild 3.1. Es gilt nach dem Faltungssatz

$$u_2(x, y, z, t) = q_0(x, y, t)\,\delta(z) \overset{xyzt}{*} s(x, y, z, t)\,. \tag{3.4}$$

Die Faltung über z können wir sofort durchführen, da der erste Faltungsfaktor eine Dirac-Funktion (Diracfläche in der Ebene bei $z = 0$) darstellt. Wir erhalten

$$u_2(x, y, z, t) = q_0(x, y, t) \overset{xyt}{*} s(x, y, z, t)\,.$$

Bild 3.3. Übertragung zwischen zwei parallelen Ebenen im quellenfreien Raum (Die hier dargestellten Schnittebenen orthogonal zur z-Achse müssen als unendlich ausgedehnt angenommen werden)

$$q_0(x,y,t) \qquad\qquad u_2(x,y,\Delta z,t) = q_0 \overset{xyt}{*} s$$

$\circ\ s(x,y,\Delta z,t)$
xyt
$\bullet\ S^{xyt}(f_x,f_y,\Delta z,f_t)$

$$Q_0(f_x,f_y,f_t) \qquad\qquad U_2^{xyt}(f_x,f_y,\Delta z,f_t) = Q_0 \cdot S^{xyt}$$

Bild 3.4. Rechenregeln für die Quellenübertragung zwischen zwei parallelen Ebenen. [Dabei ist: $u_1 = q_0(x,y,t) \cdot \delta(z)$ sowie $U_1 = Q_0(f_x,f_y,f_t)$]

Für die Ebene bei $z = \Delta z$ gilt daher:

$$u_2(x,y,\Delta z,t) = q_0(x,y,t) \overset{xyt}{*} s(x,y,\Delta z,t). \tag{3.5}$$

Das 4-dimensionale Problem ist damit auf ein dreidimensionales mit den Koordinaten x,y,t reduziert. Bei der Übersetzung in den Spektralbereich müssen wir daher eine nur 3-dimensionale Fouriertransformation für x,y,t durchführen mit dem Ergebnis

$$U_2^{xyt}(f_x,f_y,\Delta zt,f_t) = Q_0(f_x,f_y,f_t) \cdot S^{xyt}(f_x,f_y,\Delta z,f_t) \tag{3.6}$$

Dieses Ergebnis ist in Bild 3.4 veranschaulicht. Dabei ist der Übertragungsfaktor S^{xyt} als Teilspektrum aus den 4-dimensionalen Größen wie folgt zu ermitteln

$$s(x,y,z,t) \circ\!\!\overset{xyt}{-\!\!-}\!\!\bullet\ S^{xyt}(f_x,f_y,z,f_t) \circ\!\!\overset{z}{-\!\!-}\!\!\bullet\ S(f_x,f_y,f_z,f_t) \tag{3.7}$$

Dies bedeutet, daß er entweder aus der Punktimpulsantwort durch dreifache Fouriertransformation oder aus dem totalen Spektrum durch einfache Fouriertransformation zu berechnen ist.

Wenn wir nun die Wirkung in der Fläche bei $z = 0$ berechnen wollen, gilt der gleiche Formalismus, wobei $z = 0$ zu setzen ist. Beide Berechnungen von u_2 (bei $z = \Delta z$) oder von u_1 (bei $z = 0$) können wir als Quellenproblem bezeichnen. Hierbei kann die Funktion u als ein „Feld" betrachtet werden, das von einer „Quelle" q erzeugt wird.

Da nun der Kausalzusammenhang $q_0 \to u_1 \to u_2$ besteht, können wir u_2 auch aus u_1 berechnen. Hierzu definieren wir den Feldübertragungsfaktor $S_{\Delta z}$ als Quotient beider Spektren bei $z = 0$ und bei $z = \Delta z$ zu

$$S_{\Delta z}(f_x,f_y,f_t) = \frac{U_2^{xyt}(f_x,f_y,\Delta z,f_t)}{U_1^{xyt}(f_x,f_y,0,f_t)} = \frac{S^{xyt}(f_x,f_y,\Delta z,f_t)}{S^{xyt}(f_x,f_y,0,f_t)} \tag{3.8}$$

Nach dreimaliger Fouriertransformation erhalten wir die zugehörige Punktimpulsantwort

$$s_{\Delta z} \circ\!\!\overset{xyt}{-\!\!-}\!\!\bullet\ S_{\Delta z}(f_x,f_y,f_t) \tag{3.9}$$

Die Rechenregeln für die Berechnung von u_2 aus u_1 sind im Bild 3.5 dargestellt.

$$u_1(x,y,0,t) \qquad\qquad u_1(x,y,\Delta z,t) = u_1 \overset{xyt}{*} S_{\Delta z}$$

$$S_{\Delta z}(x,y,t)$$
$$xyt$$
$$S_{\Delta z}(f_x,f_y,f_t)$$

$$U_1^{xyt}(f_x,f_y,0,f_t) \qquad\qquad U_2^{xyt}(f_x,f_y,\Delta z,f_t) = U_1^{xyt}\cdot S_{\Delta z}$$

Bild 3.5: Rechenregeln für die Feldübertragung zwischen zwei parallelen Ebenen. $\Big[$Dabei ist:
$$S_{\Delta z} = \frac{S^{xyt}(f_x,f_y,\Delta z,f_t)}{S^{xyt}(f_x,f_y,0,f_t)}\Big]$$

Bemerkung 1:

Diese letzte Aufgabe wird in der Feldtheorie auch als „Randwertproblem" bezeichnet, da das Feld für $z > 0$ aus den Feldgrößen am Rande für $z = 0$ berechnet werden kann. Bei der Lichtwellenausbreitung entspricht dieses Vorgehen dem Huygens-Fresnelschen Prinzip, wonach aus einer Wellenfront (im quellenfreien Raum) eine folgende Wellenfront durch Überlagerung von Elementarwellen konstruiert werden kann. Unsere Darstellung gilt allerdings allgemeiner und ist nicht an den Verlauf von Wellenfronten im Raum gebunden.

Bemerkung 2:

Die Regeln von Bild 3.4 und Bild 3.5 entsprechen voll der 3-dimensionalen „Systemtheorie der homogenen Schichten" die im letzten Abschnitt behandelt wurde. Um formale Übereinstimmung zu erhalten, müssen die Feldgrößen mit der „Schichtdicke" dz multipliziert werden um die Erregung der Schicht zu erhalten, also $e(x,y,t) = u(x,y,z,t)\,dz$ und das gleiche gilt auch für die Punktimpulsantwort $s(x,y,t)$ der homogenen Schichten. Damit ist die Übertragung zwischen zwei Ebenen im quellenfreien Raum auf die Systemtheorie homogener Schichten gem. Abschnitt 2 zurückgeführt und kann nach den dort beschriebenen Methoden behandelt werden.

Bemerkung 3:

In der Feldtheorie z. B. bei der Wellenausbreitung ist oft auch das sog. „Inversproblem" zu lösen. Dies bedeutet beispielsweise, daß man nach Bild 3.3 aus der Kenntnis von u_2 auf u_1 oder u_0 zurückschließen will, bzw. das Feld oder die Erregung am Ursprung (bei $z = 0$) berechnen will. Dieses Problem ist im Frequenzbereich formal sehr einfach zu lösen, während es im Raum-Zeitbereich große Schwierigkeiten bereiten würde. Ist nämlich ganz allgemein

$$U_2 = S \cdot U_1$$

so läßt sich diese Gleichung auch umgekehrt schreiben mit

$$U_1 = \frac{1}{S} \cdot U_2.$$

Bei der Lösung dieser Gleichung können allerdings praktische Schwierigkeiten auftreten, vor allem die folgenden:

u_2 und damit U_2 ist nicht im gesamten Bereich bekannt. Beispielsweise ist u_2 nach Bild 3.3 nur in einem Teilbereich der an sich unendlich großen Fläche bei $z = \Delta z$ gemessen worden.

Der reziproke Übertragungsfaktor $1/S$ wird für bestimmte Frequenzen sehr groß, so daß an diesen Stellen das „Rauschen" oder die Ungenauigkeit bei der Messung von u_2 sehr stark verstärkt wird.

Beide Gründe führen in der Regel zu Grenzen der Genauigkeit, beispielsweise bei abbildenden Systemen.

3.3 Anwendungen

Im folgenden werden Anwendungsbeispiele beschrieben, die zeigen sollen, wie einfach sich manch kompliziertes Problem im Raum-Zeitbereich durch die Methoden der mehrdimensionalen Systemtheorie darstellen läßt. Alle Beispiele beziehen sich auf ein Raum-Zeitkontinuum. Hierbei wird (der Einfachheit halber) Isotropie vorausgesetzt. Als ein Kontinuum wird der Spezialfall eines Mediums bezeichnet, bei dem sich die Erregung oder Wirkung sukzessive von Raumpunkt zu Raumpunkt fortschreitend fortpflanzt. Eine Fernwirkung ergibt sich damit als Summe der Nahwirkungen über benachbarte Raumpunkte. Eine „Implosion" der Impulsantwort wie in der Diskussion zu Abschnitt 3.1 beschrieben, ist damit ausgeschlossen. Die räumliche Verkopplung in einem solchen Kontinuum kann oft durch den Laplace-Operator

$$\Delta = \frac{\delta^2}{\delta_x^2} + \frac{\delta^2}{\delta_y^2} + \frac{\delta^2}{\delta_z^2} \tag{3.10}$$

beschrieben werden. Dieser bedeutet (für die Differentialgleichung) eine zweifache Differentiation längs den Raumkoordinaten. Im folgenden wird die Diffusion oder die Wärmeleitung sowie die Wellenausbreitung, z. B. die Lichtausbreitung in systemtheoretischer Darstellung besprochen.

3.4 Diffusion oder Wärmeleitung

Die zugehörige Differentialgleichung lautet

$$\Delta u_2(r, t) - \frac{1}{a} \frac{\delta u_2(r, t)}{\delta t} = -u_1(r, t). \tag{3.11}$$

Hierbei ist u_1 die Ursache (die Quelle) und u_2 die Wirkung (das Feld).

Bei der *Wärmeleitung* ist u_2: die Temperatur, a: die Temperaturleitfähigkeit und $u_1 = 1/b \cdot w(r, t)$, wobei w die Wärmeenergiezufuhr und b: die Wärmeleitfähigkeit ist.

Bei der *Diffussion* ist u_2: die Teilchendichte und $u_1 = 1/a \cdot w(r, t)$ wobei w: der Teilchenzufluß und a: der Diffusionskoeffizient ist.

Übersetzen wir Gl. (3.11) in den Spektralbereich unter Anwendung des räumlichen und zeitlichen Differentiationssatzes, so folgt:

$$-4\pi^2(f_x^2 + f_y^2 + f_z^2)U_2 - \frac{1}{a}\,j2\pi f_t \cdot U_2 = -U_1\,. \tag{3.12}$$

Dabei sind $U_2(f_x, f_y, f_z, f_t)$ und $U_1(f_x, f_y, f_z, f_t)$ die totalen Spektren von Wirkung und Ursache. Es folgt daher für den Übertragungsfaktor $S(f_x, f_y, f_z, f_t)$:

$$S = \frac{U_2}{U_1} = \frac{1}{4\pi^2(f_x^2 + f_y^2 + f_z^2) + \dfrac{1}{a}\,j2\pi f_t}\,. \tag{3.13}$$

Er ist bezüglich der Raumfrequenzen rotationssymmetrisch, so daß wir mit $f_r^2 = f_x^2 + f_y^2 + f_z^2$ auch vereinfacht

$$S(f_r, f_t) = \frac{1}{4\pi^2 f_r^2 + \dfrac{1}{a}\,j2\pi f_t} \tag{3.14}$$

schreiben können.

Um die Punktimpulsantwort $s(x, y, z, t)$ auf den raum-zeitlichen Diracimpuls $u_1 = \delta(x), \delta(y), \delta(z), \delta(t)$ zu berechnen, transformieren wir Gl. (3.14) zunächst nach der Zeit. Hierbei müssen wir die Kausalitätsforderung beachten; d. h. daß mit $p = j2\pi f_t$ eine Laplace-Transformation durchzuführen ist und im folgenden beachtet werden muß, daß s für $t < 0$ verschwindet und nur für $t > 0$ vorhanden ist.
Mit der Laplace-Korrespondenz:

$$\frac{1}{b + p}\; \bullet\!\!-\!\!\!-\!\!\!-\!\!\circ\; e^{-bt}$$

(vgl. Tabelle S. 203 in Teil 1) folgt zunächst

$$S^t = a \cdot e^{-4\pi^2 f_r^2 t} \quad (\text{für } t \geqq 0)\,. \tag{3.15}$$

Mit der Fourier-Bessel-Transformation für die Raumkoordinaten folgt unter Benutzung des Ähnlichkeitssatzes (der dreifach anzuwenden ist) mit der Korrespondenz

$$e^{-\pi r^2}\; \circ\!\!-\!\!\!-\!\!\!-\!\!\bullet\; e^{-\pi f_r^2}\,\cdot$$

(vgl. Tabelle 4.3) schließlich

$$s(r, t) = \frac{a}{\sqrt{4\pi a t}^{\,3}} \cdot e^{-\frac{r^2}{4at}} \quad (\text{für } t \geqq 0) \tag{3.16}$$

Hier ist die Raumabhängigkeit im homogenen Medium über $r^2 = x^2 + y^2 + z^2$ als Gauß'-Funktion gegeben, deren Breite mit der Wurzel aus der Zeit größer wird.
Interessiert man sich für ein Wärmeleitproblem oder Diffusionsproblem zwischen zwei parallelen Ebenen, so ist nach Bild 3.4 S^{xyt} für $z = \Delta z$ mit der zugehörigen Impulsantwort zu berechnen. Wir erhalten nach einfacher Fouriertransformation über z aus S unter Verwendung der Korrespondenz von Tabelle 10.10, S. 213, letzte Zeile:

$$S^{xyt} = \frac{1}{2\eta}\,e^{-\eta|z|} \tag{3.17}$$

wobei

$$\eta = \sqrt{4\pi^2(f_x^2 + f_y^2) + \frac{1}{a}\, j2\pi f_t} \qquad (3.18)$$

gesetzt ist. Hierbei wird die Wurzel positiv genommen, was bedeutet, daß $\operatorname{Re}\eta \geq 0$ sein muß.

Gleichung (3.17) sagt aus, daß die Ortsfrequenzabhängigkeit wie auch die Zeitfrequenzabhängigkeit in der Ebene bei z, (bzw. das Temperatur- bzw. Konzentrationsmuster) mit wachsendem Abstand zwischen den beiden Ebenen exponentiell gedämpft wird.

Die zugehörige Punktimpulsantwort ist einfach s für $z = \Delta z$, also:

$$s = \frac{a}{\sqrt{4\pi at}^{\,3}} \cdot e^{-\frac{x^2+y^2+\Delta z^2}{4at}} \qquad (\text{für } t \geq 0). \qquad (3.19)$$

S^{xyt} nach (3.17) und s nach (3.19) ist der Übertragungsfaktor und die Punktimpulsantwort für das Quellenproblem.

Für den Feldübertragungsfaktor zwischen den beiden Ebenen gilt gem. Bild 3.5:

$$S_{\Delta z} = \frac{S^{xyt}(f_x, f_y, \Delta z, f_t)}{S^{xyt}(f_x, f_y, 0, f_t)}.$$

Hierfür erhält man nach (3.17) sofort

$$S_{\Delta z} = e^{-\eta \Delta z} \quad \text{mit } \eta \text{ gemäß (3.18)}. \qquad (3.20)$$

Die zugehörige Punktimpulsantwort ergibt sich nach Fourier-Transformation bezüglich f_x, f_y und Laplace-Transformation bezüglich f_t zu:

$$s_{\Delta z} = \frac{4\pi az}{\sqrt{4\pi at}^{\,5}} \cdot e^{-\frac{r^2}{4at}} \qquad (\text{für } z = \Delta z \quad \text{und} \quad t \geq 0). \qquad (3.21)$$

Die Ergebnisse für die Diffusion oder Wärmeausbreitung sind im Bild 3.6 zusammengestellt.

Raum $n = 4\,(x, y, z, t)$	Quellen- übertragung	$S = \dfrac{1}{4\pi^2 f_r^2 + \dfrac{1}{a}\, j2\pi f_t}$		$s = \dfrac{a}{(4\pi at)^{3/2}} \cdot e^{-\frac{r^2}{4at}}$
Zwei parallele Ebenen im Abstand Δz	Quellen- übertragung	$S^{xyt} = \dfrac{1}{2\eta} \cdot e^{-\eta \Delta z}$		s wie oben für $z = \Delta z$
$n = 3\,(x, y, t)$	Feld- übertragung	$S_{\Delta z} = e^{-\eta \Delta z}$		$s_{\Delta z} = \dfrac{4\pi az}{(4\pi at)^{5/2}} \cdot e^{-\frac{r^2}{4at}}$ für $z = \Delta z$

Hierbei ist: $r = \sqrt{x^2 + y^2 + z^2}$ $f_r = \sqrt{f_x^2 + f_y^2 + f_z^2}$ $\eta = \sqrt{4\pi^2(f_x^2 + f_y^2) + \dfrac{1}{a}\, j2\pi f_t}$ wobei $\operatorname{Re}\eta \geq 0$ (positive Wurzel)

Bild 3.6. Diffusion oder Wärmeausbreitung
Übertragungsfaktoren und Punktimpulsantworten ($t \geq 0$)

Bemerkung

In der Differentialgleichung (3.11) wurde räumliche Isotropie vorausgesetzt. Dies läßt sich jedoch modifizieren, indem eine Koordinatentransformation mit $x' = ax$, $y' = by$, $z' = cz$ vorgenommen wird, wobei a, b, c positiv reelle Faktoren sind, die eine Anisotropie bewirken. Dann läßt sich unter Anwendung des Ähnlichkeitssatzes das hier dargestellte Problem auch auf diesen anisotropen Fall übertragen. Setzt man $a \cdot b \cdot c = 1$, so sind alle Formeln gültig, wobei die neuen Frequenzen durch $f_{x'} = f_x/a$, $f_{y'} = f_y/b$, $f_{z'} = f_z/c$ gegeben sind. Dies wurde als „Elliptische Struktur" im zweidimensionalen Fall schon durch Gl. (2.72) erläutert.

Die folgenden Beispiele beziehen sich auf die Feldübertragung zwischen parallelen Ebenen gemäß den Formeln der dritten Zeile von Bild 3.6.

Beispiel 1: Sinusförmige zeitliche Temperaturschwankung

Auf der Ebene bei $z = 0$ herrsche eine zeitlich sinusförmige Temperaturschwankung gemäß

$$u_1 = A(1 + b\cos 2\pi f_t)\,.$$

Diese Schwankung wird gemäß dem Übertragungsfaktor

$$S_{\Delta z} = e^{-\eta \Delta z}$$

auf die Ebene bei $z = \Delta z$ übertragen. Hierbei ist η wegen $f_x = 0$ und $f_y = 0$ durch

$$\eta = \sqrt{\frac{1}{a}\, j2\pi f_t}$$

gegeben. Für den Gleichanteil $f_t = 0$ ist daher $\eta = 0$ und $S_{\Delta z} = 1$. Für die Frequenz f_t ist

$$S_{\Delta z} = e^{-\sqrt{\frac{1}{a}\, j2\pi f_t}} \cdot \Delta z\,.$$

Da nun $e^{\sqrt{j}} = \frac{1}{\sqrt{2}} + j\,\frac{1}{\sqrt{2}}$ gilt, läßt sich $S_{\Delta z}$ wie folgt schreiben:

$$S_{\Delta z} = e^{-\sqrt{\frac{1}{a}\,\pi f_t}\cdot \Delta z} \cdot e^{-j\sqrt{\frac{1}{a}\,\pi f_1}\cdot \Delta z}\,.$$

Daher ist die Temperatur in der Ebene bei $z = \Delta z$

$$u_2 = A\left[1 + b\cdot e^{-\sqrt{\frac{1}{a}\,\pi f_t}\cdot \Delta z} \cdot \cos\left(2\pi f_t - \sqrt{\frac{1}{a}\,\pi f_t}\cdot \Delta z\right)\right]\,.$$

Danach wird die Temperaturschwankung exponentiell mit dem Abstand Δz und der Wurzel aus der Schwankungsfrequenz f_t gedämpft.

Beispiel 2: Zeitlicher Temperatursprung

In der Ebene bei $z = 0$ finde ein Temperatursprung statt, mit

$$u_1 = A\cdot\gamma(t)$$

für das Spektrum U_1 gilt:

$$U_1 = A\cdot\frac{1}{p}\cdot\delta(f_x)\cdot\delta(f_y)\,,$$

wobei für die zeitliche Transformation hier die Laplace-Transformation mit $p = j2\pi f_t$ verwendet wird. Mit dem Feldübertragungsfaktor für die Ebene bei $z = \Delta z$

$$S_{\Delta z} = e^{-\sqrt{\frac{1}{a}\,p}}$$

wird daher

$$U_2 = S_{\Delta z} \cdot U_1 = A \cdot \frac{e^{-\sqrt{\frac{1}{a}}\,p}}{p} \cdot \delta(f_x) \cdot \delta(f_y)\,.$$

Dies Spektrum ist nach Ort und Zeit separierbar. Für die zeitliche Rücktransformation (Laplace-Transformation) wird die Korrespondenz gemäß Tabelle 10.9 des ersten Teils (S. 208, achte Zeile) benutzt. Man erhält:

$$u_2 = A\left(1 - \varnothing\left(\frac{1}{2\sqrt{at}}\right)\right) \quad (\text{für } t \geq 0)\,.$$

Dies beschreibt eine zeitliche Übergangsfunktion von $u_2(0) = 0$ auf $u_2(\infty) = A$.

Beispiel 3: Diffusion durch eine Spaltblende

Hinter einem Spalt der Breite b und der als sehr groß (unendlich) angesetzten Länge sei ein stationäres Diffusionsfeld wirksam

$$u_1 = A \cdot \text{rect}\left(\frac{x}{b}\right)\,.$$

Das zugehörige Spektrum ist

$$U_1 = A \cdot b\, si(\pi b f_x) \cdot \delta(f_y) \cdot \delta(f_t)\,.$$

Daher ist das Feld in einer parallelen Ebene im Abstand Δz durch das Spektrum U_2 gegeben, mit

$$U_2 = S_{\Delta z} \cdot U_1\,,$$

wobei

$$S_{\Delta z} = e^{-\sqrt{4\pi^2 f_x^2}\,\Delta z} = e^{-2\pi|f_x|\Delta z}$$

ist. Hierbei wurde in $S_{\Delta z}$ berücksichtigt, daß wegen des Faktors $\delta(f_y) \cdot \delta(f_t)$ in U_1 für die Ortsfrequenz $f_y = 0$ und für die Zeitfrequenz $f_t = 0$ zu setzten ist und daß $S_{\Delta z}$ eine gerade Funktion der Ortsfrequenz f_x sein muß. Daher ist das Ausgangsspektrum

$$U_2 = A \cdot b \cdot e^{-2\pi|f_x|\Delta z} \cdot si(\pi b f_x) \cdot \delta(f_y) \cdot \delta(f_t)\,.$$

Dieser Ausdruck ist separierbar in f_x, f_y und f_t. Die Rücktransformation nach f_y und f_t ergibt den Faktor 1.

Für die Rücktransformation nach f_x benützt man am besten den Faltungssatz mit den Korrespondenzen (vgl. Bild 2.13 des 2. Abschnittes)

$$e^{-2\pi|f_x|\Delta z} \; \bullet\!\!-\!\!-\!\!\circ \; \frac{1}{\pi\Delta z}\,\frac{1}{1 + \left(\dfrac{x}{\Delta z}\right)^2}$$

$$b\, si(\pi b f_x) \; \bullet\!\!-\!\!-\!\!\circ \; \text{rect}\,\frac{x}{b}\,.$$

Damit folgt für u_2

$$u_2 = A \cdot \frac{1}{\pi\Delta z}\left[\frac{1}{1 + \left(\dfrac{x}{\Delta z}\right)^2}\right] * \left[\text{rect}\,\frac{x}{b}\right]\,.$$

Die Durchführung der Faltung führt zu dem Ergebnis

$$u_2 = \frac{A}{\pi}\left[\arctan\frac{x + b/2}{\Delta z} - \arctan\frac{x - b/2}{\Delta z}\right]\,.$$

Im Vergleich zu u_1 sind nun die scharfen Übergänge „verschliffen" und zwar umso mehr, je größer der Abstand Δz ist.

3.5 Wellenausbreitung, allgemein

In einem verlustlosen homogenen und isotropen Medium gilt die folgende Differentialgleichung (Wellengleichung):

$$\Delta u_2(\boldsymbol{r}, t) - \frac{1}{c^2} \frac{\delta^2 u_2(\boldsymbol{r}, t)}{\delta t^2} = -u_1(\boldsymbol{r}, t) \tag{3.22}$$

Hierbei ist c die Ausbreitungsgeschwindigkeit. u_2 ist die Feldgröße (Wirkung), also beim *Schall* etwa der Schalldruck und beim *Licht* die elektrische oder magnetische Feldstärke. u_1 stellt die Quellenfunktion, also die Zusammenfassung aller Ursachen dar. Man beachte: Wegen der räumlichen Differentiation haben u_1 und u_2 nicht die gleiche Dimension. Durch (4-fache) Fouriertransformation übersetzen wir (3.22) in den Spektralbereich und erhalten für die totalen Spektren den Zusammenhang

$$4\pi^2 \left(f_r^2 - \frac{1}{c^2} f_t^2 \right) \cdot U_2(f_r, t) = U_1(f_r, t) \tag{3.23}$$

Daraus folgt der Quellenübertragungsfaktor

$$S = \frac{U_2}{U_1} = \frac{1}{4\pi^2 \left(f_r^2 - \dfrac{1}{c^2} f_t^2 \right)} \tag{3.24}$$

$$\text{mit} \quad f_r^2 = f_x^2 + f_y^2 + f_z^2 \,.$$

Da für $f_r = \pm \dfrac{1}{c} f_t$ der Übertragungsfaktor S einen Pol besitzt, müssen wir die Eigenschaft dieser Polstelle näher untersuchen. Dazu verhilft uns die Kausalitätsforderung, die verlangt, daß der Pol für die Zeitfrequenz ein sog. „p-Pol" sei, damit s für $t < 0$ verschwindet. Daher muß die Spektralfunktion durch Dirac-Funktionen an der Polstelle ergänzt werden, wenn sie als Fourier-Spektrum verstanden werden soll. Man erhält unter Benutzung der Korrespondenz der Tabelle auf S. 213 (vorletzte Zeile)

$$S(f_r, f_t) = \frac{1}{4\pi^2} \frac{1}{f_r^2 - (f_t/c)^2} - j \frac{c}{8\pi f_t} \delta(f_t - |f_t|/c) \,. \tag{3.25}$$

Durch zeitliche und örtliche Rücktransformation erhält man schließlich die Punktimpulsantwort mit $r^2 = x^2 + y^2 + z^2$ und für $t \geq 0$:

$$s(r, t) = \frac{1}{4\pi t} \delta(r - ct) = \frac{c}{4\pi r} \cdot \delta(r - ct) = \frac{1}{4\pi r} \delta(t - r/c) \,. \tag{3.26}$$

Diese stellt eine δ-Kugel, also eine dünne Kugelschale dar, die sich mit der Ausbreitungsgeschwindigkeit c vom Ursprungsort nach außen fortbewegt. Der Faktor $1/4\pi r$ berücksichtigt den Energieerhaltungssatz, weil die Energiedichte auf der Kugeloberfläche $\sim 1/r^2$ ist und die Kugelfläche mit $4\pi r^2$ anwächst.

Betrachten wir nun das Übertragungsproblem zwischen 2 parallelen Ebenen im quellenfreien Raum. Die Impulsantwort ergibt sich einfach aus $s(x, y, z, t)$, wobei $z = \Delta z$ (Abstand zwischen den Ebenen) zu setzen ist. Der dazugehörige Quellenübertragungsfaktor ergibt sich durch 3malige Fouriertransformation nach x, y, t aus $s(x, y, \Delta z, t)$ zu

$$S^{xyt} = \frac{-j}{4\pi\kappa} \cdot e^{-j2\pi\kappa\Delta z} \,. \tag{3.27}$$

Für die Frequenzvariable κ gilt

$$\kappa = \operatorname{sign}(f_t) \begin{cases} \sqrt{f_t^2/c^2 - (f_x^2 + f_y^2)} & \text{für } f_x^2 + f_y^2 \leqq f_t^2/c^2 \\ -j\sqrt{(f_x^2 + f_y^2) - f_t^2/c^2} & \text{für } f_x^2 + f_y^2 \geqq f_t^2/c^2 \end{cases}.$$

Für den Feldübertragungsfaktor gilt nach der Definition (s. Bild 3.5)

$$S_{\Delta z} = e^{-j2\pi\kappa\Delta z} \tag{3.28}$$

Beide Übertragungsfaktoren hängen von der Variablen κ ab, die sämtliche Frequenzen enthält. Der Faktor $\operatorname{sign}(ft)$ stellt sicher, daß κ eine ungerade Funktion von f_t ist, obwohl die Zeitfrequenz f_t nur im Quadrat vorkommt. Dies ist eine Konsequenz der zeitlichen Kausalitätsforderung. Bei κ sind nun zwei Bereiche zu unterscheiden:
Für eine festgehaltene Zeitfrequenz f_t mit der Wellenlänge $\lambda = c/f_t$ ist im ersten Bereich $f_r \leqq 1/\lambda$ (wobei hier $f_r^2 = f_x^2 + f_z^2$ gesetzt ist). Hier ist dann die Wurzel in der Gleichung für κ positiv und der Betrag des Feldübertragungsfaktors $|S_{\Delta z}| = 1$. Dies bedeutet, daß sich die durch den Feldübertragungsfaktor bestimmten ebenen Wellen ungedämpft ausbreiten.
Dagegen ist für höhere Ortsfrequenzen $f_r > 1/\lambda$ die Größe κ imaginär und es gilt

$$S_{\Delta z} = e^{-2\pi\sqrt{f_r^2 - \frac{1}{\lambda^2}}\cdot\Delta z}. \tag{3.29}$$

Dies ist der Bereich der sog. „evaneszenten" oder quergedämpften Wellen. Dies heißt, daß eine „Feinstruktur" von u_1 mit großen Ortsfrequenzen $f_x^2 + f_y^2 > 1/\lambda^2$ in einem großen Abstand Δz kaum noch eine Wirkung hervorruft. Dieser Umstand bedeutet praktisch eine Begrenzung der Auflösung beim Inversproblem auf $f_x^2 + f_y^2 < 1/\lambda^2$ wie dies im Abschnitt 3.2 (Bemerkung) bereits diskutiert wurde.
Für die entsprechenden Punktimpulsantworten (für $t \geq 0$) gilt nun für die Quellenübertragung:

$$s = \frac{c}{4\pi r}\,\delta(r - ct), \tag{3.30}$$

wobei $z = \Delta z$ zu setzen ist, bzw. $r^2 = x^2 + y^2 + \Delta z^2$.
Für die Feldübertragung gilt: Aus $S_{\Delta z}$ errechnet sich nach dreifacher Fouriertransformation über f_x, f_y, f_t die Punktimpulsantwort:

$$s_{\Delta z} = \frac{1}{2\pi\Delta z}\left[\frac{1}{c}\,\delta'(t - r/c) + \frac{1}{r}\,\delta(t - r/c)\right]. \tag{3.31}$$

Diese Funktion wird durch Distributionen dargestellt, die in der xy-Ebene nur auf einem Kreisring bei $r = ct$ erscheinen, wobei

$$r = \sqrt{x^2 + y^2 + \Delta z^2} \quad \text{ist}.$$

Die diskutierten Übertragungsfunktionen und Punktimpulsantworten sind im Bild 3.7 zusammengefaßt.

Raum $n = 4\,(x,y,z,t)$	Quellen-übertragung	$S = \dfrac{1}{4\pi^2}\dfrac{1}{f_r^2 - (f_t/c)^2}$ $-\,j\,\dfrac{c}{8\pi f_t}\,\delta\!\left(f_r - \dfrac{|f_t|}{c}\right)$	$s = \dfrac{1}{4\pi r}\,\delta\!\left(t - \dfrac{r}{c}\right)$ $= \dfrac{c}{4\pi r}\,\delta(r - ct)$
Zwei parallele Ebenen im Abstand Δz $n = 3\,(x,y,t)$	Quellen-übertragung	$S^{xyt} = \dfrac{-j}{4\pi\kappa}\cdot e^{-j2\pi\kappa\Delta z}$	s $\quad$ wie oben für $\quad z = \Delta z$
	Feld-übertragung	$S_{\Delta z} = e^{-j2\pi\kappa\Delta z}$	$s_{\Delta z} = \dfrac{1}{2\pi z}\left[\dfrac{1}{c}\,\delta'(t - r/c) + \dfrac{1}{r}\,\delta(t - r/c)\right]$ für $\quad z = \Delta z$

Hierbei ist: $r = \sqrt{x^2 + y^2 + z^2}$ $\quad f_r = \sqrt{f_x^2 + f_y^2 + f_z^2}$

$$\kappa = \text{sign}(f_t)\cdot\begin{cases}\sqrt{f_t^2/c^2 - (f_x^2 + f_y^2)} & \text{für}\ \ f_x^2 + f_y^2 \leq f_t^2/c^2 \\[2mm] -\,j\sqrt{f_x^2 + f_y^2 - f_t^2/c^2} & \text{für}\ \ f_x^2 + f_y^2 > f_t^2/c^2\end{cases}$$

Bild 3.7. Wellen mit beliebigem Zeitverlauf
Übertragungsfaktoren und Punktimpulsantworten ($t \geq 0$)

3.6 Ausbreitung kohärenter Wellen

Während im vorigen Abschnitt die Zeitfunktion beliebig war, wollen wir nunmehr harmonische Schwingungen mit einer festen Frequenz f_t betrachten. In der komplexen Schreibweise ist nun

$$u_1 = u_1(\boldsymbol{r})\cdot e^{j2\pi f_t t}\,,$$
$$u_2 = u_2(\boldsymbol{r})\cdot e^{j2\pi f_t t}\,,$$

wobei $u_1(\boldsymbol{r})$ und $u_1(\boldsymbol{r})$ komplexe Amplituden sind, die nur vom Ort im Raum abhängen. Die Differentialgleichung (3.22) geht nun in die sog. Helmholtz-Gleichung über

$$\Delta u_2(\boldsymbol{r}) + \frac{4\pi^2 f_t^2}{c^2}\cdot u_2(\boldsymbol{r}) = -u_1(\boldsymbol{r})\,. \tag{3.32}$$

Diese ist im Gegensatz zur Wellengleichung (3.22) nur dreidimensional und gilt für die Raumkoordinaten x, y, z. Die Zeit wird durch den Faktor $e^{j2\pi f_t t}$ berücksichtigt, der bei sämtlichen Ortsfunktionen hinzugefügt werden kann, wenn die Zeitabhängigkeit interessiert. Die Zeitfrequenz f_t ist hierbei eine Konstante, so daß sie im folgenden durch die Wellenlänge λ und die Ausbreitungsgeschwindigkeit c (mit $\lambda\cdot f_t = c$) ersetzt wird. Aus der Helmholtz-Gleichung ergibt sich durch dreimalige Fouriertransformation nach den Raumkoordinaten:

$$-4\pi^2 f_r^2 U_2 + \frac{4\pi^2}{\lambda^2}\cdot U_2 = -U_1\,. \tag{3.33}$$

Daraus folgt der Übertragungsfaktor

$$S(f_r) = \frac{1}{4\pi^2}\frac{1}{f_r^2 - 1/\lambda^2} - j\,\frac{\lambda}{8\pi}\,\delta(f_r - 1/\lambda) \tag{3.34}$$

mit $f_r^2 = f_x^2 + f_y^2 + f_z^2$.

Hierbei wurde analog zu Gl. (3.25) wieder berücksichtigt, daß der imaginäre Ausdruck an der Polstelle die Kausalitätsbedingung für das Fourierspektrum sicherstellt.

Durch dreimalige Fouriertransformation oder durch eine Fourier-Besseltransformation erhalten wir die Punktantwort des Raumes zu:

$$s(r) = \frac{1}{4\pi r} \cdot e^{-j\frac{2\pi}{\lambda}\cdot r} \tag{3.35}$$

mit $r^2 = x^2 + y^2 + z^2$.

Dieser Ausdruck stellt ein Wellenfeld mit konzentrischen, vom Ursprung her sich ausbreitenden Kugelwellen dar, deren Amplitude proportional zu $1/r$ abnimmt. Für den Abstand der Wellenfronten gilt mit der Bedingung für die Phase:

$$\varphi = \frac{2\pi}{\lambda} \cdot r = n \cdot 2\pi \,,$$

d.h. $r = n\lambda$, oder zwei benachbarte Wellenfronten haben den Abstand λ.

Vergleichen wir nun die Übertragungsfaktoren für die Quellenübertragung im Raum nach (2.25) und (3.34), so sehen wir, daß sie formal identisch sind, daß jedoch im Fall der kohärenten Wellen die variable Zeitfrequenz f_t durch die feste Frequenz $f_t = c/\lambda$ ersetzt werden muß. Dies bleibt auch für die Übertragungsfaktoren zwischen parallelen Ebenen erhalten, wobei auch hier die feste Frequenz $f_t = c/\lambda$ einzusetzen ist. Für die Punkt-Impulsantworten im allgemeinen Fall bzw. die Punktantworten im kohärenten Fall ergeben sich jedoch verschiedene Funktionen, weil im kohärenten Fall die Fouriertransformation nach der Zeit entfällt.

Im Bild 3.8 sind die Übertragungsfaktoren und die Punktantworten für die kohärenten Wellen analog zu Bild 3.7 dargestellt. Die Punktantworten wurden aus den entsprechenden Übertragungsfaktoren durch Fourier-Rücktransformation nach f_x, f_y, f_z berechnet, wobei die Transformation nach f_t entfällt, da $f_t = c/\lambda$ eine Konstante ist.

Raum $n = 3\,(x,y,z)$	Quellen-übertragung	$S = \dfrac{1}{4\pi^2}\dfrac{1}{f_r^2 - (1/\lambda)^2} - j\dfrac{\lambda}{8\pi}\delta\!\left(f_r - \dfrac{1}{\lambda}\right)$	$s = \dfrac{1}{4\pi r}e^{-j\frac{2\pi}{\lambda}\cdot r}$
Zwei parallele Ebenen im Abstand Δt $n = 2\,(x,y)$	Quellen-übertragung	$S^{xy} = \dfrac{-j}{4\pi\kappa}\cdot e^{-j2\pi\kappa\Delta z}$	s wie oben für $z = \Delta z$
	Feld-übertragung	$S_{\Delta z} = e^{-j2\pi\kappa\Delta z}$	$s_{\Delta z} = \dfrac{z}{r}\left[\dfrac{1}{2\pi r^2} + j\dfrac{1}{\lambda r}\right]\cdot e^{-j\frac{2\pi}{\lambda}\cdot r}$ für $z = \Delta z$

Hierbei ist: $r = \sqrt{x^2 + y^2 + z^2}$ $f_r = \sqrt{f_x^2 + f_y^2 + f_z^2}$

$$\kappa = \begin{cases} \sqrt{1/\lambda^2 - (f_x^2 + f_y^2)} & \text{für } f_x^2 + f_y^2 \leq 1/\lambda^2 \\ -j\sqrt{f_x^2 + f_y^2 - 1/\lambda^2} & \text{für } f_x^2 + f_y^2 > 1/\lambda^2 \end{cases}$$

Bild 3.8. Kohärente Wellen
Übertragungsfaktoren und Punktantworten

Diskussion

Vergleicht man in Bild 3.8 die Punktantwort $s(x, y, z)$ der Quellenübertragung mit der Punktantwort $s_{\Delta z}(x, y, z)$ der Feldübertragung, so ergeben sich folgende Unterschiede im (xyz)-Raum: $s(x, y, z)$ stellt eine Kugelwelle dar, wie schon besprochen wurde. Dagegen stellt $s_{\Delta z}(x, y, z)$ eine „Dipolwelle" dar. Die Wellenflächen, d. h. die Punkte gleicher Phase liegen zwar auch auf Kreisen um den Ursprung, da die Phase von $s_{\Delta z}$ bei gegebenem r konstant ist. Der Betrag von $s_{\Delta z}$ dagegen hängt bei gegebenem r noch vom Faktor z/r ab. Dieser Faktor bestimmt den Winkel ϑ zur z-Achse mit $\cos\vartheta = z/r$. $\cos\vartheta$ kann man daher als „Richtdiagramm" für den Betrag von $s_{\Delta z}$ verstehen. So ist in der xy-Ebene für $z = 0$ (und $\vartheta = 90°$) $s_{\Delta z} = 0$. Dies bedeutet, daß die Punktantwort bei der Feldübertragung die Ursprungsebene bei $z = 0$ unbeeinflußt läßt. In dieser Ebene kann ein beliebiges Feld aus Diracstößen bei den einzelnen xy-Punkten zusammengesetzt werden, ohne daß sich diese gegenseitig stören.

Es sei noch bemerkt, daß man $s_{\Delta z}$ aus s auch durch die folgende Formel berechnen kann:

$$s_{\Delta z} = -2 \left(\frac{\delta s}{\delta z} \right)_{z=\Delta z} \tag{3.36}$$

Desweiteren ist zu bemerken, daß die beiden Terme der Punktantwort $s_{\Delta z}$ ein sehr unterschiedliches Gewicht haben.

Für $2\pi r^2 \gg \lambda r$ oder $r \gg \lambda/2\pi$ ist der erste Term vernachlässigbar. Normalerweise ist der Abstand r vom Nullpunkt etwa bei Lichtwellen sehr viel größer als die Wellenlänge, womit dann mit ausreichender Näherung gilt:

$$s_{\Delta z} \approx j \frac{\Delta z}{\lambda r^2} \cdot e^{-j \frac{2\pi}{\lambda} \cdot r} \tag{3.37}$$

$$\text{mit} \quad r^2 = x^2 + y^2 + \Delta z^2 \, .$$

Diese Näherung wird auch im folgenden Abschnitt verwendet.

3.7 Übertragung kohärenter Wellen zwischen 2 parallelen Ebenen im Raum (Fresnelsche Näherung)

Wir setzen zunächst die Gültigkeit von Gleichung (3.37) für die Punktantwort voraus, nehmen aber an, daß der Abstand zwischen den parallelen Ebenen sehr viel größer als die Wellenlänge ist. Nach Fresnel nehmen wir weiterhin an, daß die Größe der Flächen von Bild 3.3 (genauer deren Radius) sehr viel kleiner als der Abstand Δz ist oder $(x^2 + y^2) \ll \Delta z^2$. Damit kann für die Größe r die folgende Näherung gelten:

$$r = \sqrt{x^2 + y^2 + \Delta z^2} = \Delta z \cdot \sqrt{1 + \frac{x^2 + y^2}{\Delta z^2}}$$

$$\approx \Delta z \left(1 + \frac{1}{2} \frac{x^2 + y^2}{\Delta z^2} \right) . \tag{3.38}$$

Im ersten Faktor von Gl. (3.37) können wir einfach $\Delta z = r$ setzen, jedoch benützen wir für die Phase auch die weitere Näherung und erhalten

$$s_{\Delta z} = \approx j\,\frac{1}{\lambda \Delta z}\cdot e^{-j2\pi\,\frac{\Delta z}{\lambda}\left(1+\frac{1}{2}\,\frac{x^2+y^2}{\Delta z^2}\right)}$$

$$= j\,\frac{1}{\lambda \Delta z}\cdot e^{-j\pi\,\frac{x^2+y^2}{\lambda \Delta z}}\cdot e^{-j2\pi\,\frac{\Delta z}{\lambda}}\,. \tag{3.39}$$

Die Phase des letzen Faktors ist konstant und wir wollen sie zu Null setzen. Damit erhalten wir für die Punktantwort des Raumes in der Fresnelschen Näherung (wobei wir jetzt $\Delta z = z$ gesetzt haben und für $s_{\Delta z} = s$ setzen):

$$s = \frac{j}{\lambda z}\,e^{-j\pi\,\frac{x^2+y^2}{\lambda z}}\,. \tag{3.40}$$

Der zugehörige Übertragungsfaktor S des Raumes zwischen den parallelen Ebenen ist nach zweimaliger Fouriertransformation nach x und y gegeben durch

$$S = e^{+j\pi\lambda z(f_x^2+f_y^2)}\,. \tag{3.41}$$

Hierbei wurde die Korrespondenz von Tabelle 4.2 benutzt. Es sei daran erinnert, daß sowohl s wie S die Feldübertragung (und nicht die Quellenübertragung) beschreiben.

Im Vergleich zu Bild 3.8 und auch zur Näherung (3.37) haben wir es nunmehr sowohl bei der Punktantwort als auch beim Übertragungsfaktor mit parabelförmigen Phasenflächen (Orte gleicher Phase) zu tun. Die Fresnelsche Näherung ersetzt also die kugelförmigen Phasenflächen durch parabelförmige.

Zur Berechnung von $u_2(x, y)$ aus $u_1(x, y)$ (beides sind komplexe Wellenamplituden) gilt der Faltungssatz

$$u_2 = s \overset{xy}{*} u_1$$

oder ausgeschrieben:

$$u_2(x, y) = \frac{j}{\lambda z}\int\!\!\!\int\limits_{-\infty}^{+\infty} u_1(\xi, \eta)\,e^{-j\pi\,\frac{(x-\xi)^2+(y-\eta)^2}{\lambda z}}\,d\xi\,d\eta\,. \tag{3.42}$$

Diese Gleichung wird auch als Fresnelsche Transformation bezeichnet.

Im eindimensionalen Fall (zylindrisches Problem) gilt entsprechend

$$u_2 = s \overset{x}{*} u_1$$

oder ausgeschrieben (mit der Linienantwort s laut Tabelle 4.5)

$$u_2 = \sqrt{\frac{j}{\lambda z}}\cdot \int\limits_{-\infty}^{+\infty} u_1(\xi)\cdot e^{-j\pi\,\frac{(x-\xi)^2}{\lambda z}}\,d\xi\,. \tag{3.43}$$

In den Tabellen 4.4 und 4.5 wird die Darstellung der Wellen und ihrer Spektren sowie die Feldübertragung im Raum zusammengestellt. Hierbei wird sowohl das zylindrische System (eindimensional: Raumvariable nur x) als auch das sphärische System (zweidimensional: Raumvariablen x und y) beschrieben.

Auf die Analogie der Darstellung zum (eindimensionalen) Zeitsystem wird in Klammern hingewiesen.

Die Tabellen 4.6 und 4.7 stellen die optischen Modulatoren dar. Eine Modulation der Welle wird dabei in einer (als sehr dünn angenommenen) Ebene durch Multiplikation vorgenommen. Dies bewirkt beispielsweise bei der Amplitudenmodulation ein Film (oder auch eine Blende) und bei der Phasenmodulation eingefügte dünne Linsen oder Prismen. Diese bewirken eine ortsabhängige Laufzeit und daher eine Phasenverschiebung der Welle, ohne daß ihre Amplitude verändert wird.

Diskussion

Eine ebene achsparallele Welle hat die Amplitude $u = 1$ und daher das Spektrum $\delta(f_x)$ im zylindrischen System bzw. $\delta(f_x) \cdot \delta(f_y)$ im sphärischen System. Eine ebene, schräg mit dem Winkel φ zur z-Achse laufende Welle wird durch $u = e^{-j2\pi \frac{\sin \varphi}{\lambda} \cdot x}$ dargestellt. Es ist daher die Ortsfrequenz $f_x = \dfrac{\sin \varphi}{\lambda}$ und (für kleine Winkel φ) näherungsweise $f_x \approx \varphi/\lambda$. Das heißt, je größer die Ortsfrequenz ist, umso größer ist der Abstrahlungswinkel zur z-Achse.

Trifft eine ebene Welle auf eine Lochblende, so entsteht eine divergierende Welle $u = e^{-j\pi \frac{x^2+y^2}{\lambda z}}$, die eine Kugelwelle (allerdings in Fresnelscher Näherung) darstellt. Sie kann durch eine Sammellinse in eine ebene Welle verwandelt werden. Hierbei muß eine Modulation mit dem Multiplikationsfaktor $m = e^{j\pi \frac{x^2+y^2}{\lambda z_f}}$ erfolgen (z_f: Brennweite der Linse). Für $z = z_f$ gilt dann $u_2 = mu_1 = 1$.

Anwendungsbeispiel

Bild 3.9 zeigt als Anwendungsbeispiel ein kohärent-optisches System zur Bildverarbeitung. Dieses kann systemtheoretisch nach dem Blockschaltbild von Bild 3.10 beschrieben werden. Wegen der Modulationen ist das System insgesamt zwar linear, aber ortsvariant. Für die Berechnung der Ausgangswelle u_5 gilt allgemein (bei zweidimensionaler Faltung) im Ortsbereich:

$$u_5(x,y) = ((((m_1 * s_{12}) \cdot m_2 * s_{23}) \cdot m_3 * s_{34}) \cdot m_4 * s_{45}$$

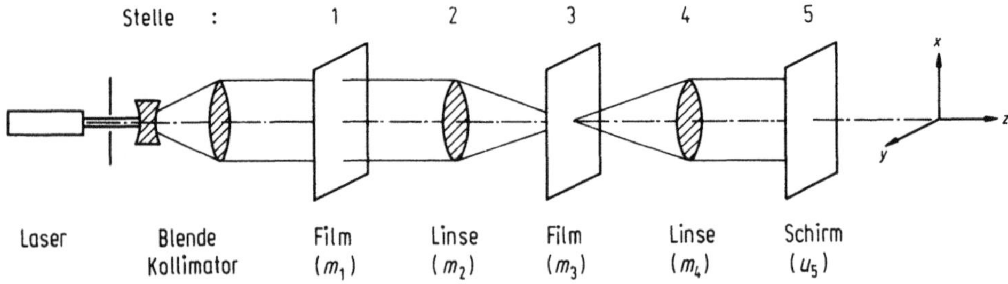

Bild 3.9. Bildverarbeitungssystem mit kohärentem Licht

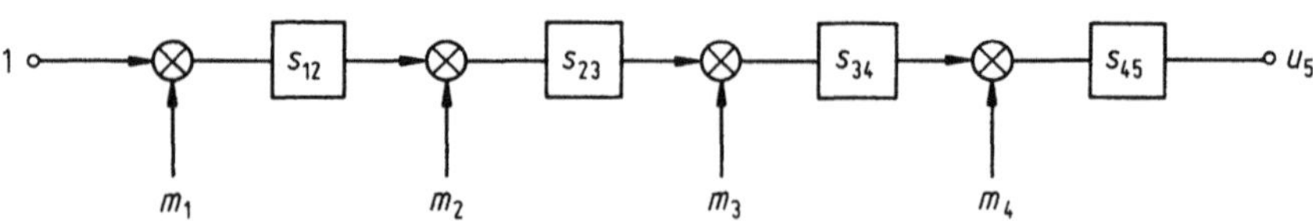

Bild 3.10. Systemtheoretisches Blockschaltbild von Bild 3.9

oder im Ortsfrequenzbereich:

$$U_5(f_x, f_y) = ((((M_1\, S_{12}) * M_2)\, S_{23} * M_3)\, S_{34} * M_4)\, S_{45}\,.$$

Dieses System wird normalerweise so dimensioniert, daß die Abstände zwischen den Ebenen 1 bis 5 jeweils gleich den Brennweiten der Sammellinsen sind. Dann wird zwischen den Ebenen 1 und 3 sowie zwischen 3 und 5 eine örtliche Fouriertransformation vorgenommen. Man erkennt dies daran, daß ein im Nullpunkt befindlicher Lichtpunkt in eine achsparallele Welle $u = 1$ übergeht und umgekehrt. (Dies entspricht der Korrespondenz $\delta(x) \cdot \delta(y)$ $\circ\!\!-\!\!-\!\!\bullet$ 1).

Eine örtliche Bildfilterung kann nun dadurch vorgenommen werden, daß in Ebene 1 das Eingangsbild auf einem Film anliegt, wodurch in Ebene 3 das Spektrum des Eingangsbildes erscheint. Dies wird dort mit dem auf einem Film aufgebrachten Übertragungsfaktor multipliziert, wodurch in der Ausgangsebene 5 das gefilterte Ausgangsbild erscheint.

Bemerkung

Da der Modulationsfaktor eines Films nur positiv reell sein kann, können auch nur positiv reelle, also phasenreine Übertragungsfaktoren realisiert werden. Jedoch gibt es zwei Möglichkeiten, auch eine Phase zu berücksichtigen, nämlich durch eine Phasenplatte oder ein Hologramm. Hier muß auf die einschlägige Literatur verwiesen werden.

Beispiel 1: Beugungsmuster einer Kante

Eine ebene achsparallele kohärente Welle der Amplitude 1 treffe auf eine Kante in x-Richtung bei $x = 0$ und $z = 0$, so daß danach $u_1 = \gamma(x)$ anzusetzen ist (zylindrisches Problem).

Mit der Linienantwort gemäß Tabelle 4.5

$$s(x) = \sqrt{\frac{j}{\lambda z}}\, e^{-j\pi \frac{x^2}{\lambda z}}$$

gilt nach dem Faltungssatz

$$u_2 = \sqrt{\frac{j}{\lambda z}} \cdot \int_{-\infty}^{+\infty} \gamma(x - \xi)\, e^{-j\pi \frac{\xi^2}{\lambda z}}\, d\xi$$

$$= \sqrt{\frac{j}{\lambda z}} \cdot \int_{-\infty}^{x} e^{-j\pi \frac{\xi^2}{\lambda z}}\, d\xi\,.$$

Mit Hilfe der sog. Fresnelschen Integrale

$$C(x) = \int_0^x \cos \frac{\pi}{2} \xi^2\, d\xi$$

$$S(x) = \int_0^x \sin \frac{\pi}{2} \xi^2\, d\xi$$

läßt sich diese Gleichung wie folgt ausdrücken:

$$u_2 = \frac{1}{\sqrt{2}} \left[\frac{1}{2} + C\left(\sqrt{\frac{2}{\lambda z}}\, x - j\left(\frac{1}{2} + S\left(\sqrt{\frac{2}{\lambda z}}\, x\right)\right)\right) \right]\,.$$

Zur Registrierung auf einem Schirm oder Film ist die Energie $|u_2|^2$ zu bilden.

Beispiel 2: Beugungsmuster eines Spalts der Breite x_0.

Hier ist anstelle von u_1 des vorigen Beispiels $u_2 = \gamma(x - x_0/2) - \gamma(x + x_0/2)$ anzusetzen. Somit erhält man u_2 als Differenz der um $\pm x_0/2$ verschobenen Funktionen des letzten Beispiels zu

$$u_2 = \frac{\lambda}{\sqrt{2}} \left[C\left(\sqrt{\frac{2}{\lambda z}}\left(x - \frac{x_0}{2}\right)\right) - C\left(\sqrt{\frac{2}{\lambda z}}\left(x + \frac{x_0}{2}\right)\right) \right.$$

$$\left. - j\left(S\left(\sqrt{\frac{2}{\lambda z}}\left(x - \frac{x_0}{2}\right)\right) - S\left(\sqrt{\frac{2}{\lambda z}}\left(x + \frac{x_0}{2}\right)\right)\right) \right]\,.$$

Auch hier ist zur Registrierung auf einem Schirm oder Film die Energie $|u_2|^2$ zu bilden.

3.8 Übertragung kohärenter Wellen zwischen zwei parallelen Ebenen im Raum (Fraunhofer-Näherung für das Fernfeld)

Die Fresnelsche Näherung galt unter der Bedingung $x^2 + y^2 \ll z^2$ (hierbei ist $z = \Delta z$ gesetzt) und führte auf die Fresnelsche Transformation gemäß (3.42). Multipliziert man den Exponenten dieser Gleichung aus, so folgt

$$u_2(x,y) = \frac{j}{\lambda z} \cdot e^{-j\pi \frac{x^2+y^2}{\lambda z}} \int\limits_{-\infty}^{+\infty} \int\limits_{-\infty}^{+\infty} u_1(\xi,\eta) \cdot e^{+j\pi \frac{\xi^2+\eta^2}{\lambda z}} \cdot e^{-j2\pi \frac{x\xi+y\eta}{\lambda z}} \, d\xi \, d\eta \, . \quad (3.44)$$

Unter der (weiteren) Voraussetzung $x^2 + y^2 \ll \lambda z$, die für die Eingangsebene gilt, kann man die quadratische Phase im Integranden von (3.44) zu Null setzen und es folgt:

$$u_2(x,y) \approx \frac{j}{\lambda z} \cdot e^{-j\pi \frac{x^2+y^2}{\lambda z}} \int\limits_{-\infty}^{+\infty} \int\limits_{-\infty}^{+\infty} u_1(\xi,\eta) \cdot e^{+j2\pi \frac{x\xi+y\eta}{\lambda z}} \, d\xi \, d\eta \, . \quad (3.45)$$

Diese Gleichung stellt eine 2-dimensionale Fouriertransformation dar. Mit den Ortsfrequenzen

$$f_x = -\frac{x}{\lambda z} \quad \text{sowie} \quad f_y = -\frac{y}{\lambda z} \quad \text{folgt daher}$$

$$u_2(x,y) = \frac{j}{\lambda z} e^{-j\pi \frac{x^2+y^2}{\lambda z}} \cdot U_1\left(-\frac{x}{\lambda z}, -\frac{y}{\lambda z}\right) \quad (3.46)$$

d. h. das Fernfeld $u_2(x,y)$ ist durch das Spektrum $U_1(f_x, f_y)$ von $u_1(x,y)$ (Nahfeld) gegeben, wobei natürlich

$$U_1(f_x, f_y) \bullet\!\!\xrightarrow{\ xy\ }\!\!\circ\, u_1(x,y) \quad \text{gilt.}$$

Diese Fraunhofersche Beugungsformel für das Fernfeld ist daher ein besonders eindrucksvolles Beispiel für die Anwendung der Fouriertransformation auf die Ausbreitung von kohärenten Wellen. Im Fall eines zylindrischen Problems gilt mit der Linienantwort gem. Tabelle 4.5 entsprechend:

$$u_2(x) = \sqrt{\frac{j}{\lambda z}} \cdot e^{-j\pi \frac{x^2}{\lambda z}} \int\limits_{-\infty}^{+\infty} u_1(\xi) \cdot e^{+j2\pi \frac{x\xi}{\lambda z}} \, d\xi \, . \quad (3.47)$$

Damit folgt analog zu (3.46)

$$u_2(x) = \sqrt{\frac{j}{\lambda z}} \cdot e^{-j\pi \frac{x^2}{\lambda z}} \cdot U_1\left(-\frac{x}{\lambda z}\right) . \quad (3.48)$$

Die folgenden Beispiele sollen die Anwendung dieser Formeln demonstrieren.

Beispiel 1: Beugungsmuster eines Spaltes

In eine ebene achsparallele kohärente Lichtwelle der Amplitude 1 sei ein senkrechter Spalt der Breite a eingebracht, was einer Modulation entspricht (zylindrisches Problem). Dann ist die Welle hinter dem Spalt gegeben durch

$$u_1(x) = \text{rect}\left(\frac{x}{a}\right)$$

mit dem Spektrum (s. Bild 13 von Abschnitt 2)

$$U_1(f_x) = a \cdot si(\pi a f_x).$$

Gemäß (3.48) gilt daher für die Welle im Fernfeld

$$u_2(x) = \sqrt{\frac{j}{\lambda z}} \cdot e^{-j\pi \frac{x^2}{\lambda z}} \cdot a\, si\left(\pi a \frac{x}{\lambda z}\right).$$

Wird die Welle durch einen Schirm aufgefangen (für den Fall einer Lichtwelle), so ist die Leistung zu bilden, d. h.

$$|u_2|^2 = \frac{1}{\lambda z} \cdot a^2\, si^2\left(\pi a \frac{x}{\lambda z}\right).$$

Dies beschreibt das Lichtmuster das beobachtet oder durch einen Film aufgezeichnet werden kann.

Beispiel 2: Beugungsmuster einer Kreisblende

Anstelle eines Spalts sei nun eine kreisförmige Blende mit dem Radius r_0 wirksam (sphärisches Problem). Dann gilt

$$u_1 = \mathrm{rect}(r/2r_0)$$

und entsprechend Tabelle 4.2

$$U_1 = r_0\, J_1(2\pi r_0 f_r) \cdot \frac{1}{f_r}.$$

Hierbei ist J_1 die Besselfunktion 1. Ordnung und $f_r = \sqrt{f_x^2 + f_y^2}$. Nach (3.46) gilt für das Fernfeld

$$u_2 = \frac{j}{\lambda z} \cdot e^{-j\pi \frac{x^2+y^2}{\lambda z}} \cdot U_1,$$

wobei in U_1 für f_r

$$f_r = \sqrt{\frac{x^2 + y^2}{\lambda^2 z^2}} \quad \text{einzusetzen ist.}$$

Mit $r^2 = x^2 + y^2$ gilt $f_r = \dfrac{r}{\lambda z}$ und damit

$$u_2 = j \cdot e^{-j\pi \frac{r^2}{\lambda z}} \cdot \frac{r_0}{r} \cdot J_1\left(2\pi \frac{r_0 r}{\lambda z}\right).$$

Auch hier beschreibt

$$|u_2|^2 = \frac{r_0^2}{r^2} \cdot J_1^2\left(2\pi \frac{r_0 r}{\lambda z}\right)$$

das beobachtete oder registrierbare Beugungsmuster.

4 Anhang

4.1 Gesetze der n-dimensionalen Fourier-Transformation

Tabelle 4.1 Gesetze der n-dimensionalen Fourier-Transformation

Gesetze	$u(x)$ ○——● $U(f)$	
Lineare Koordinaten-transformation	$u(Ax)$	$\lvert \det A\rvert^{-1} U(Bf)$ $\text{mit}\quad B = (A^{-1})^T$
Vertauschungssatz	$U(x)$ $U^*(x)$	$u(-f)$ $u^*(f)$
Satz der konjugiert-komplexen Funktionen	$u^*(x)$	$U^*(-f)$
Verschiebungssatz	$u(x - x_0)$ $u(x)\,e^{j2\pi f_0 \cdot x}$	$U(f)\,e^{-j2\pi x_0 \cdot f}$ $U(f - f_0)$
Differentiationssatz	$\partial u(x)/\partial x_i$ $-j2\pi x_i\,u(x)$	$j2\pi f_i\,U(f)$ $\partial U(f)/\partial f_i$
Integrationssatz	$\displaystyle\int_{-\infty}^{x_i} u(x_1, \ldots, \xi_i, \ldots, x_n)\,d\xi_i$ $[-1/(j2\pi x_i) + 1/2\,\delta(x_i)]\,u(x)$	$[1/(j2\pi f_i) + 1/2\,\delta(f_i)]\,U(f)$ $\displaystyle\int_{-\infty}^{f_i} U(f_1, \ldots, \varphi_i, \ldots, f_n)\,d\varphi_i$
Faltungs-satz — Faltung nach *allen* Variablen	$u_1(x) * u_2(x)$ $u_1(x)\,u_2(x)$	$U_1(f)\,U_2(f)$ $U_1(f) * U_2(f)$
Faltungs-satz — *partielle* Faltung	$u_1(x) \overset{x_a}{*}\overset{x_b}{*} \ldots \overset{x_g}{*} u_2(x)$	$U_1(f) \overset{f_h}{*}\overset{f_i}{*} \ldots \overset{f_m}{*} U_2(f)$ $\{a,b,\ldots,g\} \cup \{h,i,\ldots,m\} = \varnothing$
Korrelationssatz	$u_1(x) \otimes u_2(x)$ $u_1(x)\,u_2^*(x)$	$U_1(f)\,U_2^*(f)$ $U_1(f) \otimes U_2(f)$
Separierungssatz	$u(x) = u_1(x_1)\ldots u_n(x_n)$	$U(f) = U_1(f_1)\ldots U_n(f_n)$
Momentensatz	$\displaystyle\int_{-\infty}^{+\infty} x_i^\nu u(x)\,dx_i$ $(j2\pi)^\nu\,\partial^\nu u(x)/\partial x_i^\nu\,\delta(x_i)$	$(-j2\pi)^{-\nu}\,\partial^\nu U(f)/\partial f_i^\nu\,\partial(f_i)$ $\displaystyle\int_{-\infty}^{+\infty} f_i^\nu U(f)\,df_i$
Sonderfall ($\nu = 0$): Projektionssatz	$\displaystyle\int_{-\infty}^{+\infty} u(x)\,dx_i$	$U(f_1, \ldots, f_i = 0, \ldots, f_n)\,\delta(f_i)$ und umgekehrt

Tabelle 4.1 (Fortsetzung)

Gesetze	$u(x)$ ○———● $U(f)$
Rotationssymmetrische Signale und Spektren $J_p(.)$: Bessel-Funktion p-ter Ordnung *	$u(x) = u_r(r)$ mit $r := |x| \Rightarrow U(f) = U_{fr}(f_r)$ mit $f_r := |f|$ $U_{fr}(f_r) = 2\pi f_r^{1-n/2} \int\limits_0^\infty r^{n/2} u_r(r) J_{n/2-1}(2\pi r f_r)\,dr$ $u_r(r) = 2\pi r^{1-n/2} \int\limits_0^\infty f_r^{n/2} U_{fr}(f_r) J_{n/2-1}(2\pi r f_r)\,df_r$
Parsevalsche Gleichung Gleichheit der Energie im Orts- und Spektralbereich	$\int\limits_{-\infty}^{+\infty}\!\!\ldots\!\int u_1(x)\,u_2^*(x)\,d^n x = \int\limits_{-\infty}^{+\infty}\!\!\ldots\!\int U_1(f)\,U_2^*(f)\,d^n f$ $\int\limits_{-\infty}^{+\infty}\!\!\ldots\!\int |u(x)|^2\,d^n x = \int\limits_{-\infty}^{+\infty}\!\!\ldots\!\int |U(f)|^2\,d^n f$
Zuordnungssatz Index: g: gerader Anteil u: ungerader Anteil	$\mathrm{Re}\{u_g(x)\}$ ○———● $\mathrm{Re}\{U_g(f)\}$ $\mathrm{Re}\{u_u(x)\}$ ○———● $j\,\mathrm{Im}\{U_u(f)\}$ $j\,\mathrm{Im}\{u_g(x)\}$ ○———● $j\,\mathrm{Im}\{U_g(f)\}$ $j\,\mathrm{Im}\{u_u(f)\}$ ○———● $\mathrm{Re}\{U_u(f)\}$

* für $n = 2$ ist $J_{1/2} = \sqrt{\dfrac{2}{\pi x}} \cdot \sin x$

 für $n = 3$ ist $J_{3/2} = \sqrt{\dfrac{2}{\pi x}} \cdot \left(\dfrac{\sin x}{x} - \cos x \right)$

4.2 Korrespondenzen bei Kreissymmetrie ($n = 2$)

Tabelle 4.2 Korrespondenzen bei Kreissymmetrie ($n = 2$)

Ortsbereich	$u_r(r)$	$U_{fr}(f_r)$	Spektralbereich
δ-Kreis	$\delta(r - r_0)$	$2\pi r_0 J_0(2\pi r_0 f_r)$	
Kreisscheibe	$\mathrm{rect}[r/(2r_0)]$	$r_0 J_1(2\pi r_0 f_r)/f_r$	„Sombrero"-Funktion
Kreisring	$\mathrm{rect}[r/(2r_a)] - \mathrm{rect}[r/(2r_i)]$	$[r_a J_1(2\pi r_a f_r) - r_i J_1(2\pi r_i f_r)]/f_r$	
einfacher Pol	r^{-1}	f_r^{-1}	einfacher Pol
Gauß-Funktion	$e^{-\pi r^2}$	$e^{-\pi f_r^2}$	Gauß-Funktion
quadratische Phase	$e^{j\pi r^2}$	$j\,e^{-j\pi f_r^2}$	quadratische Phase
	$(r_0^2 - r^2)^{-1/2}\,\mathrm{rect}(r/(2r_0))$	$2\pi r_0\,si(2\pi r_0 f_r)$	si-Funktion

Hierbei ist $v^2 = x^2 + y^2$

 $fr^2 = fx^2 + fy^2$ $\qquad$ r und f_r ist vertauschbar.

Es ist: $si(x) = \dfrac{\sin x}{x}$, $\mathrm{rect}(x) = \begin{cases} 1 & \text{für } |x| \geqq 1/2 \\ 0 & \text{für } |x| < 1/2 \end{cases}$

4.3 Korrespondenzen bei Kugelymmetrie ($n = 3$)

Tabelle 4.3 Korrespondenzen bei Kugelsymmetrie ($n = 3$)

Ortsbereich	$u_r(r)$	$U_{f_r}(f_r)$	Spektralbereich
δ-Kugel	$\delta(r - r_0)$	$4\pi r_0^2\, si(2\pi r_0 f_r)$	si-Funktion
δ-Dipolkugel	$\delta'(r - r_0)$	$-2[\sin(2\pi r_0 f_r) + 2\pi f_r r_0 \cos(2\pi r_0 f_r)]/f_r$	
	$r^{-1}\delta'(r - r_0)$	$-4\pi \cos(2\pi r_0 f_r)$	cos-Funktion
(Voll-)Kugel	$\mathrm{rect}[r/(2r_0)]$	$[\sin(2\pi r_0 f_r) - 2\pi f_r r_0 \cos(2\pi r_0 f_r)]/(2\pi^2 f_r^3)$	
	$(r^2 - r_0^2)^{-1}$	$\pi \cos(2\pi r_0 f_r)/f_r$	
	$(r^2 + r_0^2)^{-1}$	$\pi\, e^{-2\pi r_0 f r}/f_r$	
($m \in N$)	$si(2\pi a r)\,\mathrm{rect}(ar/m)$	$(-1)^m\, m\, si(\pi m f_r/a)/[2\pi a(f_r^2 - a^2)]$	
eineinhalbfacher Pol	$r^{-3/2}$	$f_r^{-3/2}$	eineinhalbfacher Pol
einfacher Pol	πr^{-1}	f_r^{-2}	doppelter Pol
Gauß-Funktion	$e^{-\pi r^2}$	$e^{-\pi f_r^2}$	Gauß-Funktion
quadratische Phase	$e^{j\pi r^2}$	$j^{3/2}\, e^{-j\pi f_r^2}$	quadratische Phase

Hierbei ist $r^2 = x^2 + y^2 + z^2$
$$f_r^2 = f_x^2 + f_y^2 + f_z^2 \qquad r \text{ und } f_r \text{ ist vertauschbar.}$$

Es ist: $\quad si(x) = \dfrac{\sin x}{x}, \quad \mathrm{rect}(x) = \begin{cases} 1 & \text{für } |x| \geqq 1/2 \\ 0 & \text{für } |x| < 1/2 \end{cases}$

Tabelle 4.4 siehe gegenüberliegende Seite

4.5 Der Raum als lineares, homogenes System (Feldübertragung zwischen zwei parallelen Ebenen)

Tabelle 4.5 Der Raum als lineares, homogenes System (Feldübertragung zwischen zwei parallelen Ebenen)

$u_1(x, y)$ [$s(x,y)$ / $S(f_x, f_y)$] $u_2(x, y) = u_1(x, y) \divideontimes s(x, y)$
$U_1(f_x, f_y)$ $U_2(f_x, f_y) = U_1(f_x, f_y)\, S(f_x, f_y)$

Art	Skizze	Linienantwort	Übertragungsfaktor
Zylindrisches System		$s(x) = \sqrt{\dfrac{j}{\lambda z}}\, e^{-j\pi \frac{x^2}{\lambda z}}$	$S(f_x) = e^{+j\pi\lambda z f_x^2}$
		Punktantwort	
Sphärisches System		$s(x, y) = \dfrac{j}{\lambda z}\, e^{-j\pi \frac{(x^2 + y^2)}{\lambda z}}$	$S(f_x, f_y) = e^{+j\pi\lambda z(f_x^2 + f_y^2)}$

4.4 Kohärente elektromagnetische Wellen (z. B. Lichtwellen)

Tabelle 4.4 Kohärente elektromagnetische Wellen (z. B. Lichtwellen)

Bezeichnung (Analogie)	Skizze	Zylindrisches System		Sphärisches System	
		$u(x)$	$U(f_x)$	$u(x, y)$	$U(f_x, f_y)$
Achsenparallele ebene Welle (Gleichstrom)		1	$\delta(f_x)$		$\delta(f_x)\,\delta(f_y)$
Schräge ebene Welle (komplette Frequenz)		e^{-jax} $a = 2\pi\,\dfrac{\sin\varphi}{\lambda}$	$\delta\left(f_x + \dfrac{a}{2\pi}\right)$		$\delta\left(f_x + \dfrac{a}{2\pi}\right)$ $\delta\left(f_y + \dfrac{b}{2\pi}\right)$
Divergente Welle (phasenmodulierte Welle)		$e^{-j\pi\,\frac{x^2}{\lambda z}}$	$\sqrt{-j\lambda z}\cdot e^{+j\lambda z f_x^2}$		$-j\lambda z\,e^{+j\pi\lambda z(f_x^2 + f_y^2)}$
Konvergente Welle (phasenmodulierte Welle)		$e^{+j\pi\,\frac{x^2}{\lambda z}}$	$\sqrt{j\lambda z}\cdot e^{-j\lambda z f_x^2}$		$j\lambda z\,e^{-j\pi\lambda z(f_x^2 + f_y^2)}$

4.6 Optische Modulatoren (Amplitudenmodulation)

Tabelle 4.6 Optische Modulatoren (Amplitudenmodulation)

$$u_1(x,y) \longrightarrow \bigotimes \longrightarrow u_1(x,y) = u_1(x,y)\,m(x,y)$$
$$U_1(f_x,f_y) \qquad m(x,y)\,\big|\,M(f_x,f_y) \qquad U_1(f_x,f_y) = U_1(f_x,f_y) \mathbin{\text{\large$\divideontimes$}} M(f_x,f_y)$$

Bezeichnung (Analogie)	Skizze	Zylindrisches System		Sphärisches System	
		$m(x)$	$M(f_x)$	$m(x,y)$	$M(f_x,f_y)$
Film (Amplituden-Modulator)		$t(x)$	$T(f_x)$	$t(x,y)$	$T(f_x,f_y)$
Beugungsgitter (sin-Modulator)		$\dfrac{1}{2}(1+\cos ax)$ $= \dfrac{1}{2} + \dfrac{1}{4}e^{jax} + \dfrac{1}{4}e^{-jax}$ $a = 2\pi\dfrac{\sin\varphi}{\lambda}$	$\dfrac{1}{2}\delta(f_x) + \dfrac{1}{4}\delta\!\left(f_x - \dfrac{a}{2\pi}\right)$ $+ \dfrac{1}{4}\delta\!\left(f_x + \dfrac{a}{2\pi}\right)$	$\dfrac{1}{2}(1+\cos(ax+by))$ $= \dfrac{1}{2} + \dfrac{1}{4}e^{+j(ax+by)}$ $+ \dfrac{1}{4}e^{-j(ax+by)}$ $a = 2\pi\dfrac{\sin\varphi_x}{\lambda}\ ;$ $b = 2\pi\dfrac{\sin\varphi_y}{\lambda}$	$\dfrac{1}{2}\delta(f_x) + \dfrac{1}{4}\delta\!\left(f_x - \dfrac{a}{2\pi}\right)$ $\cdot\,\delta\!\left(f_y - \dfrac{b}{2\pi}\right)$ $+ \dfrac{1}{4}\delta\!\left(f_x + \dfrac{a}{2\pi}\right)$ $\cdot\,\delta\!\left(f_y + \dfrac{b}{2\pi}\right)$
Apertur (Zeittor)		$\mathrm{rect}\,\dfrac{x}{a}\quad$ (Spalt)	$a\,si(\pi a f_x)$	$\mathrm{rect}\,\dfrac{\sqrt{x^2+y^2}}{a}\quad$ (Kreis)	$\dfrac{a/2}{\sqrt{f_x^2+f_y^2}}\cdot J_1\!\left(\dfrac{a}{2}\sqrt{f_x^2+f_y^2}\right)$

4.7 Optische Modulatoren (Phasenmodulation)

Tabelle 4.7 Optische Modulatoren (Phasenmodulation)

Bezeichnung (Analogie)	Skizze	Zylindrisches System		Sphärisches System	
		$m(x)$	$M(f_x)$	$m(x,y)$	$M(f_x, f_y)$
Phasenplatte (Phasenmodulator)		$e^{-j2\pi(n-1)\frac{g(x)}{\lambda}}$		$e^{-j2\pi(n-1)\frac{g(x,y)}{\lambda}}$	
Prisma (kompl. Frequenzumsetzer)		e^{-jax} $a = 2\pi\dfrac{\sin\varphi}{\lambda}$	$\delta\left(f_x + \dfrac{a}{2\pi}\right)$	$e^{-j(ax+by)}$ $a = 2\pi\dfrac{\sin\varphi_x}{\lambda}$ $b = 2\pi\dfrac{\sin\varphi_y}{\lambda}$	$\delta\left(f_x + \dfrac{a}{2\pi}\right)\cdot\delta\left(f_y + \dfrac{b}{2\pi}\right)$
Sammellinse (Chirp)		$e^{+j\pi\frac{x^2}{\lambda z_f}}$	$\sqrt{j\lambda z_f}\, e^{-j\pi\lambda z_f f_x^2}$	$e^{+j\pi\frac{(x^2+y^2)}{\lambda z_f}}$	$j\lambda z_e\, e^{-j\pi\lambda z_f(f_x^2+f_y^2)}$
Zerstreuungslinse (Chirp)		$e^{-j\pi\frac{x^2}{\lambda z_f}}$	$\sqrt{-j\lambda z_f}\cdot e^{+j\pi\lambda\hat{z}_f f_x^2}$	$e^{-j\pi\frac{(x^2+y^2)}{\lambda z_f}}$	$-j\lambda z_f\, e^{+j\pi\lambda z_f(f_x^2+f_y^2)}$

Literaturverzeichnis

Bücher:

Ahmed, N., Rao, K.R.: Orthogonal transforms for digital signal processing. Berlin, Heidelberg, New York: Springer 1975.

Bamler, R.: Mehrdimensionale lineare Systeme. Berlin, Heidelberg, New York: Springer 1981.

Bode, H.W.: Network analysis and feedback amplifier design. New York: Van Nostrand 1949.

Bracewell, R.N.: The Fourier transform and its applications, 2. Aufl. New York: McGraw-Hill 1978.

Butzer, P.L., Nessel, R.J.: Fourier analysis and approximation, Bd. I Basel: Birkhäuser 1971.

Campbell, G.A., Foster, R.M.: Fourier integrals for practical applications. Princeton, N.Y.: Van Nostrand 1961.

Doetsch, G.: Handbuch der Laplace-Transformation, 3 Bde. Basel: Birkhäuser 1950/56.

Deotsch, G.: Anleitung zum praktischen Gebrauch der Laplace-Transformation und der z-Transformation. München: Oldenbourg 1967.

Doetsch, G.: Einführung in Theorie und Anwendung der Laplace-Transformation, 2. Aufl. Basel: Birkhäuser 1970.

Feldtkeller, R.: Einführung in die Vierpoltheorie der elktronischen Nachrichtentechnik, 8. Aufl. Stuttgart: Hirzel 1962.

Fritsche, G.: Theoretische Grundlagen der Nachrichtentechnik, Pullach: Verlag Dokumentation 1973.

Gabel, R.A., Roberts, R.A.: Signals and linear systems. New York: Wiley 1973.

Gaskill, J.D.: Linear systems, Fourier transforms and optics. New York: Wiley 1976.

Hauske, G.: Systemtheorie der visuellen Wahrnehmung. Stuttgart: Teubner 1994.

Heinhold, J., Kulisch, U.: Analogrechnen. Mannheim: Bibl. Institut 1969.

Hölzler, E., Holzwarth,H.: Pulstechnik, Bd. I, 2. Aufl. Berlin, Heidelberg, New York: Springer 1981.

Holbrock, J.G.: Laplace Transformation Wiesbaden: Vieweg 1973.

Hsu, H.P.: Fourier analysis. New York: Simon and Schuster 1970.

Jahnke/Emde/Lösch: Tafeln höherer Funktionen. Stuttgart: Teubner 1966.

Klein, W.: Finite Systemtheorie. Stuttgart: Teubner 1976.

Kress, D.: Theoretische Grundlagen der Signal- und Informationsübertragung. Wiesbaden: Vieweg 1977.

Küpfmüller, K.: Die Systemtheorie der elektrischen Nachrichtenübertragung, 4. Aufl. Stuttgart: Hirzel 1974.

Lange, F.H.: Signale und Systeme, Bd. 1, 2. Aufl. Berlin: Verlag Technik 1975.

Lighthill, M.J.: Einführung in die Theorie der Fourier-Analysis und der Verallgemeinerten Funktionen. Mannheim: Bibl. Institut 1966.

Lüke, H.D.: Signalübertragung. Berlin, Heidelberg, New York: Springer 1975.

Marko, H.: Theorie linearer Zweipole, Vierpole und Mehrtore. Stuttgart: Hirzel 1971.

Oppelt, W.: Kleines Handbuch technischer Regelvorgänge. Weinheim: Verlag Chemie 1972.

Papoulis, A.: The Fourier integral and its applications. New York: McGraw-Hill 1962.

Papoulis, A.: Systems and transforms with applications in optics. New York: McGraw-Hill 1968.

Schüßler, H.W.: Digitale Systeme zur Signalverarbeitung. Berlin, Heidelberg, New York: Springer 1973.

Schüßler, H.W.: Netzwerke, Signale und Systeme, Bd. I: Systemtheorie linearer elektrischer Netzwerke. Berlin: Springer 1981.

Schwartz, L.: Théorie des distributions. Paris: Hermann 1950.

Schwarz, H.: Einführung in die moderne Systemtheorie. Braunschweig: Vieweg 1968.

Smirnow, W.I.: Lehrgang der Höheren Mathematik, Teil III/2, 8. Aufl. Berlin: Dt. Verlag d. Wissenschaften 1971.

Titchmarsh, E.C.: Introduction to the theory of Fourier integrals. London: Oxford Unviersity Press 1962.

Tou, J.T.: Digital and sampled-data control systems. New York: McGraw-Hill 1959.

Tschauner, J.: Einführung in die Theorie der Abtastsysteme. München: Oldenbourg 1960.

Unbehauen, R.: Systemtheorie, 2. Aufl. München: Oldenbourg 1980.

Wahl, F.M.: Digitale Bildverarbeitung. Berlin, Heidelberg, New York: Springer 1984.

Wolf, H.: Lineare Systeme und Netzwerke. Berlin, Heidelberg, New York: Springer 1971.

Wunsch, G.: Systemtheorie der Informationstechnik. Leipzig: Akad. Verlagsges. 1971.

Zurmühl, R.: Matritzen, 4. Aufl. Berlin, Heidelberg, New York: Springer 1964.

Auswahl an weiterführenden Aufsätzen

Marko, H.: Die Reziprozität von Zeit und Frequenz in der Nachrichtentechnik. Nachrichtentechn. Z. 9, S. 222–228, 266–271 (1956).

Marko, H. Giebel, H.: Recognition of handwritten characters with a system of homogeneous layers. NTZ (1970), H. 9.

Marko, H.: Eine allgemeine Spektraltransformation, die Fourier-Transformation und Laplace-Transformation gleichzeitig umfaßt. AEÜ 31 (1977), S. 363–370.

Marko, H.: Modelle zur visuellen Wahrnehmung. ntz Archiv (1979), H. 4.

Marko, H.: The z-model – a proposal for spatial and temporal modeling of visual threshold perception. Biol. Cybern. 39, 111–123 (1981).

Platzer, H., Etschberger, K.: Fouriertransformation zweidimensionaler Signale. Laser und Elektro-Optik 4 (1) 39–45, (2) 43–49, 1972.

J. Huber

Trelliscodierung

Grundlagen und Anwendungen in der digitalen Übertragungstechnik

1992. XIV, 308 S. 159 Abb., 13 Tab. (Nachrichtentechnik Bd. 21)
Brosch. **DM 98,-**; öS 764,40; sFr 98,- ISBN 3-540-55792-X

Die Trelliscodierung stellt eine Methode dar, Signale zur Übertragung digitaler Nachrichten so zu gestalten, daß sie resistent gegenüber Störungen sind. Im Gegensatz zur mehr traditionellen Codierung zur Fehlererkennung und Fehlerkorrektur dient diese Form der Kanalcodierung direkt der Vermeidung von Übertragungsfehlern. Wesentliches Kennzeichen ist, daß die Codierung und die Modulation, d.h. die Repräsentation einer digitalen Nachricht durch ein physikalisches Signal, gemeinsam optimiert werden. Seit den ersten Veröffentlichungen von G. Ungerböck zur Trelliscodierung (1976, 1982) konzentriert sich die Forschungstätigkeit auf dem Gebiet der digitalen Nachrichtenübertragung auf die Trelliscodierung und Multilevel-Codierung, während die algebraische Kanalcodierung wesentlich an Bedeutung verlor.

J. Johann

Modulationsverfahren

Grundlagen analoger und digitaler Übertragungssysteme

1992. X, 267 S. 164 Abb., 4 Tab. (Nachrichtentechnik, Bd. 22)
Brosch. **DM 98,-**; öS 764,40; sFr 98,- ISBN 3-540-55769-5

Das Buch gibt dem Leser einen Überblick über die gängigen analogen und digitalen Modulationsverfahren. Nach einer Einführung in die zur mathematischen Beschreibung dieser Verfahren notwendigen Ausdrücke und Zusammenhänge sowie der Behandlung der Darstellung von Zufallssignalen werden Modulationsverfahren mit analogem und digitalem Trägersignal beschrieben. In jedem Kapitel wird zunächst das entsprechende Verfahren vorgestellt, es werden Möglichkeiten zur Demodulation aufgezeigt und anschließend untersucht. Das Buch schließt mit einer Darstellung wichtiger Ergebnisse aus der Informationstheorie, die einen Vergleich der verschiedenen Übertragungsverfahren mit dem Verhalten eines idealen Systems erlauben.